神戸学院大学法学研究叢書

《9・11》の衝撃(インパクト)とアメリカの「対テロ戦争」法制

予防と監視

岡本篤尚
Okamoto Atsuhisa

法律文化社

はしがき

　本書は、2001年9月11日にアメリカで起こった「同時多発テロ」事件（以下、《9・11》と表記する）以後に展開された一連のアメリカにおける対テロ法制（テロ対策法制）の全体像について、《9・11》以後の安全と自由の対抗・緊張関係の不可逆的な変容という観点から検討しようとする試みの一部である。

「対テロ戦争」と対テロ法制

　本書では、《9・11》以後に「飛躍的」に拡大・強化されたアメリカの対テロ法制を、たんなるアメリカ国内の治安強化のための法制としてではなく、2001年10月7日のアメリカのアフガニスタンに対する先制攻撃によって始まり、2003年3月19日のイラクに対する予防戦争（preventive war）開始で世界中を――もちろん、日本も――泥沼に引き摺り込んでしまった「対テロ戦争（war on terrorism）」にアメリカが勝利するための「対テロ戦争」法制として位置づけている。

　現代のテロリズムは、グローバリゼーションによるグローバルな経済格差や貧困の拡大と深化を温床とし、アメリカなどの軍事大国によるグローバルな武力介入に対する憎悪と復讐（報復）をより直接的な動機として、国境を越えた、あるいは国境縦断的なグローバルな国際テロ・ネットワーク――「アルカイダ」という名称は、もはや国際テロ・ネットワークを構成する各テロ組織の統一ブランドであるにすぎない――によって、国境の内であると国境の外であるとを問わずに遂行される。従って、国際テロ・ネットワークの「聖域」や「テロ支援国家」に対する対外的な武力攻撃・予防戦争も、国内において「テロリスト」やその「支援者たち」を捕捉・選別し、監視し、排除（国外退去強制や身柄拘束）するための国内的な高強度の治安・監視体制の構築も、ともに、アメリカの安全を脅かしかねない「テロの脅威」を排除するための「対テロ戦争」の一環として認識されなければならないからである。[*1]

本書では、このような問題意識のもと、まず第1章で、G. W. ブッシュ政権（ブッシュJr.政権）がグローバルに展開している「対テロ戦争」の基盤をなすブッシュJr.政権のテロ認識と、「対テロ戦争」の対外的な形態である予防戦争（preventive war）について検討している。

　ところで、「対テロ戦争」の一方の主体が国際テロ・ネットワークであるとするならば、もう一方の主体は、「対テロ戦争」に参加している各国の法執行機関・諜報機関・軍によって形成される「安全保障複合体（security complex）」がトランスナショナルかつ重層的に結合されたグローバルな安全保障複合体のネットワークにほかならない。そして、国内、国際の両面において

---

*1　「対テロ戦争」の特徴や「対テロ戦争」と国内的な対テロ法制との関連性などについて、本書では十分な検討を加える余裕はなかった。これらの点については、アントニオ・ネグリ、マイケル・ハート『マルチチュード（上）——〈帝国〉時代の戦争と民主主義』（日本放送出版協会、2005年）の第1部「戦争」のほか、拙稿「『安全』の専制——際限なき『安全』への欲望の果ての『自由』の荒野」全国憲法研究会編『憲法問題』12号（2001年5月）93頁以下、同「果てしなき『テロの脅威』と《安全の専制》」全国憲法研究会編『法律時報増刊　憲法と有事法制』（2002年12月）258頁以下、同「パラドックスとしての『安全・安心』——『ゆりかごから墓場まで』の安全という恐怖」全国憲法研究会編『法律時報増刊　憲法改正問題』（2005年5月）207頁以下、同「9・11以後の世界——『新しい戦争』と立憲主義の終焉?」『法学セミナー』567号（2002年3月）52頁以下、同「《安全》のための戦争——浸触する予防原則と溶解する『境界』」森英樹編『現代憲法における安全——比較憲法的研究をふまえて（仮題）』（日本評論社、近刊予定）を参照されたい。

*2　ドイツの刑法学者クラウス・ギュンターもまた、《9・11》後の議論においては、「明確に、安全が優先権を得た」（クラウス・ギュンター「自由か、安全か——はざまに立つ世界市民」『思想』984号（2006年4月）56頁）ため、①国内的には、「安全保障構造（セキュリティ・アーキテクチャー）」を構成する警察、検察、諜報、軍の各機関の間で「予防的な危険防御」と「抑圧的捜査」の相互乗り入れが強化されることによって各機関の間の「垣根」＝「境界」が取り払われ、犯罪捜査の領域に諜報および軍事手段が浸透していくことになり、②逆に、軍事行動に「予防的な危険防御」、すなわち、「危険容疑の前段階にまで、介入のタイミングが前だおしされ、主観化される」（同上、57頁）という思考法が浸透することによって予防戦争が正当化され、③政府機関による市民監視・情報収集権限の強化にともなって、テロ情報・対テロ情報の共有による警察、検察、諜報、軍の機能的統合（情報連合の形成）が強力に促進されると指摘する。そして、その結果、《9・11》が、「国内的には、警察、検察、情報、軍の各当局間の連合体」であり、かつ、同時にトランスナショナルな国境を越えた政府間・諸国家機関の連合体でもある二重構造の複合的な連合体としての「安全保障構造」の形成を強力に促進しているとする（同上、52—55頁）。

はしがき

このような複合的・重層的な「安全保障複合体」のネットワークの形成を促進するのが、テロ情報・対テロ情報の効率的な共有の必要性である。

実際、アメリカでも、《9・11》以降、FBI のような法執行機関、CIA のような諜報機関、国家安全保障局（NSA）や国防情報局（DIA）といった軍（の諜報）機関の間で、テロ情報および対テロ情報のより効率的な共有体制の構築の必要性を梃子として、従来の諸組織・諸機能間の「境界」に大きな風穴が開けられ、組織的・機能的な「融合」が進められている。[*3]

本書では、第6章で、「安全保障複合体」構築の梃子としての役割を果たしている法執行機関・諜報機関・軍の諸機関の間でのテロ情報・対テロ情報の効率的な共有のための法制と、テロ対策を重視した法執行機関・諜報機関・軍の諸機関の機能的・組織的再編について検討している。

予防と監視

「対テロ戦争」の最も重要な特徴は、それが予防という観念と不可分に結びついているという点にこそある。予防という観念が対外的な武力行使法制に組み込まれると、アメリカ国外に存在する「テロリスト」の「聖域」や「テロ支援国家」に対する先制的な武力攻撃、すなわち「急迫した脅威」どころか「現実の脅威」にすらいまだなりえていない「将来の脅威の可能性」を予め排除しておくための予防戦争となる。

同様に、アメリカ国内におけるテロ対策に予防という観念が浸透すると、「テロリストと疑わしい者」を捕捉・選別するための全市民に対する徹底的な監視と、「疑わしい」というだけで「疑わしい者」を、適正な司法手続抜きで、アメリカ社会から排除するための長期間にわたる予防的拘束や国外退去強制が正当化されることになる。《9・11》の衝撃（インパクト）によって、確実な「味方」以外

---

*3 2005年12月に発覚した国家安全保障局（NSA）による秘密盗聴事件では、軍の諜報機関である国家安全保障局（NSA）が、アメリカ国内で一般市民に対する電子的監視（電話の盗聴や電子メールの傍受等）を広範に実施していたことが明らかになったが、これなどは、国内における法執行を担当する機関と対外的な諜報活動を担当する機関の間で組織上・機能上の「境界」が取り払われつつあることの何よりの証左といえるであろう（なお、NSA の秘密盗聴事件については第5章4．参照のこと）。

はすべて潜在的な「敵」であるという軍事的合理性と恐怖から生じる不寛容がアメリカ社会全体に広汎に浸透した結果、「疑わしい」というだけで監視と排除の対象とすることが許容されるようになり、「有罪指定（presumption of guilt）」が貫徹される。

そして、国内的なテロの予防のための監視法制の中心に位置づけられるのが、2001年愛国者法（愛国者法）によって改正された1978年外国情報活動監視法（FISA）である。2001年愛国者法は、従来、アメリカ国内で外国のスパイ活動に従事する者を監視対象としていたFISAに、「テロリストと疑わしい外国人」という新たな監視対象を付け加えることによって、FISAをテロ予防のための監視法制の中核的な立法として定位し直したのである。

本書は、電話の盗聴や電子メールの傍受等の電子的監視（electronic surveillance）を行う権限を、合衆国外国情報活動監視裁判所（FISC）という「秘密法廷」の発付する一方的命令（*ex parte* order）によってFBIなどに授権することを定めた1978年外国情報活動監視法の、《9・11》以後の規範構造の「変容」について検証することを最大の眼目としている。そのため、本書では、第5章において、FISAの制定にいたる経緯、《9・11》以前の諸改正の内容、《9・11》以後の愛国者法による改正ならびにその後も引き続き行われている諸改正の内容について詳細に検討している。

ところで、本書では、《9・11》以後に制定されたアメリカのテロ対策法として最も有名な愛国者法や「アメリカ本土（American homeland）」防衛のための主任機関として国土安全保障省の創設を定めた2002年国土安全保障法についても一応その主な内容について概観してはいるが（第4章）、例えば、愛国者法は巷間イメージされているようなそれ自体として包括的・体系的なテロ対策立法であるわけではない。愛国者法は、《9・11》以前からすでにあった数多のテロ対策立法、移民・入国管理規制や航空機・船舶等の公共交通機関の安全確保のための諸立法の膨大な数の条項を改正する実に種々雑多な規定を寄せ集めたものであって、愛国者法の各条文の規定をみただけでは、それが、いかなる機関に、どのようなテロ対策権限を授権したものかを理解することはできない。また、国土安全保障省も、司法省や国防総省など多数の政府省庁に設置されてい

た諸機関の寄せ集めであって、国土安全保障法の条文をみただけでは、国土安全保障省の各機関の任務や権限の具体的な中身を理解することはできない。本書で、あえて煩雑になるのをいとわず、愛国者法や国土安全保障法のどの規定によって、以前のどのような法令のどの規定が、どのように改正されたのかを事細かにトレースしたのはこのような事情による。

《9・11》以前と《9・11》以後──「断絶」と「連続」

《9・11》は、「それ以前」と「それ以後」に世界を分断した。確かに、《9・11》は「歴史を分かつ瞬間の一つであり、世界は『それ以前』と『それ以後』に定義される*⁴」。しかしながら、「《9・11》以前」と「《9・11》以後」は完全に「断絶」しているわけではない。日本のテロ研究をリードし続けている宮坂直史が正当にも指摘しているように、「ブッシュ政権が矢継ぎ早に打ち出したテロ対策の多くが、実はクリントン政権（一九九三―二〇〇一年）から積み重ねられてきた*⁵」ものにほかならず、クラウス・ギュンターもまた、「あの蛮行[《9・11》]は、それ以前に始まっていたトランスナショナルな安全保障構造（セキュリティ・アーキテクチャー）への移行を促す一つの──ただしきわめて強力な──促進剤になったにすぎない*⁶」と指摘している。

確かに、《9・11》がアメリカ社会にもたらした衝撃（インパクト）は、アメリカのテロ対策をそれまでとは比較にならないほど「飛躍的」に拡大・強化する起爆剤となった。しかしながら、「《9・11》以後」の対テロ法制の「飛躍的」な拡大・強化は、「《9・11》以前」──なかんずく、クリントン政権期──に準備されてきた傾向や兆候の延長線上にあるものにほかならない。

本書では、第２章において、レーガン政権からクリントン政権にかけての時期の対テロ法制の展開過程を検証し、次いで第３章で、《9・11》以後に制定・改正された対テロ法制を俯瞰することによって、「《9・11》以前」と「《9・11》以後」の対テロ法制の「連続」性を明らかにすることを試みている。

＊４　THE NEW YORK TIMES, Sept. 12, 2001.
＊５　宮坂直史『国際テロリズム論』（芦書房、2002年）10頁。
＊６　ギュンター・前掲注＊２、52頁。なお、傍点は引用者による。

残された課題

　もっとも、本書では《9・11》以後のアメリカの「対テロ戦争」法制の全体像を解明するために必要不可欠な、いくつかの極めて重要な問題について取り扱うことができなかった。

　本書で取り扱うことのできなかった第1のものは、アルカイダ構成員やタリバン兵などの「敵性戦闘員（enemy combatants）」の軍事審問委員会（military commission）による裁判や、キューバにあるグアンタナモ・アメリカ海軍基地、イラクのアブグレイブ収容所、世界各地に秘密裏に設けられたCIAの秘密収容所（ブラック・サイト）における「拷問」などの問題である。第2に、テロリストのアメリカ「本土（homeland）」への侵入阻止という観点からは極めて重要な、入国管理・移民規制に関する法制も、第3章および第4章でごく部分的には取り扱ってはいるものの、本格的に検討するには至らなかった。第3に、《9・11》が、民間航空機をハイジャックし、乗客・乗員を乗せたまま高層ビル等に突入するという手法で行われたにもかかわらず、空港、民間航空機、民間船舶、鉄道などの公共交通機関に対するテロ防止策の検討も本書ではなされていない。

　また、《9・11》以後のアメリカの対テロ法制を「対テロ戦争」法制の一環として把握するのであれば、「対テロ戦争」に勝利するために現在行われているアメリカ軍のトランスフォーメーション、軍事技術革命（RMA）、軍事と治安の「融合」、民間軍事会社（PMC）の登場による軍／民の「境界」の溶解などの現象の国内テロ対策への影響なども検討されてしかるべきであったであろう。

　さらに、本書で取り扱った諸問題にしても、電子的監視法制を取り扱いながら、電子的監視を実施するための最先端の情報監視技術の実態や当該監視による人権侵害の実態についてはまったくといっていいほど検討していない。その上、司法手続抜きでの予防拘束や長期にわたる身柄拘束による人権侵害の実態についても検討されていない。

　これらの問題は、いうまでもなく、「対テロ戦争」法制の全面的な展開によって、近代立憲主義が自明の前提としてきた、平時（常態）と戦時（例外状

態)との間の「境界」が溶解させられつつある時代(「戦争と平和の完全な融合状態」が世界を覆いつくす時代)の人権保障について考えるためには死活的(vital)な重要性を持つものであるにもかかわらず、本書では触れることができなかった。これらの問題に取り組むことは、今後の課題とするほかない。

　従って、本書の内容は、《9・11》以後のアメリカの「対テロ戦争」法制の全体像を解明するためには極めて部分的・限定的なものであり、その意味で、本書は、《9・11》以後のアメリカの「対テロ戦争」法制の全体像を解明するための試みの中間的な途中経過報告にとどまる。

　しかも、本書で中心的に取り扱った電子的監視法制やテロ情報等の共有法制の改正問題についても、完了形ではなく、いまだ現在進行形のものであり、時間的な意味でも本書は「中間報告」にとどまる。このように、本書は、幾重もの意味で「中間報告」にすぎないものであることを予め明記しておきたい。

　さらに、本書は元々は別個の複数の論稿をまとめたものであるため——特に、第3章は、第1章および第4章～第6章の概要をまとめたものであるため——各章間で本文の記述および脚注での説明の内容に相当の重複があることも予めお断りしておく。

＊　　　＊　　　＊

　なお、最後になったが、本書ならびに、本書の元となった各論稿(「初出一覧」参照)は、もともと、2001年9月11日の《9・11》およびその後の「対テロ戦争」の展開を受けて、ポスト冷戦期におけるアメリカ合衆国の国家安全保障法制の構造転換について実証的に解明することを目的とした平成14年度～平成16年度科学研究費補助金(基盤(C)(2)「ポスト冷戦期におけるアメリカ国家安全保障法制の構造的転換に関する実証的研究」(研究課題番号14520025／研究代表者・岡本篤尚)(報告書・平成18年3月)での研究成果に基づくものであることを付記しておく。

目　次

はしがき
凡　例

第1章　《9・11》の衝撃(インパクト)と「対テロ戦争」 …………………… 1

1. 《9・11》の衝撃(インパクト)と「対テロ戦争」　　1
   （1）「対テロ戦争」法制としての対テロ法制　1
   （2）《9・11》の衝撃(インパクト)と「対テロ戦争」　2
2. ブッシュ Jr. 政権のテロ認識　　13
   （1）テロの基本構造　13
   （2）ブッシュ Jr. 政権のテロ対策　14
3. 予防戦争としての「対テロ戦争」——ブッシュ Jr. 政権における予防戦争の論理　　16
   （1）冷戦構造の崩壊と脅威認識の変化　16
   （2）先制攻撃による予防的自衛から予防戦争へ——ブッシュ・ドクトリンの射程　19
   （3）予防戦争としての「対テロ戦争」　24

第2章　《9・11》以前のアメリカにおける対テロ法制の展開 …………… 31

1. レーガン＝ブッシュ Sr. 政権における対テロ法制の展開　　31
   （1）レーガン＝ブッシュ Sr. 政権における国家安全保障概念の拡張　31
   （2）レーガン＝ブッシュ Sr. 政権における対テロ法制の展開　32
2. クリントン政権における国家安全保障概念の変容と対テロ法制の展開　　39
   （1）クリントン政権における国家安全保障概念の「不可逆的」変容　39

（２）　対抗テロリズム法制の展開——先制攻撃と武力報復　42
　　　（３）　大量破壊兵器の拡散防止　51
　３．クリントン政権におけるサイバーテロ対策　56
　　　（１）　情報インフラストラクチャーの「脆弱性」とサイバーテロの脅威　56
　　　（２）　クリントン政権のサイバーテロ対策法制　59

第3章　《9・11》の衝撃（インパクト）と「対テロ戦争」法制の展開　Ⅰ
　　　　　　　　　　　　　　　　——概観と定義……61

　１．《9・11》以後の「対テロ戦争」法制の概観　61
　　　（１）　「対テロ戦争」と対テロ法制　61
　　　（２）　テロの予防・テロリストの監視　63
　　　（３）　国土の安全・防衛　70
　　　（４）　移民・入国管理　75
　　　（５）　情報共有・諜報活動・諜報機関の再編　79
　　　（６）　サイバーテロ対策　86
　２．テロリズムの法的定義　92
　　　（１）　連邦法上のテロリズムの定義　92
　　　　（A）　連邦刑事法上の犯罪としてのテロリズムの定義　93　（B）　国務長官によるテロ組織指定に関するテロリズムの定義　97　（C）　入国・国境管理法制上のテロリズムの定義　99　（D）　国土安全保障に関するテロリズムの定義　101
　　　（２）　連邦政府機関のテロリズムの定義　103
　　　　（A）　司法省・FBIによるテロリズムの定義　103　（B）　国務省によるテロリズムの定義　104　（C）　国防総省によるテロリズムの定義　105

第4章　《9・11》の衝撃（インパクト）と「対テロ戦争」法制の展開　Ⅱ
　　　　　　　　　　——愛国者法／国土安全保障法を中心に……107

　１．愛国者法の制定とその概要　107
　　　（１）　愛国者法の制定　107
　　　（２）　電子的監視の強化　109
　　　（３）　テロリズム犯罪規定の拡張と罰則の強化　113

（4）　有罪推定（Presumption of Guilt）——外国人テロ容疑者の予防拘束　117
　　　（5）　国家安全保障令状（NSL）発付権限の拡大と濫用　127
　2.　愛国者法の拡大・強化へ向けて——第2愛国者法案と愛国者法の改正　133
　　　（1）　第2愛国者法案の挫折と「復活」　133
　　　（2）　愛国者法の改正　137
　3.　国土安全保障法の制定と国土安全保障省（DHS）の創設　144
　　　（1）　国土安全保障局（OHS）の創設と『国土安全保障戦略』　144
　　　（2）　国土安全保障省（DHS）の組織と機能　147
　　　（3）　移民＝入国管理対策　156
　　　（4）　航空保安法制　158
　追　記　162

第5章　FISAによる電子的監視と愛国者法　165

　1.　FISA制定以前の電子的監視　165
　　　（1）　国家安全保障政策と政府の盗聴監視権限　165
　　　（2）　オルムステッド・ドクトリンの変更と盗聴監視権限の統制　171
　2.　FISAによる電子的監視の司法的統制の強化と緩和　177
　　　（1）　FISAによる電子的監視の司法的統制の強化　177
　　　（2）　クリントン政権における電子的監視権限の拡大・強化　184
　　　（3）　《9・11》以前のFISAの改正　192
　3.　愛国者法によるFISAの改正と電子的監視権限の強化　198
　　　（1）　愛国者法によるFISAの改正　198
　　　（2）　愛国者法以後のFISAの改正　206
　　　（3）　FISAの運用実態　212
　4.　NSA秘密盗聴事件とFISA2007年改正　216
　　　（1）　NSAによる秘密盗聴事件　216
　　　（2）　NSAの秘密盗聴の正当化とFISA2007年改正　222

第6章 《9・11》の衝撃(インパクト)とテロ情報の共有・情報機関の再編 ································ 237

1. 《9・11》テロ・対イラク戦争とテロ情報の共有・情報機関の再編　237
   - （1）《9・11》テロと情報機関　237
   - （2）対イラク戦争と情報機関の能力　240
2. 軍・諜報・治安機関におけるテロ／対テロ情報の共有　245
   - （1）国土安全保障省を結節点とするテロ／対テロ情報の共有　245
   - （2）国土安全保障省の情報共有システム──JRIES/HSIN・RISS・LEO　252
   - （3）その他の機関を結節点とするテロ／テロ対策情報の共有──TTIC　255
3. アメリカ情報機関の再編　256
   - （1）情報機関再編法制の展開　256
   - （2）FBIのテロ対策・諜報機能の強化　264
   - （3）軍のテロ／対テロ情報対策　270
   - （4）情報収集能力の欠如？　情報操作？　273

むすびにかえて　279

初出一覧　283
主要略語一覧　284
索引（事項・人名、法令、判例）　286
アメリカ政府機関・主要報告書一覧　301

凡　　例

(1) 本書では、《9・11》以後の主要なアメリカの対テロ戦争法制（対テロ法制）について、原則として、2007年3月までの立法動向に限定して取り扱っている。ただし、例外的に、国家安全保障目的による電子的監視（electronic surveillance）について規定している1978年外国情報活動監視法（Foreign Intelligence Surveillance Act of 1978: FISA）に関するものに限って、2008年3月までの動向を取り扱っている。
(2) 下線または傍点による強調は、特に注記しない限り、引用部分も含めて、本書の執筆者によるものである。
(3) 引用部分の［　］内は、特に注記しない限り、本書の執筆者が補ったものである。
(4) アメリカ法関係の資料の引用にあたっては、原則として、THE BLUEBOOK: A UNIFORM SYSTEM OF CITATION（18th ed.）のルールに従ったが、ウェブ上のデータベース（electronic database）からの引用については、煩雑さを避けるため、最初に引用する際に、引用の末尾にたんに「(WESTLAW)」または「(LEXIS)」とだけ表示した。
(5) アメリカ合衆国の連邦の法令のうち、①『(主題別) 合衆国法典（*United States Code*）』および『(編年体) 合衆国法律全集（*United States Statutes at Large*）』所収の *Public Law*、②『フェデラル・レジスター（*Federal Register*）』および『主題別連邦行政命令集（*Code of Federal Regulations: CRF*）』、③連邦議会の上院および下院の法案（Bill）は、それぞれ、原則として、U.S. Government Printing Office のサイト・ページ GPO Access 内にあるデータベース United States Code 《http:/www.gpoaccess.gov/uscode/index.html》; Public and Private Laws 《http://www.gpoaccess.gov/plaws/index.html》; The Federal Register(FR) 《http:/www.gpoaccess.gov/fr/Index.html》; Code of Federal Regulations(CRF) 《http:/www. gpoaccess.gov/cfr/index.html》; Congressional Bills 《http://www.gpoaccess.gov/bills/index.html》のものを利用した。
(6) U.S. Government Printing Office のサイト・ページ United States Code 《http://www.gpoaccess.gov/uscode/index.html》で公開されている2008年7月1日現在で最新の *United States Code* は、2006年1月2日までに制定された法律の規定を含む *United States Code, 2000 edition, Supplement 5*（Supp.5 2000）であるが、本書で「現行」または「最新」の規定として引用しているのは、2005年1月3日までに制定された法律の規定を含む *United States Code, 2000 edition, Supplement 4*（Supp.4 2000）である。

第1章 《9・11》の衝撃(インパクト)と「対テロ戦争」

1. 《9・11》の衝撃(インパクト)と「対テロ戦争」

(1) 「対テロ戦争」法制としての対テロ法制

　すぐ後でみるように、ブッシュ Jr. 政権は《9・11》を「戦争 (war)」または それに準じた「戦争行為 (act of war)」として認識し、実際に、2001年10月7日、タリバン政権と国際テロ組織アルカイダを壊滅させるためにアフガニスタンに対する先制(報復?)攻撃を、また、イラクが国連安保理決議に違反して大量破壊兵器の開発と保有を進めており、これらのイラクの大量破壊兵器が国際社会に対する重大な脅威となっているとして、2003年3月19日、イラクに対する予防戦争 (preventive war) を開始した。ブッシュ Jr. 政権は、国際テロ・ネットワークとの「長き戦争 (the Long War)」としての「対テロ戦争 (war on terrorism)」を開始したのである。

　従って、《9・11》以後、アメリカ合衆国において矢継ぎ早に制定された一連の対テロ法制は、何よりもまず、アメリカ合衆国が「対テロ戦争」に勝利する

---

1) 本書においては、第41代アメリカ合衆国大統領ジョージ・H・W・ブッシュ (George Herbert Walker Bush) (1989年・1993年) とその息子の第43代アメリカ合衆国大統領ジョージ・W・ブッシュ (George Walker Bush) (任期2001年〜) の両者を区別するため、便宜上、父親の方を「ブッシュ Sr.」、息子の方を「ブッシュ Jr.」と表記する。

2) 《9・11》以後のアメリカの対テロ法制整備の状況については、さしあたり、連邦レベルについては、See, Legislation: Related to the Attack of September 11, 2001 《http://thomas.loc.gov/home/terrorleg.htm》を、州レベルについては、Lyons, *States Enact New Terrorism Crimes and Penalties*, NCSL STATES LEGISLATIVE REPORT, vol. 27, No. 19, (Nov., 2002) を参照せよ。*Also see*, AMERICAN CIVIL LIBERTIES UNION, UPSETTING CHECKS AND BALANCES: CONGRESSIONAL HOSTILITY TOWARD THE COURTS IN TIME OF CRISIS (Oct., 2001).

ためにこそ制定されたものであること、すなわち、それらは「対テロ戦争」の遂行を支える「対テロ戦争」法制の一翼を担うものとして制定されたものである点を正確に認識しておく必要がある。それらは、けっしてたんなる国内治安問題としてのテロの予防や取締りのみを目的とするものではない。

　ところで、「対テロ戦争」法制は、便宜上、Ⓐ「槍」としての役割を果たす対外的武力攻撃・武力行使法制と、Ⓑ「盾」としての役割を果たす国内治安・監視（国内安全保障）法制とに大別することができる。

　本書が検討対象としているのは、すでに「はしがき」でも述べたように、主にテロ攻撃からアメリカ合衆国本土と合衆国市民を守るための国内治安・監視（国内安全保障）法制の方であるが、それとても、「対テロ戦争」の遂行・勝利という観点と切り離して考察することはできない。そこで、本章では、「対テロ戦争」法制としての《9・11》以後の対テロ法制を検討するための前提として、ブッシュ Jr. 政権の始めた「対テロ戦争」とテロリズムについてのブッシュ Jr. 政権・アメリカ軍当局の認識について分析しておくことにしたい。

（2）《9・11》の衝撃(インパクト)と「対テロ戦争」

　アメリカ東部時間2001年9月11日、モハメド・アタほか18人の実行犯によって4機の民間航空機がハイジャックされ、世界で最も豊かで最も強力な国家アメリカの富と力の象徴、世界貿易センタービルのツインタワーと国防総省（ペンタゴン）等に対する同時多発テロが敢行された（本書では、このテロを《9・11》と表記する）。《9・11》がアメリカ社会にもたらした衝撃(インパクト)は、2,795人というその犠牲者の数（ニューヨーク市、2002年11月2日発表による。なお、《9・11》の直後には、犠牲者は6,000人を超えるとされていた）をはるかに超えたものであった。

　さらに、邦語文献としては、中川かおり「Ⅳ　テロ対策　1　アメリカ」国立国会図書館・調査及び立法考査局『総合調査報告書　主要国における緊急事態への対処』（国立国会図書館・調査及び立法考査局、2003年）72頁以下、特に76頁以下、井樋三枝子「9・11同時多発テロ事件以後の米国におけるテロリズム対策」『外国の立法』228号（2006年5月）24頁以下、宮坂直史「米国の対テロ戦争：成果と問題」『海外事情』2004年4月号12頁以下が最も包括的な情報を提供してくれる。

第 1 章 《9・11》の衝撃(インパクト)と「対テロ戦争」

　《9・11》直後の2001年 9 月20日、ブッシュ Jr. 大統領は、アメリカ連邦議会上下両院合同会議における演説で、《9・11》について、「自由の敵（enemies of freedom）が、わが国に対して戦争行為（act of war）を犯した」として、それが、「自由の敵」による「世界、文明、進歩と多元主義、寛容と自由を信奉するすべての人間」に対する「戦争行為（act of war）」であると断じた。ブッシュ Jr. 大統領は続けていう。「米国民は、『この戦争をどのように戦い、どのようにして勝つのか』と問うている。われわれは、持てる資源のすべて、すなわち、あらゆる外交手段、あらゆる諜報手段、あらゆる法執行機関、金融面でのあらゆる影響力、そして戦争するに必要なあらゆる兵器を使って、世界のテロ・ネットワークの分断と撲滅に当たる」と。

　このブッシュ Jr. 大統領演説の 2 日前、2001年 9 月18日、連邦議会は、戦争権限法（War Powers Resolution）に基づき、《9・11》を計画・立案し、関与し、支援した国家、組織、個人に対して「あらゆる必要かつ適切な武力（all necessary and appropriate force）」を行使する権限を大統領に授権する武力行使授権決議（Authorization for Use of Military Force：AUMF）を制定していた。よ

---

3) George Walker Bush, Address to a Joint Session of Congress and the American People (For Immediate Release, Office of the Press Secretary, Sept. 20, 2001)《http://www.whitehouse.gov/news/releases/2001/09/20010920-8.html》. なお、ブッシュ Jr. 大統領の同演説の邦訳（「米議会上下両院合同会議および米国民に向けた大統領演説」）が駐日米国大使館のサイト・ページ（《http://tokyo.usembassy.gov/j/p/tpj-jp0026.html》）で閲覧できるが、引用にあたっては一部訳文を改めた箇所があることをお断りしておく。

4) 同上。

5) War Powers Resolution, Pub. L. No. 93-148, 87 Stat. 555 (1973) なお、戦争権限法については、浜谷英博『米国戦争権限法の研究』（成文堂、1990年）、右崎正博「アメリカの緊急事態法制」『ジュリスト』701号（1979年10月）45頁以下、同「アメリカにおける緊急事態（有事）法制」『法律時報増刊　憲法と有事法制』（2002年12月）168頁以下、拙稿「アメリカ合衆国大統領の国家安全保障権限——その歴史的展開」『専修法研論集』19号（1996年）175頁、180—181頁脚注(176)を参照のこと。

6) Authorization for Use of Military Force, Pub. L. No. 107-40, §2(a), 115 Stat. 224 (2001) [hereinafter cited as AUMF]. AUMF の立法過程については Grimmett, *Authorization For Use Of Military Force in Response to the 9/11 Attacks (P. L. 107-40)：Legislative History* (CRS, Order Code RS22357, Jan. 4, 2006) を参照のこと。また、戦争権限授権決議全般については、Ackerman & Grimmett, *Declarations of War and Authorizations for*

く知られるように、このAUMFに反対したのは、たった1人の下院議員だけであった⁷⁾。そして、AUMFに基づき、2001年10月7日、アメリカ軍は《9・11》を実行したとされる国際テロ組織アルカイダとそれを「支援」するタリバン政権を壊滅させるため、アフガニスタンに対する武力攻撃に踏み切った。この瞬間、世界は、「対テロ戦争（War on Terrorism）」にいやおうなく突入することになった。

《9・11》を「戦争行為（act of war）」と断じた9月20日の演説は、《9・11》を「<u>姿を見せない卑怯者</u>（faceless cowards）がアメリカ合衆国の国民と自由に対して<u>凶悪な暴力行為</u>（the heinous acts of violence）を行った⁸⁾」もの、すなわち、あくまでも犯罪行為としていた2001年9月12日の大統領宣言と較べても際立っている。

ブッシュJr.大統領は、9月20日の演説で、「新しい戦争」としての対テロ戦争について、概ね次のような見解を示している。

> 「この戦争は、明確な領土の解放と迅速な終結を見た10年前のイラクとの戦争のようなものにはならないだろう。また、地上軍を使わず、米国側に戦死者が1人も出なかった2年前のコソボ空爆のようでもないだろう。
> 　われわれの対応は、<u>即時の報復と単発的な攻撃をはるかに超えるものとな</u>る。米国民は、1回限りの戦闘ではなく、<u>これまでに体験したことのない長期的な軍事行動</u>を想定すべきである。テレビで見られる劇的な攻撃もあり、成功しても明らかにされない秘密作戦もあり得る。われわれは、テロリストの資金

---

　　the Use of Military Force : Historical Background and Legal Implications (CRS, Order Code RL31,133, Jan. 14, 2003) を参照のこと。なお、AUMFは両院合同決議（Joint Resolution）であり、両院合同決議は、大統領の承認により、あるいは、3分の2以上の多数で大統領の拒否権を乗り越えることにより、制定法と同一の効力を生じる。

7)　上下両院を通じて、同決議案に反対票を投じたのは黒人女性のバーバラ・リー（Barbara Lee）下院議員ただ1人だけであった。

8)　A Proclamation : Honoring the Victims of the Incidents on Tuesday, September 11, 2001 (Sept. 12, 2001), in《http://www.whitehouse.gov/news/releases/2001/09/20010912-1. html》. なお、日本語訳が在日アメリカ大使館のサイト・ページ《http://tokyo.usembassy. gov/j/p/tpj-jp0023.html》で閲覧できるが、なぜか、この大統領宣言については、発表の日付が「2001年9月<u>11日</u>」となっている。

第1章 《9・11》の衝撃(インパクト)と「対テロ戦争」

を枯渇させ、テロリスト同士を対立させ、彼らを隠れ家から隠れ家へと追い立て、避難場所も休息も得られなくなるまで追い詰めていく。そして、テロリストに援助と隠れ家を提供する国家をも追及する。どの地域のどの国家も、今、決断を下さなければならない。われわれの味方になるか、あるいはテロリストの側につくかのどちらかである。今後、テロに避難所あるいは援助を提供する国家は、米国に敵対する政権と見なす」。[9]

このブッシュ Jr. 政権のはじめた戦争の「新しさ」について、ラムズフェルド国防長官が2001年9月27日付の『ニューヨーク・タイムズ (*The New York Times*)』へ寄稿した「新しい種類の戦争 (A New Kind of War)」がより詳しく説明している。

「この戦争は、敵対する戦力の枢軸を打倒するという単一の目的のために、巨大な同盟軍が力を合わせて戦うものではないでしょう。そうではなく、この戦争に参加するのは変動し、発展し続ける浮動的な連合でしょう。さまざまな諸国が異なった役割を果たし、異なった形で貢献することになるでしょう。外交的な援助を提供する国もあり、財政的な援助や、兵站面での援助、軍事的な援助を提供する国もあるでしょう。公的に援助する国も、自国の状況のために、私的に、秘密のうちに援助する国もあるでしょう。この戦争では、使命によってどのような国が連合するかが決まるので、その逆ではありません。……

この戦争は、軍事的なターゲットを詳細に調べあげて、このターゲットを確保するために巨大な戦力を投入するという戦いにはならないかもしれません。軍事力は、個人、集団、諸国にテロリズムを行わせないためにわたしたちが利用する多くの手段のうちのひとつにすぎないものになるでしょう。

わが国の実行する手段には、世界のある場所にある軍事的なターゲットに巡航ミサイルを発射することも含まれるでしょう。オフショアの金融センターでの投資の移動を追跡し、移動を停止させるために、電子的な闘いを進める可能性も十分にあります。この戦闘で着用される制服は、砂漠用のカモフラージュ戦闘服だけではありません。銀行の役員が着用するピンストライプのスーツも、プログラマーの普段着も、どれもが立派な制服なのです。……

---

9) ブッシュ Jr. 大統領、前掲注3) 演説。

この戦争について語る語彙も、以前と同じではないのです。「敵の領土に侵入する」という言葉を使っても、サイバースペースで侵入することを意味することもあるのです。「終戦戦略」などというものもありません。<u>わたしたちは最終的な期限のない持続的な闘いを進めることを検討しているのです</u>。わたしたちの軍隊を展開するための固定した規則というものも<u>ない</u>でしょう。特定の目標を達成するために、軍事力の行使が最善の方法であるかどうかを決めるガイドラインを定めることになるでしょう。
　「戦闘」を戦うのは、わが国の国境で不審な人々を調べる関税の役人たち、マネー・ロンダリングが行われないように協力する外交官たちなのです」[10]。

　ブッシュJr.大統領の9月20日の演説やラムズフェルド国防長官の寄稿に共通する「新しい戦争」の特徴をまとめておこう。それは、まず第1に、具体的かつ明確な目的を持たず、従って明確な終点のない「終わりなき戦争」であるという点であろう。
　ブッシュJr.大統領は、9月20日の演説で、「新しい戦争」を、「アルカイダを相手に始まり、すべてのテロ集団を捜し出して撃ち砕くまで続く」戦争であると定義した。しかしながら、アメリカの地球規模での圧倒的な軍事力の行使こそが、世界中で新たな憎悪を生み出しテロの新たな温床を準備する以上、「すべてのテロ集団を捜し出して撃ち砕く」日など永遠にやって来ることはない。なぜなら、ひとつのテロ組織を叩き潰した瞬間、その行為自体が、新たなテロ組織を芽吹かせてしまうことになるのだから。実際、ブッシュJr.政権による「対テロ戦争」開始後、逆に世界中で大規模なテロが頻発している[11]。

---

[10] Donald H. Rumsfeld, *A New Kind of War*, THE NEW YORK TIMES, September 27, 2001. 邦訳は、中山元編訳『発言——米同時多発テロと23人の思想家たち』（朝日出版社、2002年）45頁以下に所収。

[11] 「対テロ戦争」開始以後に世界で起きた主要なテロについては、さしあたり、UNITED STATES, DEPARTMENT OF STATE, PATTERNS OF GLOBAL TERRORISM（およびその後継誌 COUNTRY REPORTS ON TERRORISM）の各年版、NATIONAL COUNTERTERRORISM CENTER, COUNTERTERRORISM CALENDER の各年版のほか、ル・モンド・ディプロマティーク編集部編「2001年9月11日から5年（年表）」『ル・モンド・ディプロマティーク（日本語電子版）』《http://www.diplo.jp/articles06/0609.html》、朝日新聞2006年9月9日付朝刊を参照のこと。

第1章 《9・11》の衝撃(インパクト)と「対テロ戦争」

　ラムズフェルド国防長官は、より端的に、この戦争には、「『終戦戦略』などというものもありません。わたしたちは最終的な期限のない持続的な闘いを進めることを検討しているのです」と述べている。確かに、戦争の最終的な出口、すなわち明確な戦争目的が定まっていない以上、戦争の終結＝期限をあらかじめ想定することはできないであろう（2003年3月に開始されたイラク戦争が、「対テロ戦争」の一環として行われた以上、明確な「出口戦略」を欠き迷走することになったのも故なきことではない）。従って、ブッシュ Jr. やラムズフェルドのいう「対テロ戦争」は、必然的に、「終わりなき戦争」＝「永久戦争」とならざるを得ないのである。ル・モンド・ディプロマティーク編集長のアラン・グレシュが、ブッシュ Jr. の始めた「対テロ戦争」を「千年戦争（la guerre de mille ans）」と呼んだのも故なきことではない。[12]

　実際、国防総省が2006年2月に公表した2006年版『国防計画4年次見直し（Quadrennial Defense Review Report：QDR）』（QDR2006）は、「合衆国は、長い戦争（a long war）となるであろう戦争の最中にある」という書き出しで始まる。[13] そして、QDR2006は、「2001年以来、アメリカ軍は絶え間ない戦争を戦っているが、この戦争は過去の戦争とは著しく異なるものである。我々が直面している敵は国民国家（nation-state）ではなく、分散された非国家主体のネットワーク（non-state networks）である。多くの場合、行動は、アメリカと交戦していない国において起こるに違いない。多くの人が抱いている戦争のイメージと異なり、この戦争は軍事力のみでは勝つことはできず、軍事力主体でも勝つことはできないであろう。そして、この戦いは相当の年月続く可能性がある」[14] とする。

---

12) A. Gresh, *La guerre de mille ans*, Le Monde Diplomatique (Sept., 2004) at 1, 22—23. 邦訳は、アラン・グレシュ「千年戦争」『ル・モンド・ディプロマティーク（日本語・電子版）』《http://www.diplo.jp/articles04/0409.html》。

13) Department of Defense, Quadrennial Defense Review Report v (Feb. 6, 2006) [hereinafter cited as QDR2006]. なお、QDR2006の日本語「参考仮訳」が防衛省のサイト・ページに掲載されている（《http://www.mod.go.jp/menu/kakushu.html》）が、引用にあたっては、一部訳語を改めたところがある。

14) *Id.* at 9.

「対テロ戦争」の第2の特徴は、それが「境界」なき戦いであるという点であろう。「対テロ戦争」における主敵は、特定の領域を支配する、すなわち、国境線によってその存在が確定された主権国家ではない。「対テロ戦争」における主敵は、「分散された非国家主体のネットワーク」(QDR2006)、すなわち国際テロ・ネットワークであり、それを支援するテロ支援国家は──少なくとも、理論上は──あくまでも副次的な攻撃目標であるにすぎない。その結果、「対テロ戦争」は、「テレビで見られる劇的な攻撃もあり、成功しても明らかにされない秘密作戦もあり得る。……テロリストの資金を枯渇させ、テロリスト同士を対立させ、彼らを隠れ家から隠れ家へと追い立て、避難場所も休息も得られなくなるまで追い詰めていく」戦いであり（ブッシュJr.大統領）、「オフショアの金融センターでの投資の移動を追跡し、移動を停止させるために、電子的な闘いを進める可能性も十分にあ」る、そして「『敵の領土に侵入する』という言葉を使っても、サイバースペースで侵入することを意味することもある」戦いでもある（ラムズフェルド国防長官）。また、戦争における軍事力の意義も、「軍事力は、個人、集団、諸国にテロリズムを行わせないためにわたしたちが利用する多くの手段のうちのひとつにすぎないものにな」り（ラムズフェルド国防長官）、「多くの人が抱いている戦争のイメージと異なり、この戦争は軍事力のみでは勝つことはできず、軍事力主体でも勝つことはできないであろう」(QDR2006)。
　また、「対テロ戦争」に動員される戦士たちの「この戦闘で着用される制服は、砂漠用のカモフラージュ戦闘服だけではありません。銀行の役員が着用するピンストライプのスーツも、プログラマーの普段着も、どれもが立派な制服なのです」（ラムズフェルド国防長官）ということになる。
　「対テロ戦争」では、誰が「味方」であり、誰が「敵」──テロリストやその支援者──であるか明らかではない。また、「敵」は国境の外から侵入してくるのか、すでに国境の内側に潜伏しているのかもわからない。「敵」と「味方」の間の「境界」の消滅、「敵」と「味方」を分けるはずの防壁としての国境の無意味化こそが、人々のテロに対する恐怖と隣人に対する猜疑心をいっそう亢進させ──それに反比例するかのように人々の寛容さを失わせ──、予防

第1章 《9・11》の衝撃(インパクト)と「対テロ戦争」

を前面化させる。テロを完全に予防するためには、地球上のすべての人々を、明確な「味方」以外はすべて潜在的に「敵」になる可能性のある者として監視し排除しなければならない。「疑わしき人々」に対する事前排除（予防拘束）や監視は、まさに予防の国内的側面として立ち現れることになる。そして、この国内的な予防のための事前排除・監視法制の検討こそが本書の主題でもある。これに対して、予防の対外的な側面が、すぐあとにみる予防戦争であるといえよう。国内における「疑わしき人々」に対する事前排除と監視も、アフガニスタンやイラクに対する予防的自衛のための先制攻撃や予防戦争も、ともに「テロの脅威」から安全を確保するための予防措置（安全のための予防）であり、安全保障・治安政策における予防原則の浸透を表すものにほかならない。

　ところで、「テロの脅威」を完全に封じ込めるためには、テロリストの連絡や資金調達に利用される可能性のあるインターネット、電子メール、衛星携帯電話などすべての情報通信を24時間フルタイムで監視でき、すべての情報発信者・受信者、端末の利用者が特定できなければならない。また、投資市場の顧客、航空機等の乗客、マンションやアパートの居住者、ホテルの宿泊客、外国人留学生などのすべての者の身元が調査でき、彼らの行動が完全に監視できなければならない。

　このような監視を可能とするために、ありとあらゆる最新の情報通信／衛星・宇宙工学／生命科学テクノロジーが動員される。アメリカの国家安全保障局（NSA）は、50ヶ国以上の諜報機関と共同で、世界中に張り巡らせたスパイ衛星（情報収集衛星）・通信傍受衛星・地上レーダー・通信傍受施設等からなる地球規模の電子的監視・盗聴網UKUSA――有名なエシュロンもそのごく一部にすぎない――によって、全時空的電子的監視・盗聴を可能としている。

　FBIは、特定のサーバーを経由するすべての電子メールを盗聴しインターネットの利用者を自動的に追跡・特定する「カーニボー」や、暗号化された電子メールの暗号を解読する「クリッパーチップ２」などを使って市民を監視している。

　最新鋭の軍事偵察（情報収集）衛星は、地上300キロの高高度から、地上にある10センチ程度のものを識別する能力を有しているといわれる。これを応用す

れば、地上を移動する特定の車や個人を追跡することができる。GPS 衛星を利用して、皮下などに埋め込まれたわずか数ミリのマイクロチップから発信される個人識別信号を追跡し特定の個人の行動を捕捉する装置もすでに実用化されている。《9・11》以後、街中に防犯＝監視カメラが氾濫しているが、監視カメラに写った人物の顔や行動パターンの映像をデータベース化しすべての個人を特定し識別する人相識別装置も登場し、世界中の国際空港で、服の下まで透けて見えるＸ線透視装置が設置され始めている。犯罪者・移民・不審者のヒトゲノム／DNA 情報をデータベース化して個人識別する手法も広範に開発されている。[15]

　従って、「対テロ戦争」は、ラムズフェルド国防長官が指摘するように、兵士だけでなく、銀行員、コンピュータ・プログラマー、投資家、ホテル従業員、主婦などあらゆる市民を「戦闘員」として動員すると同時に「潜在的な敵」とみなし、銃弾飛び交う前線だけでなく、職場や家庭などのあらゆる日常生活空間を「戦場」として24時間休みなく戦われる「終わりなき戦争」、すなわち「永久戦争」とならざるを得ない。

15) 現代の監視技術については、さしあたりデイヴィド・ライアン『9・11以後の監視──〈監視社会〉と〈自由〉』（明石書房、2004年）、ジム・レッデン『監視と密告のアメリカ』（成甲書房、2004年）、ジェイムズ・バムフォード『すべては傍受されている──米国国家安全保障局の正体』（角川書店、2003年）、パトリック・ラーデン・キーフ『チャター──全世界盗聴網が監視するテロと日常』（日本放送出版協会、2005年）、ジェームズ・ライゼン『戦争大統領──CIA とブッシュ政権の秘密』（毎日新聞社、2006年）、小倉利丸編『路上に自由を』（インパクト出版会、2003年）、五十嵐太郎『過防備都市』（中公新書ラクレ、2004年）、岡本裕一郎『ポストモダンの思想的根拠──9・11と管理社会』（ナカニシヤ出版、2005年）、阿部潔・成美弘至編『空間管理社会──監視と自由のパラドックス』（新曜社、2006年）、本山美彦『情報戦とペンタゴンの IC タグ開発戦略』本山美彦編『「帝国」と破綻国家──アメリカの「自由」とグローバル化の闇』（ナカニシヤ出版、2005年）104頁以下、ほかを参照。また、参考文献も含めて、拙稿「『安全』の専制──際限なき『安全』への欲望の果ての『自由』の荒野」全国憲法研究会編『憲法問題』12号（2001年5月）93頁以下、同「果てしなき『テロの脅威』と《安全の専制》」全国憲法研究会編『法律時報増刊　憲法と有事法制』（2002年12月）258頁以下、同「パラドックスとしての『安全・安心』──『ゆりかごから墓場まで』の安全という恐怖」全国憲法研究会編『法律時報増刊　憲法改正問題』（2005年5月）207頁以下、同「《9・11》以後の世界──『新しい戦争』と立憲主義の終焉？」『法学セミナー』567号（2002年3月）52頁以下を参照。

第1章 《9・11》の衝撃と「対テロ戦争」

図① 戦争と平和の時間的区分の変遷

　「新しい戦争」としての「対テロ戦争」の時代は、「平時」・「市民の日常生活の場」のすべてが戦争となる。「対テロ戦争」の下では、「戦時」と「平時」、「戦場」と「市民の日常生活の場」の区別はもはや存在しえない。「戦時」と「平時」、「戦場」と「市民の日常生活の場」は完全に融合し、「恐怖による支配」の時代が永続することになる。[16]

　かつて、冷戦時代の国家安全保障（national security）概念は、冷戦構造に固有のイデオロギー装置として、「平時」と「戦時」の垣根を取り払い「戦時体制の常態化」を謀る機能を果たすものであった。それは、いわば、「平時」と「戦時」との間に、両者が混在する不明瞭な「グレーゾーン」を創り出し、その「グレーゾーン」をできる限り拡張しようとするものであった。[17]

　これに対して、「対テロ戦争」は、時間と空間の両面において、「日常生活の場」と「戦場」、「平時」と「戦時」の間の「境界」を取り除き、すべての時間と空間を、「日常生活の場」と「戦場」、「平時」と「戦時」が渾然一体となっ

---

16) 「新しい戦争」の意味については、CSIS, TO PREVAIL: AN AMERICAN STRATEGY FOR THE CAMPAIGN AGAINST TERRORISM (2002)、ジェイムズ・アダムズ『21世紀の戦争――コンピュータが変える戦場と兵器』（日本経済新聞社、1999年）、メアリー・カルドー『新戦争論――グローバル時代の組織的暴力』（岩波書店、2003年）、ポール・ヴィリリオ『幻滅への戦略――グローバル情報支配と警察化する戦争』（青土社、2000年）、「特集ヴィリリオ――戦争の変容」『現代思想』2002年1月号所収の各論稿を参照されたい。

17) 冷戦構造に固有のイデオロギー装置としての国家安全保障（national security）概念については、拙著『国家秘密と情報公開――アメリカ情報自由法と国家秘密特権の法理』（法律文化社、1998年）326頁以下を参照のこと。冷戦国家の形成については、石田正治『冷戦国家の形成――トルーマンと安全保障のパラドックス』（三一書房、1993年）を参照。

た「戦争と平和の融合状態」で覆い尽くす。そこでは、かつての「百年戦争」のように、あるいはまた、今日(こんにち)のイスラエルや「イスラエル占領地(ヨルダン川西岸とガザ地区)」のように、「戦時」と「平時」が、「戦場」と「日常生活の場」が混在し、平和な日常の生活空間の中に、まるで間欠泉が突然吹き上げるかのように、戦場が突如出現することになる。

　そればかりでなく、「対テロ戦争」は、「兵士(戦闘員)」と「市民(文民＝非戦闘員)」の間の「境界」をも取り除いてしまう。民間軍事会社(PMC)の台頭は、「非軍人＝文民の戦闘員」という新たなカテゴリーを登場させたし、[18]周知のように、アフガニスタンやイラクで拘束されたタリバン政権軍兵士やイラク軍兵士、アルカイダなどの戦闘員は、捕虜(軍人)や文民(非戦闘員)に対する国際人道法上の保護が剥奪された「敵性戦闘員(enemy combatants)」——軍人としての「捕虜」でも、非戦闘員としての「文民」でもない存在——としてキューバにあるグアンタナモ米海軍基地やイラクのアブグレイブ収容所へ収容され、長期にわたる拘留と拷問を強いられている。[19]

---

[18]　民間軍事会社(PMC)の台頭とそれによって引き起こされる諸問題については、さしあたりP・W・シンガー『戦争請負会社』(日本放送出版協会、2004年)、本山美彦『民営化される戦争』(ナカニシヤ出版、2004年)、菅原出『外注される戦争』(草思社、2007年)ほかを参照のこと。

[19]　「敵性戦闘員(enemy combatants)」のグアンタナモ米海軍基地内収容サイトへの収容、長期間の拘留、軍事審問委員会(Military Commission)での裁判、さらにはCIA秘密収容所(Black Site)については、膨大な文献があるが、ここでは、さしあたり、日本語文献のみを紹介しておく。大沢秀介「アメリカ合衆国におけるテロ対策法制——憲法を中心として」大沢秀介・小山剛編『市民生活の自由と安全——各国のテロ対策法制』(成文堂、2006年) 1頁以下、特に22–23頁、熊谷卓「誰がテロリストを裁くのか?——合衆国軍事委員会と国際人権法」『新潟国際情報大学情報文化学部紀要』6号(2003年3月)87頁以下、同「テロリストと人身保護請求の可否——グアンタナモの被拘束者に関する5つの裁判例から」『新潟国際情報大学情報文化学部紀要』7号(2004年3月)119頁以下、同「対テロ戦争と人権——グアンタナモの被拘束者をめぐるアメリカ合衆国連邦最高裁の判断」『新潟国際情報大学情報文化学部紀要』8号(2005年3月)119頁以下、同「対テロ戦争と国際人権法——グアンタナモの被拘束者に対する市民的および政治的権利に関する国際規約(自由権規約)の適用可能性」『広島法学』29巻2号(2005年12月)81頁以下、中村良隆「最近の判例 Hamdan v. Rumsfeld, 126 S. Ct. 2749 (2006)——グアンタナモ基地に抑留されている敵戦闘員について、テロの共謀を理由に、ジュネーヴ第3条約の要件に違

「対テロ戦争」の第3の、そして、最大の特徴は、それが、従来の武力攻撃を現に受けたり、武力攻撃が切迫した状況での自衛のための武力行使としてではなく、将来における脅威となる可能性を事前に排除しておくための予防的な武力行使、すなわち予防戦争として行われている点にこそ求められるであろう。しかし、ブッシュ Jr. 政権の予防戦争戦略について検討する前に、その前提となるブッシュ Jr. 政権のテロ認識と包括的な対テロ政策をみておくことにしたい。

2. ブッシュ Jr. 政権のテロ認識

（1） テロの基本構造

ブッシュ Jr. 政権は、アフガニスタンで対テロ戦争を開始してから丸1年以上経過した2003年2月、ブッシュ Jr. 政権のテロ認識と対テロ政策を包括的に記述した『テロとの戦いのための国家戦略（National Strategy for Combating Terrorism）』（『対テロ国家戦略』）を公表した。[20]

『対テロ国家戦略』は、テロが発生する基本構造（basic structure）を次のように説明する。テロの基本構造は、図②に示すように、①基礎条件（Underlying Conditions）、②国際環境（International Environment）、③諸国家（States）、④組織（Organization）、⑤指導力（Leadership）の5層構造からなるとする。①基礎条件とは、貧困、腐敗、宗教紛争、エスニックな対立など、テロリストが活動できる機会を作り出す条件のことである。②国際環境とは、テロリストの戦略

反する軍事委員会によって裁判を行うことはできないと判示された事例」『アメリカ法』2007年1号（2007年12月）、セイモア・ハーシュ『アメリカの秘密戦争――9.11からアブグレイブへの道』（日本経済新聞社、2004年）、スティーヴン・グレイ『CIA秘密飛行便――テロ容疑者移送工作の全貌』（朝日新聞社、2007年）、アムネスティ・インターナショナル日本編『グアンタナモ収容所で何が起きているのか――暴かれるアメリカの「反テロ」戦争』（合同出版、2007年）ほか。

20) THE WHITE HOUSE, NATIONAL STRATEGY FOR COMBATING TERRORISM (Feb., 2003). 同報告書の内容については、宮坂・前掲注2）を参照のこと。

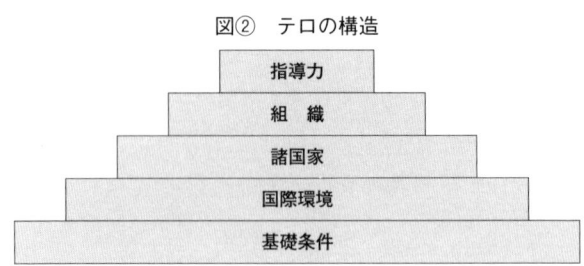

図② テロの構造

が具体化される領域と定義され、国境がより自由でより開かれたものとなった結果、国際環境は、テロリストに、聖域、能力、その他の支援へのアクセスを提供するものとなったとされる。③諸国家とは、安全な隠れ家、訓練場などの物質的な聖域と、信頼性の高い通信・金融ネットワークなどのヴァーチャルな聖域の両方を提供する国家のことであり、それらの提供が故意であるか無意識のものであるかは問わない。④テロリスト組織は、ひとたび安全な活動環境の中に身を潜めれば、強固なものとなり、拡大するという。そして、テロ組織の構造、構成員、資源、安全保障は、そのような聖域の能力と範囲によって決定されるとされる。⑤テロ組織の指導力は、テロ組織の方向性と戦略を決定する。[21]

(2) ブッシュ Jr. 政権のテロ対策

このような基本構造を背景に発生し、自由に国境線を越えて活動し、提携する、かつてよりはるかに自律性を増したテロ組織に対して、『対テロ国家戦略』は、4つの目的または戦略によって対応しようとする。4つの目的／戦略とは、ⓐ「打ち負かす（defeat）」、ⓑ「断ち切る（deny）」、ⓒ「縮減する（diminish）」、ⓓ「防衛する（defend）」の4つである。

ⓐ「打ち負かす（defeat）」──テロリストとテロ組織を打ち負かすために、テロリストとテロ組織を特定し、所在を突き止め、破壊するという3つの具体的目標が設定される。[22]

---

21) *Id.* at 6.
22) *Id.* at 15—17.

ⓑ「断ち切る (deny)」——テロリストへの支援を断ち切るために、テロ支援国家によるテロ支援を終わらせ、各国のテロとの戦いに関して説明責任 (accountability) の国際的な基準を確立・維持し——アメリカの主導する対テロ有志連合 (willing coalition) にどれだけ積極的に参加しまた積極的に貢献したかをアメリカが成績評価するということ——、テロとの戦いのための国際的な努力を強化・継続し、テロリストへの物質的支援を禁止・遮断し、テロリストが逃げ込み、組織を拡大し、訓練を積むための聖域を根絶するとする。[23]

ⓒ「縮減する (diminish)」——テロリストの活動を支えている基礎条件を縮減するために、国際共同体と連携して、弱小国家 (weak states) を強化しテロへの（再）関与を防止し、対テロ戦争の思想的側面 (War of Ideas) に勝ち抜くことが必要であるとする。[24]

ⓓ「防衛する (defend)」——海外および国内においてアメリカ市民とアメリカの権益を保護するため、国土安全保障のための国家戦略を実行し、「領域警戒 (domain awareness)」を獲得し、国内外での重要な物理的・情報的インフラストラクチャーの統合性、信頼性、利用可能性を確保するための手段を講じ、海外でアメリカ市民を保護する手段を統合し、事態管理能力を確保するなどの必要があるとする。[25]なお、「領域警戒」とは、空域、陸上、海上、サイバー空間のいずれの特定の領域においても、アメリカ合衆国とその市民の安全、安全保障、環境に対する脅威となり得るあらゆる活動、出来事、傾向を効果的に探知する能力のことであり、脅威をできるだけ早期に、かつ、アメリカの国境からできるだけ遠いところで認知することによって、可能ならば、最適の行動方針を決定するための最大限の時間的余裕を提供するものであるという。[26]

そして、『対テロ国家戦略』は、ⓐ「打ち負かす (defeat)」、ⓑ「断ち切る (deny)」、ⓒ「縮減する (diminish)」、ⓓ「防衛する (defend)」の4つの戦線で、同時に、国力のすべての要素、すなわち、外交、経済、情報、金融、法執

---

23) *Id.* at 17—22.
24) *Id.* at 22—24.
25) *Id.* at 24—28.
26) *Id.* at 25.

行、情報活動（諜報）、軍事力を持続的、不変的、組織的に適用することによってのみ成功が実現されるとする[27]。

ⓐ「打ち負かす（defeat）」とⓑ「断ち切る（deny）」は、いわば「槍」としての対抗テロリズム／テロリズム対策（counter-terrorism）——先制攻撃・予防戦争——にかかわり、ⓓ「防衛する（defend）」は「盾」としての反テロリズム（anti-terrorism）——テロ予防対策・テロリスト監視——にかかわる[28]。

3. 予防戦争としての「対テロ戦争」——ブッシュJr.政権における予防戦争の論理

（1） 冷戦構造の崩壊と脅威認識の変化

冷戦構造の崩壊にともない、アメリカの国家安全保障の中心課題は、旧ソ連の軍事的脅威に対する対応から、アメリカがときに「ならず者国家（rogue states）」とか「悪の枢軸（axis of evil）」と呼ぶ、イラク、イラン、リビア、シリア、北朝鮮などの諸国家と国際テロ組織による大量破壊兵器の開発・保有・使用能力の獲得をいかにして阻止（不拡散（nonproliferation））し、またいかにして大量破壊兵器の使用を抑止するか（対抗拡散（counterproliferation））という課題への対応へと決定的にシフトした[29]。

---

27) *Id.* at 29.
28) チャールズ・タウンゼンドによれば、反テロリズム（anti-terrorism）とは、「国家がとるすべての法的措置で、特別法から戒厳令まで」を意味し、対抗テロリズム／テロリズム対策（counter-terrorism）は、「暗殺や恣意的な報復のようなテロ行為を国家が採用すること」であるという。もっとも、タウンゼンドも指摘しているように両者の違いは「曖昧にされてきたことも多い」（チャールズ・タウンゼンド『テロリズム』（岩波書店、2003年）147頁）。実際、アメリカ法の場合、両者の使い分けは必ずしも厳密ではなく、しばしば互換的に用いられている。なお、本書では、両者を包摂するより広い意味で「対テロ」および「テロ対策」という用語を用いることとする。
29) 冷戦後のアメリカの国家安全保障政策については、さしあたり、以下の諸文献を参照のこと。川上高司『米軍の前方展開と日米同盟』（同文舘出版、2004年）、同「9.11テロ後のアメリカの安全保障戦略」『国際安全保障』30巻1・2合併号（2002年9月）103頁以下、山田浩『現代アメリカの軍事戦略と日本』（法律文化社、2002年）、マイケル・クレア『冷戦後の米軍事戦略——新たな敵を求めて』（かや書房、1998年）、新原昭治『核兵器使用計

そして、ブッシュ Jr. 政権は、《9・11》直後からアフガニスタンやイラクへの攻撃準備を進め、実際に、「対テロ戦争（war on terrorism）」の一環として、2001年10月7日、国際テロ組織アルカイダとそれを「支援」するタリバン政権を壊滅させるためアフガニスタンに対して、また、2003年3月19日にはフセイン政権を排除するためにイラクに対して先制攻撃を開始した。

このアフガニスタンに対するアメリカの先制武力攻撃をめぐっては、アルカイダのような非国家主体たるテロ組織に対して国家が自衛権を行使しうるのかどうかという点について様々な議論がある。しかし、少なくともブッシュ

画」を読み解く——アメリカ新核戦略と日本』（新日本出版社、2002年）、宮脇岑生『現代アメリカの外交と連邦議会——大統領と連邦議会の戦争権限の理論と現実』（流通経済大学出版会、2004年）、近藤重克・梅本哲也編『ブッシュ政権の国防政策（JIIA 研究6）』（日本国際問題研究所、2002年）、久保文明編『G・W・ブッシュ政権とアメリカの保守勢力——共和党の分析（JIIA 現代アメリカ6）』（日本国際問題研究所、2003年）、江畑謙介『〈新版〉米軍再編』（ビジネス社、2006年）、同『アメリカの軍事戦略』（講談社現代新書、1996年）、同『最新・アメリカの軍事力』（講談社現代新書、2002年）、山口昇「冷戦終結後における米国防政策の変遷」『国際安全保障』29巻3号（2001年12月）5頁以下、ポール＝マリー・ド＝ラゴルス「危険きわまりない米国の新戦略概念」『ル・モンド・ディプロマティーク（日本語電子版）』《http://www.netlaputa.ne.jp/~kagumi/articles02/0209-2.html》、福田毅「米軍の変革とグローバル・ポスチャー・レビュー（在外米軍の再編）」『レファレンス』2005年6月号62頁以下、同「在欧米軍の現状と再編の動向」『レファレンス』2005年8月号67頁以下、鈴木祐二「第七章　ブッシュ政権の反テロ戦争と軍事力の『変革』」日本国際問題研究所平成15年度研究報告書『新しい米欧関係と日本（欧州の自立と矜持）』（2004年3月31日）111頁以下、上野英詞「21世紀の米軍像」『新防衛論集』27巻4号（2000年3月）20頁以下、梅本哲也「在外米軍の再編——米軍『変革』の文脈で」『国際安全保障』33巻3号（2005年12月）1頁以下、本山美彦「『不安定の弧』と『トランスフォーメーション』」本山美彦編『「帝国」と破綻国家——アメリカの「自由」とグローバル化の闇』（ナカニシヤ出版、2005年）19頁以下。

30) ボブ・ウッドワードによれば、ブッシュ Jr. 大統領がラムズフェルド国防長官にイラク攻撃作戦計画の策定を命じたのは、2001年11月21日であったという（ボブ・ウッドワード『攻撃計画』（日本経済新聞社、2004年）3—5頁）。

31) この問題をめぐっては、清水隆雄「国際法と先制的自衛」『レファレンス』2004年4月号28頁以下、片山善雄・橋本靖明「テロと国際法」『防衛研究所紀要』6巻2号（2003年12月）65頁以下、浅田正彦「同時多発テロ事件と国際法——武力行使の法的評価を中心に」『国際安全保障』30巻1・2合併号（2002年9月）68頁以下を参照。また、2003年のアメリカのイラク侵攻については、小林宏晨「イラク戦争（2003）の合法性と違法性」『防衛法研

Jr. 政権は、それを予防的な自衛権行使（right of self-defense by acting preemptively）（先制的自衛）として正当化している。また、その２年後にアメリカが行ったイラクに対する先制的な武力攻撃は、予防戦争（preventive war）としてその正当化が図られた。ここでは、ブッシュ Jr. 政権やアメリカ軍当局による予防的自衛権の行使や予防戦争を正当化する議論を検証しておくことにしたい。

　《9・11》の発生を受けて、この年の９月に公表される予定であった2001年版『国防計画４年次見直し（Quadrennial Defense Review : QDR）』（QDR2001）は、急遽大幅に書き換えられることになった。9月30日に公表されたQDR2001は、大量破壊兵器テロをアメリカの国家安全保障への主要な脅威と位置づけ、アメリカ軍の戦力を、テロからアメリカ本土を防衛するための新兵器システム・軍備の開発や、全世界で迅速にテロ組織を制圧し得る緊急展開能力の確保などに向けて再編する方針を採用した。[32]

　では、ブッシュ Jr. 政権は、いかなる軍事力を、どのように用いることによって、アメリカの国家安全保障への主要な脅威である大量破壊兵器テロから

　　究』28号（2004年）97頁以下、同「対イラク戦争（2003）の法的問題――ゴールドスミス卿の法的評価」『防衛法研究』29号（2005年）237頁以下、大場昭「イラク戦争と先制的自衛の法理――国連憲章第51条の解釈の変遷」『防衛法研究』29号（2005年）197頁以下、真山全「武力攻撃の発生と自衛権行使」『国際安全保障』31巻４号（2004年３月）17頁以下を参照のこと。

32）　QDR2001については、山口昇「冷戦終結後における米国防政策の変遷」『国際安全保障』29巻３号（2001年12月）５頁以下、鈴木祐二「第七章　ブッシュ政権の反テロ戦争と軍事力の『変革』」日本国際問題研究所平成15年度研究報告書『新しい米欧関係と日本（欧州の自立と矜持）』（2004年３月31日）111頁以下、高橋杉雄「情報 RMA と国防変革構想」近藤重克・梅本哲也編『ブッシュ政権の国防政策（JIIA 研究６）』（日本国際問題研究所、2002年）135頁以下、近藤重克「ブッシュ政権の国防戦略――ポスト冷戦とポスト九月一一日同時多発テロへの対応」近藤重克・梅本哲也編『ブッシュ政権の国防政策（JIIA 研究６）』（日本国際問題研究所、2002年）１頁以下、江畑謙介「QDRと米軍の海外展開」近藤重克・梅本哲也編『ブッシュ政権の国防政策（JIIA 研究６）』（日本国際問題研究所、2002年）103頁以下、川上高司「ブッシュ・ドクトリンと同盟管理」久保文明編『Ｇ・Ｗ・ブッシュ政権とアメリカの保守勢力――共和党の分析（JIIA 現代アメリカ６）』（日本国際問題研究所、2003年）232頁以下参照のこと。

アメリカ国土（American Homeland）を守ろうとしているのであろうか。

（2） 先制攻撃による予防的自衛から予防戦争へ──ブッシュ・ドクトリンの射程

2002年9月に公表された『国家安全保障戦略（National Security Strategy of the United States of America）[33]』（2002年版『国家安全保障戦略』）は、旧ソ連の崩壊と冷戦の終結によってアメリカをとりまく国家安全保障環境が大きく変わったとし、<u>国際テロ組織やイラク、イラン、北朝鮮などの「ならず者国家（rogue states）」による大量破壊兵器の開発・保有・使用能力の獲得こそが、今日、アメリカの安全保障にとって「新たな破壊的な難問」、すなわち、最も主要な脅威となっている</u>とする。そして、国際テロ組織や「ならず者国家」が大量破壊兵器の使用能力を獲得することを事前に阻止するための「予防的な対抗拡散努力（proactive counter proliferation efforts）」の一環として、国際テロ組織や「ならず者国家」に対する先制攻撃による自衛権の行使（right of self-defense by acting preemptively）を正当化する。

2002年版『国家安全保障戦略』は、大量破壊兵器使用に対する「対抗拡散（counterproliferation）」を、「脅威が実行に移される前に抑止し、脅威に対する防衛をする[34]」ことと定義している。より具体的には、「アメリカの国防改革と国土安全保障システムに、探知、能動的防衛および受動的防衛、反撃能力といった鍵となる主要な能力を組み込むこと」であり、「対抗拡散が、アメリカ合衆国の軍隊および同盟国の軍隊のドクトリン、訓練、装備に組み込まれ、大量破壊兵器で武装した敵とのいかなる紛争にも打ち勝てるようにすること[35]」であるとされる。

この「対抗拡散」という概念は、大量破壊兵器の研究開発に必要な原料、技術、専門知識などの獲得を阻止するという意味での「拡散防止（nonproliferation）」とは、大量破壊兵器をすでに開発もしくは保有している敵が、その大量破壊兵

---

33) THE WHITE HOUSE, THE NATIONAL SECURITY STRATEGY OF THE UNITED STATES OF AMERICA (Sept., 2002).
34) *Id.* at 14.
35) *Id.* at 14.

器を使用する前に、先制攻撃によってでもその使用を阻止するという点で異なる。

　しかしながら、「拡散防止」と「対抗拡散」の違いは曖昧かつ微妙である。なぜなら、敵による大量破壊兵器の研究開発を、原料等の獲得を妨げることで阻止することと、先制攻撃を仕掛けて壊滅させることによって阻止することとの間に、明確な境界線を引くことは著しく困難だからである。

　この点について、2002年12月に公表された『大量破壊兵器に対する国家戦略(National Strategy to Combat Weapons of Mass Destruction)』[36]は、「対抗拡散」を、①阻止 (interdiction)、②抑止 (deterrence)、③防衛と軽減 (defense and mitigation) の3つの構成要素から成るものとしている[37]。このうち、第1の「阻止 (interdiction)」は、「アメリカ合衆国の軍隊、情報機関、技術的機関、法執行共同体の能力を強化することにより、大量破壊兵器に関する物質、技術、知識が敵性国家（hostile states）やテロリスト組織に移転されるのを阻止」することとされるが[38]、これは、ほぼ「拡散防止」と同義である。すなわち、「対抗拡散」には、「拡散防止」機能も組み込まれているのであり、両者の違いは、ただ、前者が先制攻撃も含む軍事的手段によって達成されるのに対し、後者では軍事的手段によって達成されることが明示されていないというにすぎない。

---

36) THE WHITE HOUSE, NATIONAL STRATEGY TO COMBAT WEAPONS OF MASS DESTRUCTION (Dec., 2002).

37) *Id.* at 2—3. なお、他の2つ、「抑止 (deterrence)」と「防衛と軽減 (defense and mitigation)」について、「抑止」とは、新しい形の脅威には新しい形の抑止手段が必要であり、潜在的な敵による大量破壊兵器の入手や使用を抑止するためには、アメリカ合衆国は「あらゆる選択肢」をとることを含め、圧倒的な軍事力を行使して反撃する権利を留保する強力かつ明確な政策を採用することが必要であり、効果的な情報活動、偵察、阻止、国内での法執行能力を結集することにより、大量破壊兵器の使用に対し圧倒的な力で反撃する可能性を示すことで補強されるものとされる。また、「防衛と軽減」とは、抑止が成功せず、アメリカ軍とアメリカ市民に対して大量破壊兵器が使用された場合に備えて、目標へ向かう途中の大量破壊兵器を粉砕し、無力化または破壊する能動的防衛能力と、大量破壊兵器による攻撃の被害を効果的に軽減する受動的防衛能力を備えることであるとされる。そして、「適切と判断される場合」には、大量破壊兵器が使用される前に敵の大量破壊兵器関連施設を発見し破壊する先制手段（preemptive measures）をとることも含まれる（*Id.* at 3）。

38) *Id.* at 2—3.

第1章 《9・11》の衝撃(インパクト)と「対テロ戦争」

もっとも、後者の「拡散防止」であっても、「拡散に対する安全保障構想(PSI)」においては、各国の沿岸警備隊等とならんで海軍力も使用されるので、軍事力の使用というメルクマールも相対的なものにすぎない。

　ここでもう一度、2002年版『国家安全保障戦略』の検討に戻ろう。2002年版『国家安全保障戦略』は、アメリカは「長年に渡り、国家安全保障に対する<u>十分な脅威に対しては先制攻撃を行う選択肢を保持してきた</u>[39]」し、今後も、「<u>敵による敵対行為を未然に防止するために、アメリカ合衆国は、必要とあらば先制的に行動する</u>」ものとしていた。すなわち、「潜在的攻撃への抑止力の欠如、今日の脅威の緊急性、そして敵の選択する兵器がもたらしうる潜在的な損害の規模を考慮すれば、選択の余地はない。合衆国は、敵に先制攻撃を許すわけには行かない[41]」のであって、「<u>脅威がアメリカ合衆国の国境に達する前に、脅威を確認し、破壊することによって、アメリカ合衆国とアメリカ人民、そして国内および海外の合衆国の権益を防衛する。アメリカ合衆国は国際共同体の支援を得るために常に努力するが、アメリカ人民とアメリカ国家に損害をもたらすことを防止するために、必要とあれば、テロリストに対する単独行動（act alone）、先制攻撃による自衛権行使（right of self-defense by acting preemptively）をためらうことはない</u>」として、アメリカの先制攻撃、先制的な武力の行使についての断固たる意思を強調している。

　アメリカに対する脅威を予め取り除いておくための先制攻撃という2002年版『国家安全保障戦略』が改めて再確認した戦略概念を、通常、ブッシュ・ドクトリンと称する。そこで次に問題となるのが、ブッシュ・ドクトリンの射程、すなわち、それが先制攻撃による予防的自衛にとどまるものなのか、それともそれを越えて予防戦争までも肯定したものなのかという点である。

　2002年版『国家安全保障戦略』は、従来から、国家は、「現に攻撃を受ける」前であっても「<u>差し迫った攻撃の危険（an imminent danger of attack）</u>」が

---

39) THE WHITE HOUSE, *supra* note 33, at 15.
40) *Id*. at 15.
41) *Id*. at 15.
42) *Id*. at 6.

21

あれば合法的な自衛措置をとり得たのであるが、今日、「潜在的攻撃への抑止力の欠如、今日の脅威の緊急性、そして敵の選択する兵器がもたらし得る潜在的な損害の規模」などから、予防的自衛の「差し迫った脅威（imminent threat）」という要件は、「敵の攻撃の時間と場所が不確かであっても、自衛のための先制攻撃を行う論拠[43]」、すなわち、「潜在的脅威（immanence threat）」という曖昧かつ漠然とした要件へと改鋳される必要があるとする。この結果、わずか1％でも将来脅威となりうる可能性があれば先制攻撃を行うことが正当化されることになる[44]。ブッシュJr.政権が開始した「対テロ戦争」、ことに2003年の対イラク戦争は、将来の潜在的な脅威の可能性をあらかじめ排除しておくための、予防原則に基づく先制的な武力攻撃、すなわち予防戦争（preventive war）にほかならない。

　ところで、2002年版『国家安全保障戦略』では、「先制攻撃による自衛権行使（right of self-defense by acting preemptively）」という用語以外に、「予防戦争（preventive war）」や「先手を打った自衛（anticipatory self-defense）」などの用語も用いられており、同戦略が①先制攻撃による予防的自衛権の行使を正当化したものにとどまるのか、②それを越えて予防戦争までも正当化したものであったのかについては議論の余地がある。

　この点について、清水隆雄は、「敵の攻撃が急迫していることの疑う余地のない証拠に基づいて発動される」のが先制的自衛、「切迫してはいないが、将来、武力攻撃が不可避と予見し、対応の遅延は危険の増大につながると信じて開始される戦争」が予防戦争であるとするアメリカ統合参謀本部編『軍事用語辞典（Joint Chief of Staff, Dictionary of Military and Associated Terms（1997））』の定義を引用した上で、先制的自衛、予防戦争、そして先制的自衛と予防戦争の間のいずれかの時点に存在するものとされる「先回り自衛（anticipatory

---

[43] *Id.* at 15.
[44] この、わずか1％でも将来的かつ潜在的な脅威があれば、その脅威を排除するためにアメリカは予防戦争を行わなければならないという方針を、特に「1％ドクトリン（one percent doctrine）」もしくは「チェイニー・ドクトリン」という（RON SUSKIND, ONE PERCENT DOCTRINE: DEEP INSIDE AMERICA'S PURSUIT OF ITS ENEMIES SINCE 9/11 (2007)）。

self-defense)」の「この３つの言葉の間に明確な線を引くのは困難である。特に、時間的な境界線は明確ではない。３者に共通するのは、<u>攻撃があった後ではなく、それ以前でも、自衛権が発動される</u>ということである」とする[45]。

　他方、ベンジャミン・R・バーバーは、2002年版『国家安全保障戦略』を端的に「予防戦争理論」を公式に採用したものと位置づけた上で、アメリカによる「予防戦争」の行使は、「敵対する国にも友好国にも一様に衝撃と恐怖を与えて全世界を服従させようと誓うことによって、……戦争を引き起こす国として世界中から最も恐れられる存在」、すなわち「恐怖の帝国」へと豹変させたとする[46]。さらに、川上高司は、「先制攻撃を辞さない『アメリカの国家安全保障戦略（以下、ブッシュ・ドクトリン）』（2002年９月17日）の発表によりアメリカの戦略上のコペルニクス的転回が図られた」とする[47]。

　なお、2002年版『国家安全保障戦略』では、予防的自衛権行使としての先制攻撃あるいは予防戦争に核兵器による先制攻撃が含まれるかどうかという点については明示されていなかった。しかし、2001年12月に策定されたといわれる2001年『核態勢見直し（U. S. Nuclear Posture Review : NPR）』は、核戦力の維持が大量破壊兵器の脅威に対抗するために必要であるとし、実際に実戦で使用できる小型核弾頭の開発を進めるものとしていた[48]。また、2002年12月の『大量破壊兵器に対する国家戦略（National Strategy to Combat Weapons of Mass Destruction）』では、「合衆国、海外のアメリカ軍、友好国および同盟国に対する大量破壊兵器の使用に対しては、合衆国は引き続き<u>圧倒的な武力</u>――すべて

---

45)　清水隆雄「国際法と先制的自衛」『レファレンス』2001年４月号34頁。この点につき、吉崎知典「国際秩序と米国の先制攻撃論――戦略論の視点から」『国際安全保障』31巻４号（2004年３月）１頁以下、特に７頁も併せて参照のこと。
46)　ベンジャミン・R・バーバー『予防戦争という論理』（阪急コミュニケーションズ、2004年）74頁、10頁。
47)　川上・前掲注32）232頁。
48)　2001年『核態勢見直し（U. S. Nuclear Posture Review : NPR）』は非公開の秘密指定文書であるため、その原文を利用することはできなかったが、その概要については、*See*, Cordesman, *The Impact of the US Nuclear Posture Review : Analytic Summary* (Jan. 10, 2002) ; *Nuclear Posture Review*《http://www.globalsecurity.org/wmd/library/policy/dod/npr.htm》。

の選択肢の行使を含む——で対応する権利を留保する」と述べ、核兵器使用のオプションもとりうることを示唆している[49]。さらに、2004年２月に公表された国防総省・国防科学委員会『将来の戦略的攻撃部隊 (Report of the Defense Science Board Task Force on Future Strategic Strike Forces)』は、大量破壊兵器（WMD）の脅威に対抗するため地中貫通型小型核弾頭兵器（RNEP）の開発を勧告している[50]。

　アメリカは、遅くとも1990年代半ばには核兵器による先制攻撃態勢を確立していたとされる。アメリカ統合参謀本部が1995年に策定した『統合核兵器運用ドクトリン (Joint Pub 3-12: Doctrine for Joint Nuclear Operations)』には、「アメリカ核戦力の基本的な目的は、大量破壊兵器（WMD）の使用を抑止することである」と明記されている[51]。大量破壊兵器の使用を阻止するための先制攻撃による先制的自衛・予防戦争が肯定され、かつ、大量破壊兵器の使用を抑止するために核兵器の使用が肯定されるということは、とりもなおさず、大量破壊兵器の使用を阻止するためには、核兵器による先制攻撃も正当化されるということを意味することとなろう。

（３）　予防戦争としての「対テロ戦争」

　2002年版『国家安全保障戦略』が公表されてからわずか１ヶ月後の2002年10月に、CIAは、イラクは、①国連安保理決議を無視して、核・生物・化学大量破壊兵器の開発計画を維持し、国連安保理決議で制限された射程距離を超えるミサイル（大量破壊兵器の運搬手段）を保有しており、②これらの大量破壊兵

---

49)　THE WHITE HOUSE, *supra* note 36, at 3.
50)　OFFICE OF THE UNDER SECRETARY OF DEFENSE FOR ACQUISITION, TECHNOLOGY, AND LOGISTICS, REPORT OF THE DEFENSE SCIENCE BOARD TASK FORCE ON FUTURE STRATEGIC STRIKE FORCES at 6—11 (Feb., 2004). アメリカの地中貫通型小型核兵器の開発政策については、Woolf, *U. S. Nuclear Weapons: Changes in Policy and Force Structure* (CRS Order Code RL31,623, Jan. 23, 2008)、松山健二「米国の核政策における地中貫通核兵器及び低威力核兵器の役割」『レファレンス』2004年６月号57頁以下を参照のこと。
51)　JOINT PUB 3-12: DOCTRINE FOR JOINT NUCLEAR OPERATIONS (Dec. 15, 1995). *See also*, UNITED STATES AIR FORCE, AIR FORCE DOCTRINE DOCUMENT 2-1.5: NUCLEAR OPERATIONS (July 15, 1998).

器の開発を巧みに隠蔽していることなどを骨子とする『イラクの大量破壊兵器 (Iraq's Weapons of Mass Destruction Programs)』を公表した。そして、2002年10月16日、イラクによってもたらされている脅威からアメリカ合衆国を防衛し、イラクに関するすべての国連安保理決議をイラク政府に履行させるために「必要かつ適切」な合衆国軍隊の使用を大統領に授権する両院合同決議 (Authorization for Use of Military Force Against Iraq Resolution of 2002: AUMFIR) が制定され、いつでもイラクを攻撃できる態勢が整えられた。

2002年12月、前述した『大量破壊兵器に対する国家戦略』が公表され、翌2003年2月5日、パウエル国務長官が、国連安保理において、イラクの大量破壊兵器計画と、フセイン政権とアルカイダの結びつきについて、先のCIA報告書に依拠した「具体的な証拠」を提示しながらイラクに対する武力行使の必要性を強調した。

2003年3月17日、ブッシュ Jr. 大統領は、イラクのフセイン政権が大量破壊兵器の完全廃棄という1991年の湾岸戦争終結の条件に反して、なお「最も破壊

---

52) CIA, Iraq's Weapons of Mass Destruction Programs (Oct., 2002). もっとも、よく知られているように、2004年9月に、CIA長官特別顧問チャールズ・ダルファー (Charles Duelfer) を長とするイラク検証グループ (Iraq Survey Group: ISG) が2003年6月から2004年9月26日にかけてイラクで行った大量破壊兵器の開発・貯蔵等に関する調査結果をまとめて公表したSpecial Advisor to the Director of Central Intelligence, Comprehensive Report of the Special Advisor to the DCI on Iraq's WMD (Sept. 30, 2004) (通称、Duelfer Report) によれば、アメリカとの開戦前に、イラクが大量破壊兵器を開発・貯蔵していたいかなる兆候もなかったことが明らかにされ、2002年10月のCIAの報告書が事実無根であったことが明らかにされた。なお、2005年3月に公表されたDuelfer Reportの追補 (Special Advisor to the Director of Central Intelligence, Addendums to the Comprehensive Report of the Special Advisor to the DCI on Iraq's WMD (March, 2005)) では、開戦前にイラクの大量破壊兵器が第3国へ移転されたという兆候もなかったことが明らかにされ、アメリカの対イラク戦争の開戦根拠が完全に崩れたことが明白となった。大量破壊兵器に関する合衆国の情報活動能力に関する委員会の2005年3月31日の報告書 (The Commission on the Intelligence Capabilities of the United States Regarding Weapons of Mass Destruction, Report to the President of the United States (March 31, 2005)) もDuelfer Reportと同様の結論を下している。

53) Authorization for Use of Military Force Against Iraq Resolution of 2002, Pub. L. No. 107-243, §3(a), 116 Stat. 1498, 1501 (2002).

的な武器のいくつかを保有し隠蔽し続けていることは疑いがない」として、フセイン大統領に対して48時間以内の国外退去を通告し、3月19日にはイラクへの「宣戦布告」を宣言、アメリカ軍とその同盟軍(「有志連合」)は、国連安保理におけるフランスやドイツの反対を無視して、安保理による武力行使授権決議すら得ることなしに、イラクへの軍事侵攻を開始した。従って、アメリカのイラク侵攻は、「敵の攻撃が急迫していることの疑う余地のない証拠に基づいて発動される」先制的自衛(予防的自衛権の行使)であったというよりは、むしろ、<u>「切迫してはいないが、将来、武力攻撃が不可避と予見し、対応の遅延は危険の増大につながると信じて開始される」</u>予防戦争として行われたものといえよう。

　2003年11月20日には、2003年版の『国防報告(Annual Report to the President and the Congress)』が公表された。[55] 2003年版『国防報告』は、国際テロ・大量破壊兵器に対抗するために、アメリカ軍を軽量で機動性の優れた軍隊に転換するものとした。より具体的には、①「10-30-30」計画(少数精鋭のハイテク部隊による速攻で戦争を展開、最初の10日間で展開・次の30日で戦争に勝利・最後の30日で撤収完了)、②攻撃力の高い海兵隊を、2時間以内に世界中のどこにでも展開できる態勢を整える、③陸軍第1師団(ワシントン州からキャンプ座間へ移転)、第7艦隊(横須賀)、第5空軍(横田)、第3海兵遠征軍(沖縄)の各司令部に、アフリカ・バルカン半島〜中東〜東南アジアの「不安定の弧」への戦力展開拠点機能を持たせるなどの改革を行うものとしていた。

　また、アメリカの在外兵力の再編成を行うために、在米軍基地を4つのレベルに格付けし直すものとし(日本は戦力展開拠点(PPH)とされる一方、在韓米軍は1万2000人削減し、2万5000人態勢へ、在独米軍は陸軍2個師団を削減、米欧州軍海軍司令部はロンドンからナポリへ移動、在独・米空軍1個航空団はトルコへ移動するものとされた)、さらに、北朝鮮・中国の弾道ミサイルへの対応として、弾道ミサイル防衛システム搭載イージス駆逐艦15隻(2004年度配備予定の5隻のうち、

---

54) このときのパウエル国務長官の発言内容が誤りであったことにつき、第6章1.を参照のこと。

55) DONALD H. RUMSFELD, SECRETARY OF DEFENSE, ANNUAL REPORT TO THE PRESIDENT AND THE CONGRESS (Nov. 20, 2003).

第1章　《9・11》の衝撃と「対テロ戦争」

図③　戦略立案の位階構造

```
国家安全保障戦略
(National Security Strategy : NSS)
       ↓
国家防衛戦略
(National Defense Strategy : NDS)
       ↓
国家軍事戦略
(National Military Strategy : NMS)
       ↓
国防計画4年次見直し
(Quadrennial Defense Review : QDR)
```

2隻は日本へ、3隻はハワイへ配備の予定)、海上配備型迎撃ミサイル (SM-3) 搭載巡洋艦3隻を2006年までに日本海・太平洋に配備するものとされた。なお、2005会計年度国防歳出予算案は、総額4,170億ドル (約45兆3900億円) にのぼる。

　国防総省は、2006年2月、2002年版『国家安全保障戦略』等で示された戦略原則に基づく2006年版『国防計画4年次見直し (Quadrennial Defense Review Report : QDR2006)』を発表した。[56]

　これまでのQDR1997やQDR2001が戦力構成と長期的な国防予算策定のみならず、その基礎となる戦略原則まで詳述したものであったのに対して、QDR2006では、戦略原則は切り離されている。戦略的原則部分は、上位概念である『国家安全保障戦略 (National Security Strategy)』[57]、『国家防衛戦略 (National Defense Strategy)』[58]、『国家軍事戦略 (National Military Strategy)』[59] など

---

56) DEPARTMENT OF DEFENSE, QUADRENNIAL DEFENSE REVIEW REPORT (Feb. 6, 2006).
57) THE WHITE HOUSE, THE NATIONAL SECURITY STRATEGY OF THE UNITED STATES OF AMERICA (Sept., 2002).
58) DEPARTMENT OF DEFENSE, THE NATIONAL DEFENSE STRATEGY OF THE UNITED STATES OF AMERICA (March, 2005).
59) CHAIRMAN OF THE JOINT CHIEFS OF STAFF, THE NATIONAL MILITARY STRATEGY OF THE

で取り扱われている[60]。

　QDR2006は、「合衆国は、長い戦争（a long war）となるであろう戦いの最中にある」という書き出しで始まる。QDR2006は、「2001年以来、アメリカ軍は絶え間ない戦争を戦っているが、この戦争は過去の戦争とは著しく異なるものである。我々が直面している敵は国民国家（nation-state）ではなく、分散された非国家主体のネットワーク（non-state networks）である。多くの場合、行動は、アメリカと交戦していない国において起こるに違いない。多くの人が抱いている戦争のイメージと異なり、この戦争は軍事力のみでは勝つことはできず、軍事力主体でも勝つことはできないであろう。そして、この戦いは相当の年月続く可能性がある」という[61]。

　このため、「不正規戦争（irregular war）[62]」としての「対テロ戦争」を長く戦い抜けるようアメリカ軍の戦力構成、展開能力、兵器開発を再構成することがQDR2006の課題とされる（表①参照）。実際、QDR2006では、対テロ戦用の特殊部隊（Special Operation Forces）要員の15％増員、特殊部隊大隊の増設、海兵隊特殊作戦軍の新設、無人偵察機部隊の創設、心理戦などを担当する部隊要員の33％増など「対テロ戦争」を重視した戦力構成が採用されている[63]。

UNITED STATES OF AMERICA (2004). CHAIRMAN OF THE JOINT CHIEFS OF STAFF, NATIONAL MILITARY STRATEGIC PLAN FOR THE WAR ON TERRORISM (Feb. 1, 2006).
60)　これらの点につき、詳しくは高橋杉雄「次期QDR策定作業の現状と課題」『防衛研究所ニュース』93号（2005年10月）を参照のこと。
61)　QDR2006, at 9.
62)　「不正規戦争（irregular war）」は、通常、1980年代の中南米や東南アジア諸国における共産主義ゲリラに対する反乱鎮圧作戦（counter-insurgency）としての低強度紛争（Low Intensity Conflict：LIC/Low Intensity Warfare：LIW）に対して用いられる概念である。ただし、「低強度（Low Intensity）」とはいっても、それは攻撃する側のアメリカ軍の武力レベルが比較的限定的なものであるというだけであって、作戦対象国にとっては、軍事的意味をはるかに越えた、政治的、経済的、心理的戦争行動を含む、「草の根」の総力戦（total war）を意味する（拙稿「第三世界における軍の政治介入（中）——分析枠組みの再検討」『専修法研論集』12号（1993年3月）45頁、特に67頁以下を参照）。
63)　片原栄一・坂口大作「2006QDR：米国の国防計画の青写真」『防衛研究所ニュース』97号（2006年2月）。

表①　新たな戦略的環境への対応のための重点の移行（2006年QDR）

脅　威	国　家	軍
＊合理的な予測の可能な時代から予想外で不確実な時代へ ＊単一焦点の脅威から多元的で複雑な課題へ ＊国家による脅威から非国家主体である敵の分散ネットワークによる脅威へ	＊平時テンポから戦時の緊迫感へ ＊国家に対する戦争遂行から交戦状態にない国（テロリスト等の聖域）における戦争遂行へ ＊「一つのサイズですべてに適合」（one size fits all）の抑止から、ならず者国家、テロ・ネットワーク及び同等に近い競争相手に対する状況に応じた抑止へ ＊危機発生後の対応（対応型）から問題が危機となる前の予防行動（先行型）へ ＊各軍及び各省庁ごとの情報から真の統合情報作戦センターへ ＊垂直的な機構及びプロセス（縦割り型）からより透明な水平的な統合（マトリックス型）へ ＊分散した国土（防衛）支援から統合された国土安全保障へ ＊静態的な同盟関係から動態的なパートナーシップへ	＊脅威ベースの計画から能力ベースの計画へ ＊平時の計画から迅速な適合的計画へ ＊静的な防衛・駐屯型部隊から、動的な防衛・機動展開部隊へ ＊資源不足の待機型の軍（空洞化部隊）から完全装備で要員の充足した軍（戦闘即応部隊）へ ＊戦争に備える軍（平時）から戦争で鍛えられた軍（戦時）へ ＊肥大化した組織的な軍（非戦闘型部隊）からより強大な作戦能力のある軍（戦闘型部隊）へ ＊大規模な通常型戦闘作戦から複合的な非正規型・非対称型の作戦へ ＊各軍ごとの作戦構想から統合・連合作戦へ ＊前方に展開する軍から米本土に帰還して機動展開軍を支援する軍へ ＊艦艇、火砲、戦車及び航空機の重視から、情報、知識及びタイムリーで利用価値の高い諜報活動の重視へ ＊戦力の集中化から効果の集中化へ ＊個々の機動と集中から敏捷性と精密性へ ＊あらかじめ決められた部隊編成から個別の状況に応じた部隊編成へ ＊米軍による任務の遂行からパートナーの能力整備の重視へ

　2003年版『国防報告』やQDR2006で示されたアメリカ軍の戦力構想は、いずれも分散型・ネットワーク型の敵に十分に対抗し得るネットワーク型の戦力構成と予防戦争を可能とするグローバルな先制攻撃能力を確立するためのものであったことは明白である。そして、予防戦争とは、将来、アメリカ合衆国にとっての脅威となり得るかもしれない可能性を事前に排除しておくためのグ

ローバルな予防的警察行動——ただし、最新鋭兵器と大規模な航空戦力の投入をともなうが——にほかならない。[64]

---

64) この点については、アントニオ・ネグリ、マイケル・ハート『マルチチュード(上)——〈帝国〉時代の戦争と民主主義』(日本放送出版協会、2005年)第1部を参照のこと。なお、「対テロ戦争」の特質、脅威=「敵」の存在様式、対応策などについて、ネグリ/ハートの分析とQDR2006の分析は驚くほど類似している。

第2章 《9・11》以前のアメリカにおける対テロ法制の展開

1. レーガン＝ブッシュ Sr. 政権における対テロ法制の展開

（1） レーガン＝ブッシュ Sr. 政権における国家安全保障概念の拡張

　冷戦期における国防（national defense）と外交政策（foreign policy, diplomacy）を包摂し、かつ、それらの上位概念としてのアメリカ合衆国における国家安全保障（national security）概念は、カータ・政権によって、エネルギー資源政策を含むものへと拡張された。そして、3期12年にわたるレーガン＝ブッシュ Sr. 保守政権時代には、経済政策も国家安全保障政策の中に取り込まれることとなった。

　1988年版の『国家安全保障戦略』は、

> 「国家安全保障は、伝統的に、外からの攻撃に対する防護とみなされ、主として軍事的脅威に対する軍事的防衛という観点から考えられてきた。しかし、これは、明らかにあまりにも狭すぎる概念である。国家の安全保障は、今日で

---

1) 国家安全保障（national securlty）概念は、①国防（national defense）と外交政策（foreign policy, diplomacy）を包摂し、かつ、それらの上位に位置する包括概念であると同時に、②「特殊冷戦的な体制」を上から強行しかつ国民に受容させるためのイデオロギー概念、「戦時」と「平時」の垣根を取り払い「戦時体制の常態化」を意味するものでもある。アメリカ合衆国における国家安全保障（national security）概念については、拙著『国家秘密と情報公開——アメリカ情報自由法と国家秘密特権の法理』（法律文化社、1998年）326—332頁を参照のこと。
2) 鴨武彦「国際政治の構造変容と安全保障」佐藤栄一編『安全保障と国際政治』（日本国際問題研究所、1982年）8頁。

は、軍事力の調達とその適用以外にも、はるかに多くのものを含んでいる[3]」
と指摘していた。ここでいう「はるかに多くのもの」とは、具体的には、

> 「地域的な低強度の紛争、核保有国の増加の可能性、国際テロリズム、麻薬取引、過激な政治・宗教運動、そして重要な友好国や同盟国における不安定性、政権の交代、経済開発[4]」

などが含まれるものとされていた。

このように、アメリカ合衆国における国家安全保障概念は、デタント期にあたる1970年代末期から1980年代を通じて、徐々に変容もしくは拡張されてきた[5]。ことに、1979年11月～1981年まで続いたイランの在テヘラン米国大使館人質事件（と、その後のカーター政権による人質救出作戦のたびかさなる失敗）は、81年の大統領選挙における現職カーター大統領の大敗を、従ってレーガン候補の大勝を演出したのみならず、レーガン政権をして国際テロリズムとの対決を国家安全保障政策の重要な柱として位置づけさせることになる。

（２）　レーガン＝ブッシュ Sr. 政権における対テロ法制の展開

レーガン政権は、在テヘラン・アメリカ大使館人質事件、1983年4月の在ベイルート・アメリカ大使館爆破事件（死者17人）、同10月の駐レバノン・アメリカ海兵隊司令部爆破事件（死者241人）などの対アメリカ・テロを契機として、国防総省内にアメリカの対テロ政策を検証するための委員会——ロング海軍提督（Admiral Robert L. J. Long）を長とするためロング委員会と呼ばれた——を設置した。同委員会は、「テロリズムは、戦争行為（act of war）に等しいものとなった。政治的目的を達成するために主権国家や組織化された政治的存在によって支援されたテロ戦争（[t]errorist warfare）は合衆国に対する脅威である」

---

3) The White House, National Security Strategy (Jan., 1988). 邦訳「アメリカの国家安全保障戦略(1)」『世界政治——論評と資料』765号（1988年）51頁。
4) 同上。
5) この点については、拙著・前掲注1）326—338頁およびそこでの脚注に掲げた諸文献を参照のこと。

とする見解に基づき、テロ対策における軍の役割を拡大するよう勧告した。

　レーガン政権は、同委員会の検証結果を踏まえ、1984年4月3日、国家安全保障決定指令138号（National Security Decision Directive 138）を制定した。国家安全保障決定指令138号は、国家支援テロリズム（state-sponsored terrorist activity）を含むテロリズムは、すべての民主国家にとって共通の問題であり、アメリカは、あらゆるチャンネルを行使してテロ支援を思いとどまらせるとともに、他の諸国と手を携えてテロリズムに対処するが、これらの努力が失敗した場合、アメリカは自らの国家安全保障のために「利用可能なすべての法的手段（all legal means available）」を行使するものとしていた。リビングストンによれば、国家安全保障決定指令138号は、アメリカ政府が従来のテロ対策を転換し、テロに対して「武力を行使」する基本方針を確立したものであるという。もし仮にリビングストンの指摘するとおりであるとすれば、少なくとも1984年には、アメリカに対するテロ行為は軍事的手段によって対応されるべき「戦争行為（act of war）」──「戦争（war）」そのものではないとしても──として認識されていたことになる。

---

6) THE DOD COMMISSION ON BEIRUT INTERNATIONAL AIRPORT (BIA) TERRORIST ACT OF 23 OCTOBER 1983, REPORT OF THE DOD COMMISSION ON BEIRUT INTERNATIONAL AIRPORT TERRORIST ACT, OCTOBER 23, 1983, at 4 (Dec. 20, 1983).

7) *Id.* at 127.

8) Extract of NSDD 138 (April, 1984), in THE SEPTEMBER 11TH SOURCEBOOKS VOL. 1: TERRORISM AND U.S. POLICY: NATIONAL SECURITY ARCHIVE ELECTRONIC BRIEFING BOOK NO. 55 (Richelson & Evans, eds., Sept. 21, 2001).

9) *Id.*

10) Livingstone, *Proactive Responses to Terrorism: Reprisals, Preemption and Retributions,* in FIGHTING BACK (Livingstone & Arnold eds. 1987) at 112—113.

11) アメリカ合衆国に対するテロ行為を「戦争行為（act of war）」と公に最初に呼んだのは、1985年7月8日のアメリカ法曹協会年次総会でのレーガン大統領の演説であったとされる。この演説において、レーガン大統領は、イラン、リビア、北朝鮮、キューバ、ニカラグアの「これらテロリスト国家は、まさに、アメリカ合衆国の政府と国民に対する戦争行為（act of war）に従事している」と述べ、反米テロを「戦争行為（act of war）」と位置づけた（Remarks at the Annual Convention of the American Bar Association (July 8, 1985)《http://www.reagn.utexas.edu/archives/speeches/1985/70885a.htm》）。しかしながら、宮脇岑生によれば、レーガン政権内においてアメリカに対するテロを「戦争行為

国家安全保障決定指令138号に基づき、レーガン政権は、1984年に、1984年国際テロリズム対抗法（1984 Act to Combat International Terrorism）[12]を制定した。同法の主な柱は、①アメリカ合衆国の領域管轄権内で起こったテロリズム行為に関して、外国で逮捕または有罪判決を受けたテロリストやテロ計画などに関する情報をアメリカ政府に提供した情報提供者に報償金を支払うことを定めた第Ⅰ編101条(a)項および第Ⅰ編102条[13]によって新設された合衆国法典18編204章3071条[14]および1956年国務省基本権限法（The State Department Basic Authorities Act of 1956）36条[15]、②国際テロリズムに対抗するために必要な、テロ行為者の処罰、アメリカへの引き渡し、諸国家間の協力体制や情報・諜報活

(act of war)」と位置づけ、テロ行為に対する「予防行動（preventive action）」「積極的防衛（active defense）」、すなわち軍事的な先制攻撃を主導したのは当時のシュルツ（George P. Shultz）国務長官であって、レーガン大統領はむしろこのようなシュルツ国務長官の主張には否定的であったという（宮脇岑生『現代アメリカの外交と政軍関係』（流通経済大学出版会、2004年）253―255頁）。なお、この当時、後に「対テロ戦争」を開始することによって世界を砲火と報復テロの泥沼に沈めることになるブッシュ Jr. 大統領の父親で、レーガン政権の副大統領を務めていたブッシュ Sr. が、「われわれは出撃して無辜の市民を爆撃するつもりはない。われわれは１人のテロリストを殺すために100人の婦人、子供を殺すような段階にはきていない」（THE WASHINGTON POST, Oct. 27, 1989）と述べていたのは歴史の皮肉というべきか（宮脇・前掲書、255頁）。

12) 1984 Act to Combat International Terrorism, Pub. L. No. 98-533, 98 Stat. 2706 (1984) (WESTLAW). 同法の翻訳・解説紹介として、清水隆雄「国際テロ対策法」『外国の立法』144号（1986年７月）206―214頁を参照。なお、《9・11》以前のアメリカの対テロ法制については、S. DYCUS, A. L. BERNEY, W. C. BANKS, P. RAVEN-HANSEN, NATIONAL SECURITY LAW (3rd. ed., 2002); J. N. MOORE, R. F. TURNER, NATIONAL SECURITY LAW (2nd. ed., 2005); Y. ALEXANDER, E. H. BRENNER, LEGAL ASPECTS OF TERRORISM IN THE UNITED STATES (2000). 宮坂直史『国際テロリズム論』（芦書房、2002年）、中川かおり「Ⅳ　テロ対策　１　アメリカ」国立国会図書館調査及び立法考査局『総合調査報告書　主要国における緊急事態への対処』（2003年）72頁以下などが最も包括的な情報を提供している。

13) 1984 Act to Combat International Terrorism, Pub. L. No. 98-533, tit. 1, §101(a), §102, 98 Stat. 2706,＿＿(1984) (WESTLAW).

14) 18 U. S. C. §3071 (1994).

15) 22 U. S. C. §2708 (1994), *amended by* 1984 Act to Combat International Terrorism, Pub. L. No. 98-533, tit. 1, §102, 98 Stat. 2706,＿＿(1984) (originally enacted as The State Department Basic Authorities Act of 1956, Pub. L. No. 885, 70 Stat. 890 (1956)) (WESTLAW).

動面での国際協力の構築などへ向けた努力を大統領に課す第Ⅱ編201条、③アメリカの在外使節団の安全を保障するために、国務長官に海外での対米テロに関する情報収集権限を授権した第Ⅲ編301条〜303条などであった。

レーガン政権は、このほかにも、1984年から1985年にかけて、合衆国の国内または国外でアメリカ市民を人質としたテロを処罰の対象とする人質犯罪防止・処罰法（Act for the Prevention and Punishment of the Crime of Hostage Taking）をはじめとする複数のテロ対策立法を制定している。

しかし、レーガン政権における最も重要なテロ対策立法は、1986年に制定された、全13編よりなる大部の1986年包括的外交安全保障・反テロリズム法（Omnibus Diplomatic Security and Antiterrorism Act of 1986）であろう。

本法のうち第Ⅰ編「外交安全保障」〜第Ⅳ編「外交安全保障プログラム」は、特に「外交安全保障法（Diplomatic Security Act）」と呼ばれ、海外にいるアメリカ政府職員やアメリカ使節団、アメリカ国内にあるすべての国務省施設の安全保障機能を確立することを国務長官に対して義務づけている。また、そのための機関として、国務省内に外交安全保障担当国務次官補を長とする外交安全保障局（Bureau of Diplomatic Security）を、さらに外交安全保障局内に外交安全保障サービス（Diplomatic Security Service）を設置するものとしていた。

---

16) 1984 Act to Combat International Terrorism, Pub. L. No. 98-533, tit. 2, §201, 98 Stat. 2706,＿＿(1984) (WESTLAW).

17) 1984 Act to Combat International Terrorism, Pub. L. No. 98-533, tit. 3, §§301—303, 98 Stat. 2706,＿＿(1984) (WESTLAW).

18) Act for the Prevention and Punishment of the Crime of Hostage Taking, Pub. L. No. 98-473, ch. 20, part A, §§2001—2003, 98 Stat. 1837,＿＿(1984) (WESTLAW).

19) Omnibus Diplomatic Security and Antiterrorism Act of 1986, Pub. L. No. 99-399, 100 Stat. 853 (1986). 同法の翻訳・解説紹介として、曽雌裕一「外交官等防護及び反テロリズム法(1)〜(2)」『外国の立法』150号（1987年7月）165—182頁、同151号（1987年9月）235—241頁、清水隆雄「外交官等防護および反テロリズム法(3)」同154号（1988年3月）71—95頁を参照。

20) Omnibus Diplomatic Security and Antiterrorism Act of 1986, Pub. L. No. 99-399, tit. 1, §103, 100 Stat. 853, 856 (1986).

21) Omnibus Diplomatic Security and Antiterrorism Act of 1986, Pub. L. No. 99-399, tit. 1, §104, tit. 2, §201, 100 Stat. 853, 856, 858 (1986).

外交安全保障担当国務次官補は、連邦政府機関、州政府機関、国内の治安担当部局、大統領命令12,333号（Executive Order 12,333）に定められた情報機関共同体（Intelligence Community：IC）[22]と協力して、外国の使節や外国政府および国際機関の職員と外交要員、国務長官その他の政府要人、国務省の施設ならびにコンピュータや情報システムの物理的保護ならびにそれらに対するテロ行為の捜査に責任を負うものとされている[23]。

　しかし、1986年包括的外交安全保障・反テロリズム法の最大の特徴は、アメリカ合衆国の領域外で起こったテロ行為のアメリカ国内法による処罰を定めた第XII編「国際テロリズムの処罰」[24]規定の創設にある。同法第XII編1201条は、1963年東京条約、1970年ハーグ条約、1971年モントリオール条約などのハイジャック防止関連諸条約、1973年国家代表等に対する犯罪防止条約、1979年人質禁止条約、1980年核物質の保護に関する条約などの旧来のテロ防止関連諸条約の適用対象とされていないすべての種類の国際テロリズムを禁止し、テロリストの引き渡しと迅速な処罰に関する実効的な措置を含む国際協定の締結を大統領に対して義務づけた[25]。また、アメリカ国外で行われたテロ等によるアメリカ市民の殺害に関して、当該殺害行為が「謀殺（murder）」に該当する場合には、罰金刑または有期拘禁刑もしくは終身刑（またはその両方）を、「故意故殺

---

[22] Exec. Order No. 12,333, §1.4, 46 Fed. Reg. 59,941, 59,943 (1981). なお、情報機関共同体（Intelligence Community）は、フォード大統領が1976年に定めた大統領命令11905（Exec. Order No. 11,905, 41 Fed. Reg. 7,703（1976））によって、CIA、DIA、NSA、FBI、その他の連邦政府の諜報機関によって構成される集合体として創設され、レーガン大統領の大統領命令12333号（Exec. Order No. 12,333, 46 Fed. Reg. 59,941 (1981)）によって、大統領と国家安全保障会議・国務省・国防総省などが必要とする情報を収集するためにその任務と機能が強化され、1992年情報活動組織法（Intelligence Organization Act of 1992, Pub. L. No. 102-496, tit. 7, §702, 106 Stat. 3180, 3188 (1992), 50 U.S.C. §401a(4) (1994)）によって制定法化されている。

[23] Omnibus Diplomatic Security and Antiterrorism Act of 1986, Pub. L. No. 99-399, tit. 1, §105, 100 Stat. 853, 856—857 (1986).

[24] Omnibus Diplomatic Security and Antiterrorism Act of 1986, Pub. L. No. 99-399, tit. 12, §1201, 100 Stat. 853, 895—896 (1986).

[25] Omnibus Diplomatic Security and Antiterrorism Act of 1986, Pub. L. No. 99-399, tit. 12, §1201(a), (b), 100 Stat. 853, 895 (1986).

(voluntary manslaughter)」に該当する場合には、罰金刑または10年以下の拘禁刑（またはその両方）、「非故意故殺（involuntary manslaughter）」に該当する場合には、罰金刑または3年以下の拘禁刑（またはその両方）を科すものとしていた（なお、未遂罪にも刑罰が適用される[26]）。これは、本来、アメリカの司法管轄権が及ばないはずの外国で起こった事件にまで、アメリカ国内法を適用しようとするもので、いうまでもなく国際法の基本原則に対する真正面からの挑戦であった。

以上のほかに、レーガン＝ブッシュSr.政権が制定した対テロ立法は、テロ支援国家への武器輸出の規制、民間航空の安全確保、生物化学兵器等の拡散防止などの広範な領域にまたがる。

第1の領域の立法として、①武器輸出管理法（Arms Export Control Act）と1961年対外援助法（Foreign Assistance Act of 1961）を改正し、大統領に、外国政府のテロ対策を支援するために武器や軍事訓練等を提供する権限を授権した1983年11月14日の両院合同決議[27]、②1976年武器輸出管理法（Arms Export Control Act of 1976[28]）を改正して国際テロリズムを実行または支援する国家への武器輸出を禁止し、1961年対外援助法（Foreign Assistance Act of 1961）を改正して国際テロリズムを支援する国家への援助の阻止を定めた1989年反テロ・武器輸出修正法（Anti-Terrorism and Arms Export Amendments Act of 1989[29]）、③テロ支援国家への経済制裁とそのためのテロ支援国家の指定を定めた1979年輸出

---

26) Omnibus Diplomatic Security and Antiterrorism Act of 1986, Pub. L. No. 99-399, tit. 12, §1202(a), 100 Stat. 853, 896—897 (1986), 18 U.S.C. §2332(a) (1994).

27) H. J. Res. 413, Joint Resolution of Nov. 14, 1983, Pub. L. No. 98-151, 97 Stat. 964 (1983). なお、同法の101条(b)項(1)号は、1984年外国支援・関連プログラム適正化法（Foreign Assistance and Related Programs Appropriations Act, 1984）、101条(b)項(2)号は、1983年国際安全保障・開発援助権限法（International Security and Development Assistance Authorizations Act of 1983）と呼ばれる（H. J. Res. 413, Joint Resolution of Nov. 14, 1983, Pub. L. No. 98-151, §101(b)(1), (b)(2), 97 Stat. 964, ＿＿ (1983) (WESTLAW).

28) Arms Export Control Act of 1976, Pub. L. No. 94-329, tit. 11, §201, 90 Stat. 729 (1976) (WESTLAW).

29) Anti-Terrorism and Arms Export Amendments Act of 1989, Pub. L. No. 101-222, 103 Stat. 1892 (1989).

管理法（Export Administration Act of 1979[30]）を改正し、テロ支援国家への物資の輸出について議会の関係委員会へ事前に報告することを定めた1985年輸出管理修正法（Export Administration Amendments Act of 1985[31]）などが制定された。

　第2の領域に関する立法例としては、①1983年11月に制定された、アメリカ国内の国際空港や海外旅行中のアメリカ市民の安全確保、アメリカ国内航空各社へ適用される安全基準を外国の航空会社へも適用することなどを定めた1984・1985会計年度国務省権限法（Department of State Authorization Act, Fiscal Years 1984 and 1985[32]）、②1958年連邦航空法（Federal Aviation Act of 1958）を改正し、運輸長官に、外国の空港における安全措置の有効性を査定することを義務づけた1985年国際安全保障・開発協力法（International Security and Development Cooperation Act of 1985[33]）、③航空安全に関して諜報機関が収集した情報を受け取り、諜報機関・法執行機関との連携を強化するために運輸長官官房に情報・安全課長（Director of Intelligence and Security）ポストを新設し、連邦航空局長に、FBI長官と共同して、アメリカ国内の航空輸送システムに対する現存する脅威への対応措置をとることを義務づけた1990年航空安全改善法[34]（Aviation Security Improvement Act of 1990[35][36]）などがある。なお、同法は、情報機関共同体におけるテロ情報の共有も定めている[37]。

---

30)　Export Administration Act of 1979, Pub. L. No. 96-72, 93 Stat. 503 (1979).

31)　Export Administration Amendments Act of 1985, Pub. L. No. 99-64, 99 Stat. 120 (1985).

32)　Department of State Authorization Act, Fiscal Years 1984 and 1985, Pub. L. No. 98-164, 97 Stat. 1017 (1983) (amended by Foreign Relations Authorization Act, Fiscal Years 1986 and 1987, Pub. L. No. 99-93, 99 Stat. 405 (1985)).

33)　International Security and Development Cooperation Act of 1985, Pub. L. No. 99-83, 99 Stat. 190 (1985). 同法は、また、アメリカに対するテロを封じ込めるための同盟諸国への軍事援助も定めている。

34)　Aviation Security Improvement Act of 1990, Pub. L. No. 101-604, §101, 104 Stat. 3066, 3067 (1990) (WESTLAW).

35)　Aviation Security Improvement Act of 1990, Pub. L. No. 101-604, §106, 104 Stat. 3066, 3075—3076 (1990) (WESTLAW).

36)　Aviation Security Improvement Act of 1990, Pub. L. No. 101-604, 104 Stat. 3066 (1990) (WESTLAW).

37)　Aviation Security Improvement Act of 1990, Pub. L. No. 101-604, §111, 104 Stat.

第3の領域のものとしては、生物兵器禁止条約（Biological Weapons Convention）に基づき、兵器として利用する目的で生物剤・有害物質やそれらの運搬システムを開発したり、外国国家によるそれらの行為を支援する者を刑事訴追できる旨を定めた1989年生物兵器・反テロリズム法（Biological Weapons Anti-Terrorism Act of 1989）[38]などがある。

2. クリントン政権における国家安全保障概念の変容と対テロ法制の展開

（1） クリントン政権における国家安全保障概念の「不可逆的」変容

　前節でみてきたような、テロ対策を梃子とした国家安全保障概念の「変容」もしくは「拡張」が——政策を具体化するための立法の整備によって——不可逆的な傾向となったのは、1993年に成立したクリントン政権においてであった。

　クリントン政権は、1989年11月のベルリンの壁の崩壊、1991年12月の旧ソ連邦の解体に象徴される冷戦構造の崩壊という現象を受けて、アメリカの国家安全保障政策全般の大転換を図った。新しい国家安全保障政策においては、グローバルな環境破壊、エネルギー資源問題、第三世界の人口爆発や飢餓・貧困・難民問題、地域紛争、核・大量破壊兵器の拡散、国際テロリズム、国際的麻薬密輸などが、アメリカの国益に対する脅威と位置づけられ、軍やCIAなどの諜報機関が積極的に関与すべき分野とされた[39]。この結果、エネルギー・資源問題や国際経済問題までもが、国家安全保障や軍事的合理性の観点から語られるようになり、きわだった軍事化（militarization）の傾向を示すに至った。

　　　3066, 3080—3081 (1990) (WESTLAW).
38)　Biological Weapons Anti-Terrorism Act of 1989, Pub. L. No. 101-298, §3(a), 104 Stat. 201—203 (1989).
39)　THE WHITE HOUSE, A NATIONAL SECURITY STRATEGY OF ENGAGEMENT AND ENLARGEMENT 1 (Feb., 1995).

クリントン政権が政権発足後2年の歳月をかけて策定した『関与と拡張の国家安全保障戦略（A National Security Strategy of Engagement and Enlargement）』は、「強力な諜報活動努力（strong intelligence effort）のみが、合衆国の国家安全保障への脅威について適切な警告を提供し、アメリカの国益を増進する機会を明確にすることができる[40]」として、諜報機関の権限と能力の拡大強化の必要性をうたっている。そして、軍事的・技術的脅威、地域紛争、大量破壊兵器の拡散のみならず、テロリズム、麻薬密輸、世界各国の経済活動、環境活動、人道的活動、災害救助活動などの極めて広範な政策領域が諜報機関による監視と情報収集の対象とされるに至った[41]。

　経済活動領域における諜報機関による監視と情報収集の代表例は、1996年に制定された1996年経済防諜法（Economic Espionage Act of 1996[42]）である。同法は、アメリカ企業のもつ「企業秘密（trade secret）」に「軍事秘密（military secret）」と同様の保護を与え、その外国政府・外国企業への漏洩に対しては最高15年以下の懲役もしくは50万ドル以下の罰金（「組織」は1000万ドル以下の罰金）を科すものとしている[43]。また、同法は、「企業秘密」の外国政府や外国企業への漏洩を防止するため、外国政府・外国企業間の電話・ファクシミリ・電子メールなどを盗聴（電子的監視）する権限をCIAやFBIなどの諜報機関に対して授権している[44]。経済防諜法によって諜報機関に授権された権限をフルに活

---

40) *Id* at 17.

41) *Id.*

42) Economic Espionage Act of 1996, Pub. L. No. 104-294, 110 Stat. 3488 (1996). 同法については、さしあたり、梅田さゆり「米国経済スパイ法」『国際商事法務』25巻2号（1997年）121頁以下、クリストファー・H・ランディング、ティモシー・A・ウィルキンス「米国1996年経済スパイ法」『国際商事法務』25巻6号（1997年）575頁以下を参照のこと。

43) Economic Espionage Act of 1996, Pub. L. No. 104-294, tit. 1, §101(a), 110 Stat. 3488—3491 (1996). 1996年経済防諜法第Ⅰ編101(a)項は、合衆国法典18編89章の次に90章（1831条〜1839条）（18 U.S.C. §§1831—1839 (2000)）を追加した。正確には、この1996年経済防諜法第Ⅰ編のみが、経済防諜に関する規定である。

44) Economic Espionage Act of 1996, Pub. L. No. 104-294, tit. 1, §102, 110 Stat. 3488, 3491 (1996). 1996年経済防諜法第Ⅰ編102条は、「企業秘密」等の漏洩を防止するために、FBI等に電話、ファクシミリ、電子メール等を傍受する権限を授権する合衆国法典18編2516条(1)項(c)号の適用対象として、同法第Ⅰ編101条(a)項によって合衆国法典18編に新たに

用して大きな成果を収めたのが、日米自動車交渉であった。[45]

　経済防諜法の制定は、たんに、アメリカ経済の優位性を保つための企業競争力の維持が軍事的優位の確保と並ぶアメリカの国家安全保障上極めて重要な問題として認識されるようになったことを示すだけでなく、経済問題に軍や諜報機関が直接かかわることによって、経済政策に軍事的手段、そして軍事的思考方法が持ち込まれる、すなわち、経済政策の軍事化を意味している。それはまた、軍の諜報部門や情報機関が行う電話盗聴や電子的監視の対象が、外国のスパイやスパイのエージェントとして働くアメリカ市民から、外国政府の職員や外国企業の一般社員にまで拡大されたことを意味した。

　このような国家安全保障概念の無原則な「拡張」は、冷戦構造の崩壊によって、「戦時体制の常態化」としての国家安全保障体制[46]を維持する根拠が消え去ったなかで、安全保障概念の根本的な「構造転換」を行うことなく軍拡利益共同体の利権構造を温存するために極めて強引な形で行われている。[47]冷戦時代の旧ソ連の軍事的な脅威に代わって、ポスト冷戦時代における国家安全保障体制の正当化事由として「発見」されたのが、すぐ前に述べた「新たな脅威」にほかならない。なかでも、地域紛争と国際テロリズムの脅威は、国家安全保障政策がポスト冷戦時代もなお軍事中心主義的なものでなければならない根拠として活用されている。[48]

　　編入された合衆国法典18編90章（1831条〜1839条）を追加した。
45)　北山俊哉ほか『はじめて出会う政治学（新版）』（有斐閣アルマ、2003年）193頁以下。なお、CIA、FBI、NSA（国家安全保障局）などのアメリカの諜報機関による経済・産業分野での諜報活動については、ジョン・フィアルカ『経済スパイ戦争の最前線』（文藝春秋、1998年）、P・M・ヴァイルズ『CIA 日本が次の標的だ——ポスト冷戦の経済諜報戦』（NTT出版、1993年）を参照のこと。
46)　冷戦構造に固有の「戦時体制の常態化」としての国家安全保障体制については、拙著・前掲注1）328頁以下、石田正治『冷戦国家の形成——トルーマンと安全保障のパラドックス』（三一書房、1993年）を参照のこと。
47)　この点については、さしあたり、江畑謙介『最新・アメリカの軍事力』（講談社現代新書、2002年）、広瀬隆『アメリカの巨大軍需産業』（集英社新書、2001年）を参照。
48)　「新たな脅威」を強調するものとして、S・ナイほか『新脅威時代の「安全保障」——「フォーリン・アフェアーズ」アンソロジー』（中央公論社、1996年）。

(2) 対抗テロリズム法制の展開——先制攻撃と武力報復

　旧ソ連が崩壊したいま、アメリカの圧倒的な軍事力に対抗しうる国家や武装集団はこの地球上には存在しない。1995年版『国家安全保障戦略』が高らかに宣言したように、アメリカのみが「世界の突出した強国」なのである。[49] 最強国家アメリカは、武力を行使する場所と時期、そして行使する武力のレベルを一方的に決定することができる。

　逆説的ではあるが、アメリカは、グローバルな先制攻撃体制を確立したがゆえに、先制攻撃の対象国からのテロの脅威に日常的にさらされることとなった。アメリカの先制攻撃の対象とされた国家や武装勢力は、軍事的に抵抗する術(すべ)をもたない。しかし、軍事介入は、介入された側に確実に恐怖と憎悪とを生み出す。そして、恐怖と憎悪に基づく報復感情は、正面からの戦闘では果たし得ないものであるがゆえに、テロリズムという陰湿な形をとることになる。アメリカが世界中でテロリズムの脅威にさらされているのは、アメリカが最強国家であり敵対者に対するグローバルな先制攻撃体制を維持しているからにほかならない。

　国際的な反米テロリズムとの対決を中核とする国家体制の確立は、①テロの防止と捜査のための盗聴・電子的監視の強化、②テロ組織・テロ支援国家に対する報復ならびに先制攻撃、③テロ犠牲者に対する法的救済措置等を三本柱とする対テロ法制の整備によって進められている。このうち、テロ防止のための盗聴・スパイ防止法制の整備が「対テロ臨戦国家体制」の"盾"としての役割を果たすものであるとすれば、「国際テロリズム」に対する"槍"としての役割を果たすものが武力攻撃・武力報復法制としての対抗テロリズム（counter-terrorism）法制である。

　クリントン大統領は、1995年6月21日、大統領決定指令39号（Presidential Decision Directive 39: U.S. Policy on Counterterrorism）を発した。[50] この大統領決定

---

49)　The White House, *supra* note 39, at 1.
50)　Presidential Decision Directive 39: U.S. Policy on Counterterrorism, June 21, 1995 (in National Security Archive《http://www.gwu.edu/~nsarchiv/NSAEBB/NSAEBB55/index1b.html》). なお、本書では、大統領決定指令39号については、National Security

第2章 《9・11》以前のアメリカにおける対テロ法制の展開

指令39号（以下、指令39号）は、まず、「合衆国は、合衆国内で起こったものであろうと、公海上もしくは国際空域、または外国の領域で起こったものであろうと、合衆国の領域および合衆国市民もしくは施設に対するあらゆるテロリストの攻撃を防止し、打ち破り、そして積極的に反応する。合衆国は、あらゆるテロリズムを、犯罪行為であると同時に、国家安全保障への潜在的な脅威とみなし、テロリズムと戦うためにあらゆる適切な手段をとる」とする。ここでいう「あらゆる適切な手段（all appropriate means）」には、通常、軍事的手段も含まれるものと解されている。

また、指令39号は、テロからアメリカ人を保護し、テロリストを逮捕・処罰し、テロ支援組織・政府に対する適切な措置をとり、テロ犠牲者の救済を図ることなどのテロ対応策に関して、海外で合衆国の法令を犯したテロリストを訴追するために合衆国に連行することに最高度の優先順位を与えるものとし、そのために、テロに対する制裁行為（counter acts）や合衆国の国外で逮捕されたテロリストに extraterritorial statutes を積極的に適用するものとする。つまり、合衆国の領域外で行われたテロに対してもアメリカ法を適用し、かつ、合衆国外でも逮捕権限を行使するというのである。しかも、前述したように、その際に行使される手段は「あらゆる適切な手段（all appropriate means）」、すなわち軍事的手段をも含む。このような考え方は、すぐ後で述べる1996年反テロリズム・効果的死刑法（Antiterrorism and Effective Death Penalty Act of 1996）において制定法化されることになる。

なお、指令39号は、①司法長官、FBI長官、国務長官等の連邦政府機関の長に、その管轄下にある合衆国政府施設と職員の脆弱性を縮減するための措置をとることを義務づり、②テロを防止するためのテロリストおよびテロ支援者に

Archive が FOIA を利用して入手したものを利用したが、非開示部分が多く、必ずしもその全体像を正確に把握できるものではなかった。

51) Presidential Decision Directive 39: U.S. Policy on Counterterrorism, June 21, 1995, at 1.
52) Presidential Decision Directive 39: U.S. Policy on Counterterrorism, 3, June 21, 1995, at 5.
53) Antiterrorism and Effective Death Penalty Act of 1996, Pub. L. No. 104-132, 110 Stat. 1214 (1996).
54) Presidential Decision Directive 39: U.S. Policy on Counterterrorism, 1, June 21, 1995, at 2.

対する合衆国の積極的な活動（act vigorously）、③テロからアメリカ人を保護し、テロリストを逮捕・処罰し、テロ支援組織・政府に対する適切な措置をとり、テロ犠牲者の救済を図ることなどのテロ対応策、④核・生物・化学兵器等の大量破壊兵器によるテロを防止するための効果的な能力の開発に最高度の優先順位をおくこと——を主要な柱とし、国務省を合衆国外で起きた国際テロリズム事件の指導的機関として位置づけ、海外緊急支援チーム（Foreign Emergency Support Team: FEST）の指導・管理責任を課すものとする。FBIは、合衆国内で起こったテロ事件に対応する国内緊急支援チーム（Domestic Emergency Support Team: DEST）の指導・管理責任を負うものとされ、連邦緊急事態管理庁（Federal Emergency Management Agency: FEMA）は、合衆国内での大規模テロリズムに対応するものと定めていた。

　1996年、クリントン政権は、死者168人を出した1995年4月19日のオクラホマ・シティ連邦政府ビル爆破事件や1996年7月17日のTWA事件を契機とし

---

55) Presidential Decision Directive 39: U.S. Policy on Counterterrorism, 2, June 21, 1995, at 3.
56) Presidential Decision Directive 39: U.S. Policy on Counterterrorism, 3, June 21, 1995, at 4.
57) Presidential Decision Directive 39: U.S. Policy on Counterterrorism, 4, June 21, 1995, at 9.
58) Presidential Decision Directive 39: U.S. Policy on Counterterrorism, 3(D), (F), June 21, 1995, at 7—8.
59) Presidential Decision Directive 39: U.S. Policy on Counterterrorism, 3 (F), June 21, 1995, at 8.
60) Presidential Decision Directive 39: U.S. Policy on Counterterrorism, 3 (H), June 21, 1995, at 8. 大原光博「米国政府によるテロ対策（二）」『警察学論集』51巻1号（1998年）170—183頁は、指令39号の内容として、ほかに、司法省が合衆国内で起こったテロに対応する「総括的先導官庁」であることを再確認し、FBIをテロの防止、テロリストの捜査等を目的とする「Crisis Management（危機管理）」に関する「先導官庁」と規定したものであることなども指摘しているが、筆者が利用したNational Security Archiveの資料では非開示部分が多く確認できなかった。
61) 1995年4月19日、オクラホマ・シティ連邦政府ビルを「白人至上主義」や「キリスト教原理主義」の影響を受けた「ミシガン民兵」との関係を有するアメリカ国籍の白人ティモシー・マクベイが爆破し168人が死亡したテロ事件。もっとも、「民兵（militia）」とはいっても、アメリカ合衆国憲法第2修正（U.S. Const. amend Ⅱ）に定める正規の「民兵（militia）」——それは、今日では「州兵（National Guard）」として合衆国正規軍の予備兵力とされている——ではなく、元軍人や銃愛好者らで組織された私的武装集団である。

て、外国にあるテロリストの訓練施設等を軍事力の行使その他の手段によって破壊することを大統領に義務づける条項を含む1996年反テロリズム・効果的死刑法（Antiterrorism and Effective Death Penalty Act of 1996）を制定した。この法律は、外国の国家主権と領土保全の権利の保障を基本原則とする国連憲章・慣習国際法を無視して、大統領に、外国領土に対する一方的な武力攻撃・先制攻撃を行う権限を授権したものであり、ブッシュJr.政権によって2002年の

62) ジョン・F・ケネディ空港発パリ行きTWA800便が、大西洋上で爆発、乗客乗員230人が死亡した事件。アメリカ政府や主要メディアは当初国際テロによるものとしていたが、その後、原因は故障によるものであるとされた。この事件を直接の契機として、連邦航空局長に、安全スクリーニングを行う会社に資格を与え、安全スクリーニングを提供するための統一的な基準を開発することによって、安全スクリーニング担当者の訓練・テストを向上させることなどを義務づけた1996年連邦航空再授権法（Federal Aviation Reauthorization Act of 1996, Pub. L. No. 104-264, §302, 110 Stat. 3213, 3250 (1996)）が制定された。なお、航空安全に関するこの1996年法以前のクリントン政権による立法としては、乗客の手荷物や爆発物の検査に関する規定を、合衆国法典49編44901条〜44916条、44931条〜44938条 (49 U.S.C. §§44901- 44916, 14931—44938 (1994) (current version at 49 U.S.C. §§44901—44920, 44933—44944 (Supp.1 2000))) としてまとめた1994年法（Act of July 5, 1994, Pub. L. No. 103-272, §1(a), 108 Stat. 745, 1203—1221 (1994)）がある。

63) Antiterrorism and Effective Death Penalty Act of 1996, Pub. L. No.104-132, 110 Stat. 1214 (1996) 同法の制定過程については斉藤豊治「アメリカは盗聴を拡大したか——アメリカのテロ対策立法」『法学セミナー』507号（1997年3月）15頁以下が詳しい。斉藤論文が指摘するように、確かに下院に提出された2つの1995年包括的反テロリズム法案（H.R. 1710, 104th Cong., 1st Sess.; H.R. 2703, 104th Cong., 1st Sess.）および上院に提出された1996年効果的死刑・公共安全法案（S. 735, 104th Cong., 2d Sess.）には、FBIに対して、電話の利用料金請求書、航空機・レンタカー・ホテルの宿泊等の利用記録を収集する権限を授権する条項、外国の諜報機関に対して追跡装置を使用することを認める条項や48時間以内であれば裁判所の許可命令なしに電話を盗聴する権限を授権する条項などが含まれていた。そして、本法でこれらの条項を立法化することに失敗した後も、1996年7月17日のTWA機爆発炎上事件（死者230名）が起こると、再び連邦議会はこれらの条項の立法化に積極的に乗り出すことになる。すなわち、下院に提案された1996年航空安全・反テロリズム法案（H.R. 3953, 104th Cong., 2d Sess.）、1996年反テロリズム・法執行促進法案（H.R. 3960, 104th Cong., 2d Sess.）は、先に立法化に失敗したFBIの電話盗聴権限や秘密捜査権限の拡大を目指したものであった。しかし、これらの権限の拡大・強化は、結局クリントン政権期には達成されず、《9・11》の発生まで待たねばならないことになった。

64) Antiterrorism and Effective Death Penalty Act of 1996, Pub. L. No.104-132, tit. 3, §324(4), 110 Stat. 1214, 1255 (1996). 同条項は、国際テロリストによって使用される国際的

『国家安全保障戦略（The National Security Strategy of the United States of America）』の中で定式化された「ブッシュ・ドクトリン」の先駆けをなすものであった。[65] 実際、1998年8月のアフガニスタンのゲリラ訓練施設とスーダンの化学薬品工場に対する巡航ミサイルによる攻撃は、この法律の規定に基づくものであった。[66]

 インフラストラクチャー――海外のテロリスト訓練施設や聖域（safe havens）を含む――を破壊するため、秘密活動（covert action）や軍事力（military force）を含む「すべての必要な手段（all necessary means）」を行使する権限を大統領に授権している。
65) 2002年9月に公表された『国家安全保障戦略（The National Security Strategy of the United States of America）』は、旧ソ連の崩壊と冷戦の終結によってアメリカの国家安全保障環境が大きく変わったとし、国際テロ組織やイラク、イラン、北朝鮮などの「ならず者国家（rogue states）」による大量破壊兵器の開発・保有・使用能力の獲得こそが、今日、アメリカの安全保障にとって「新たな破壊的な難問」、すなわち最も主要な脅威となっているとする。そして、国際テロ組織や「ならず者国家」が大量破壊兵器の使用能力を獲得する前に阻止するための「予防的な対抗拡散努力（proactive counterproliferation efforts）」の一環として、国際テロ組織や「ならず者国家」への先制攻撃による自衛権の行使（right of self-defense by acting preemptively）を正当化する（THE WHITE HOUSE, THE NATIONAL SECURITY STRATEGY OF THE UNITED STATES OF AMERICA (Sept., 2002)）。
 　この2002年『国家安全保障戦略』において示された大量破壊兵器の保有やそれを用いた大規模テロの脅威を予防するために先制攻撃による「予防的」自衛権の行使――それは当然、国連憲章51条の課す自衛権の3要件を満たすものではない――の正当化がブッシュ・ドクトリンと称されるものである。なお、このブッシュ・ドクトリンにおいては、核兵器の先制使用も排除されていない。
66) クリントン政権は、1998年8月7日の在ナイロビ（ケニア）と在ダルエスサラーム（タンザニア）のアメリカ大使館同時爆破事件（死者224名、負傷者約5,000人）の報復として、オサマ・ビンラディンの所有とされるスーダンの首都ハルツームにある化学薬品工場――事後の国連調査団の調査により、この工場はクリントン政権の主張するような化学兵器製造工場ではなく、ごく普通の化学薬品工場であったことが確認されている――とアフガニスタン国内数箇所のアルカイダ訓練キャンプに総計75発もの巡航ミサイルを撃ち込み、相当数のアルカイダ幹部の殺害に成功したものの、数百人のごく普通のハルツーム市民を巻き添えにした。鶴木眞によれば、このスーダンとアフガニスタン国内に対する巡航ミサイル攻撃について、当時のジャネット・リノ司法長官は、「米国が武力と法の執行を一体のものとして世界のテロリストに対峙することを表明」したという（鶴木眞「高度情報化社会におけるテロリズムの特徴とその対応への基本的枠組み」『警察政策』1巻1号（1999年）110頁以下、121頁）。また、佐藤丙午「米国の不拡散政策と輸出管理」『国際安全保障』32巻2号（2004年）51頁以下、71頁脚注(51)は、同法に基づくアフガニスタン、

同法は、テロ対策が軍事作戦の対象となった——それは、たんに犯罪捜査機関によるテロ捜査を軍が支援するという従来の軍事支援の範疇を大きく踏み越えたものである——ことを高らかに宣言するものであり、従って、法執行機関（＝犯罪捜査機関）はもはやテロ対策を管轄する主任機関ではあり得ず、軍と諜報機関がテロ対策の前面に立つことを意味するものであった。テロを犯罪として取り扱うのではなく、主として軍が管轄すべき戦争行為と位置づけ、武力行使をもって対応するという点でも、本法はブッシュ Jr. 政権による2001年10月のアフガニスタン攻撃の先駆的形態をなすものであったといえよう。

また、同法は、移民・国籍法（Immigration and Nationality Act）に501条〜507条を追加し、新たに「外国人テロリスト（alien terrorist）」を裁くための退去強

スーダン攻撃をして、「拡散に対する安全保障構想（Proliferation Security Initiative: PSI）」（2003年5月）、「前方戦略（Forward Strategy）」（2004年2月）などに代表されるブッシュ Jr. 政権のテロ・大量破壊兵器不拡散政策の「さきがけ」と評価している。であるとするならば、日本が積極的に参加しようとしている PSI は、先制攻撃まで含む極めて軍事的色彩の濃い活動であることに留意する必要があろう。

67) Antiterrorism and Effective Death Penalty Act of 1996, Pub. L. No. 104-132, tit. 4, §401, 110 Stat. 1214, 1258—1268 (1996) (codified at 8 U.S.C. §§1531—1537 (2000)), *amended by* Illegal Immigration Reform and Immigrant Responsibility Act of 1996, Pub. L. No. 104-208, div. C, tit. 3, §§308(d)(4)(Q), (T), 308(g)(1), (7)(B), (8)(B),354(a)(1), (2), (3), (4), (5), 354(b), 357, 110 Stat. 3009, 3009-546, 3009-619—3009-644 (1996). 1996年不法移民改革・移民責任法（Illegal Immigration Reform and Immigrant Responsibility Act of 1996）は、包括的合併歳出予算法（Omnibus Consolidated Appropriation Act, 1997, Pub. L. No. 104-208, 110 Stat. 3009 (1996)）の Division C の short title であり（Illegal Immigration Reform and Immigrant Responsibility Act of 1996, Pub. L. No. 104-208, div. C, §1(a), 110 Stat. 3009, 3009-546 (1996))、同法による1996年反テロリズム・効果的死刑法401条の改正は、合衆国法典8編1531条〜1537条の各規定中で引用されている移民・国籍法（Immigration and Nationality Act）の条文番号の変更等のテクニカルなものに限られている。

なお、拙稿「《9・11》以前のアメリカにおける対テロ法制の展開——《9・11》以後の『安全』と『自由』に関する予備的考察(1)」『神戸学院法学』35巻1号（2005年7月）75頁以下、106頁では、removal court に「移民裁判所」の訳語をあてていたが、通常の不法移民に対する退去強制事由の立証の是非を判断するために司法省に設けられた移民審判所（immigration court）と紛らわしいので、本書では「退去強制裁判所」に改めた。退去強制裁判所（removal court）については、永野秀雄「国家機密情報に関する政府の情報秘匿特権」『防衛法研究』29号（2005年10月）163頁以下、184—185頁、小谷順子「アメリカに

制裁判所(removal court)を創設した[68]。退去強制裁判所は、連邦最高裁判所首席裁判官が連邦巡回区控訴裁判所裁判官の中から任命する5名の裁判官によって構成される[69]。

　退去強制裁判所による審理は、原則として迅速かつ公開でなされなければならないものとされるが[70]、合衆国政府は、秘密指定情報(classified information)[71]を開示から保護するため、開示制限命令および軍事秘密特権・国家秘密特権の発動を含む合衆国政府が通常利用し得る特権を主張することができるものとされ[72]、かつ、退去強制裁判所は、政府が当該主張を行った場合は、秘密指定情報を一方当事者によるイン・カメラ審理手続にて審理しなければならないものと

おける出入国管理のテロ対策法制」大沢秀介・小山剛編『市民生活の自由と安全——各国のテロ対策法制』(成文堂、2006年)25頁以下、特に42頁以下でも取り扱われている。また、アメリカの移民法制全般については、松林高樹「米国における移民関連法制の概要と治安問題との関連について(上)(下)」『警察学論集』57巻2号(2004年2月)148頁以下、57巻3号(2004年3月)149頁以下を参照のこと。

68) Antiterrorism and Effective Death Penalty Act of 1996, Pub. L. No. 104-132, tit. 4, §401(a), 110 Stat. 1214, 1258—1267 (1996) (codified at 8 U.S.C. §1532 (2000)).

69) 8 U.S.C. §1532(a) (2000). なお、任命される裁判官は、1978年外国情報活動監視法(Foreign Intelligence Surveillance Act of 1978, Pub. L. No. 95-511, 92 Stat. 1783 (1978))によって創設された合衆国外国情報活動監視裁判所(United States Foreign Intelligence Surveillance Court, FISC)の裁判官と重複してもよいものとされている。

70) 8 U.S.C. §1534(a)(2) (2000). そもそも退去強制裁判所による裁判は、ある外国人が「外国人テロリスト」であるという秘密指定情報(classified information)を司法長官が得た場合に、当該秘密指定情報を保護するために移民審判所での審判にかえて申請することのできる特別の退去強制手続である。

71) 本法でいう「秘密指定情報(classified information)」とは、1980年制定の秘密指定情報訴訟法(Classified Information Procedures Act, Pub. L. No. 96-456, §1(a), 94 Stat. 2025 (1980) (codified at 18 U.S.C. app. §1(a) (1994)))にいう「秘密指定情報(Classified Information)」、すなわち「国家安全保障上の理由により権限のない開示からの保護を求める大統領の行政命令、制定法、または規則に従い、合衆国政府によって決定されているすべての情報もしくは資料を意味する」(18 U.S.C. app. §1(a) (1994))ものとされている(18 U.S.C. §1531(2) (2000))。なお、秘密指定情報訴訟法については、拙著・前掲注1) 257—271頁を参照のこと。

72) 8 U.S.C. §1534(e)(2) (2000).

第2章 《9・11》以前のアメリカにおける対テロ法制の展開

される[73]。その結果、合衆国政府は、相手方代理人等への証拠開示を行うことなく秘密指定情報を証拠として裁判で利用することができることとなった[74]。

同法は、ほかにも次のような法改正または新規定をもたらすものであった。①アメリカ国内でテロ行為を行った者、アメリカ国内において海外でのテロを計画した者を訴追するための、連邦刑事法で処罰対象となるテロ行為の範疇や司法管轄権の範囲の拡大[75]、②テロ捜査における法執行機関等による盗聴（通信傍受）についての、司法的統制からの適用除外事項の拡大[76]、③特定のテロ組織に対してまたはテロ等の犯罪に利用されることを知りながら、「物理的支援または資源（material support or resources）」を提供することの禁止[77]、アメリカ国外でのアメリカ市民に対するテロやテロリストへの「物理的支援または資源」等の提供を違法なマネーロンダリングの対象に追加[78]、④人身保護令状（writ of habeas corpus）の請求対象範囲や請求回数・請求期間等の憲法上の基本的人権の著しい制限[79]、⑤国務長官による「海外テロ組織（Foreign Terrorist Organizations: FTO）」の指定[80]。

73) 8 U.S.C. §1534(e)(3)(A) (2000).
74) イン・カメラ審理手続については、拙著・前掲注1) 125—134頁を参照のこと。
75) Antiterrorism and Effective Death Penalty Act of 1996, Pub. L. No. 104-132, tit. 7, §702, §704, 110 Stat. 1214, 1291—1297 (1996) (codified at 18 U.S.C. §2332b, §956 (2000)).
76) Antiterrorism and Effective Death Penalty Act of 1996, Pub. L. No. 104-132, tit. 7, §731, 110 Stat. 1214, 1303 (1996) (codified at 18 U.S.C. 2510 (2000)).
77) Antiterrorism and Effective Death Penalty Act of 1996, Pub. L. No. 104-132, tit. 3, §303, §323, 110 Stat. 1214, 1250—1253, 1255 (1996) (codified at 18 U.S.C. §2339B, §2339A (2000)).
78) Antiterrorism and Effective Death Penalty Act of 1996, Pub. L. No. 104-132, tit. 7, §726, 110 Stat. 1214, 1301—1302 (1996) (codified at 18 U.S.C. §1956(c)(7)(D) (2000)).
79) Antiterrorism and Effective Death Penalty Act of 1996, Pub. L. No. 104-132, tit. 1, §§102—107, 110 Stat. 1214, 1217—1226 (1996) (codified at 28 U.S.C. §§2253—2266 (2000)).
80) Antiterrorism and Effective Death Penalty Act of 1996, Pub. L. No. 104-132, tit. 3, §302, 110 Stat. 1214, 1248 (1996) (codified at 8 U.S.C. §1189 (2000)). 1996年反テロリズム・効果的死刑法第Ⅲ編302条は、移民・国籍法の第Ⅱ編第2章に219条を追加し、国務長官に「海外テロ組織（Foreign Terrorist Organizations: FTO）」を指定し、2年ごとに指定を見直すことを求めている。なお、同規定に基づき、国務省は2年ごとに「海外テロ組織」に関する報告書を公表しており、最新のもの（2005年3月）は、Department of State,

さらにクリントン政権は、アメリカが「ならず者国家（Rogue States）」と呼ぶ特定の国家、なかでも、リビアのカダフィ政権、イランのイスラム共和国体制、イラクのフセイン政権を打倒するために、1996年イラン・リビア制裁法（Iran and Libya Sanctions Act of 1996）[81]と1998年イラク解放法（Iraq Liberation Act of 1998）[82]を制定し、イラン、リビア両国への対米テロ支援に対する報復としての経済制裁の実施、イラン、リビア、イラク各国政府を転覆するための反政府武装勢力（各国政府にとってはテロリストにほかならない）に対する軍事援助と資金援助を行うことをアメリカ政府の公式の方針として公然と掲げたのであった。

武力による報復行為（「復仇」）は、それじたい国連憲章・国際法違反の行為とされている[83]。アメリカやイスラエルなどは、従来も、テロに対する他国領土への報復攻撃や先制攻撃を行ってはきた。しかし、いくらアメリカであっても、これまでは国家の政策としてあからさまに国連憲章・慣習国際法の蹂躙を公に宣言することはなかった。しかしながら、すぐ前に述べた一連の対テロ先制武力攻撃・武力報復立法の制定は、アメリカにとって、自国の安全の方が「国際の平和及び安全」や国際的な法の支配よりも優先することを公然と国際社会に対して宣言したことを意味する。

アメリカの「対テロ臨戦国家体制」を支える第3の柱は、テロ犠牲者に対する手厚い補償制度の整備である。1986年包括的外交安全保障・反テロリズム法第Ⅷ編として制定されたテロリズム犠牲者補償法（Victims of Terrorism Compensation Act）[84]を補充するために1996年に制定された1996年テロリズム犠

Counterterrorism Office のサイトページ《http://www.state.gov/s/ct/rls/fs/37191.htm》で閲覧することができる。

81) Iran and Libya Sanctions Act of 1996, Pub. L. No. 104-172, 110 Stat. 1541 (1996).
82) Iraq Liberation Act of 1998, Pub. L. No. 105-338, 112 Stat. 3178 (1998).
83) 1970年友好関係原則宣言（国連総会決議2625号）は、武力行使をともなう復仇（報復）を慎む義務を国連加盟各国に課している。国際司法裁判所は、コルフ海峡事件判決（Corfu Channal Case (U. K. v. Albania), 1949 I. C. J. 35 (April 9)）において、国連憲章2条4項による武力行使の禁止には、憲章51条（自衛権）の場合を除き、復仇（報復）の形態による武力行使の禁止も含まれる旨を判示している（藤田久一『国連法』（東京大学出版会、1998年）283—285頁）。
84) Victims of Terrorism Compensation Act, Pub. L. No. 99-399, tit. 8, §§801—808, 100

牲者救済法 (Justice for Victims of Terrorism Act of 1996)[85]は、通常の犯罪被害者への補償と比べて格段に手厚い補償をテロ犠牲者に対して提供している。テロ犠牲者に通常の犯罪犠牲者よりも手厚い補償がなされるのは、アメリカ市民を国際テロリズムとの「正戦」に動員し、犠牲を受忍させるためには、テロ犠牲者を「アメリカの正戦」にとっての「名誉の戦傷死者」として顕彰する必要があったからにほかならない。

なお、クリントン政権期には、海上輸送の安全を確保するために、1996年に、1936年制定の商船法 (Merchant Marine Act)[86] を大幅に改正する1996年海上安全法 (Maritime Security Act of 1996)[87] も制定されている。

(3) 大量破壊兵器の拡散防止

アメリカ合衆国は、核保有国以外の諸国への核兵器技術の拡散の防止とならんで、生物化学兵器などの大量破壊兵器を用いたテロの防止を、冷戦構造が崩壊し核戦争勃発の危険性が著しく低下した後もその世界最大・最強の核戦力の維持を引き続き正当化するための口実として利用している。

旧ソ連が崩壊する直前の1991年12月、クリントン政権は、旧ソ連諸国からの核兵器・放射性物質の流出を阻止するためのナン＝ルーガー・プログラム (Nunn-Luger program) を設けた1991年ソビエト核脅威縮減法 (Soviet Nuclear Threat Reduction Act of 1991)[88] を制定し、1993年には、1993年協同脅威縮減法 (Cooperative Threat Reduction Act of 1993)[89] によって1991年法を強化した。

さらに、1996年9月23日に制定された1997会計年度国防権限法 (National

Stat. 854, 879—889 (1986).

85) Justice for Victims of Terrorism Act of 1996, Pub. L. No. 104-132, tit. 2, subtit. C §§ 231—236, 110 Stat. 1214, 1243—1247 (1996).

86) Act of June 29, 1936, 49 Stat. 2016 (1936).

87) Maritime Security Act of 1996, Pub. L. No. 104-239, 110 Stat. 3118 (1996).

88) Soviet Nuclear Threat Reduction Act of 1991, Pub. L. No. 102-228, tit. 2, §201, 105 Stat. 1691, 1693 (1991).

89) Cooperative Threat Reduction Act of 1993, Pub. L. No. 103-160, tit. 12, §1201, 107 Stat. 1547, 1777 (1993).

Defense Authorization Act for Fiscal Year 1997) には、大量破壊兵器を用いたテロの脅威に対応するための1996年大量破壊兵器防衛法 (Defense Against Weapons of Mass Destruction Act of 1996) が組み込まれていた。

同法は、大統領に、大量破壊兵器テロを防止し、また、発生時に対応する連邦政府の能力の向上、州・地方政府の対応能力を向上させるための連邦政府による支援の強化などを義務づけ、さらに、テロ、軍備管理、国際組織犯罪に関する諸問題を含む大量破壊兵器の不拡散に関して大統領に助言する不拡散問題担当国家調整官 (National Coordinator for Nonproliferation Matters) を大統領府に置くことを義務づけている。なお、この国家調整官は、同法1442条の下で国家安全保障会議に設置される不拡散委員会の議長を務めるものとされている。

より具体的には、同法は、国防長官に、大量破壊兵器の使用等に対する緊急対応のための訓練と専門的助言を国防総省以外の連邦政府機関や州・地方政府の関連諸機関の非軍事要員に提供するよう義務づけるものであった。利用できる支援は、①化学・生物学的物質や放射能の探知、当該物質・放射能の存在の監視、緊急対応要員および公衆の防護、除去——のための装備の使用、操作、メインテナンスの訓練、②大量破壊兵器または関連物質をともなう緊急事態へ対応する州・地方職員が使用するための、関連データと専門的助言のための特別な電話回線（いわゆるホットライン）の確立、③同法1412条の下で授権され、

---

90) National Defense Authorization Act for Fiscal Year 1997, Pub. L. No. 104-201, 110 Stat. 2422 (1996). 同法についても、大原・前掲注60）で詳しく紹介されている。

91) Defense Against Weapons of Mass Destruction Act of 1996, Pub. L. No. 104-201, tit. 14, §§1401—1455, 110 Stat. 2422, 2714—2731 (1996).

92) Defense Against Weapons of Mass Destruction Act of 1996, Pub. L. No. 104-201, tit. 14, §1411(a), 110 Stat. 2422, 2717 (1996).

93) Defense Against Weapons of Mass Destruction Act of 1996, Pub. L. No. 104-201, tit. 14, §1441(a)(b), 110 Stat. 2422, 2727 (1996).

94) Defense Against Weapons of Mass Destruction Act of 1996, Pub. L. No. 104-201, tit. 14, §1441(b)(2), 110 Stat. 2422, 2727 (1996). なお、同条項では、国家安全保障会議（NSC）の下に不拡散委員会（the Committee on Nonproliferation）を置くことを定めた条文が1342条となっているが、正しくは1442条である。

95) Defense Against Weapons of Mass Destruction Act of 1996, Pub. L. No. 104-201, tit. 14, §1412(a)(1), 110 Stat. 2422, 2718 (1996).

責任者によって特定された目的のための州兵およびその他の予備役兵の使用、④適切な装備の貸与などとされている。なお、1999年10月1日以降、このプログラムの責任者として大統領は国防長官以外の者を指名できるものとされ、当該責任者は、連邦緊急事態管理庁（FEMA）長官、エネルギー省長官、国防長官、連邦・州・地方の緊急対応関連機関の長の間の調整を行うものとされた。

同法1414条は、国防長官に対して、連邦政府職員・州政府職員・地方政府職員が化学・生物・関連物資を含む大量破壊兵器を探知、無害化、密閉、解体、処分する際にこれを支援する合衆国軍隊・国防総省職員よりなる少なくともひとつの国内テロリズム即応チーム（Chemical-Biological Emergency Response Team）を編成・維持することを義務づけた。

また、1996会計年度国防権限法1201条(b)項(1)号の定める協同脅威縮減プログラム（Cooperative Threat Reduction Programs）——このプログラムは、核・化学・生物兵器の拡散を防止するために、国防総省とFBIが共同して、旧ソ連・東欧諸国の法執行機関職員、裁判官、検察官等に必要な訓練を施すというものであった——の対象に、核兵器として使用するのに適した核分裂性物質を付け加えている。なお、同法1424条は、旧ソ連からの新興独立国家、バルト諸国、東欧諸国における核・生物・化学兵器等の非合法の転移を防止するために、関税庁コミッショナーと相談・協働して、関税職員・国境警備職員を支援するためのプログラムを実施することを国防長官に義務づけていた。

---

96) Defense Against Weapons of Mass Destruction Act of 1996, Pub. L. No. 104-201, tit. 14, §1412(e)(1) — (4), 110 Stat. 2422, 2718—2719 (1996).

97) Defense Against Weapons of Mass Destruction Act of 1996, Pub. L. No. 104-201, tit. 14, §1412(a)(2), §1412(b), 110 Stat. 2422, 2718 (1996).

98) Defense Against Weapons of Mass Destruction Act of 1996, Pub. L. No. 104-201, tit. 14, §1414(a), 110 Stat. 2422, 2720 (1996).

99) National Defense Authorization Act for Fiscal Year 1996, Pub. L. No. 104-106, §1201(b)(1), 110 Stat. 469, ___ (1996), 22 U.S.C. §5955 note (2000).

100) Defense Against Weapons of Mass Destruction Act of 1996, Pub. L. No. 104-201, tit. 14, §1431, 110 Stat. 2422, 2726 (1996).

101) Defense Against Weapons of Mass Destruction Act of 1996, Pub. L. No. 104-201, tit. 14, §1424(a), 110 Stat. 2422, 2726 (1996).

同法1416条(a)項は、合衆国法典10編18章の最後に、新たに382条を追加した。追加された382条は、国防長官と司法長官が共同して緊急事態が存在することを決定し、国防長官が軍事的支援の提供が合衆国の軍備に影響しないと決定した場合、国防長官は、司法長官の要請に基づき、生物的または化学的大量破壊兵器をともなう緊急事態が継続している間、合衆国法典18編175条または2332c条の執行に関する司法省の活動を援助するために、使用された兵器のまたはその一部の監視、密閉、無害化または処分するための装備の操作を含む支援を提供することができるものとしていた。もっとも、国防総省が法執行機関に対して提供できる支援は、合衆国法典10編18章の下で授権され、または制限された範囲内に限るものとされている。

　1996年大量破壊兵器防衛法は、司法省、国防総省以外の連邦政府機関にもいくつかの新たな役割を与えた。エネルギー省は、核・化学・生物兵器やその関連物質による脅威について、連邦政府、州政府、地方政府職員を支援し、本法1413条(a)項に関して国防総省を援助するものとされ、また、核物質や放射性物質を含む緊急事態への連邦政府、州政府、地方政府職員の対応を検証するためのプログラムを開発・実行するものとされた。連邦緊急事態管理庁（FEMA）長官は、1997年12月31日までに、大量破壊兵器を伴う緊急事態に関して州政府

---

102) Defense Against Weapons of Mass Destruction Act of 1996, Pub. L. No. 104-201, tit. 14, §1416(a), 110 Stat. 2422, 2721―2724 (1996), 10 U.S.C. §382 (2000). 合衆国法典18編175条（18 U.S.C. §175 (2000)）は、生物学的病原体、毒素、またはそれらを兵器として使用するための運搬システム等の開発、生産、備蓄、移転、保有等に故意にたずさわった者や、それらの行為に従事する外国国家やその他の組織を故意に支援した者などを無期または有期の拘禁刑に処するものとしている。なお、合衆国法典18編2332c条（18 U.S.C. §2332c）は、1998年10月21日に制定されたChemical Weapons Convention Implementation Act of 1998, Pub. L. No. 105-277, div.I, tit.2, §201(c)(1), 112 Stat. 2681, 2681-871 (1998) によって廃止されている。
103) Defense Against Weapons of Mass Destruction Act of 1996, Pub. L. No. 104-201, tit. 14, §1412(f), 110 Stat. 2422, 2719 (1996).
104) Defense Against Weapons of Mass Destruction Act of 1996, Pub. L. No. 104-201, tit. 14, §1413(b), 110 Stat. 2422, 2719―2720 (1996).
105) Defense Against Weapons of Mass Destruction Act of 1996, Pub. L. No. 104-201, tit. 14, §1415(b), 110 Stat. 2422, 2720―2721 (1996).

職員・地方政府職員が利用しうる物質的装備および財産について連邦対応プラン該当諸機関の長が提出する目録の包括的リストを整備し[106]、ロバート・T・スタッフォード災害救助・緊急事態援助法（Robert T. Stafford Disaster Relief and Emergency Assistance Act）611条(b)項に基づき策定される連邦緊急事態対応プラン[107]とプログラムを開発し[108]、化学的・生物学的な物質および軍需品の特徴と非軍事的利用のための安全予防措置のデータベースを国防長官と相談の上で整備すること[109]などが義務づけられた。

なお、1998年の法律によって、化学兵器の開発、生産、獲得、移転、受領、貯蔵、保有、使用、使用の脅迫等の故意の実行やそれらの行為の支援、教唆等が、合衆国の国民や合衆国の財産に対して行われた場合は、連邦裁判所は、合衆国の国外で行われた場合であっても司法管轄権を有するものとされた[110]。ここでも、テロ対策という大義名分の下、他国の国家主権は無視されたのである。

しかし、核兵器その他の大量破壊兵器の開発・実験・実戦配備の是非はひとまず置いておくとしても、世界中で最も多くの大量破壊兵器とその運搬手段を保有し、自らの意に染まない諸国に「恫喝」をかけ続けているアメリカが、他の国家や武装勢力による大量破壊兵器の保有を非難し妨げる道義上の根拠はどこにもないというべきであろう。

---

106) Defense Against Weapons of Mass Destruction Act of 1996, Pub. L. No. 104-201, tit. 14, §1417(a) — (b), 110 Stat. 2422, 2724 (1996).

107) 42 U.S.C. §5196(b) (2000) (originally enacted as Department of Defense Authorization Act, 1981, Pub. L. 96-342, tit. 7, §704, 94 Stat. 1090 (1980)). ロバート・T・スタッフォード災害救助・緊急事態援助法（Robert T. Stafford Disaster Relief and Emergency Assistance Act）は、1988年災害救助・緊急事態援助修正法（The Disaster Relief and Emergency Assistance Amendments of 1988, Pub. L. No. 100-707, tit 1, §102(a), 102 Stat. 4689 (1988)）によって、1974年災害救助法（Disaster Relief Act of 1974, Pub. L. No. 93-288, 88 Stat. 143 (1974)）が名称変更されたものである。中川・前掲注12）74—75頁参照。

108) Defense Against Weapons of Mass Destruction Act of 1996, Pub. L. No. 104-201, tit. 14, §1414(b), §1417(c), 110 Stat. 2422, 2720, 2724 (1996).

109) Defense Against Weapons of Mass Destruction Act of 1996, Pub. L. No. 104-201, tit. 14, §1417(d), 110 Stat. 2422, 2724—2725 (1996).

110) Chemical Weapons Convention Implementation Act of 1998, Pub. L. No. 105-277, div I, tit. 2, §201(a), 112 Stat. 2681, 2681-866—871 (1998), 18 U.S.C. §229(c) (2000).

3. クリントン政権におけるサイバーテロ対策

(1) 情報インフラストラクチャーの「脆弱性」とサイバーテロの脅威

クリントン大統領は、1995年6月21日に発した大統領決定指令39号において、合衆国の施設および重要な国家的社会インフラストラクチャーのテロに対する脆弱性を再評価する委員会の議長に司法長官を指名していたが[111]、サイバーテロそのものの脅威が政策決定者の間で広く認識されるようになったのは、1996年以降のことである。これには2つの事情が絡んでいた。1つは、クリントン政権が本格的な電子政府の構築を目指し、そのためにはサイバースペースの「脆弱性」の問題を避けて通るわけにはいかなくなったという事情がある[112]。

---

[111] Presidential Decision Directive 39: U.S. Policy on Counterterrorism, 1, June 21, 1995, at 2. なお、サイバーテロ（cyber terrorism）、サイバー攻撃（cyber attack）、サイバー戦争（cyber war）あるいは情報戦争（information warfare）といっても、それぞれについての確たる定義（特に法的な定義）があるわけではなく、また、相互の違いすら極めて不明瞭である。これらについては、さしあたり、ダン・バートン『ブラックアイス』（インプレス、2003年）、ジェイムズ・アダムズ『21世紀の戦争——コンピュータが変える戦場と兵器』（日本経済新聞社、1999年）、中村好寿『軍事革命（RMA）——〈情報〉が戦争を変える』（中公新書、2001年）、江畑謙介『情報テロ——サイバースペースという戦場』（日経BP社、1998年）、鶴木・前掲注66）、江畑謙介『インフォメーション・ウォー——狙われる情報インフラ』（東洋経済新報社、1997年）、星野俊也「サイバー空間における脅威と安全保障・危機管理のあり方」日本国際問題研究所（平成13年度外務省委託研究）『IT革命と安全保障』（2002年）1頁以下、矢澤修次郎「ネットワーク社会化と紛争形態の変化——ハードな安全保障からソフトな安全保障へ」日本国際問題研究所（平成13年度外務省委託研究）『IT革命と安全保障』（2002年）66頁以下、高橋杉雄「情報革命と安全保障」『防衛研究所紀要』4巻2号（2001年11月）89頁以下を参照。

[112] クリントン政権の電子政府構築の試みとしては、まず、1993年に、連邦政府・州政府・地方自治体に業務遂行目標計画の設定を義務づけ、当該目標の達成度を測定することによって行政の効率化を目指した1993年政府成果法（Government Performance and Results Act of 1993, Pub. L. No. 103-62, 107 Stat. 285 (1993)）が制定され、電子政府への端緒を開くこととなった。次に、政府機関間での情報交換を、従来の書面によるものからインターネットなどの非紙媒体によるものに切り替えることを目的とした1995年ペーパーワーク削減法（Paperwork Reduction Act of 1995, Pub. L. No. 104-13, 109 Stat. 163 (1995)）、1996年

第 2 章 《9・11》以前のアメリカにおける対テロ法制の展開

　第 2 のそれは、もっと直接的に、サイバースペースの「脆弱性」を顕わにした国防総省の 2 度の実験の驚愕すべき結果によるものであった。

　1996年 5 月、連邦議会会計検査院（United States General Accounting Office）は『情報安全保障（Information Security）[113]』と題する報告書を公表した。この報告書の中で、1995年 1 年間に発生した国防総省へのコンピュータ攻撃は約25万回、うち約16万回が実際に侵入されたと推定されている。また、国防総省国防情報システム局（Defense Information Systems Agency：DISA）が1992年から行った国防総省の各組織のコンピュータ・システムへの侵入実験では、3 万8000回の侵入実験の実に65％が成功し、国防総省が侵入を発見できたのはわずか988件、4 ％にすぎなかったという衝撃的な結果が報告された。

　同報告書は、過去に起こった侵入事例として、1994年のローム研究所（Rome Laboratory）事件についても報告している。これは、英国の当時16歳の少年が、1994年 3 月から 4 月の26日間に、アメリカ空軍ローム研究所のコンピュータ・ネットワークに確認されただけでも150回侵入し、このローム研究所のコンピュータ・ネットワークを基点に航空宇宙局（NASA）、ライト・パターソン空

には、各政府機関に情報管理・技術管理に責任を負う CIO（Chief Information Officer）を置くことを義務づけた IT 管理再編法（Information Technology Management Reform Act of 1996, Pub. L. No. 104-106, div. E, §5001, 110 Stat. 186, 679 (1996)）と、政府機関 CIO による協議会を設置し、IT の効率的な導入と異なる政府機関の間での情報共有・情報交換を促進することを目的とした大統領命令13011号（Exec. Order No. 13,011, 61 Fed. Reg. 37,657 (1996)）が制定された。なお、クリントン政権の電子政府構築の試みについては、さしあたり、NTT Data Corporation「米国における電子政府の展開」『社会情報システム REPORT 2000』Vol. 7（2000 Autumn Special）1 頁以下を参照のこと。また、ブッシュ Jr. 政権の電子政府への取り組みについては、平野美恵子「米国の電子政府法」『調査と情報』423号（2003年 6 月）、同「米国の電子政府法」『外国の立法』217号（2003年 8 月）1 頁以下を参照のこと。

113) UNITED STATES GENERAL ACCOUNTING OFFICE, INFORMATION SECURITY: COMPUTER ATTACKS AT DEPARTMENT OF DEFENSE POSE INCREASING RISKS (May, 1996) at 18—19. なお、会計検査院（General Accounting Office）は、2004年 7 月、GAO Human Capital Reform Act of 2004, Pub. L. No. 108-271, §8, 118 Stat. 811, 814（2004）によって政府説明責任局（Government Accountability Office）に改編されているが、略称は GAO のままである。詳しくは、渡瀬義男「米国会計検査院（GAO）の80年」『レファレンス』2005年 6 月号33頁以下を参照のこと。

軍基地、陸軍ミサイル局、複数の軍需契約企業、韓国のコリアン・アトミック・リサーチ・インスティテュートなどのコンピュータへ侵入し、空軍パイロットへの攻撃指令暗号などの極秘情報を盗み出していたとする衝撃的な事件であった。空軍情報戦センター（Air Force Information Warfare Center: AFIWC）の試算によると、この事件で被った被害は、ローム研究所だけで50万ドルにものぼるという。[114]

この他にも、1990年4月から翌年5月にかけて34の防衛サイトがハッキングされた事件、1994年12月に海軍アカデミー（U.S. Naval Academy）のコンピュータ・システムが攻撃を受けた事件、1995年と1996年にアメリカの大学、海軍調査研究所（Naval Research Laboratory）、防衛施設、NASA、ロス・アラモス研究所（Los Alamos National Laboratory）が攻撃を受けた事件などについても報告されている。[115]

2度目の実験は、97年に国防総省で行われ「エリジブル・レシーバー97（Eligible Receiver 97）」である。「エリジブル・レシーバー97」では、NSAなどに勤務する30人のスタッフをハッカー役にして、①電力供給システムに侵入して配電を停止させ、緊急通報911番に侵入してこれを遮断し、②国防総省のコンピュータに侵入する実験が行われた。この当時、国防副長官であったジョン・ハレム戦略国際問題研究所（CSIS）所長は、この実験の結果について、配電停止と通信切断についてはあと数回キーボードを叩くだけで実現するところまでいき、国防総省のコンピュータへの侵入に至っては、40回にわたり外部から自由に操作できる状態になり、同省が侵入を検知できたのはわずか2回だけであったと証言している。[116]

---

114) *Id.* at 22—24. *See also*, AIR FORCE INFORMATION WARFARE CENTER, FINAL REPORT: A TECHNICAL ANALYSIS OF THE ROME LABORATORY ATTACKS (Jan. 20, 1995). なお、同事件は主犯の少年のハンドルネームをとってデータストリーム・カウボーイ（Datastream Cowboy）事件と呼ばれることもある。主犯の少年は、1994年5月にロンドンで逮捕された。また、共犯とされたコンピュータ技師も、1996年6月に逮捕されている。

115) *Id.* at 25.

116) 『朝日新聞』2002年1月9日朝刊。なお、Eligible Receiver 97について、国家安全保障局（NSA）局長のケネス・A・ミニハン准将（Lt. Gen. Kenneth A. Minihan）は、1998年

(2) クリントン政権のサイバーテロ対策法制

　クリントン大統領は、最初の実験の直後に、重要インフラストラクチャーの保護に関する大統領命令13010号（Executive Order 13,010）を発した[117]。大統領命令13010号は、銀行・金融サービス、通信、運輸、電力、石油・ガス、警察・消防・医療等の緊急サービス、政府の公共サービスなど8分野の官・民の代表者からなる重要インフラストラクチャーの保護に関する大統領特別委員会（President's Commission on Critical Infrastructure Protection: PCCIP）を創設し[118]、PCCIPは、重要インフラの脆弱性および重要インフラへの脅威の程度と性質の評価、重要インフラを物理的およびサイバー的脅威から防御するための包括的国家戦略の勧告と必要な立法の提案などを任務とするものとされた[119]。また、PCCIPの勧告に基づき、大統領が何らかの措置をとるまでの間、重要インフラ防御のため司法省内にFBIが主導するインフラストラクチャー防御任務部隊（Infrastructure Protection Task Force: IPTF）を設置するものとしていた[120]。さらに、1996年9月には、死活的な重要性を持つインフラストラクチャーをコンピュータ犯罪から守るために1996年国家情報インフラストラクチャー保護法（National Information Infrastructure Protection Act of 1996）が制定された[121]。

　クリントン大統領は、1998年5月22日、2度目の実験結果を受けて、2つの大統領決定指令を同時に定めた。

　第1の指令は、アメリカの無敵の軍事的優位と先端技術へのアクセスの容易さゆえに、アメリカに対する潜在的な敵（国家であるとテロリスト集団であるとを問わず）に、アメリカへの攻撃手段として、大量破壊兵器によるテロや重要イ

　6月24日上院政府委員会へ提出したステイトメントの中で、ER97はサイバー攻撃がアメリカに対する現実的な脅威であることを明確に示したと述べている（Prepared statement by Lt. Gen. Kenneth A. Minihan, Director, National Security Agency, before the Senate Governmental Affairs Committee, Washington, D.C., June 24, 1998）。

117) Exec. Order No. 13,010, 61 Fed. Reg. 37,345 (1996).
118) Exec. Order No. 13,010, §1, 61 Fed. Reg. 37,345 (1996).
119) Exec. Order No. 13,010, §4, 61 Fed. Reg. 37,345, 37,348 (1996).
120) Exec. Order No. 13,010, §7, 61 Fed. Reg. 37,345, 37,349 (1996).
121) National Information Infrastructure Protection Act of 1996, Pub. L. No. 104-294, tit. 2, §201, 110 Stat. 3488, 3491—3494 (1996).

ンフラに対するサイバーテロを選択させる可能性が高いことを認め、安全保障、インフラストラクチャー防護、カウンター・テロリズムのための国家調整官事務局（Office of the National Coordinator）を設置することを定めた大統領決定指令62号（Presidential Decision Directive 62）[122]である。

第2の指令は、官民協力のための国家インフラストラクチャー保障評議会やサイバーテロ対策のための政府機関——FBI国家インフラストラクチャー保護センター（NIPC）や重要インフラストラクチャー保障局（CIAO）など——の設置を含む大統領決定指令63号（Presidential Decision Directive 63）[123]であった。

指令63号は、アメリカの世界最強の軍事力と最大規模の経済はいずれも重要インフラとサイバースペースの情報システムに依存しており、アメリカの敵は、重要インフラと情報システムに対する通常とは異なる攻撃を仕掛けてくる可能性の高いことを指摘し、従って、アメリカは、重要インフラ、特にサイバーシステムに対する物理的攻撃とサイバー攻撃の両方に対する脆弱性を速やかに解消する必要があることを強調していた。

また、2000年1月には、重要インフラストラクチャーの保護のために20億ドル（2001会計年度）を投入することを主な柱とする情報システム保護国家プラン（National Plan for Information Systems Protection Version 1.0）[124]が策定された。このプランでは、サイバースペースの「安全」確保は軍と諜報機関が主にあたるものとされ、予算の72%がこれらの機関に割り当てられている。

---

[122] THE WHITE HOUSE, OFFICE OF THE PRESS SECRETARY, FACT SHEET, COMBATING TERRORISM: PRESIDENTIAL DECISION DIRECTIVE 62 (May 22, 1998).

[123] WHITE PAPER, THE CLINTON ADMINISTRATION'S POLICY ON CRITICAL INFRASTRUCTURE PROTECTION: PRESIDENTIAL DECISION DIRECTIVE 63 (May 22, 1998). なお、このPDD—63と前掲の大統領命令13010号の詳細については、さしあたり、情報処理振興事業協会『「重要インフラにおけるセキュリティ対策の事例調査」調査報告書』（2000年）、NTT Data Corporation「米国におけるサイバーテロ対策」『社会情報システムREPORT 2000』Vol. 7（2000 Autumn Special）14頁以下を参照。

[124] THE WHITE HOUSE, NATIONAL PLAN FOR INFORMATION SYSTEMS PROTECTION VERSION 1.0 (2000).

第3章　《9・11》の衝撃(インパクト)と「対テロ戦争」法制の展開 I
　　　　　　　――概観と定義

1.《9・11》以後の「対テロ戦争」法制の概観

(1)「対テロ戦争」と対テロ法制

　すでに第1章でみてきたように、ブッシュ Jr. 政権は《9・11》テロを「戦争 (war)」またはそれに準じた「戦争行為 (act of war)」として認識し、実際に、2001年10月7日、タリバン政権と国際テロ組織アルカイダを壊滅させるためにアフガニスタンに対する先制（報復?）攻撃を、また、イラクが国連安保理決議に違反して大量破壊兵器の開発と保有を進めており、これらのイラクの大量破壊兵器は国際社会に対する重大な脅威となっているとして、2003年3月19日、イラクに対する予防戦争 (preventive war) を開始した。ブッシュ Jr. 政権は、国際テロ・ネットワークとの「長き戦争 (the Long War)」としての「対テロ戦争 (war on terrorism)」を開始したのである。

　《9・11》以後、アメリカ合衆国において矢継ぎ早に制定された一連の対テロ法制は、何よりもまず、アメリカ合衆国が「対テロ戦争」に勝利するために制

---

1) 《9・11》以後のアメリカの対テロ法制整備の状況については、さしあたり、連邦レベルについては、See, Legislation: Related to the Attack of September 11, 2001《http://thomas.loc.gov/home/terrorleg.htm》を、州レベルについては、Lyons, *States Enact New Terrorism Crimes and Penalties*, NCSL STATES LEGISLATIVE REPORT, vol. 27, No. 19, (Nov., 2002) を参照せよ。*Also see*, AMERICAN CIVIL LIBERTIES UNION, UPSETTING CHECKS AND BALANCES: CONGRESSIONAL HOSTILITY TOWARD THE COURTS IN TIME OF CRISIS (Oct., 2001). さらに、邦語文献としては、中川かおり「Ⅳ　テロ対策 1 アメリカ」国立国会図書館・調査及び立法考査局『総合調査報告書　主要国における緊急事態への対処』(2003年) 72頁以下、

定されたものであること、すなわち、それらは「対テロ戦争」の遂行を支えるための「対テロ戦争」法制の一翼を担うものとして制定されたものである点を正確に認識しておく必要がある。それらは、けっしてたんに国内における治安問題としてのテロの予防・取締りのみを目的とするものではない。

「対テロ戦争」法制は、大別して、①「槍」としての役割を果たす対外的武力攻撃・武力行使法制と、②「盾」としての役割を果たす国内治安・監視（国内安全保障）法制とからなる。

《9・11》に対応して制定された「槍」としての役割を果たす最も主要な対外的武力攻撃・武力行使法制には、《9・11》直後の2001年9月18日に連邦議会が、戦争権限法（War Powers Resolution）[2]に基づき、《9・11》テロ攻撃の計画を立案し、関与し、支援した国家、組織、個人に対して「あらゆる必要かつ適切な武力（all necessary and appropriate force）」を使用する権限を大統領に授権するために制定した武力行使授権決議（Authorization for Use of Military Force：AUMF）[3]と、2002年10月16日に、イラクによってもたらされている脅威からアメリカ合衆国を防衛し、かつ、イラクに関するすべての国連安保理決議をイラ

特に76頁以下、井樋三枝子「9・11同時多発テロ事件以後の米国におけるテロリズム対策」『外国の立法』228号（2006年5月）24頁以下、宮坂直史「米国の対テロ戦争：成果と問題」『海外事情』2004年4月号12頁以下が最も包括的な情報を提供してくれる。

2) War Powers Resolution, Pub. L. No. 93-148, 87 Stat. 555 (1973). なお、戦争権限法については、浜谷英博『米国戦争権限法の研究』（成文堂、1990年）、右崎正博「アメリカの緊急事態法制」『ジュリスト』701号（1979年10月）45頁以下、同「アメリカにおける緊急事態（有事）法制」『法律時報増刊 憲法と有事法制』（2002年12月）168頁以下、拙稿「アメリカ合衆国大統領の国家安全保障権限――その歴史的展開」『専修法研論集』19号（1996年）175頁、180―181頁脚注(176)を参照のこと。

3) Authorization for Use of Military Force, Pub. L. No. 107-40, §2(a), 115 Stat. 224 (2001) [hereinafter cited as AUMF]. AUMFの立法過程についてはGrimmett, *Authorization For Use Of Military Force in Response to the 9/11 Attacks (P.L. 107-40)： Legislative History* (CRS, Order Code RS22,357, Jan. 4, 2006)を参照のこと。また、戦争権限授権決議全般については、Ackerman & Grimmett, *Declarations of War and Authorizations for the Use of Military Force： Historical Background and Legal Implications* (CRS, Order Code RL31,133, Jan. 14, 2003)を参照のこと。なお、武力行使授権決議（AUMF）は両院合同決議（joint resolution）であり、両院合同決議は、大統領の承認により、あるいは、3分の2以上の多数で大統領の拒否権を乗り越えることにより、制定法と同一の効力を生じる。

第3章 《9・11》の衝撃と「対テロ戦争」法制の展開Ⅰ

ク政府に履行させるために「必要かつ適切」な合衆国軍隊の使用を大統領に授権するために制定された対イラク武力行使授権決議（Authorization for Use of Military Force Against Iraq Resolution of 2002：AUMFIR）[4]とがある。

AUMFは、2001年10月7日のアフガニスタンへの先制攻撃による自衛権行使（right of self-defense by acting preemptively）（予防的自衛権の行使）を根拠づけるものであり、AUMFIRは、アメリカにとって、将来、脅威となりうるかもしれないイラクのフセイン政権を排除するための予防のための戦争の根拠とされた。

他方、「盾」としての役割を果たす国内治安・監視（国内安全保障）法制は、①テロリストの合衆国国内への侵入・浸透を防止し、テロの被害からアメリカ合衆国ならびに合衆国市民を守るために、テロリストやその疑いのある者等を、テロ行為を行う前に予防的に拘束し、勾留または退去強制にするための国境・入国・運輸管理法制、②テロリスト、テロリストの疑いのある者や外国のエージェントのアメリカ合衆国内での活動を監視するための監視・防諜活動法制、③国外および国内の両面からのテロリストの攻撃を予防するためのテロ情報の収集（諜報活動）・共有法制（ただし、②と③は、かなりの部分で重複する）などによって構成される。

本章では、もっぱら、「盾」としての役割を果たす国内治安・監視（国内安全保障）法制の《9・11》以後の展開過程を概観していく。

(2) テロの予防・テロリストの監視

2001年9月23日、アルカイダの資産を凍結するためのビンラディン＝テロ・ネットワーク資産凍結大統領命令が[5]、11月13日には、アフガニスタンで捕らえ

---

[4] Authorization for Use of Military Force Against Iraq Resolution of 2002, Pub. L. No. 107-243, §3(a), 116 Stat. 1498, 1501 (2002). 対イラク武力行使授権決議（AUMFIR）もまた、両院合同決議（joint resolution）である。

[5] Exec. Order No. 13,224, 66 Fed. Reg. 49,079 (2001). なお、ブッシュJr.政権によって制定された大統領命令については、ホワイトハウスのサイト・ページ内にあるExecutive Orders Issued by President Bush《http://www.whitehouse.gov/news/orders/》ですべて閲覧できる。

たタリバン政権軍兵士とアルカイダの戦闘員たちを裁くための特別軍事法廷の設置を命ずる**軍事審問委員会（Military Commission）設置大統領命令**が、12月18日には、2001年9月11日を「**愛国者の日（Patriot Day）**」に定める両院合同決議が制定された。

この間、連邦議会は、ブッシュ Jr. 政権の求めに応じて、2001年10月7日にアフガニスタンへの先制攻撃が開始された直後の2001年10月26日に、アメリカ国内におけるテロ対策を本格的に整備するためにテロ捜査権限、電子的監視権限などを「飛躍的」に強化した**2001年アメリカ合衆国愛国者法**（USA PATRIOT ACT）（愛国者法）を制定した。

愛国者法は、法執行機関に、①「テロリストの疑いのある外国人」は、裁判所の令状なしに7日間拘束することができ、当該外国人に対する退去強制手続も刑事訴追もなされなかった場合ですら、事実上、無期限に拘束し続けることができる予防拘束権限、②テロの容疑者に通知することなく、容疑者の自宅／事務所を捜索する権限、③裁判所の管轄区を越え、かつ、従来よりも大幅に緩和された手続の下で容疑者のすべての電話／電子メールの盗聴（傍受）、すなわち電子的監視（electronic surveillance）を行う権限、④従来よりも大幅に緩和された手続でのボイス・メール・メッセージの押収権限、⑤1978年外国情報活動監視法（Foreign Intelligence Surveillance Act of 1978 : FISA）に基づく、合衆国外国情報活動監視裁判所（United States Foreign Intelligence Surveillance Court : FISC）の許可命令の下での電子的監視期間の最長1年間への延長（③〜⑤は、

---

6) Military Order No. 13, 66 Fed. Reg. 57,833 (2001).

7) H.J. Res. 71, Pub. L. No. 107-89, 115 Stat. 876 (2001).

8) Uniting and Strengthening America by Providing Appropriate Tools Required to Intercept and Obstruct Terrorism (USA PATRIOT ACT) Act of 2001, Pub. L. No. 107-56, 115 Stat. 272 (2001) [hereinafter cited as USA PATRIOT ACT]. 愛国者法については、さしあたり、愛国者法の概要と主要条文の邦訳については、平野美恵子・土屋恵司・中川かおり「米国愛国者法（反テロ法）（上）（下）」『外国の立法』214号（2002年11月）1頁以下、215号（2003年2月）1頁以下を、また、大沢秀介「アメリカ合衆国におけるテロ対策法制——憲法を中心として」大沢秀介・小山剛編『市民生活の自由と安全——各国のテロ対策法制』（成文堂、2006年）1頁以下、右崎正博「アメリカにおける緊急事態（有事）法制」『法律時報増刊　憲法と有事法制』（2002年12月）168頁以下を参照のこと。

第3章 《9・11》の衝撃(インパクト)と「対テロ戦争」法制の展開 I

2005年12月末までの時限規定)、⑥事前の裁判所の許可命令なしで電子メール盗聴装置「カーニボー（Carnivore）」を設置する権限、⑦インターネット・プロバイダー、電話事業者、クレジット・カード調査会社等に対する利用者の個人情報の提出命令権限などを授権し、また、⑧「サイバーテロ犯罪」の新設と当該犯罪へ拘禁刑を科すなど、テロ捜査に関連する容疑者の予防拘束や電子的監視のための法執行当局の権限を著しく強化した（第4章1., 第5章3. を参照）。

なお、愛国者法の制定と前後して、アシュクロフト司法長官は、移民帰化局（INS）に対して、被疑者の身柄拘束後の勾留決定までの期間を24時間以内から48時間以内に延長（緊急事態やそのほかの非常事態においては「合理的と考えられる期間」に延長）する**2001年9月20日の行政命令**（主題別連邦行政命令集規則第8編287.3条(d)項[9]）、INS の地区部長に、移民審判官の発した釈放命令を上訴審の判断が出るまで停止する権限を付与した **INS に対する2001年10月31日の行政命令**（主題別連邦行政命令集規則第8編3.19条(i)項(2)号[10]）、刑務局長に、弁護士との間の会話を含む被収容者のすべての会話を監視する権限を付与した**刑務局宛2001年10月31日の行政命令**（主題別連邦行政命令集規則第28編501.3条(d)項(2)号[11]）などを制定している（第4章1. を参照）。

2001年12月28日、司法長官に対して、1996年反テロリズム・効果的死刑法（Antiterrorism and Effective Death Penalty Act of 1996）によって定められた「外国人テロリスト」の国外退去強制手続の実態について3ヶ月以内に連邦議会へ報告することを義務づけた**2002会計年度情報活動権限法**（Intelligence Authorization Act for Fiscal Year 2002[12]）が制定された。

翌2002年の6月25日には、「テロリストによる爆弾使用の防止に関する国際

---

9) Disposition of cases of aliens arrested without warrant, 66 Fed. Reg. 48,335 (Sept. 20, 2001), 8 C.F.R. §287.3(d) (2002).

10) Executive Office for Immigration Review: Review of Costody Determinations, 66 Fed. Reg. 54,909—54,911 (Oct. 31, 2001), 8 C.F.R. §3.19(i)(2) (2002).

11) Prevention of acts of violence and terrorism, 66 Fed. Reg. 55,065—55,066 (Oct. 31, 2001), 28 C.F.R. §501.3(d)(2) (2002).

12) Intelligence Authorization Act for Fiscal Year 2002, Pub. L. No. 107-108, tit. 3, §313 115 Stat. 1394 (2001).

条約 (International Convention for the Suppression of Terrorist Bombings)」と「テロリズムに対する資金供与の防止に関する国際条約 (International Convention for the Suppression of the Financing of Terrorism)」をアメリカ国内で施行するため2002年テロリスト爆弾使用条約施行法 (Terrorist Bombings Convention Implementation Act of 2002) と2002年テロリズム資金供与禁止条約施行法 (Suppression of the Financing of Terrorism Convention Implementation Act of 2002) が制定された。[13] 前者は、公共の利用に供される場所、政府施設、公共輸送機関、インフラストラクチャー施設において、人の殺傷または重大な経済的損失等をもたらす目的で、爆発物を違法に輸送、設置、爆発させることを刑事罰をもって禁止するものである。後者は、条約に列挙された犯罪行為等を実行するために資金が利用されることを知りつつ、資金を提供または収集することに刑事罰を科すものとしている。

2002年11月2日には、FBIによる自動盗聴装置「カーニボー (Carnivore)」の使用状況について上下両院の司法委員会に報告することを義務づけた21世紀司法省歳出権限法 (21st Century Department of Justice Appropriations Authorization Act) が制定された。[14]

---

13) 同法のうち、「テロリストによる爆弾使用の防止に関する国際条約」を施行するための規定は、Terrorist Bombings Convention Implementation Act of 2002, Pub. L. No. 107-197, tit. 1, 116 Stat. 721 (2002) と「テロリズムに対する資金供与の防止に関する国際条約」を施行するための規定は、Suppression of the Financing of Terrorism Convention Implementation Act of 2002, Pub. L. No. 107-197, tit. 2, 116 Stat. 721, 724 (2002) と呼ばれる。なお、「テロリストによる爆弾使用の防止に関する国際条約」と「テロリズムに対する資金供与の防止に関する国際条約」については、外務省のサイト・ページ《http://mofa.go.jp/mofaj/gaiko/terro/kyoryoku_04.html》で閲覧できる。

14) 21st Century Department of Justice Appropriations Authorization Act, Pub. L. No. 107-273, tit. 3, §305, 116 Stat. 1758, 1782—1783 (2002).「カーニボー (Carnivore)」とは、インターネット上の通信の監視と傍受を行うために必要なデータパケットを選別するFBIが開発した専用ソフトであり、後にDCS-1000と改称された。本法に基づくFBIの報告書によるとインターネット通信の傍受の許可命令件数は2002会計年度が5件、2003会計年度が8件であり (FBI, *Carnivore/DCS-1000 Report to Congress* at 2 (Feb. 24, 2003); FBI, *Carnivore/DCS-1000 Report to Congress* at 2 (Dec. 18, 2003))、またそのいずれでもカーニボー／DCS-1000は使われていないという。なお、現在は、FBIは事実上カーニボー／

第3章 《9・11》の衝撃と「対テロ戦争」法制の展開 I

　ブッシュ Jr. 政権は、2003年早々、テロ関連の捜査権限や電子的監視権限のさらなる拡大・強化を求めて**2003年国内安全保障強化法案**（Domestic Security Enhancement Act of 2003）[15]――第 2 愛国者法案（PATRIOT ACT II）と呼ばれる――の議会提出を準備していた。2003年国内安全保障強化法案は、①電子的監視、すなわち電話・電子メール等の盗聴権限の拡大と恒久法制化、②「国際テロリスト」や「テロ活動」等の概念の拡大、③テロ捜査のための行政的召喚令状発付権限の司法省への付与、④テロ捜査への軍の関与の拡大、⑤テロへの死刑の適用範囲の拡大、⑥テロ容疑者に対する保釈の制限などを含んでいたが[16]、司法省の原案がインターネット上に流出したため、結局成立しなかった。しかし、第 2 愛国者法案の内容のかなりの部分は、後に**2004会計年度情報権限法**（Intelligence Authorization Act for Fiscal Year 2004）[17]、**2004年情報機関改革・テロリズム防止法**（Intelligence Reform and Terrorism Prevention Act of 2004）[18]や**2005年リアル ID 法**（REAL ID Act of 2005）[19]などを通じて実現されることになる。

　　DCS-1000を廃止し、一般的な商業用傍受ソフトに切り替えているという《http://hotwired.goo.ne.jp/news/20050120202.html》。

15) Confidential-Not for Distribution, Draft-Jan. 9, 2003, A Bill: To enhance the domestic security of the United States of America, and for other purposes. in Daily Rotten: Weird News《http://www.dailyrotten.com/》.

16) *See*, Confidential-Not for Distribution, Draft-Jan. 9, 2003, Domestic Security Enhancement Act of 2003: Section-by-Section Analysis. in Daily Rotten: Weird News《http://www.dailyrotten.com/》. *Also see*, ACLU, How *"Patriot Act 2"* Would Further Erode the Basic Checks on Government Power That Keep America Safe and Free (March 20, 2003).

17) Intelligence Authorization Act for Fiscal Year 2004, Pub. L. No. 108-177, 117 Stat. 2599 (2003).

18) Intelligence Reform and Terrorism Prevention Act of 2004, Pub. L. No.108-458, 118 Stat. 3638 (2004). なお、同法については、宮田智之「米国におけるテロリズム対策――情報活動改革を中心に」『外国の立法』228号（2006年 5 月）60頁以下、特に62頁以下を併せて参照のこと。

19) REAL ID Act of 2005, Pub. L. No. 109-13, div. B, 119 Stat. 231, 302 (2005) 同法については、井樋三枝子「テロ対策と出入国管理関連の立法動向――2001年米国愛国者法から2005年 REAL ID 法まで」『外国の立法』227号（2006年 2 月）137頁以下、および同「REAL ID 法（抄）」『外国の立法』228号（2006年 5 月）41頁以下を参照のこと。

2003年12月13日に成立した**2004会計年度情報権限法**（Intelligence Authorization Act for Fiscal Year 2004）は、愛国者法とあいまって、FBI等に、国際テロリズムに対抗するための諜報・防諜活動に必要であれば、銀行等の金融機関、クレジット会社などだけでなく、新たにアメリカ郵政公社（USPS）、保険会社、不動産会社、旅行代理店、カジノ、質屋、インターネット・サービス・プロバイダー、自動車ディーラー、その他「犯罪、税金、規制に関連して利用されやすい現金取引」を行うすべての事業から利用者の金融情報記録を提供させる権限を授権した。[20]

　愛国者法のFBI等による電子的監視権限や捜査権限の拡大に関する規定等16の条項は2005年12月末日で失効する「時限」規定であった。このため、これらの規定を有効期限の定めのない恒久規定化するために、2006年3月9日、**2005年愛国者法改善・再授権法**（USA PATRIOT Improvement and Reauthorization Act of 2005）（再授権法）が制定された。再授権法は、愛国者法の「時限」規定16条項のうち14条項を恒久規定化した[21]（第4章2.、第5章3.を参照）。

　再授権法は、このほかにも、2004年情報機関改革・テロリズム防止法の、①FISAの「外国勢力のエージェント（agent of a foreign power）」の定義を拡大し、②禁止されるテロリストに対する物的支援（material support or resources）の定義を一部変更し、③禁じられた指定外国テロリスト組織への物的支援に関して、支援することを禁じられるテロ組織、テロ活動の定義をより詳細化した各規定の時限規定を延長もしくは廃止した。

　さらに、再授権法は、FISAの定める最初の電子的監視の期間を90日以内から120日以内に延長し、監視期間の延長期間を1年以内に延ばすための改正も行っている。[22]

---

20) Intelligence Authorization Act for Fiscal Year 2004, Pub. L. No. 108-177, tit. 3, §374, 117 Stat. 2599, 2628 (2003).
21) USA PATRIOT Improvement and Reauthorization Act of 2005, Pub. L. No. 109-177, tit. 1, §102(a), 120 Stat. 192, 194 (2006).
22) USA PATRIOT Improvement and Reauthorization Act of 2005, Pub. L. No. 109-177, tit. 1, §105(a), 120 Stat. 192, 195 (2006).

第3章 《9・11》の衝撃と「対テロ戦争」法制の展開 I

　なお、再授権法と一緒に成立した**2006年愛国者法追加的再授権修正法**（USA PATRIOT Act Additional Reauthorizing Amendments Act of 2006）（再修正法）[23]は、FISA に基づく FBI の作成命令（production order）および非開示命令（nondisclosure order）を受けた者の異議申立ての権利の保障と、FBI の図書館からの利用者情報の入手に対する一定の制限措置を盛り込んだ条項を追加した（第4章2．、第5章3．を参照）。

　ブッシュ Jr. 政権は、2005年12月に発覚した NSA の秘密盗聴問題——本来、合衆国内で合衆国市民に対する電子的監視などによる情報収集活動を行うことを禁じられていたはずの国家安全保障局（NSA）が、FISC の許可命令を得ることなく、合衆国内外で電子的監視を行っていた事実が発覚した事件（詳しくは、第5章4．を参照のこと）——を、AUMF によって大統領にそのような権限が授権されたという主張で乗り切るという方針を採っていた。しかし、2006年11月の中間選挙によって上下両院とも野党・民主党が多数を握ったという政治状況の変化を受け、司法省は、FBI、CIA、NSA などによる「秘密監視」権限の立法化を図るという方針に転換し、2007年4月13日、1年以内であれば、合衆国外にいると合理的に確信される人物に対する FISC の許可命令なしでの電子的監視——「秘密監視」——を許可する権限を大統領に授権する**2008会計年度情報機関権限法案**（第Ⅳ編・2007年外国情報監視現代化法案）（Intelligence Authorization Act for FY 2008 : Title Ⅳ, Foreign Intelligence Surveillance Modernization Act of 2007）[24]を連邦議会に提示した。

---

23) USA PATRIOT Act Additional Reauthorizing Amendments Act of 2006, Pub. L. No. 109-178, 120 Stat. 278 (2006).

24) Department of Justice & the Office of the Director of National Intelligence, Fact Sheet : Title IV of the Fiscal Year 2008 Intelligence Authorization Act, Matters related to the Foreign Intelligence Surveillance Act (April 13, 2007). Text of Administration's Proposed Intelligence Authorization Act for FY 2008, with Sectional Analysis (Title Ⅳ is the Administration's Foreign Intelligence Surveillance Modernization Act of 2007) : Hearing before the S. Select Comm. on Intelligence, 110th Cong. (May 1, 2007)《http://intelligence.senate.gov/hearings.cfm?hearingId=2643》．なお、同法案の第Ⅳ編の草案（FISA Modernization Provisions of the Proposed Fiscal Year 2008 Intelligence Authorization : Title Ⅳ - Matters Relating to the Foreign Intelligence Surveillance

連邦議会は、この政府法案の提示を受けて、2007年8月5日、**2007年アメリカ防衛法**（Protect America Act of 2007）[25]を制定した。同法は、1年以内の期間に限って、合衆国外にいると合理的に確信される人物に対するFISCの許可命令なしで電子的監視を行う許可を与える権限を司法長官と国家情報長官（DNI）の共同決定に委ね、当該決定に対するFISCの司法審査を、当該決定に明白な誤り（clearly erroneous）があるかどうかの審査に限定するものであった。

　ただし、2007年アメリカ防衛法——で修正されたFISAの特定の条項——は、施行後180日で失効する時限立法であったため、同法制定後、直ちに、上記の修正点を恒久化するための法案が上下両院に提出されることになった。

　しかし、NSAなどによる「秘密盗聴」に協力した通信プロバイダーに遡及的な免責を与えるかどうかという点で上下両院の折り合いがつかず、2007年アメリカ防衛法は、15日間の効力延長がなされた後、2008年2月16日に失効した（第5章4.を参照）。

（3）　国土の安全・防衛

　《9・11》直後の2001年9月20日の演説[26]において、ブッシュJr.大統領は、アメリカ本土の防衛を強化するために、国土安全保障局（Office of Homeland Security: OHS）の創設とその初代長官に大統領自身の長年の友人でペンシルバニア州知事のトム・リッジ（Tom Ridge）をあてることを表明した。そして、アフガニスタンへの軍事侵攻開始翌日の2001年10月8日、**国土安全保障局創設大統領命令**（大統領命令13228号）[27]が制定された。また、12月28日には、国防長官に本土防衛のために国防総省が果たすことのできる役割を調査・報告することを義務づけた**2002会計年度国防権限法**（National Defense Authorization Act for

---

　　　Act)は、Electronic Frontier Foundationのサイト・ページ《http://www.eff.org/issues/nsa-spying》でも閲覧できる。
25)　Protect America Act of 2007, Pub. L. No. 110-55, 121 Stat. 552 (2007).
26)　「米議会上下両院合同会議および米国民に向けた大統領演説」《http://tokyo.usembassy.gov/j/p/tpj-jp0026.html》。
27)　Exec. Order No. 13,228, 66 Fed. Reg. 51,812 (2001).

Fiscal Year 2002)²⁸⁾ が制定された。

翌年の2002年4月30日には、アメリカ本土の軍事的な防衛手段を強化するために、ブッシュJr.大統領は、**国防総省の統合軍計画**(Department of Defense Unified Command Plan：UCP) に署名し（発効は2002年10月1日）、アメリカ本土の防衛を主任務とする北方軍 (United States Northern Command：NORTHCOM) が編成された[29]。北方軍 (NORTHCOM) の主要な任務は、①合衆国を標的とした脅威および侵害行為を抑止・防止する作戦の実行、②急迫した危機および副次的な結果管理作戦 (consequence management operation) を含む文民当局への軍事支援の提供であり、従来、北米航空宇宙軍司令部 (NORAD) が担当していた北米の防空、統合軍司令部が担当していた大量破壊兵器による攻撃を受けた際の連邦政府機関・州政府・地方政府の間の調整、国防総省が担当していた軍の災害派遣などを一元的に統括する。なお、北方軍 (NORTHCOM) の管轄地域は、合衆国本土の大陸部分、アラスカ、カナダ、メキシコ、およそ500海里を超える周辺海域——メキシコ湾、プエルトリコ、米領ヴァージン・アイランドを含む——という極めて広大な地域に及び、カナダおよびメキシコとの安全保障協力・調整にも責任を負うものとされる。

2002年6月12日には、生物化学テロに備えてワクチンの備蓄等をするための支出権限を定めた**2002年公衆衛生・生物テロ対処法** (Public Health Security and Bioterrorism Preparedness and Response Act of 2002)[30] が制定された。

2004年には、生物兵器を使用したテロに備えるため、生物兵器探知計画やワクチンの開発・備蓄を命じた**国土安全保障大統領指令10号・21世紀のためのバイオ防衛** (Homeland Security Presidential Directive-10：Biodefense for the 21st Century)[31]

---

28) National Defense Authorization Act for Fiscal Year 2002, Pub. L. No. 107-107, 115 Stat. 1012 (2001).

29) 北方軍 (NORTHCOM) の任務、編成、主要組織等については、*See*, Shepherd & Bowman, *Homeland Security：Establishment and Implementation of the United States Northern Command* (CRS Order Code RS21,322, Feb. 10, 2005).

30) Public Health Security and Bioterrorism Preparedness and Response Act of 2002, Pub. L. No. 107-188, 116 Stat. 594 (2002).

31) The White House, Office of the Press Secretary, For Immediate Release, BioDefense

が4月28日に発令され、さらに7月21日には、製薬会社や研究所に、生物兵器テロに対応するワクチンその他の薬剤の研究・開発を促進させるための**2004年バイオシールド計画法**（Project BioShield Act of 2004)[32]が制定された。

＊　　　　　　　＊　　　　　　　＊

　ところで、国土安全保障局（OHS）それ自体は独自の予算と職員を持たず、またテロ対策の指揮機能も弱体であった。そこで、国土安全保障局（OHS）は、2002年7月16日、国土防衛のための本格的な組織として国土安全保障省（Department of Homeland Security：DHS）の創設を核とする『**国土安全保障のための国家戦略**（National Strategy for Homeland Security)』[33]（以下、『国土安全保障戦略』という）を発表した。

　この『国土安全保障戦略』に基づき、2002年11月25日、新たに軍事・治安・情報関係の22の政府機関を再編・統合して、17万人よりなる巨大戦争機構（第2国防総省）としての国土安全保障省(Department of Homeland Security：DHS)を創設することを定めた**2002年国土安全保障法**（Homeland Security Act of 2002)[34]が制定されることになる（第4章3.を参照）。

　なお、国土安全保障省（DHS）は、2004年2月24日に、テロリストから国土を保全することを目的とした『**わが国土を安全にする——合衆国国土安全保障省戦略プラン**（Securing Our Homeland：U. S. Department of Homeland Security Strategic Plan)』[35]を発表。この戦略プランは、①合衆国内におけるテロ攻撃の防止、②テロに対するアメリカの脆弱性の縮減、③発生したテロによる被害の極小化と復旧の3つの目的を達成するため、①脅威の特定、認知、脆弱性の査定と情報

Fact Sheet (April 28, 2004).

32) Project BioShield Act of 2004, Pub. L. No. 108-276, 118 Stat. 835 (2004).

33) OFFICE OF HOMELAND SECURITY, NATIONAL STRATEGY FOR HOMELAND SECURITY (July, 2002).

34) Homeland Security Act of 2002, Pub. L. No. 107-296, 116 Stat. 2135 (2002). この法律の概要および抄訳については、土屋恵司「米国における2002年国土安全保障法の制定」『外国の立法』222号（2004年11月）1頁以下を参照のこと。

35) DEPARTMENT OF HOMELAND SECURITY, SECURING OUR HOMELAND：U. S. DEPARTMENT OF HOMELAND SECURITY STRATEGIC PLAN (2004).

第3章 《9・11》の衝撃（インパクト）と「対テロ戦争」法制の展開 I

の適宜の開示、②国土に対する脅威の検知と防止、③アメリカ市民の自由、国家的重要インフラストラクチャー、財産、経済等のテロの脅威からの保護、④テロ被害等の緊急事態に対する全国規模での対応態勢の整備、⑤テロ被害等の復旧、⑥合法的な貿易、旅行、移民の促進による公共への効率的な貢献、⑦政府組織の効率化などの活動目標を掲げるものであった。また、2004年12月には、テロ災害等の被害を極小化し、従来の大規模自然災害等の緊急事態対応計画をテロ被害対応計画の中に包摂した**『国家対応プラン（National Response Plan）』**を策定している。

2007年8月3日に制定された**2007年9・11委員会勧告履行法**（Implementing Recommendations of the 9/11 Commission Act of 2007）は、2004年7月の「合衆国に対するテロ攻撃に関する国家委員会（National Commission on Terrorist Attacks Upon the United States: 9/11 Commission）」による勧告『合衆国に対するテロ攻撃に関する国家委員会・最終報告書（Final Report of the National Commission on Terrorist Attacks Upon the United States）』を実施するために、そして、2002年の国土安全保障法制定以後の国土安全保障省（DHS）の組織再編を「法的に追認」するために、2002年国土安全保障法を大幅に改正した。

　　　　　＊　　　　　　　＊　　　　　　　＊

《9・11》が、ハイジャックした民間旅客機を乗客・乗員ごと「生きたミサイル」として目標に突入させるという「コロンブスの卵」的な方法によって実行されたことから、ブッシュJr.政権は、《9・11》直後から、直ちに航空機と空港の保安体制の強化に取り組むことになる。

《9・11》直後の2001年9月22日には、航空会社に対する損失補塡・財政支援および《9・11》犠牲者に対する補償基金（「9月11日犠牲者補償基金」）の創設を定めた**航空保安・システム強化法**（Air Transportation Safety and System Stabilization Act）が、次いで、11月19日には、運輸省に新設された運輸安全局

---

36) DEPARTMENT OF HOMELAND SECURITY, NATIONAL RESPONSE PLAN (Dec., 2004).
37) Implementing Recommendations of the 9/11 Commission Act of 2007, Pub. L. No. 110-53, 121 Stat. 266 (2007).
38) Air Transportation Safety and System Stabilization Act, Pub. L. No. 107-42, 115

(Transportation Security Administration: TSA) に、民間航空等の運輸手段の安全を確保する責任と国際航空および州際航空の旅客に対する連邦安全検査の実施責任、さらにすべての国際航空、州際航空の旅客便に連邦航空保安官（Federal air marshals）を搭乗させることを義務づけた**航空運輸安全法**（Aviation and Transportation Security Act）[39]が制定された。

　また、**2002年国土安全保障法**（Homeland Security Act of 2002）の第Ⅳ編、第ⅩⅣ編、第ⅩⅥ編も、航空保安に関する立法として重要である。**2002年国土安全保障法第Ⅳ編**は、運輸省の運輸安全局と運輸安全監視委員会（Transportation Security Oversight Board）を国土安全保障省に移管し、国土安全保障省に国境・運輸安全保障総局（Directorate of Border and Transportation Security）を設置するものとした[40]。**2002年国土安全保障法第ⅩⅣ編・対テロリズム武装パイロット法**（Arming Pilots Against Terrorism Act）[41]は、自発的な航空パイロットをハイジャック（air piracy）などの犯罪行為から操縦室を守るための連邦法執行職員（「連邦操縦室職員（Federal flight deck officers）」）に任命し、また、訓練プログラムを修了した連邦操縦室職員に火器の携帯および武力の行使（use force）を許可する。**2002年国土安全保障法第ⅩⅥ編**は、ハイジャック等の犯罪行為やテロリズムから乗客と財産を守り、安全を保障するために、運輸安全の研究開発、航空安全保障要件に違反した民間航空機の運行に携わる者に対する最低限の民事制裁金の引き上げなどを定めていた（第4章3.を参照）[42]。

　さらに、2002年11月25日には、運輸長官に港湾施設・船舶等の壊滅的な緊急

Stat. 230 (2001).

39) Aviation and Transportation Security Act, Pub. L. No. 107-71, 115 Stat. 597 (2001).
40) Homeland Security Act of 2002, Pub. L. No. 107-296, tit. 4, §401, 116 Stat. 2135, 2177 (2002). なお、航空安全保安法制については、*Also see*, UNITED STATES GOVERNMENT ACCOUNTABILITY OFFICE, AVIATION SECURITY: SECURE FLIGHT DEVELOPMENT AND TESTING UNDER WAY, BUT RISKS SHOULD BE MANAGED AS SYSTEM IS FURTHER DEVELOPED (GAO Report, GAO-05-356, March, 2005).
41) Arming Pilots Against Terrorism Act, Pub. L. No. 107-296, tit. 14, §1401, 116 Stat. 2135, 2300 (2002).
42) Homeland Security Act of 2002, Pub. L. No. 107-296, tit. 16, §§1601—1603, 116 Stat. 2135, 2312—2313 (2002).

事態を回避するための全米港湾運輸安全計画（National Maritime Transportation Security Plan）の策定を義務づけた**2002年海上輸送安全法**（Maritime Transportation Security Act of 2002）⁴³⁾が制定された。

2004年12月17日に制定された**2004年情報機関改革・テロリズム防止法**（Intelligence Reform and Terrorism Prevention Act of 2004）は、第Ⅳ編「運輸安全保障」で、国土安全保障長官や運輸長官等に対して、①「運輸安全保障のための国家戦略（National Strategy for Transportation Security）」の開発、②国内航空線・国際航空線ともに、乗客の事前審査の強化、生体認証技術の改善、携帯対空ミサイルに対する防護技術の改善、③航空貨物安全の8ヶ月での実現、爆破耐久コンテナの試験実施、④クルーズ船の乗員・乗客に対する統合テロリスト・データベースによる照合・識別調査の実施――などを義務づけた⁴⁴⁾。

2005年9月の大規模ハリケーン・カトリーナへの対応の不備から、災害対策を主管する国土安全保障省・連邦緊急事態管理庁（FEMA）に対して激しい批判が集中し、ブラウンFEMA長官が2005年9月12日に辞任に追い込まれただけにとどまらず、2006年10月4日には、FEMAの大規模な組織改革を行うための**2006年ポスト・カトリーナ緊急事態改革法**（Post-Katrina Emergency Management Reform Act of 2006）⁴⁵⁾が制定された。

（4） 移民・入国管理

テロリストのアメリカ国内への侵入を最終的に水際で防ぐための手段が、移民・入国管理規制である。

2002年5月14日に、**2002年国境安全強化・ビザ登録改革法**（Enhanced Border

---

43) Maritime Transportation Security Act of 2002, Pub. L. No. 107-295, 116 Stat. 2064 (2002).
44) Intelligence Reform and Terrorism Prevention Act of 2004, Pub. L. No.108-458, tit. 4, Subtit. A―E, §§4001―4082, 118 Stat. 3638, 3710―3732 (2004).
45) Post-Katrina Emergency Management Reform Act of 2006, Pub. L. No. 109-295, tit. 6, 120 Stat. 1355, 1394 (2006). なお、同法は、2007会計年度国土安全保障省予算法（Department of Homeland Security Appropriations Act, 2007, Pub. L. No. 109-295, 120 Stat. 1355 (2006)) の第Ⅵ編として制定されたものである。

Security and Visa Entry Reform Act 2002)[46] が制定される。同法は、①国務省が「テロ支援国家」として認定している国家の市民に、一時的な労働や観光のための非移民ビザを発給することを禁じ、②2004年10月26日までに、機械可読で不正防止処理を施したビザのみを外国人に発給できるようにすること、および、③アメリカに出入国する民間船舶・航空機の責任者に対して、すべての乗員・乗客名簿を提出することを義務づける。また、同法は、②との関連で、国務省と移民帰化局（INS）に対して、連邦法執行機関・情報機関共同体のデータベースにある情報への迅速なアクセスを提供するデータ共有システム（Chimera system）を構築することを義務づけた。

　2002年11月25日に制定された**2002年国土安全保障法**（Homeland Security Act of 2002）は、国土安全保障省（DHS）に国境・運輸安全保障担当次官（Under Secretary for Border and Transportation Security）のポストを設け、その下に国境・運輸安全保障総局（Directorate of Border and Transportation Security）を設置した。[47] 新設された国境・運輸安全保障総局には、司法省から移民帰化局（INS）の一部と国内テロリズム対策室、財務省から合衆国関税局（USCS）、農務省から動植物検疫の一部、運輸省から運輸安全局（TSA）、共通役務省から連邦保安局（FPS）、財務省から連邦法執行訓練センター（FLETC）が移管されるものとされた。[48]

　また、従来、司法省の移民帰化局（INS）が一元的に管轄していた移民管理機能は、国土安全保障省の２つの部局——国境安全保障局（Bureau of Border Security：BBS）[49] と市民権・入国管理サービス局（Bureau of Citizenship and

---

[46] Enhanced Border Security and Visa Entry Reform Act 2002, Pub. L. No. 107-173, 116 Stat. 543 (2002).

[47] Homeland Security Act of 2002, Pub. L. No. 107-296, tit. 4, subtit. A, §401, 116 Stat. 2135, 2177 (2002), 6 U.S.C. §201 (Supp. 2 2000).

[48] Homeland Security Act of 2002, Pub. L. No. 107-296, tit. 4, subtit. A, §403, Subtit. D, §441, 116 Stat. 2135, 2178, 2192 (2002), 6 U.S.C. §203, §251 (Supp. 2 2000).

[49] Homeland Security Act of 2002, Pub. L. No. 107-296, tit. 4, subtit. D, §§441—442, 116 Stat. 2135, 2192 (2002), 6 U.S.C. §§251—252 (Supp. 2 2000).

第3章 《9・11》の衝撃（インパクト）と「対テロ戦争」法制の展開 I

Immigration Services：BCIS）[50]――と、司法省の移民審査事務局（Executive Office for Immigration Review：EOIR）に分割されることとなった。もっとも、その後の国土安全保障省の組織再編で、国境安全保障局（BBS）と市民権・入国管理サービス局（BCIS）は、合衆国入国管理・関税執行局（United States Immigration and Customs Enforcement：ICE）と合衆国市民権・入国管理サービス（United States Citizenship and Immigration Services：CIS）に再編された[51]。

独立委員会・合衆国に対するテロ攻撃に関する国家委員会（National Commission on Terrorist Attacks Upon the United States）」（9・11委員会）の2004年7月22日の『合衆国に対するテロ攻撃に関する国家委員会・最終報告書』は[52]、《9・11》に関して、アメリカの法執行当局・諜報当局が、《9・11》の実行犯がアルカイダのメンバーであるという情報を事前に入手しており、また当該メンバーたちは偽造旅券や虚偽の申請に基づいて発給されたビザによってアメリカに入国し、アメリカの運転免許証を利用してハイジャックされた航空機に搭乗

---

50) Homeland Security Act of 2002, Pub. L. No. 107-296, tit. 4, subtit. E, §451(a)(1)―(2), (b)(1)―(4), 116 Stat. 2135, 2195―2196 (2002), 6 U.S.C. §271(b) (Supp. 2 2000).

51) なお、2008年2月現在の国土安全保障省（DHS）の組織構成については、同省のサイト・ページ《http://www.dhs.gov/xabout/structure/》および同サイト・ページ内にある Organization Charts (Feb. 1, 2008) を参照されたい。2004年7月の「合衆国に対するテロ攻撃に関する国家委員会（National Commission on Terrorist Attacks Upon the United States：9/11 Commission）」による勧告『合衆国に対するテロ攻撃に関する国家委員会・最終報告書 (Final Report of the National Commission on Terrorist Attacks Upon the United States)』を実施するため、そして、2002年の国土安全保障法制定以後に行われた国土安全保障省（DHS）の組織再編を「法的に追認」するために、2007年8月3日、2002年国土安全保障法を大幅に改正する2007年9・11委員会勧告履行法（Implementing Recommendations of the 9/11 Commission Act of 2007, Pub. L. No. 110-53, 121 Stat. 266 (2007)）が制定されたが、本書では同法の内容について触れる余裕がなかった。

52) THE NATIONAL COMMISSION ON TERRORIST ATTACKS UPON THE UNITED STATES, THE 9/11 COMMISSION REPORT：FINAL REPORT ON THE NATIONAL COMMISSION ON TERRORIST ATTACKS UPON THE UNITED STATES (July, 2004). 同報告書の概要については、井樋三枝子「9・11同時多発テロ事件以後の米国におけるテロリズム対策」『外国の立法』228号（2006年5月）24頁以下、特に28―32頁を、同報告書のうち、移民・入国管理に関する部分については、井樋三枝子「テロ対策と出入国管理関連の立法動向――2001年愛国者法から2005年 REAL ID 法まで」『外国の立法』227号（2006年2月）137頁以下、特に138―139頁を参照。

していた事実を指摘し、移民・入国管理、国境警備等について、テロリストの入国を阻止するための生体認証入国選別システムの導入、他国政府とのテロリスト情報の交換、連邦政府による統一的な出生証明書・運転免許証等の身分証明書の発給基準の作成、乗客事前識別コンピュータシステムの後継システムにおける搭乗禁止リスト（No-Fly List）等の利用方法の改善などを勧告していた。

この勧告を受けて2004年12月17日に制定された**2004年情報機関改革・テロリズム防止法**（Intelligence Reform and Terrorism Prevention Act of 2004）は、第Ⅴ編「国境警備、移民、ビザ事項」のＢ部で、国土安全保障長官に対して、国境監視のための無人偵察機の運用計画の提出、2006会計年度～2010会計年度に、国境警備員を最低2,000人、出入国審査官・税関職員を最低800人増員することを義務づけ、Ｃ部では、非移民ビザの申請に関して、正確で完全な申請者情報の提供、申請者に対する領事館員の面接などを定める。Ｄ部は、国務長官によってテロ組織に指定された組織のために、あるいは、テロ組織によって軍事訓練を受けた者等を退去強制処分とすることを定めていた[53]。

もっとも、9・11委員会の勧告の求めに応じて上院法案（S. 2845）[54]が定めていた、連邦政府による統一的な出生証明書・運転免許証等の身分証明書の発給基準の作成等についての規定は、上下両院協議によって実際に制定された2004年情報機関改革・テロリズム防止法からは全面削除された。このため、これらの規定を盛り込んだ**2005年リアルID法**（REAL ID Act of 2005）[55]が2005年5月11日

---

53) Intelligence Reform and Terrorism Prevention Act of 2004, Pub. L. No.108-458, tit. 5, subtit. B―D, §§5201―5403, 118 Stat. 3638, 3733―3739 (2004). 2004年情報機関改革・テロリズム防止法の国境警備、移民・入国管理に関する部分については、井樋三枝子「テロ対策と出入国管理関連の立法動向――2001年愛国者法から2005年 REAL ID 法まで」『外国の立法』227号（2006年2月）137頁以下、特に139―141頁を参照。

54) S. 2845, 108th Cong. 2d Session. ただし、2004年9月23日に上院に最初に提出された法案には、これらの規定は盛り込まれておらず、その後の修正で法案に盛り込まれた。

55) REAL ID Act of 2005, Pub. L. No. 109-13, div. B, 119 Stat. 231, 302 (2005). 2005年リアルID法の概要については、井樋三枝子「テロ対策と出入国管理関連の立法動向――2001年愛国者法から2005年 REAL ID 法まで」『外国の立法』227号（2006年2月）137頁以下、特に141―144頁、2005年 REAL ID 法の抄訳については、井樋三枝子「9・11同時多発テロ事件以後の米国におけるテロリズム対策」『外国の立法』228号（2006年5月）24頁以

第3章 《9・11》の衝撃と「対テロ戦争」法制の展開 I

に制定された。2005年リアル ID 法第 I 編は、「テロリストの組織」および「テロリスト活動に従事すること」の定義を拡大し、退去強制の保留ならびに難民庇護認定の要件を厳格化し、送還命令に対する人身保護令状（habeas corpus）に基づく司法審査を明示的に排除した。[56]

また、同法第 II 編は、運転免許証や身分証明書を州政府が発給する場合、連邦政府の定める一定の基準——申請者の住所、氏名（法律上の氏名）、生年月日、性別等の登録などのほか、合法的地位（合衆国市民、合衆国国民、永住者、合法的一時的滞在者、庇護申請が認められた者、または非移民ビザを保有していることなど）の証明、社会保障番号の提供等——を満たさなければならないものとする。さらに、州はこれらの申請者のデータを州の自動車データベース（State motor vehicle database）に登録し、かつすべての州にその電子的アクセスを提供しなければならないものとする。[57]

(5) 情報共有・諜報活動・諜報機関の再編

《9・11》から約半年を経た2002年5月29日、ブッシュ Jr. 大統領は、国家安全保障大統領指令26号（National Security Presidential Directive 26：NSPD-26）において、FBI に10項目の最優先事項（FBI Top 10 Priorities）を指示した。[58] FBI の優先度トップ10の任務のうち、第1位は合衆国をテロ攻撃から守ること、第2位は外国の諜報活動とスパイ活動から合衆国を防護すること、第3位はサイバー攻撃（cyber-based attacks）と高度技術犯罪から合衆国を防護することであ

下、41—44頁を参照のこと。なお、2005年リアル ID 法案は、連邦議会の反対を封じ込めるため、テロとのグローバル戦争（Global War on Terror）および津波被害救済のための緊急補正予算法案の一部として提出された（Emergency Supplemental Appropriations Act for Defense, the Global War on Terror, and Tsunami Relief, 2005, Pub. L. No. 109-13, 119 Stat. 231 (2005)）。

56) REAL ID Act of 2005, Pub. L. No. 109-13, div. B, tit. 1, §§101—106, 119 Stat. 231, 302—311 (2005).

57) REAL ID Act of 2005, Pub. L. No. 109-13, div. B, tit. 2, §202, 119 Stat. 231, 302, 312—315 (2005).

58) FBI, REPORT TO THE NATIONAL COMMISSION ON TERRORIST ATTACKS UPON THE UNITED STATES: THE FBI'S COUNTERTERRORISM PROGRAM SINCE SEPTEMBER 2001 at 7—9 (April 14, 2004).

り、ブッシュ Jr. 政権が合衆国に対するテロの防止を FBI の最重要任務として位置づけていることは明らかであった[59]。

2002年7月16日に国土安全保障局が発表した『国土安全保障のための国家戦略（National Strategy for Homeland Security）』[60]は、6つの重要な任務領域のひとつとして、国内のテロリズム対策（domestic counterterrorism）の強化を掲げていた。ここでいう国内テロリズム対策の強化とは、具体的には、FBI の法執行任務を合衆国内におけるあらゆるテロ行為の防止に焦点をあてたものへと再定義し直し、テロ攻撃を防止するための FBI の機能変更とそのための組織改革を意味する[61]。

上院の情報特別委員会が2004年7月に公表した『アメリカ合衆国情報機関共同体のイラクに関する戦前情報活動のアセスメント報告（Report of the Select Committee on Intelligence on the U. S. Intelligence Community's Prewar Intelligence Assessments on Iraq)』は、CIA を中心とする情報機関共同体（IC）のイラクの大量破壊兵器に関する報告に含まれている主要な判断の大部分は、誇張されているか、または、情報の裏づけのないものであると結論づけるとともに、情報機関の抜本的な改革を提言した[62]。

《9・11》を防げなかった原因とそれに関連するアメリカの情報機関の問題点などを調査する独立委員会・合衆国に対するテロ攻撃に関する国家委員会（National Commission on Terrorist Attacks Upon the United States）（9・11委員会）——9・11委員会の設置は、2002年11月27日に制定された**2003会計年度情報権限法**（Intelligence Authorization Act for Fiscal Year 2003）[63]によって定められた——

---

59) *Id.* at 7—8.
60) OFFICE OF HOMELAND SECURITY, NATIONAL STRATEGY FOR HOMELAND SECURITY ix (July, 2002).
61) *Id.* at ix, 25—28.
62) SELECT COMMITTEE ON INTELLIGENCE, UNITED STATES SENATE, REPORT OF THE SELECT COMMITTEE ON INTELLIGENCE ON THE U. S. INTELLIGENCE COMMUNITY'S PREWAR INTELLIGENCE ASSESSMENTS ON IRAQ 14 (July 7, 2004).
63) Intelligence Authorization Act for Fiscal Year 2003, Pub. L. No. 107-306, tit. 6, §601, 116 Stat. 2383, 2408 (2002).

第3章　《9・11》の衝撃(インパクト)と「対テロ戦争」法制の展開 I

は、2004年7月22日、《9・11》を防止できなかった原因とアメリカの情報機関の能力と脆弱性を評価した『合衆国に対するテロ攻撃に関する国家委員会・最終報告書（The 9/11 Commission Report: Final Report on the National Commission on Terrorist Attacks Upon the United States）』を公表した。全文604頁からなる同報告書は、多くの省庁に分散して存在する情報機関を監督・統括する閣僚級ポストの新設と15の情報機関の連絡調整のために国家テロ対策センター（National Counterterrorism Center: NCTC）を創設することなどを勧告した。[64]

なお、9・11委員会は『最終報告書』の公表後に解散したが、トーマス・H・キーン（Thomas H. Kean）委員長ら主要メンバーは、9/11 Public Discourse Projectとして活動を継続し、2005年12月5日に、『合衆国に対するテロ攻撃に関する国家委員会・最終報告書』の勧告内容の進捗状況を項目別に評価した『9・11委員会勧告に関する最終報告（Final Report on 9/11 Commission Recommendations）』を公表した。[65] この評価報告においても、FBIやCIAのテロリズム対策情報活動や情報機関相互でのテロ関連情報の共有化についての評価は、A～Fの評価ランク中いずれもC～Dの評価であった。

2004年9月、CIA長官特別顧問チャールズ・ダルファー（Charles Duelfer）を団長とする**イラク検証グループ**（Iraq Survey Group: ISG）が公表した『ダルファー・レポート（Duelfer Report）』[66]は、開戦前にイラクが生物・化学兵器を備蓄していた事実は一切なく、また核兵器の開発計画についても湾岸戦争のあった1991年以降頓挫していたこと、さらに、フセイン政権からアルカイダなどのテロ組織に大量破壊兵器や関連情報が提供された証拠も存在していなかっ

---

64) The National Commission on Terrorist Attacks Upon the United States, The 9/11 Commission Report. Final Report on the National Commission on Terrorist Attacks Upon the United States (July, 2004). 同報告の概要については、宮田智之「同時多発テロに関する独立調査委員会の最終報告書」『外国の立法』222号（2004年11月）153頁以下、および井樋三枝子「9・11同時多発テロ事件以後の米国におけるテロリズム対策」『外国の立法』228号（2006年5月）24頁以下、特に28—29頁を参照。

65) 9/11 Public Discourse Project, Final Report on 9/11 Commission Recommendations (Dec. 5, 2005). 同報告の概要については、井樋・前掲注64）24頁以下、特に32—36頁を参照。

66) Special Advisor to the Director of Central Intelligence, Comprehensive Report of the Special Advisor to the DCI on Iraq's WMD (Sept. 30, 2004).

たことを明らかにした。

　また、2005年3月に公表された『ダルファー・レポート』の追補[67]では、開戦前にイラクの大量破壊兵器が第三国へ移転されたという事実もなかったことが明らかにされ、「大量破壊兵器による差し迫った脅威の存在」というアメリカの対イラク戦争の開戦理由は完全に崩壊した。

　さらに、大量破壊兵器に関する合衆国の情報活動能力に関する委員会（the Commission on the Intelligence Capabilities of the United States Regarding Weapons of Mass Destruction）（WMD委員会）――ブッシュJr.大統領が2004年2月に任命した超党派の9人のメンバーよりなる――が2005年3月31日にブッシュJr.大統領に提出した報告書（全文601頁）も、『ダルファー・レポート』と同様に、イラクの大量破壊兵器に関する判断は「誤りだらけ」であり、政策決定に「深刻な欠陥」をもたらすものであったとの結論を下している[68]。

　WMD委員会報告書は、また、海外での情報機関共同体（Intelligence Community：IC[69]）の人的諜報活動（human intelligence (HUMINT) operations[70]）の管

---

67) SPECIAL ADVISOR TO THE DIRECTOR OF CENTRAL INTELLIGENCE, ADDENDUMS TO THE COMPREHENSIVE REPORT OF THE SPECIAL ADVISOR TO THE DCI ON IRAQ'S WMD (March, 2005).
68) THE COMMISSION ON THE INTELLIGENCE CAPABILITIES OF THE UNITED STATES REGARDING WEAPONS OF MASS DESTRUCTION, REPORT TO THE PRESIDENT OF THE UNITED STATES 9, 46 (March 31, 2005). 大量破壊兵器に関する合衆国の情報活動能力に関する委員会（the Commission on the Intelligence Capabilities of the United States Regarding Weapons of Mass Destruction）は、2004年2月6日付で制定された大統領命令13328号（Exec. Order No. 13,328, 69 Fed. Reg. 6,901 (2004)）によって設置された超党派の委員会であり、共同委員長の1人はシルバーマン（L. Silberman）元連邦控訴裁判所裁判官が務めた。
69) 現行の1947年国家安全保障法3条(4)号（合衆国法典50編401a条(4)号）によれば、「情報機関共同体（intelligence community）」は、国家情報長官室（Office of the Director of National Intelligence）、中央情報局（CIA）、国家安全保障局（NSA）、国防情報局（DIA）、国家地理情報局（National Geospatial-Intelligence Agency）、国家偵察局（National Reconnaissance Office）、国防総省のその他の特殊な国家諜報部局、陸・海・空・海兵4軍の諜報部局、FBIの諜報部局、財務省の諜報部局、エネルギー省の諜報部局、沿岸警備隊の諜報部局、国務省諜報調査局（Bureau of Intelligence and Research of the Department of State）、外国諜報情報（foreign intelligence information）の分析にかかわる国土安全保障省の部局などによって構成されるものとされている（50 U.S.C. §401a(4) (Supp. 4 2000)）。なお、情報機関共同体（IC）の詳細については、OFFICE OF THE DIRECTOR OF

理・調整を強化するために、CIA の作戦総局（Directorate Operations : DO）と「分離」して、CIA 内に人的諜報総局（Human Intelligence Directorate : HID）を創設すべきとの勧告を行っていた[71]（第6章1．を参照）。

これらの《9・11》およびイラクの大量破壊兵器に関するアメリカの情報機関の情報収集・分析能力の致命的な欠陥を指摘した報告書に基づき、情報機関の情報収集・分析能力を回復させるための情報共有・情報組織改編について定めた一群の法律が制定されることになる。

2003年12月13日に制定された**2004会計年度情報権限法**（Intelligence Authorization Act for Fiscal Year 2004）は、大量破壊兵器の拡散にかかわっている外国企業、情報機関共同体（intelligence community）の有用性、麻薬撲滅への取り組み等に関して情報機関や FBI が毎年連邦議会へ報告する義務を解除した[72]。また、財務省に、新たに、外国諜報および外国防諜情報の受領、分析、調査、普及を任務とする情報・分析局（Office of Intelligence and Analysis）を設置した[73]。

2004年8月27日には、情報機関改革に関する3つの大統領命令が同時に制定された。第1の**アメリカ人防衛テロリズム情報共有促進大統領命令**（Executive Order Strengthening the Sharing of Terrorism Information to Protect Americans）は、各情報機関の長に対して、テロ情報の共有を促進するよう義務づけた[74]。第2の

NATIONAL INTELLIGENCE, AN OVERVIEW OF THE UNITED STATES INTELLIGENCE COMMUNITY (2007) または情報機関共同体（IC）サイト・ページ《http://www.intelligence.gov/index.shtml》を参照のこと。

70) 人的諜報（human intelligence (HUMINT)）活動とは、秘密および公然の情報収集技術を用いて人的資源（human sources）によって獲得された諜報情報（intelligence information）のことをいうものとされる（Intelligence Terms And Definitions《http://www.intelligence.gov/0-glossary.shtml》）。

71) THE COMMISSION ON THE INTELLIGENCE CAPABILITIES OF THE UNITED STATES REGARDING WEAPONS OF MASS DESTRUCTION, *supra* note 68, at 367—368.

72) Intelligence Authorization Act for Fiscal Year 2004, Pub. L. No. 108-177, §361, 117 Stat. 2599, 2625 (2003).

73) Intelligence Authorization Act for Fiscal Year 2004, Pub. L. No. 108-177, §105(a)(1)(A), 117 Stat. 2599, 2603 (2003), 31 U.S.C. §311 (Supp. 4 2000).

74) Exec. Order No. 13,356, 69 Fed. Reg. 53,599 (2004).

情報機関共同体管理強化大統領命令(Executive Order Strengthened Management of the Intelligence Community)[75]は、CIA長官を、国家安全保障情報に関する大統領首席アドバイザー兼国家安全保障会議(NSC)・国土安全保障会議(HSC)の首席アドバイザーとし、また、国家安全保障局(NSA)などの軍関係の3機関を除く全情報機関の予算(年間400億ドル=約4兆2000億円)を管轄させるなど、情報機関共同体の長としての権限を強化した[76]。第3の**国家テロ対策センター創設大統領命令**(Executive Order National Counterterrorism Center)(大統領命令13354号)[77]は、合衆国内外のテロ情報を統括するためCIAに国家テロ対策センター(National Counterterrorism Center: NCTC)を設置することを定めている(NCTCは、後に、CIAから国家情報長官室(Office of the Director of National Intelligence: ODNI)に移管される)。

2004年12月17日には、**2004年情報機関改革・テロリズム防止法**(Intelligence Reform and Terrorism Prevention Act of 2004)[78]が制定された。同法は、NSA、DIA、国家地理情報局(NGA)などの軍関係の情報機関も含む全情報機関を統括する閣僚級ポストとして国家情報長官(Director of National Intelligence:

---

75) Exec. Order No. 13,355, 69 Fed. Reg. 53,593 (2004).
76) CIA長官が情報機関共同体(Intelligence Community)のスタッフの長であることは、フォード大統領が1976年に制定した大統領命令11905号(Exec. Order No. 11,905, 41 Fed. Reg. 7,707 (1976))においてすでに確認されており、他方、レーガン大統領が1981年に制定した大統領命令12333号(Exec. Order No. 12,333, §1.4, 46 Fed. Reg. 59,941, 59,943 (1981))によって、CIA、FBI、国防情報局(DIA)、国家安全保障局(NSA)、陸・海・空・海兵4軍の情報部隊、国務省・財務省・エネルギー省などの各情報部局からなる情報機関共同体(Intelligence Community)の統合と機能を強化することが定められていた。そして、1992年情報活動組織法705条(a)項(3)号(1947年国家安全保障法103条(c)項)(Intelligence Organization Act of 1992, Pub. L. No. 102-496, tit. 7, §705(a)(3), 106 Stat. 3188, 3191 (1992), 50 U.S.C. §403-3(c) (1994))において、CIA長官が情報機関共同体の長であることが制定法上明文で規定された。
77) Exec. Order No. 13,354, 69 Fed. Reg. 53,589 (2004).
78) Intelligence Reform and Terrorism Prevention Act of 2004, Pub. L. No.108-458, 118 Stat. 3638 (2004). なお、同法については、宮田・前掲注18)60頁以下、特に62頁以下を併せて参照のこと。

DNI) のポストを新設するものとした。[79]

　また、2004年情報機関改革・テロリズム防止法第Ⅰ編・**2004年国家安全保障情報活動改革法**（National Security Intelligence Reform Act of 2004）[80]は、1947年国家安全保障法（National Security Act of 1947）を改正し、①アメリカ合衆国の政府機関によって所有または獲得されたテロリズムおよびカウンター・テロリズム情報の分析と統合の主任機関としての国家テロ対策センター（NCTC）[81]、②大量破壊兵器の拡散状況をフォローし防止するための国家対抗拡散センター（National Counter Proliferation Center: NCPC）[82]、③地域的な問題等における情報の優先性を取り扱う1ないし複数の国家情報センター（National Intelligence Center）[83]——を設置するものとしていた。

　さらに、2004年情報機関改革・テロリズム防止法は、①禁止されるテロリストに対する物的支援（material support or resources）の定義を一部変更し[84]、②支援することを禁じられるテロ組織、テロ活動の定義もより詳細化した[85]（第6章2.を参照）。

---

79) National Security Act of 1947, Pub. L. No. 253, §102(a), 61 Stat. 495,＿＿(1947), 50 U.S.C. §403(a)(1) (Supp. 4 2000), *amended by* National Security Intelligence Reform Act of 2004, Pub. L. No. 108-458, tit. 1, §1011, 118 Stat. 3638, 3643 (2004).

80) Intelligence Reform and Terrorism Prevention Act of 2004の第Ⅰ編は、特に2004年国家安全保障情報活動改革法（National Security Intelligence Reform Act of 2004, Pub. L. No.108-458, tit. 1, §1001, 118 Stat. 3638, 3643 (2004)）と呼ばれる。

81) National Security Intelligence Reform Act of 2004, Pub. L. No. 108-458, tit. 1, §1021, 118 Stat. 3638, 3672 (2004), 50 U.S.C. §404o (Supp. 4 2000).

82) National Security Intelligence Reform Act of 2004, Pub. L. No. 108-458, tit. 1, §1022, 118 Stat. 3638, 3675 (2004), 50 U.S.C. §404o-1 (Supp. 4 2000).

83) National Security Intelligence Reform Act of 2004, Pub. L. No. 108-458, tit. 1, §1023, 118 Stat. 3638, 3676 (2004), 50 U.S.C. §404o-2 (Supp. 4 2000).

84) Intelligence Reform and Terrorism Prevention Act of 2004, Pub. L. No. 108-458, tit. 6, subtit. G, §6603(b), 118 Stat. 3638, 3762 (2004), 18 U.S.C. §2339A(b) (Supp. 4 2000).

85) Intelligence Reform and Terrorism Prevention Act of 2004, Pub. L. No. 108-458, tit. 6, subtit. G, §6603(c), 118 Stat. 3638, 3762—3763 (2004), 18 U.S.C. §2339B(a)(1) (Supp. 4 2000).

(6) サイバーテロ対策

　2001年9月11日、アメリカ本土のハートランドを襲った大規模テロ、いわゆる《9・11》は、アメリカの国家安全保障政策、なかんずく軍事戦略とテロリズム対策を一変させた。《9・11》は、サイバーテロリズム対策を、クリントン政権時代の積極的対応とは逆に、むしろ「後退」させる効果をもたらした。なぜなら、《9・11》が、民間航空機をハイジャックし、そのハイジャック機を乗客・乗員を乗せたまま超高層ビルに突入させるという、極めて古典的・物理的な手法によるテロであっただけに、ブッシュ Jr. 政権は、クリントン政権とは異なり、「サイバーテロ対策を！」ではなく、むしろ大量破壊兵器を用いた物理的なテロの防止と「ならず者国家」の壊滅をテロ対策の主軸にすえるようになったからである。

　それでもブッシュ Jr. 政権が、まったくサイバーテロ対策をとらなかったわけではない。2001年10月26日に成立した**2001年アメリカ合衆国愛国者法**（USA PATRIOT ACT）[86]は、従来からサイバーテロとして認識されていた国防総省のコンピュータ・ネットワーク、発電・配電システム、給排水システム、交通・医療・救急システムといった国家的重要インフラストラクチャーのコンピュータへの侵入とプログラムの破壊だけでなく、私企業のコンピュータ・ネットワークへのハッキングや、経済的・社会的混乱をもたらすコンピュータ・プログラムの濫用なども一律にサイバーテロに包摂されるものとし、重罰を科すも

---

86) USA PATRIOT ACT, Pub. L. No. 107-56, 115 Stat. 272 (2001). 愛国者法によるサイバーテロ対策については、木内英仁「アメリカ合衆国におけるサイバーテロリズム対策法制」大沢秀介・小山剛編『市民生活の自由と安全――各国のテロ対策法制』（成文堂、2006年）51頁以下、特に65―67頁、陳一・横溝大「サイバーセキュリティと国家管轄権」NTTデータ技術開発本部システム科学研究所編『サイバーセキュリティの法と政策』（NTT出版、2004年）63頁以下、特に77―87頁を参照のこと。また、《9・11》以後のアメリカのサイバーテロ対策については、さしあたり、棚橋征一「米国におけるネットセキュリティの現状と論争」国際社会経済研究所監修、原田泉・山内康英編『ネット社会の自由と安全保障――サイバーウォーの脅威』（NTT出版、2005年）147頁以下、茶谷展行「米国における『自由』と『安全』・『秩序』――米国の保守主義における亀裂」国際社会経済研究所監修、原田泉・山内康英編『ネット社会の自由と安全保障――サイバーウォーの脅威』（NTT出版、2005年）187頁以下を参照のこと。

第3章 《9・11》の衝撃と「対テロ戦争」法制の展開Ⅰ

のとした。

　愛国者法808条(2)項は、合衆国法典18編2332b条(g)項(5)号(B)を改正し、①コンピュータ保護に関する合衆国法典18編1030条(a)項(1)号、1030条(a)項(5)号(A)(i)、1030条(a)項(5)号(B)(ii)-(v)、②通信回線・通信ステーション・通信システムの破壊に関する合衆国法典18編1362条に規定する犯罪行為を「連邦法上のテロリズム犯罪（Federal crime of terrorism）」として位置づける（この点については、本章2.(1)(A)を参照)。

　また、愛国者法814条は、合衆国外にあるコンピュータを使って、合衆国の州際または外国との通商もしくは通信に影響を与える行為を、合衆国法典18編1030条に規定する犯罪として位置づけた。この結果、従来、たんなるコンピュータ犯罪として位置づけられてきた行為も、連邦刑法上のテロ行為とされることになったのである。

　愛国者法816条は、①サイバーテロ等に係る証拠取得・解釈に関する法的調査、②サイバーテロ等の捜査・法的分析・訴追に携わる連邦・州の法執行機関職員・検察官の教育・訓練、③サイバーテロ等の捜査・法的分析・訴追に携わる連邦・州の法執行機関職員・検察官の間での専門的意見・情報の共有を促進するための地域的なコンピュータ法科学研究所（computer forensic laboratories）の設立と支援について定めていた。

　また、愛国者法1016条は、サイバー・インフラストラクチャー、通信インフラストラクチャー、物理的インフラストラクチャーを含む重要インフラストラクチャーを防護するためのテロリズム対策、脅威アセスメント、リスク緩和に関連する官民の活動を支援するための国家インフラストラクチャー・シミュレーション・センタ（National Infrastructure Simulation and Analysis Center：NISAC）を設立するため、国防総省国防脅威縮減局（Defense Threat Reduction

---

87) USA PATRIOT ACT, Pub. L. No. 107-56, tit. 8, §808(2), 115 Stat. 272, 378—379 (2001), 18 U.S.C. §2332b(g)(5)(B) (Supp. 4 2000).
88) USA PATRIOT ACT, Pub. L. No. 107-56, tit. 8, §814, 115 Stat. 272, 382—383 (2001), 18 U.S.C. §1030(a)(5) (Supp. 4 2000).
89) USA PATRIOT ACT, Pub. L. No. 107-56, tit. 8, §816(a), 115 Stat. 272, 382—383 (2001).

Agency: DoD DTRA)に2000万ドルを支出すると定めている[90]。

2002年11月25日に制定された**2002年国土安全保障法**(Homeland Security Act of 2002)は、インフラストラクチャー防護に関して、国土安全保障法第Ⅱ編B部211条〜215条——これらの部分は、特に**2002年重要インフラストラクチャー情報法**(Critical Infrastructure Information Act of 2002)[91]と呼ばれる——で規定しており、またコンピュータ犯罪の量刑に関する指針を改正した国土安全保障法第Ⅱ編B部225条は、**2002年サイバー・セキュリティー促進法**(Cyber Security Enhancement Act of 2002)[92]と呼ばれる。

2002年重要インフラストラクチャー情報法212条(3)号は、①連邦・州・地方政府の法律に違反し、州際通商を妨げ、または公衆の衛生もしくは安全を脅かす物理的もしくはコンピュータ・ベースの攻撃、または類似の行為（あらゆる種類の通信およびデータ伝送システムの濫用または不正アクセスを含む）により、重要インフラストラクチャーまたは防護されたシステム（protected systems）に対する現実的、潜在的もしくは脅迫的な妨害、攻撃、侵害または機能停止行為に関する情報、②セキュリティ・テスト、それに関連するリスク評価、リスク管理計画、またはリスク管理を含む重要インフラストラクチャーまたは防護されたシステムの脆弱性に関する計画中もしくは過去のアセスメント、予測または推定の妨害、侵害、または機能停止行為に耐える重要インフラストラクチャーまたは保護されたシステムの性能に関する情報、③重要インフラストラクチャーまたは保護されたシステムの妨害、侵害、または機能停止行為に関する修理、障害回復、復元、保証、または継続性を含む、重要インフラストラクチャーまたは保護されたシステムに関係する計画中または過去の操作上の不具

---

90) USA PATRIOT ACT, Pub. L. No. 107-56, tit. 10, §1016, 115 Stat. 272, 400—402 (2001), 42 U. S. C. §5195c (Supp. 4 2000). なお、愛国者法1016条は、単独で、2001年重要インフラストラクチャー防護法（Critical Infrastructures Protection Act of 2001）として引用される。

91) Critical Infrastructure Information Act of 2002, Pub. L. No. 107-296, tit. 2, subtit. B, §211, 116 Stat. 2135, 2150 (2002), 6 U.S.C. §101 note (Supp. 2 2000).

92) Cyber Security Enhancement Act of 2002, Pub. L. No. 107-296, tit. 2, subtit. B, §225(a), 116 Stat. 2135, 2156 (2002), 6 U.S.C. §145(a) (Supp. 2 2000).

合もしくは解決事例に関する情報のいずれかに該当する情報を、「重要インフラストラクチャー情報（critical infrastructure information）」と定義する。[93]

そして、同法214条(a)項(1)号は、重要インフラストラクチャーまたは防護されたシステムの安全保障、分析、警告、相互依存性の研究、障害回復、復元またはその他の重要な情報目的のために、関連する連邦政府機関に任意で提出された「重要インフラストラクチャー情報」は、同法214条(a)項(2)号に定める開示からの保護の期待を明記した「明文の説明（express statement）」が添付される場合には、情報自由法（Freedom of Information Act of 1966：FOIA, 5 U.S.C. §552）の適用から除外されるものとする。[94] また同条(f)項は、連邦政府職員が、「重要インフラストラクチャー情報」を、法律上の権限なく、事情を知りながら、公表、漏示、開示した場合は、罰金もしくは1年以下の拘禁刑または併科、および停職または免職処分とするものとしている。[95]

2002年サイバー・セキュリティー促進法225条(b)項は、合衆国量刑委員会（United States Sentencing Commission）に対して、①特定のコンピュータ犯罪によってもたらされる潜在的・現実的損失、②当該犯罪に係わる高度な知識・計画のレベル、③商業的利益を目的とするものか、個人的利益を目的とするものか、④侵害された個人のプライバシーの程度、⑤国防、国家安全保障、司法運営のためのコンピュータを対象とするものであったかどうか、⑥重要インフラストラクチャー、公衆の衛生、安全に混乱、危害をもたらす意図でなされたものかどうかなどの要因を考慮し、コンピュータ犯罪の量刑についての指針を見直すことを義務づける。[96]

なお、2002年11月27日には、国家的重要インフラストラクチャーをサイバー

---

93) Critical Infrastructure Information Act of 2002, Pub. L. No. 107-296, tit. 2, subtit. B, §212(3)(A)―(C). 116 Stat. 2135, 2152 (2002), 6 U.S.C. §131(3)(A)―(C) (Supp. 2 2000).

94) Critical Infrastructure Information Act of 2002, Pub. L. No. 107-296, tit. 2, subtit. B, §214(a)(1), 116 Stat. 2135, 2152 (2002), 6 U.S.C. §133(a)(1)(A) (Supp. 2 2000).

95) Critical Infrastructure Information Act of 2002, Pub. L. No. 107-296, tit. 2, subtit. B, §214(f), 116 Stat. 2135, 2154 (2002), 6 U.S.C. §133(f) (Supp. 2 2000).

96) Cyber Security Enhancement Act of 2002, Pub. L. No. 107-296, tit. 2, subtit. B, §225(b), 116 Stat. 2135, 2156―2157 (2002), 6 U.S.C. §145(b) (Supp. 2 2000).

テロから守る「サイバー戦士」を大学や専門研究機関で養成するために、向こう5年間で8億8000万ドルを支出することを定めた**サイバー・セキュリティー研究開発法**（Cyber Security Research and Development Act）[97]が制定された。

ところで、2003年2月に公表された『**サイバースペースの安全保障のための国家戦略**（The National Strategy to Secure Cyberspace）[98]』と『**重要インフラストラクチャーおよび重要資産の物理的防御のための国家戦略**（The National Strategy for the Physical Protection of Critical Infrastructures and Key Assets）[99]』は、ともに2002年7月に公表された『**国土安全保障のための国家戦略**（National Strategy for Homeland Security）[100]』の一環と位置づけられている。

『国土安全保障のための国家戦略』は、6つの重要な任務領域の1つとして、重要インフラストラクチャーの防衛をあげていた（『国土安全保障のための国家戦略』の内容については、詳しくは第4章3.を参照のこと）。そして、重要インフラストラクチャーを<u>サイバー攻撃</u>（cyber attacks）から防衛するためのサブ戦略が『サイバースペースの安全保障のための国家戦略』、重要インフラストラクチャーを<u>物理的攻撃</u>から防衛するためのサブ戦略が『重要インフラストラクチャーおよび重要資産の物理的防御のための国家戦略』ということになる。

『サイバースペースの安全保障のための国家戦略』も『重要インフラストラクチャーおよび重要資産の物理的防御のための国家戦略』も、いずれも、国防総省のコンピュータ・ネットワーク、発電・配電システム、原子力発電所、給排水システム、金融システム、情報・通信システム、化学・危険物質、交通・医療・救急システムといった国家的重要インフラストラクチャーの健全性を維持することこそが、アメリカ合衆国の経済と国家安全保障にとって不可欠であるという認識を共有している。その上で、『サイバースペースの安全保障のための国家戦略』は、アメリカの経済と国家安全保障は、情報テクノロジーと情

---

97) Cyber Security Research and Development Act, Pub. L. No. 107-305, 116 Stat. 2367 (2002).
98) THE WHITE HOUSE, THE NATIONAL STRATEGY TO SECURE CYBERSPACE (Feb., 2003).
99) THE WHITE HOUSE, THE NATIONAL STRATEGY FOR THE PHYSICAL PROTECTION OF CRITICAL INFRASTRUCTURES AND KEY ASSETS (Feb., 2003).
100) OFFICE OF HOMELAND SECURITY, NATIONAL STRATEGY FOR HOMELAND SECURITY (July, 2002).

報インフラストラクチャーに完全に依存しているのだから、①アメリカの重要インフラストラクチャーに対するサイバー攻撃の阻止、②サイバー攻撃に対する国家的脆弱性の縮減、③サイバー攻撃が発生した場合の損害と復旧時間の最小限化——の3つの戦略目標を達成することが必要不可欠であるとする。そして、3つの戦略目標を達成するために緊急に構築すべき5つの国家的優先事項(national priorities)を定めている。5つの国家的優先事項とは、(A)国家規模でのサイバースペース安全保障対応システム、(B)国家規模でのサイバースペース安全保障脅威・脆弱性縮減プログラム、(C)国家規模での警報・訓練プログラム、(D)政府のサイバースペースの安全の確保、(E)国家安全保障および国際サイバースペース安全保障協力である。なお、国家規模でのサイバースペース安全保障対応システムの構築においては、公的セクター⇐⇒私的セクター間の連携関係の確立こそが最も重要であるとして、私企業、個人などの集団的サイバー安全保障(collective cybersecurity)努力の必要性を強調している。

これに対して、『重要インフラストラクチャーおよび重要資産の物理的防御のための国家戦略』は、アメリカの重要インフラストラクチャーを直接・間接の物理的攻撃から防衛することを、まさに国土安全保障の一環または核心として位置づけており、『国土安全保障のための国家戦略』の細目版といった趣を呈している。

いずれにせよ、アメリカの重要インフラストラクチャーに対するサイバー攻撃も、物理的攻撃も、たんなる犯罪行為というよりは、アメリカ合衆国の国家安全保障に対する攻撃、脅威と位置づけられるようになったわけである。このことは、重要インフラストラクチャーに対する物理的攻撃だけでなく、サイバーテロを含むサイバー攻撃もまた、アメリカに対する戦争行為(act of war)として認識されるようになったことを意味している。すなわち、サイバース

---

101) THE WHITE HOUSE, THE NATIONAL STRATEGY TO SECURE CYBERSPACE viii (Feb., 2003).
102) *Id.* at x.
103) *Id.* at viii—ix.
104) THE WHITE HOUSE, THE NATIONAL STRATEGY FOR THE PHYSICAL PROTECTION OF CRITICAL INFRASTRUCTURES AND KEY ASSETS vii—viii (Feb., 2003).

ペースの安全を確保することも、アメリカ本土の軍事的防衛と同様に、軍事行動の一環として把握されるようになったわけである。

《9・11》は、サイバーテロを、アメリカのテロ対策の後景へと追いやった。しかし、そのことが逆に、サイバースペースを「戦場」のひとつとして認識させることとなったのである。従って、今後は、「戦場」としてのサイバースペースでの「安全」確保のための戦略と手段について、アメリカ軍が1999年3月のコソボ紛争への介入において実験的に導入し、2003年3月のイラク攻撃で本格的に導入した「情報戦争（Information Warfare）」の与える影響を十分に検討する必要があろう。[105]

2. テロリズムの法的定義

(1) 連邦法上のテロリズムの定義

次章以降において、《9・11》以後の「対テロ戦争」法制の展開過程を具体的に検討していくにあたって、あらかじめ、対テロ法制——反テロリズム（anti-terrorism）ないし対抗テロリズム（counter-terrorism）法制の両方を含む——が対象とする「テロリズム（terrorism）」の法的定義についてみておくことにしたい。もっとも、これまであまたの国際機関、政府機関、研究者がテロリズム（terrorism）の定義を試みているが、いまだ成功した例はない、[106]といわ

---

105) サイバーテロをどのように理解するかについては、実に様々な立場がありうるが、大別すると、①サイバースペースに固有のテロもしくは戦争行為（サイバー・ウォー）、②①に加えて、発電所・給水システム等の重要なインフラストラクチャーに対するインターネットなどを通じた電磁的攻撃・破壊活動、③IT化・ネットワーク化された（物理的）軍事力を使用した物理的空間とサイバー空間が一体化した形での戦争、④③に広義の情報戦——諜報活動、情報操作、広告・広報活動、メディアの動員など——を加えたものなどがある。これらの点については、さしあたり、ジェイムズ・アダムズ『21世紀の戦争——コンピュータが変える戦場と兵器』（日本経済新聞社、1999年）、江畑謙介『情報テロ——サイバースペースという戦場』（日経BP社、1998年）、江畑謙介『インフォメーション・ウォー——狙われる情報インフラ』（東洋経済新報社、1997年）ほかを参照のこと。

106) チャールズ・タウンゼンドは、「テロリズムを理解しようとする政治的試みも学問的な

第3章　《9・11》の衝撃(インパクト)と「対テロ戦争」法制の展開Ⅰ

れるぐらいそれは厄介かつ困難な問題でもある。

　それにもかかわらず、ここでテロリズムの法的定義をみておくのは、アメリカの各政府機関——特にFBIやCIAなどの法執行機関と諜報機関、そして外交や国防をつかさどる国務省と国防総省——が、テロリズムをどのようなものとして認識しているかという問題が、アメリカの対テロ法制の展開過程をみていく上で重要な意味を持つものと思われるからである。

(A)　連邦刑事法上の犯罪としてのテロリズムの定義
　連邦法上の刑事犯罪について定めている合衆国法典18編の2331条(1)号は、国際テロリズムについて、次のように定義している。

　　国際テロリズム（international terrorism）とは——
　　(A) 暴力行為あるいは人命危殆行為であって、合衆国もしくは州の刑事法違反にあたる行為、または合衆国もしくは合衆国の州の管轄権内で行われた場

作業も、テロの定義で何度も躓いてきた」という。そして、その「躓き」の原因は、テロリズムという用語がラベリング（レッテル貼り）のための道具として使用されてきたからであるという。すなわち、「テロリスト」というレッテルは、「他人によって、何よりもその『テロリスト』を排斥する政府によって命名されるものであ」り、「国家は暴力的な敵対者」に、非人道性、犯罪性、政治的支持の欠如という意味を付与するためにこのレッテルを貼りたがるのだという（チャールズ・タウンゼンド『テロリズム』（岩波書店、2003年）3—4頁）。さらに、加藤朗は、端的に、「実際、専門家や研究者の間でもテロの定義はさまざまで、万人が納得できるような統一した普遍的な定義はない」と指摘する（加藤朗『テロ——現代暴力論』（中公新書、2002年）21—22頁）。テロリズムを定義する試みとその問題点については、さしあたり、宮坂直史『国際テロリズム論』（芦書房、2002年）、東海大学平和戦略国際研究所編『テロリズム——変貌するテロと人間の安全保障　増補版』（東海大学出版会、2001年）、読売新聞調査研究本部編『対テロリズム戦争』（中公新書ラクレ、2001年）、ジョン・ブラウン「テロリズムの定義という危険な試み」『ル・モンド・ディプロマティーク』日本語版編集部編訳『力の論理を超えて——ル・モンド・ディプロマティーク1998—2002』（NTT出版、2003年）36頁以下、「特集　テロとは何か」『現代思想』2003年3月号所収の諸論稿、ジョナサン・バーカー『テロリズム——その論理と実態』（青土社、2004年）、ハワード・ジン『テロリズムと戦争』（大月書店、2003年）、ローラン・ディスポ『テロル機械』（現代思潮新社、2002年）、片山善雄「第1章　テロリズムの本質」テロ対策を考える会編『テロ対策入門——偏在する危機への対処法』（亜紀書房、2006年）19頁以下ほかを参照のこと。

合、刑事犯罪となる行為を含み、
(B) (i)民間人を脅迫ないし強制する、(ii)脅迫ないし強制によって政府の政策に影響を与える、または(iii)大量破壊、暗殺ないし誘拐によって政府の行為に影響を与えること——を意図して行われ、かつ、
(C) それらの行為が達成される手段、脅迫ないし強制の対象とされていることが明白な人、実行犯が活動あるいは亡命を求める場所からみて、主に合衆国の領域管轄権の外、または国境を越えて生ずる
——諸行為を意味する[107]。

《9・11》事件後の2001年10月26日に制定された2001年愛国者法(USA PATRIOT ACT) 802条(a)項(4)号[108]は、従来からあった「国際テロリズム」の定義規定に加えて、「国内テロリズム(domestic terrorism)」についての定義規定を合衆国法典18編2331条(5)号として追加した。

国内テロリズム(domestic terrorism)とは、次の諸行為を意味する——
(A) 人命危殆行為であって、合衆国もしくは州の刑事法違反にあたる行為を含み、
(B) (i)民間人を脅迫ないし強制する、(ii)脅迫ないし強制によって政府の政策に影響を与える、または(iii)大量破壊、暗殺ないし誘拐によって政府の行為に影響を与えること——を意図して行われ、かつ、
(C) 主に合衆国の領域管轄権の内で行われる行為[109]。

合衆国法典18編2331条(1)号と同様に、《9・11》以前から制定されていた合衆国法典18編921条(a)項(22)号は、テロリズムについて次のように規定していた。

---

[107] 18 U.S.C. §2331(1) (Supp.1 2000)(originally enacted as Antiterrorism Act of 1990, Pub. L. No. 101-519, §132(b)(iii), 104 Stat. 2240,___(1990)(WESTLAW). なお、アメリカ合衆国のテロリズムの定義に関する連邦法上の規定については、Martin, *"Terrorism" and Related Terms in Statute and Regulation: Selected Language* (CRS, Order Code RS21021, Dec. 5, 2006) を参照するのが簡便である。なお、邦語文献として、阿久津正好「諸外国及び我が国の法制における『テロ』の定義について(下)」『警察学論集』60巻1号(2007年1月) 39頁以下、47—52頁を併せて参照のこと。
[108] USA PATRIOT ACT, Pub. L. No. 107-56, tit. 8, §802(a)(4), 115 Stat. 272, 376 (2001).
[109] 18 U. S. C. §2331(5) (Supp. 4 2000).

第 3 章 《9・11》の衝撃と「対テロ戦争」法制の展開 I

「テロリズム（terrorism）」とは、合衆国の人（United States persons）[110]に対してなされる、——
(A) 合衆国の国民（national of the United States）[111]または永住外国人ではない個人によって犯され、
(B) 暴力行為または人命危殆行為であって、合衆国の管轄権内で行われた場合、刑事犯罪となるような行為、
(C) (i)民間人を脅迫ないし強制する、(ii)脅迫ないし強制によって政府の政策に影響を与える、(iii)暗殺ないし誘拐によって政府の行為に影響を与えることを意図して行われる
——行為である。[112]

合衆国法典18編2332b条(a)項が禁止し、(b)項が処罰対象とする「国境を越えたテロリズム行為（act of terrorism transcending national boundaries）」に関連して、合衆国法典18編2332b条(g)項(5)号はテロリズムを次のように定義している。

「連邦法上のテロリズム犯罪（Federal crime of terrorism）」とは、次の犯罪をいう。
(A) 脅迫もしくは強制によって政府の行為に影響を与え、または、政府の行為に対して報復するものと評価されるもの

---

110) 「合衆国の人（United States persons）」とは、合衆国の市民（citizen of the United States）、（移民・国籍法101条(a)項(20)号によって定義される）合衆国に合法的に永住することを認められた外国人、合衆国市民もしくは合法的に永住することを認められた外国人が実質上多数を占める法人格なき社団または合衆国において設立された法人で、［合衆国法典50編1801条］(a)項(1)号、(2)号、(3)号で定義される外国勢力（foreign power）の法人または社団を除くものと定義されている（FISA, Pub. L. No. 95-511, §101(i), 92 Stat. 1783, (1978), 50 U.S.C. §1801(i) (Supp. 4 2000)）。
111) 合衆国法典18編2332a条(c)項(1)号によれば、「『合衆国の国民（national of the United States）』とは、移民・国籍法101条(a)項(22)号（8 U.S.C. §1101(a)(22)）で定める意味を有する」ものとされる。移民・国籍法101条(a)項(22)号は、「『合衆国の国民（national of the United States）』とは、(A)合衆国の市民（citizen of the United States）、または、(B)合衆国の市民ではないが、合衆国への永続的な忠誠（permanent allegiance）を尽くす人物を意味する」ものとしている（8 U.S.C. §1101(a)(22) (Supp. 4 2000)）。
112) 18 U.S.C. §921(a)(22) (Supp. 4 2000).

(B) 次に掲げる規定の違反
(i) 本編[合衆国法典18編]の32条（航空機または航空機施設の破壊に関するもの）、37条（国際空港での暴力に関するもの）、81条（特別海事裁判管轄および領域的裁判管轄内での放火に関するもの）、175条または175b条（生物兵器に関するもの）、175c条（天然痘ウイルスに関するもの）、229条（化学兵器に関するもの）、351条(a)項、(b)項、(c)項または(d)項（連邦議会議員、閣僚および連邦最高裁判所裁判官の暗殺および誘拐に関するもの）、831条（核物質に関するもの）、832条（合衆国に対する脅威となる核および大量破壊兵器への関与に関するもの）、842条(m)項または(n)項（プラスチック爆弾に関するもの）、844条(f)項(2)号または(3)号（政府の財産に放火、爆破することによって、死の危険にさらし、または死に至らしめることに関するもの）、844条(i)項（州際通商に使用される財産に対する放火および爆破に関するもの）、930条(c)項（危険な武器を用いた連邦施設に対する攻撃に伴う殺人または殺人未遂に関するもの）、956条(a)項(1)号（海外で人を謀殺、誘拐、または傷害を負わせることについての共同謀議に関するもの）、1030条(a)項(1)号（コンピュータの保護に関するもの）、1030条(a)項(5)号(B)(ii)から(v)までの規定で定義される損傷を生じさせる1030条(a)項(5)号(A)(i)（コンピュータの保護に関するもの）、1114条（合衆国の職員および被用者の殺人または殺人未遂に関するもの）、1116条（外国の官僚、賓客または国際的に保護されている者の謀殺もしくは故殺に関するもの）、1203条（人質行為に関するもの）、1361条（政府の財産または契約に関するもの）、1362条（通信の回線、局またはシステムの破壊に関するもの）、1363条（合衆国の特別海事裁判管轄および領域的裁判管轄内の建造物または財産に対する損害に関するもの）、1366条(a)項（エネルギー施設の破壊に関するもの）、1751条(a)項、(b)項、(c)項または(d)項（大統領および大統領の部下の暗殺ならびに誘拐に関するもの）、1992条（列車転覆に関するもの）、1993条（鉄道輸送ならびに陸上・海上・航空の大量輸送システムに対するテロリスト攻撃その他の暴力行為に関するもの）、2155条（国防用の資材、施設または設備の破壊に関するもの）、2156条（国防用の資材、施設または設備に関するもの）、2280条（海運運航に対する暴力に関するもの）、2281条（海運用の固定されたプラットフォーム（maritime fixed platforms）に対する暴力に関するもの）、2332条（合衆国国民に対し

て合衆国外で行われた一定の殺人行為その他の暴力に関するもの)、2332a条(大量破壊兵器の使用に関するもの)、2332b条(国境を越えたテロリズムに関するもの)、2332f条(公共の場所・施設の爆破に関するもの)、2332g条(航空機の撃墜を目的とするミサイル・システムに関するもの)、2332h条(放射能散布装置に関するもの)、2339条(テロリストを匿うことに関するもの)、2339A条(テロリストに物的支援を提供することに関するもの)、2339B条(テロリスト組織に物的支援を提供することに関するもの)、2339C条(テロリストの資金に関するもの)、または2340A条(拷問に関するもの)

(ii) 1954年原子力エネルギー法(Atomic Energy Act of 1954)92条(合衆国法典42編2122条)(核兵器の管理の禁止に関するもの)または236条(合衆国法典42編2284条)(核施設または核燃料の破壊行為に関するもの)

(iii) [合衆国法典]49編の46502条(航空機侵奪に関するもの)、46504条後段(航空機乗務員に対する危険な武器を用いた暴行に関するもの)、46505条(b)項(3)号または(c)項(航空機上の爆破もしくは発火装置または武器により人命を危険にさらすことに関するもの)、殺人行為もしくは殺人未遂行為が伴う場合の46506条(航空機上の行為に対する一定の刑事法の適用に関するもの)、または60123条(b)項(ガスまたは危険な液体用の州際パイプライン施設の破壊に関するもの)[113]

(B) 国務長官によるテロ組織指定に関するテロリズムの定義

1987年12月に制定された1988・1989会計年度対外関係権限法(Foreign Relations Authorization Act, Fiscal Years 1988 and 1989)第Ⅰ編140条は、毎年、下院議長および上院外交委員会に対して、諸外国で起きた主要な国際テロ行為(acts of international terrorism)とテロ組織について報告することを国務長官に義務づけている。[114] この国務長官によるテロ組織の指定に関連して、合衆国法典

---

113) 18 U.S.C. §2332b(g)(5)(Supp. 4 2000). なお、愛国者法による改正直後の(現行の規定よりは古い)規定の訳文が、平野美惠子・土屋恵司・中川かおり訳「米国愛国者法(反テロ法)(下)」『外国の立法』215号(2003年2月)6―7頁に掲載されている。

114) Foreign Relations Authorization Act, Fiscal Years 1988 and 1989, Pub. L. No. 100-204, tit. 1, part B, §140, 101 Stat. 1331,＿＿(1987)(WESTLAW), *amended by* 9/11 Commission

22編の2656f条(d)項は、テロリズムを次のように定義している。

(1) 「国際テロリズム（international terrorism）」とは、1ヶ国より多い国の市民または領土を巻き込んだテロリズムを意味する。
(2) 「テロリズム（terrorism）」とは、サブナショナル集団または秘密諜報員によって行われる、非戦闘員の目標（noncombatant targets）に対して犯された、前もって計画され政治的に動機づけられた暴力を意味する。
(3) 「テロリスト・グループ（terrorist group）」とは、国際テロリズムを実行する、または国際テロリズムを実行する重要なサブグループを含むあらゆる集団を意味する[115]。

2656f条(d)項(2)号で用いられている「政治的に動機づけられた暴力（politically motivated violence）」という概念について、国家テロ対策センター（National Counterterrorism Center：NCTC）は、①「外国のテロ組織（Foreign Terrorist Organization）」や「関連するその他の組織（Other Organizations of Concern）」による生命を脅かす攻撃や誘拐、②政府／外交要員（Government/Diplomatic official）や政府／外交施設（Government/Diplomatic building）に対する組織または個人による深刻な攻撃、③非戦闘員（noncombatant）を標的とする低強度の攻撃（low level attacks）などが「政治的に動機づけられたもの（politically motivated）」とみなされるものとする[116]。

また、「非戦闘員（noncombatant）」という用語については、文民（civilian）、

Implementation Act of 2004, Pub. L. No. 108-458, tit. 7 §7102(d), 118 Stat. 3775, 3777―3778 (2004); Intelligence Authorization Act for Fiscal Year 2005, Pub. L. No. 108-487, tit. 7, §701(a), 118 Stat. 3939, 3961―3962 (2004). なお、2004年9・11委員会履行法（9/11 Commission Implementation Act of 2004）は、2004年情報機関改革・テロリズム防止法（Intelligence Reform and Terrorism Prevention Act of 2004, Pub. L. No. 108-458, 118 Stat. 3638 (2004)）の第Ⅶ編として制定されたものである。

115) 22 U.S.C. §2656f (d)(1)―(3) (Supp. 4 2000).
116) NATIONAL COUNTERTERRORISM CENTER, ANNEX OF STATISTICAL INFORMATION at 5 (April 13, 2007). もっとも、このようなNCTCの定義は、「政治的に動機づけられたもの（politically motivated）」という主観的要素を、①は攻撃の主体の種類、②と③は攻撃の対象という客観的要素によって説明しようとするものであり、必ずしも当を得たものとはいいがたいように思われる。NCTCについては、詳しくは第6章を参照のこと。

文民警察（civilian police）、戦闘地域（war zones）等の外にある軍事施設（military assets）、外交要員・使節・顧問・その他の使節等の外交施設（diplomatic assets）などが含まれるものとして定義している。他方、「非戦闘員（noncombatant）」の対概念である「戦闘員（combatant）」については、特に戦闘地域（war zones）およびそれに準じる地域にある軍隊（military）、準軍隊（paramilitary）、民兵（私的武装勢力）（militia）、軍隊の指揮統制下にある警察（police under military command and control）を「戦闘員（combatant）」と定義し、軍隊や警察としての役割を果たす国家治安部隊（national security forces）なども「戦闘員（combatant）」に含まれるものとする。[117]

(C) 入国・国境管理法制上のテロリズムの定義

移民・国籍法上は、入国拒否処分の対象となる「テロリスト活動に従事したことのあるあらゆる外国人（[a]ny alien has engaged in a terrorist activity）」等の定義[118]に関連して、合衆国法典8編1182条(a)項(3)号(B)(iii)によってテロリズムは以下のように規定されている。

　本章［合衆国法典8編12章］において、「テロリスト活動（terrorist activity）」という用語は、当該活動が犯された場所の法の下で違法である（当該活動が合衆国内で犯されたものである場合は、合衆国またはいずれかの州の法の下で違法である）、および以下に掲げるいずれかの活動を含む、あらゆる活動を意味する。
(I) 輸送機関（航空機、船舶または車両を含む）のハイジャックまたは破壊活動
(II) 身柄を拘束（seized or detained）されている個人を解放するために、明示的または黙示的な条件として、何らかの行為を為しまたは為さないよう第三者（政府機関を含む）に強要するために、別の個人の身柄を拘束すること、および殺害・傷害または拘束を継続すると脅迫すること

---

117) Id. at 4.
118) 8 U.S.C. §1182(a)(3)(B)(i) (Supp. 4 2000), *amended by* REAL ID Act of 2005, Pub. L. No. 109-13, div. B, tit. 1, §103(a), 119 Stat. 231, 306—307 (2005).

(Ⅲ)　国際的に保護されている人物（合衆国法典18編1116条(b)項(4)号で定義される）または当該人物の自由（liberty）に対する暴力的攻撃（violent attack）
　(Ⅳ)　暗殺
　(Ⅴ)　直接または間接的に、1人以上の個人の安全（safety）を危険にさらす、または財産に対し深刻な損害を引き起こす意図を持った以下に掲げるいずれかの物の使用
　　(a)　生物学的手段、化学的手段または核兵器もしくは装置
　　(b)　爆発物、火器、またはその他の兵器もしくは危険な装置（単なる個人的な金銭的利益の取得を目的としたものを除く）
　(Ⅵ)　上記のあらゆる行為を行うための脅迫、企てまたは共謀[119]

　さらに、合衆国法典8編1182条(a)項(3)号(B)(ⅰ)にいう「テロリスト活動に従事する（engage in terrorist activity）」という用語は、合衆国法典8編1182条(a)項(3)号(B)(ⅳ)によって、次のように定義されている。

　　本章［合衆国法典8編12章］において、「テロリスト活動に従事する（engage in terrorist activity）」とは、個人の立場において、または、組織の構成員として、以下のいずれかの行為に従事することを意味する。
　(Ⅰ)　死または深刻な身体的傷害を引き起こす意図を暗示する事情の下で、テロリスト活動を行い、または行うよう扇動すること
　(Ⅱ)　テロリスト活動を準備または計画すること
　(Ⅲ)　テロリスト活動のために潜在的な目標（標的の候補）に関する情報を収集すること
　(Ⅳ)　次のいずれかのために、資金またはその他の価値ある物品の提供を教唆（solicit）すること
　　(aa)　テロリスト活動
　　(bb)　(ⅳ)(Ⅰ)または(ⅵ)(Ⅱ)で定義されるテロリスト組織

---

119)　8 U.S.C. §1182(a)(3)(B)(iii) (Supp. 4 2000). 移民・国籍法上の「テロリスト活動」等に関する諸規定については、井樋三枝子「9・11同時多発テロ事件以後の米国におけるテロリズム対策」『外国の立法』228号（2006年5月）24頁以下、特に45—51頁、および小谷順子「アメリカにおける出入国管理のテロ対策法制」大沢秀介・小山剛編『市民生活の自由と安全——各国のテロ対策法制』（成文堂、2006年）25頁以下、特に31頁を参照。

(cc)　(vi)(Ⅲ)で定義されるテロリスト組織、ただし、教唆者（solicitor）が、明白かつ確信をいだくに足る証拠（clear and convincing evidence）によって、当該組織がテロリスト組織であることを知らなかったこと、および知っていたとは合理的にみなされないことを証明し得る場合を除く
(Ⅴ)　個人に次のいずれかを教唆すること
　(aa)　この項において規定された他の行為に従事すること
　(bb)　(vi)(Ⅰ)または(vi)(Ⅱ)において記載されるテロリスト組織の構成員となること
　(cc)　(vi)(Ⅲ)で記載されるテロリスト組織の構成員となること、ただし、教唆者が、明白かつ確信をいだくに足る証拠によって、当該組織がテロリスト組織であることについて知らなかったこと、および知っていたとは合理的にみなされないことを証明し得る場合を除く
(Ⅵ)　以下に掲げるいずれかのもののためであることを、行為者が知り、または、知っていたと合理的にみなし得る場合に、隠れ家、移動手段、通信手段、資金、資金の移動もしくはその他の物的、経済的な便益、虚偽の書類もしくは身分証明、武器（化学、生物もしくは放射性兵器を含む）、爆発物または訓練を含む物的援助を提供する行為を実行すること
　(aa)　テロリスト活動を実行に移すため
　(bb)　テロリスト活動を行ったことがあり、または、テロリスト活動を行う計画をしている個人のためであって、行為者がその事情を知り、または知っていたと合理的にみなされる場合
　(cc)　(vi)(Ⅰ)または(Ⅱ)で記載されているテロリスト組織のため
　(dd)　(vi)(Ⅲ)で記載されているテロリスト組織のため、ただし、行為者が、明白かつ確信するに足る証拠によって、当該組織がテロリスト組織であることを知らなかったこと、または知っていたと合理的にみなされないことを証明し得る場合を除く[120]

(D)　国土安全保障に関するテロリズムの定義

アメリカ合衆国内でのテロ攻撃の発生を阻止し、テロに対するアメリカの脆

---

120)　8 U.S.C. §1182(a)(3)(B)(iv) (Supp. 4 2000), *amended by* REAL ID Act of 2005, Pub. L. No. 109-13, div. B, tit. 1, §103(b), 119 Stat. 231, 307—309 (2005).

弱性を減らし、アメリカ合衆国内で発生したテロ攻撃による損害を最小限に抑え、テロ攻撃からの回復を支援することなどを主たる任務とする国土安全保障省（Department of Homeland Security：DHS）を新設するために2002年11月25日に制定された2002年国土安全保障法（Homeland Security Act of 2002）[121]（国土安全保障法）は、国土安全保障省（DHS）の主要任務に関連して、テロリズムについて独自に定義している。

　「テロリズム（terrorism）」とは、――
　(A)　(i)人命を危殆にさらし、または、重要インフラストラクチャー（critical infrastructure）[122]もしくは重要資源（key resources）[123]の破壊の可能性をもち、かつ、
　　　(ii)合衆国または合衆国の州もしくはその他の地域の刑事法違反となる行為を含み、かつ、
　(B)　(i)民間人を脅迫ないし強制する、
　　　(ii)脅迫ないし強制によって政府の政策に影響を与える、
　　　(iii)大量破壊、暗殺ないし誘拐によって政府の行為に影響を与えることを意図して行われることが明らか
　――な行為を意味する。[124]

---

121)　Homeland Security Act of 2002, Pub. L. No. 107-296, 116 Stat. 2135 (2002). 国土安全保障省の主要な任務と組織構造については第4章3.で、同省のテロ関連情報共有機能に関しては第6章で取り扱っているので、そちらを参照されたい。なお、国土安全保障法の概要と抄訳については、土屋恵司「米国における2002年国土安全保障法の制定」『外国の立法』222号（2004年11月）1頁以下を参照のこと。

122)　重要インフラストラクチャー（critical infrastructure）とは、愛国者法1016条(e)項（USA PATRIOT ACT, Pub. L. No. 107-56, §1016(e), 115 Stat. 272, 401 (2001)）において定義された「物理的であるとヴァーチャルであるとを問わず、当該システムおよび資産の無力化または破壊が、安全保障、国家経済安全保障（national economic security）、国家的公衆衛生もしくは安全、またはこれらの複合事項を弱体化する悪影響を及ぼすであろう合衆国にとって死活的なシステムおよび資産」であるとされている（Homeland Security Act of 2002, Pub. L. No. 107-296, §2(4), 116 Stat. 2135, 2140 (2002)）。

123)　重要資源（key resources）とは、経済および統治（government）の最小限の運営にとって必要不可欠の公的または私的に統制された資源を意味するものとされている（Homeland Security Act of 2002, Pub. L. No. 107-296, §2(9), 116 Stat. 2135, 2141 (2002)）。

124)　Homeland Security Act of 2002, Pub. L. No. 107-296, §2(15), 116 Stat. 2135, 2141 (2002), 6 U.

また、国土安全保障法Ⅷ編G部——この部は特に、効果的技術促進による反テロリズム支援法（Support Anti-terrorism by Fostering Effective Technologies Act of 2002）または安全法（SAFETY Act）¹²⁵⁾として引用される——は、反テロ技術のリスク管理に関連して「テロリズム行為（act of terrorism）」について次のように定義している。

> テロリズム行為（act of terrorism）——
> (A)「テロリズム行為（act of terrorism）」とは、[国土安全保障]長官が(B)号の要件に適合すると決定した行為を意味する。そのような要件は、長官によってさらに明確化され、かつ特定される。
> (B) 要件——本号の要件に適合する行為とは——
> (i)違法であり、
> (ii)合衆国において、または合衆国の内外にある合衆国の国内線航空便もしくは合衆国船籍船（もしくは、合衆国所得税が支払われその保険契約が合衆国内の規則に服する合衆国内に主な本拠を置く船舶）の事例において、人、財産、法人に対する危害を引き起こし、かつ
> (iii)合衆国の市民もしくは制度に対して大量破壊、侵害その他の損害をもたらすことを意図した手段、武器、その他の方法の使用または使用の企て
> ——である。¹²⁶⁾

（2）連邦政府機関のテロリズムの定義

(A) 司法省・FBIによるテロリズムの定義

司法省・FBIによるテロリズムの定義は、(1)(A)でみた合衆国法典18編2331条(1)号の定義に準拠している。FBIが毎年刊行していた年次報告書『合衆国におけるテロリズム（Terrorism in the United States）』によるとテロリズムは次のように定義されている。

S. C. §101(15) (Supp. 2 2000).
125) Support Anti-terrorism by Fostering Effective Technologies Act of 2002, Pub. L. No. 107-296, tit. 8, subtit. G, §861, 116 Stat. 2135, 2238 (2002), 6 U.S.C. §101 note (Supp. 2 2000).
126) Support Anti-terrorism by Fostering Effective Technologies Act of 2002, Pub. L. No. 107-296, tit. 8, subtit. G, §865(2), 116 Stat. 2135, 2242 (2002), 6 U.S.C. §444(2) (Supp. 4 2000).

「国内テロリズム（Domestic terrorism）とは、もっぱら合衆国内もしくはその領域内を拠点としまたは活動しているグループもしくは個人によって、外国の指示なしに、政治的あるいは社会的目的を促進するために、政府もしくは民間人またはそれらの一部を脅迫しもしくは強制するために個人または財産に対して行われる実力もしくは暴力の非合法の行使または行使の威嚇である」。

「国際テロリズム（International terrorism）とは、暴力行為あるいは人命危殆行為であって、合衆国もしくは州の刑事法違反にあたる行為、または合衆国もしくは合衆国の州の管轄権内で行われた場合刑事犯罪となる行為を含む。これらの行為は、民間人を脅迫ないし強制する、脅迫ないし強制によって政府の政策に影響を与える、暗殺ないし誘拐によって政府の行為に影響を与えることを意図して行われる。国際テロリスト行為は、それらが達成される手段、脅迫ないし強制の対象とされていることが明白な人、実行犯が活動するあるいは亡命を求める場所からみて、合衆国外または国境を越えて生ずる」[127]。

ただし、「国内テロリズム（domestic terrorism）」に関する定義は、《9・11》事件後の2001年10月26日に制定された愛国者法（USA PATRIOT ACT）802条(a)項(4)号[128]によって設けられた制定法上の定義規定に先行している。このためか、「国際テロリズム（international terrorism）」の定義とは異なり、「国内テロリズム（domestic terrorism）」の定義に関しては制定法上の定義と『合衆国におけるテロリズム』上の定義との間にはかなりのズレがみられる。

(B) 国務省によるテロリズムの定義

国務省は、その年次報告書『2003年版グローバル・テロリズムのパターン（Patterns of Global Terrorism 2003）』において、合衆国法典22編2656f条のテロリズムの定義に準拠したテロリズムの定義を行っている。これは、国務省の年次報告書が合衆国法典22編2656f条によって義務づけられたもの以上当然のことでもある。『2003年版グローバル・テロリズムのパターン』は、①

---

127) FBI, TERRORISM IN THE UNITED STATES 1999, at ii (2000). なお、同報告書は、2000年／2001年版からTERRORISM 2000/2001に改題された。

128) USA PATRIOT ACT, Pub. L. No. 107-56, tit. 8, §802(a)(4), 115 Stat. 272, 376 (2001).

「テロリズムとは、サブナショナル集団または秘密諜報員によって行われる、非戦闘員の目標（noncombatant targets）に対して犯された、前もって計画され政治的に動機づけられた暴力を意味し、通常、観衆に影響を及ぼすことを意図する」、②「国際テロリズムとは、1ヶ国より多い国の市民または領土を巻き込んだテロリズムを意味する」、③「テロリスト・グループとは、国際テロリズムを実行する、または国際テロリズムを実行する重要なサブグループを含むあらゆる集団を意味する」ものとしている。[129]

(C) 国防総省によるテロリズムの定義

国防総省では、1990年に定められた国防総省指令0-2000.12号「国防総省テロとの戦いプログラム（Department of Defense Directive No. 0-2000.12: DoD Combating Terrorism Program）」で、テロリズムについて定義していた。[130]その後、1999年に改訂された国防総省指令0-2000.12号「反テロリズム／戦力防衛（AT/FP）プログラム（Department of Defense Directive No. 2000.12: DoD Antiterrorism/Force Protection (AT/FP) Program）」によれば、テロリズムとは、「恐怖をすり込むための暴力あるいは暴力による脅迫の計画的な使用。それらは、一般に政治的、宗教的、あるいは思想的目的を達成するために、政府や社会に対して強

---

129) UNITED STATES DEPARTMENT OF STATE, PATTERNS OF GLOBAL TERRORISM 2003 at xii (April, 2004). なお、同報告書は、2004年版（2005年）からは、COUNTRY REPORTS ON TERRORISM と改題されている。これは、2004年8月27日に制定された大統領命令13354号（Exec. Order No. 13,354, §2(a), 69 Fed. Reg. 53,589 (2004)）によって創設され、2004年12月に制定された2004年国家安全保障情報活動改革法1021条（National Security Intelligence Reform Act of 2004, Pub. L. No. 108-458, tit. 1, §1021, 118 Stat. 3638, 3672—3673 (2004)）で制定法上の位置づけを与えられた国家テロ対策センター（National Counterterrorism Center: NCTC）が、大統領命令13354号および2004年国家安全保障情報活動改革法1021条によってテロリズム／テロリズム対策情報の分析のための主要機関と位置づけられたことと関連している（NCTCについては、詳しくは第6章を参照のこと）。現在、最も包括的かつ詳細なテロ／対テロ活動の年次報告書は NCTC から COUNTERTERRORISM として公表されている。
130) Department of Defense Directive No. 0-2000.12: DoD Combating Terrorism Program, Aug. 27, 1990. なお、この国防総省指令0-2000.12号は、《9・11》以前においては、1996年と1999年の2度改訂されている。

制や脅迫することを意図したものである[131]」と定義されている。また、国内テロリズムとは、「ある国の市民によって、同国人に対して行われたテロリズム。これは、テロリストを受け入れている支援国の市民に対する行為を含むが、それは主要な標的でも意図的な標的でもない[132]」とされる。

---

131) Department of Defense Directive No. 2000.12: DoD Antiterrorism/Force Protection (AT/FP) Program, E2.1.24., April 13, 1999, at 23—24.
132) Department of Defense Directive No. 2000.12: DoD Antiterrorism/Force Protection (AT/FP) Program, E2.1.11., April 13, 1999, at 21.

第4章 《9・11》の衝撃と「対テロ戦争」法制の展開 II
　　　　——愛国者法／国土安全保障法を中心に

1. 愛国者法の制定とその概要

(1) 愛国者法の制定

　2001年10月26日、アメリカ国内におけるテロ対策を本格的に整備するためにテロ捜査権限、電子的監視権限などを「飛躍的」に強化した2001年アメリカ合衆国愛国者法（USA PATRIOT ACT）（愛国者法）が制定された。[1]

　愛国者法は、次の全10編（A4判で130頁）よりなる。

---

1) Uniting and Strengthening America by Providing Appropriate Tools Required to Intercept and Obstruct Terrorism (USA PATRIOT ACT) Act of 2001, Pub. L. No. 107-56, 115 Stat. 272 (2001) [hereinafter cited as USA PATRIOT ACT]. 愛国者法は、2001年10月2日、下院・司法委員会に下院法案2975号（H. R. 2975: Provide Appropriate Tools Required to Intercept and Obstruct Terrorism (PATRIOT) Act of 2001, 107th Cong. 1st Session）として提案された。下院法案2975号は、ブッシュ Jr. 政権が提案した Mobilization Against Terrorism Act of 2001を下敷きにしたものであった（2001年9月24日に下院・司法委員会で審議）。同法の上・下両院本会議での採決にあたっては、下院・賛成357票／反対66票（棄権9票）、上院・賛成98票／反対1票（棄権1票）であった。愛国者法の制定過程については、H. R. Rep. 107-236, 107th Cong. 1st Session, at 41 (2001) を参照のこと。愛国者法に関する文献は極めて多いが、さしあたり、愛国者法の概要と主要条文の邦訳については、平野美恵子・土屋恵司・中川かおり「米国愛国者法（反テロ法）（上）（下）」『外国の立法』214号（2002年11月）1頁以下、215号（2003年2月）1頁以下を、また、大沢秀介「アメリカ合衆国におけるテロ対策法制——憲法を中心として」大沢秀介・小山剛編『市民生活の自由と安全——各国のテロ対策法制』（成文堂、2006年）1頁以下、右崎正博「アメリカにおける緊急事態（有事）法制」『法律時報増刊　憲法と有事法制』（2002年12月）168頁以下、大津留（北川）智恵子「民主主義と「テロ」との戦い——愛国者法延長の政治的意味」『法學論集』56巻2・3合併号（2006年11月）145頁以下を参照のこと。

第Ⅰ編　テロリズムに対する国内安全保障の強化
第Ⅱ編　監視手続の強化
第Ⅲ編　2001年国際マネーロンダリング阻止・反テロリスト資金法
第Ⅳ編　国境保全
第Ⅴ編　テロリズム捜査への障害の除去
第Ⅵ編　テロリズム被害者、公安職員、家族に対する支援
第Ⅶ編　重要インフラストラクチャー保護のための情報共有の増進
第Ⅷ編　テロリズムに対する刑事法の強化
第Ⅸ編　諜報活動の改善
第Ⅹ編　雑則

　愛国者法は、法執行機関に、①「テロリストの疑いのある外国人」を、裁判所令状なしに7日間、その後、当該外国人が退去強制を命じられた場合は、事実上、無期限に拘留し続けることのできる予防的拘束権限、②テロの容疑者に通知することなく、容疑者の自宅／事務所を捜索する権限、③裁判所の管轄区を越え、かつ、従来よりも大幅に緩和された手続の下で容疑者のすべての電話／電子メールの盗聴（傍受）、すなわち電子的監視（electronic surveillance）を行う権限、④従来よりも大幅に緩和された手続でのボイス・メール・メッセージの押収権限、⑤秘密法廷（FISC）の許可命令の下での電子的監視期間の最長1年間への延長、⑥事前の裁判所の許可命令なしで電子メール盗聴装置「カーニボー（Carnivore）」を設置する権限、⑦インターネット・プロバイダー、電話事業者、クレジット・カード調査会社等に対する利用者の個人情報の提出命令権限などを授権し、また、⑧「サイバーテロ犯罪」の新設と当該犯罪へ拘禁刑を科すなど、テロ捜査に関連する容疑者の予防拘束や電子的監視のための法執行当局の権限を著しく強化した。
　もっとも、早急な電子的監視権限等の拡大を求めるブッシュJr.政権の要求と電子的監視権限等の拡大による市民的自由（civil liberties）の過度の規制を懸念する議会慎重派との間での「妥協」の結果として、愛国者法224条(a)項は、諜報機関の電子的監視権限の拡大等に関連する愛国者法201条、202条、203条(b)項、203条(d)項、204条、206条、207条、209条、212条、214条、215条、217

条、218条、220条、223条、225条の16条項を2005年12月31日に失効する時限規定としていた。[2]

もとより、本章において、愛国者法という大部のかつ極めて多くの深刻な問題をはらむ法律のすべてについて検討することはとうてい不可能であり、本章における愛国者法の検討は、いくつかの重要な論点だけに限定した概括的なものにとどまらざるを得ない。

(2) 電子的監視の強化

愛国者法第Ⅱ編・「監視手続の強化」は、主に、FBI等の法執行機関による電話や電子メール等の電子的通信の盗聴(傍受)としての電子的監視(electronic surveillance)の権限の拡大と手段の強化、法執行機関等による電子的監視に対する司法的統制の緩和について規定している。

FBI等の法執行機関等による電子的監視には、①通常の刑事犯罪の捜査を目的とする電子的監視(合衆国法典18編2510条以下)と、②1978年外国情報活動監視法(Foreign Intelligence Surveillance Act of 1978: FISA)(合衆国法典50編1801条以下)による「外国勢力」、「外国勢力のエージェント」に対する国家安全保障上の目的からする電子的監視とがある(この点については、第5章を参照のこと)。愛国者法第Ⅱ編も、①と②の電子的監視の両方について規定しているが、②の国家安全保障目的のために法執行機関や諜報機関によってなされる電話や電子メールの盗聴・傍受などの電子的監視に関する部分——それは、まさに愛国者法の中核的部分ではあるが——は、本書の第5章3．で詳細に検討する予定なのでここで取り扱うことはせず、本章ではもっぱら①の通常の刑事犯罪に対する電子的監視に関する規定のみを検討することとしたい。とはいえ、愛国者法の最大の特徴のひとつが、①の電子的監視の対象とされる刑事犯罪に「テロリズム」を組み込み、また②のFISAによる電子的監視の対象者に「外国勢力」、「外国勢力のエージェント」だけでなく「テロリストの疑いのある外国人」を加えることによって、すなわち「テロリズム」対策を媒介とすることによっ

---

2) USA PATRIOT ACT, Pub. L. No. 107-56, tit. 2, §224(a), 115 Stat. 272, 295 (2001).

て、①の通常の刑事犯罪に対する電子的監視と②のFISAによる電子的監視を「融合」させた——両者の「境界」を曖昧なものとした——点にこそ求められる以上（詳しくは第5章3.を参照のこと）、①と②の電子的監視に関する説明は相当部分で重複せざるを得ないことをあらかじめお断りしておく。

愛国者法201条は、司法長官等が、有線通信または口頭の会話を傍受する権限を連邦捜査局（FBI）ほかの法執行機関に授権するための裁判所命令を請求することのできる犯罪に、化学兵器に関する犯罪とテロリズムに関する犯罪を追加し[3]、同202条は電子的監視の対象となる犯罪に、コンピュータ詐欺とコンピュータ濫用罪を追加した[4]。この結果、法執行機関による特定の刑事犯罪に対する電子的監視を実施し得る対象に、「テロリストの疑いのある外国人[5]」によるテロ犯罪およびコンピュータ関連犯罪も含まれることになった。

なお、コンピュータ犯罪に関連して、愛国者法217条(2)号は、合衆国法典18編2511条に(i)項を追加することによって、コンピュータの所有者または管理者等が、不正アクセス者の有線および電子的通信の傍受を行うことを認めた[6]。

愛国者法209条は、合衆国法典18編2510条(1)号および(14)号の有線通信（wire communication）と電子的通信システム（electronic communication system）の定義を変更し、かつ、合衆国法典18編2703条の電子的通信の内容を法執行機関が入手する場合の手続規定に「有線（wire）」の文言を追加することによって、裁

---

3) USA PATRIOT ACT, Pub. L. No. 107-56, tit. 2, §201, 115 Stat. 272, 278 (2001), 18 U.S.C. §2516(1) (q) (Supp. 4 2000).

4) USA PATRIOT ACT, Pub. L. No. 107-56, tit. 2, §202, 115 Stat. 272, 278 (2001), 18 U.S.C. §2516(1) (c) (Supp. 4 2000).

5) 「テロリストの疑いのある外国人」とは、移民・国籍法（Immigration and Nationality Act）236A条(a)項(3)号（合衆国法典8編1226a条(a)項(3)号(A)・(B)）によって、合衆国法典8編1182条(a)項(3)号(A)(i)、1182条(a)項(3)号(A)(iii)、1182条(a)項(3)号(B)、1227条(a)項(4)号(A)(i)、1227条(a)項(4)号(A)(iii)、1227条(a)項(4)号(B)の規定に該当する者および「合衆国の国家安全保障を危うくするすべてのその他の活動」に従事する者と司法長官によって認定された外国人をいう（USA PATRIOT ACT, Pub. L. No. 107-56, tit. 4, §412, 115 Stat. 272, 350 —352 (2001), 8 U.S.C. §1226a(a)(3)(A), (B) (Supp. 4 2000)）。

6) USA PATRIOT ACT, Pub. L. No. 107-56, tit. 2, §217(2), 115 Stat. 272, 291 (2001), 18 U.S.C. §2511(2) (i) (Supp. 4 2000).

第4章 《9・11》の衝撃と「対テロ戦争」法制の展開Ⅱ

判所の命令によらず、大陪審の罰則付召喚令状または行政上の罰則付召喚令状（administrative subpoena）――FBI長官（およびその指定する者）によって発付される行政的罰則付召喚令状を、国家安全保障令状（National Security Letters: NSL）という。NSLについては、本節(5)で後述する――によって、法執行機関は、有線・電子的通信プロバイダーに対して、電子メールと同様にボイス・メッセージの内容の開示を要求することができるものとされた[7]。また、この合衆国法典18編2703条の改正に関連して、愛国者法210条は、合衆国法典18編2703条(c)項(2)号を改正し、法執行機関が行政上の罰則付召喚令状によって入手することのできる有線・電子的通信プロバイダーの受信契約者または顧客の個人情報の内容を、従来からの氏名、住所、近距離および遠距離電話接続記録または通話時間・期間の記録、電話番号その他の識別子に加えて、ネットワーク・アドレス、サービス料金支払いのためのクレジット・カード番号、銀行口座番号などを含むものへと拡大した[8]。

愛国者法216条は、有線および電子的通信の傍受のために、ペンレジスター（pen register）およびトラップ＆トレース装置（trap and trace device）を使用する場合、当該装置の利用および利用によって取得が予測される情報が継続中の犯罪に関連するものであることを政府の代理人が証明したと裁判所が認めた場合には、許可命令を発付した裁判所の管轄区内だけでなく、全米のどこにでも当該装置を設置し利用することのできる一方的命令（*ex parte* order）を発付することを裁判所に義務づけている[9]。ただし、この場合に傍受できるのは、通信の処理・送信に利用される局番、経路、宛先、信号情報に限定され、通信の内容は含めてはならないものとされている[10]。

なお、ペンレジスタとは、発信元（監視対象者）より送信される有線通信

---

7) USA PATRIOT ACT, Pub. L. No. 107-56, tit. 2, §209, 115 Stat. 272, 283 (2001), 18 U.S.C. §§2510(1), (14), 2703(a), (b) (Supp. 4 2000).
8) USA PATRIOT ACT, Pub. L. No. 107-56, tit. 2, §210, 115 Stat. 272, 283 (2001), 18 U.S.C. §2703(c)(2) (Supp. 4 2000).
9) USA PATRIOT ACT, Pub. L. No. 107-56, tit. 2, §216(b)(1), 115 Stat. 272, 288—289 (2001), 18 U.S.C. §3123(a) (Supp. 4 2000).
10) 18 U.S.C. §3121(c) (Supp. 4 2000).

または電子的通信の着信先の局番、経路、宛先、信号の情報を記録・解読する装置であり、トラップ＆トレース装置とは、監視対象者に対して送信されてきた有線通信または電子的通信の発信者（送信元）の局番、経路、宛先、信号の情報を記録・解読する逆探知装置のことである[12]。なお、法執行機関が、パケット交換方式のデータ・ネットワークに対してペンレジスター（pen register）およびトラップ＆トレース装置（trap and trace device）を使用する場合には、当該法執行機関は、裁判所の許可命令（または延長命令）の終了後30日以内に、装置を利用する職員、装置の設置日時・利用期間、装置の利用によって得られた情報等についての記録を保存し、裁判所に提出しなければならないものとされている[13]。

愛国者法220条[14]による合衆国法典18編2703条[15]および2711条[16]の改正によって、裁判所の命令によって法執行機関が有線通信・電子的通信の内容の開示をプロバイダーに対して要求する場合、当該命令を発し得るのは、捜査対象の犯罪について管轄権を有する裁判所であることが明確にされた。

ところで、愛国者法213条は、裁判所が、被疑者にあらかじめ通告することが捜査に対して悪影響を及ぼすと判断する場合には、裁判所命令・令状の執行を直ちに被疑者に通告することなく、財産等の捜索を行うことができるものとしている[17]。ただし、この場合、捜査官は、裁判所に対して差押の相当の必要性（reasonable necessity）を示さなければならず、また、捜索後「相当な期間（reasonable period）」内に当該被疑者に対して通告しなければならないものとさ

---

11) 18 U.S.C. §3127(3) (Supp. 4 2000).
12) 18 U.S.C. §3127(4) (Supp. 4 2000).
13) 18 U.S.C. §3123(a)(3)(A), (3)(B) (Supp. 4 2000).
14) USA PATRIOT ACT, Pub. L. No. 107-56, tit. 2, §220(a), 115 Stat. 272, 291—292 (2001).
15) 18 U.S.C. §2703(a) (Supp. 4 2000).
16) 18 U.S.C. §2711(3) (Supp. 4 2000).
17) USA PATRIOT ACT, Pub. L. No. 107-56, tit. 2, §213(2), 115 Stat. 272, 285—286 (2001), 18 U.S.C. §3103a(b)(1) (Supp. 4 2000).
18) USA PATRIOT ACT, Pub. L. No. 107-56, tit. 2, §213(2), 115 Stat. 272, 285—286 (2001), 18 U.S.C. §3103a(b)(2) (Supp. 4 2000).

第4章 《9・11》の衝撃と「対テロ戦争」法制の展開Ⅱ

れている。[19]

　愛国者法203条(b)項は、法執行機関が通信傍受によってまたは大陪審によって入手した外国諜報（foreign intelligence）、防諜（counterintelligence）、外国諜報情報（foreign intelligence information）について、法執行機関の職員は、諜報機関、国家安全保障機関、国家防衛機関、移民担当機関の職員に対して開示することができるものとした。[20]　また、203条のもう一つの時限規定である203条(d)項は、刑事犯罪捜査の一部として獲得された外国諜報、防諜、外国諜報情報を、諜報機関、国家安全保障機関、国家防衛機関、移民担当機関の職員に対して開示することができるものとした。[21]　この結果、法執行機関や大陪審が収集した外国諜報や外国諜報情報を、CIAやDIAなどの諜報機関・軍機関も入手・利用することができることとなった。なお、愛国者法204条によって、FISAによる外国諜報情報の収集には、刑事捜査のための電子的監視に対する手続や規制が適用されないことが確認された。[22]

(3) テロリズム犯罪規定の拡張と罰則の強化

　愛国者法・第Ⅷ編「テロリズムに対する刑事法の強化」は、連邦法上のテロリズム犯罪の範疇を拡大するとともに、そのようなテロリズム犯罪に対する刑罰を重罰化することを試みている。

　《9・11》テロが、アメリカ合衆国国内で発生した、民間航空機という大量輸送手段を用いたテロであったため、愛国者法は、新たに「国内テロリズム」の法的定義を設けるとともに、大量輸送手段を用いた（または、大量輸送システム

---

19) USA PATRIOT ACT, Pub. L. No. 107-56, tit. 2, §213(2), 115 Stat. 272, 285—286 (2001), 18 U.S.C. §3103a(b)(3) (2004). 平野ほか前掲注1)（上）『外国の立法』214号（2002年11月）21頁脚注（20）によれば、この「相当な期間」は、最長で90日程度が想定されているという。

20) USA PATRIOT ACT, Pub. L. No. 107-56, tit. 2, §203(b), 115 Stat. 272, 280 (2001), 18 U.S.C. §2517(6) (Supp. 4 2000).

21) USA PATRIOT ACT, Pub. L. No. 107-56, tit. 2, §203(d), 115 Stat. 272, 281 (2001), 50 U.S.C. §403-5d (Supp. 4 2000).

22) USA PATRIOT ACT, Pub. L. No. 107-56, tit. 2, §204, 115 Stat. 272, 281 (2001), 18 U.S.C. §2511(2)(f) (Supp. 4 2000).

に対する）テロを連邦法上の犯罪行為として位置づける規定を定めた。

愛国者法802条(a)項(4)号は、従来からあった「国際テロリズム」に加えて、合衆国法典18編2331条(5)号として、「国内テロリズム（domestic terrorism）」の定義を追加している。

> 国内テロリズム（domestic terrorism）とは、次の諸行為を意味する——
> (A) 人命危殆行為であって、合衆国もしくは州の刑事法違反にあたる行為を含み、
> (B) (i)民間人を脅迫ないし強制する、(ii)脅迫ないし強制によって政府の政策に影響を与える、または(iii)大量破壊、暗殺ないし誘拐によって政府の行為に影響を与えること——を意図して行われ、かつ、
> (C) 主に合衆国の領域管轄権の内で行われる行為[23]

愛国者法802条(a)項(4)号（合衆国法典18編2331条(5)号）による「国内テロリズム（domestic terrorism）」という新たな連邦犯罪類型の創設と関連して、愛国者法[24]219条は連邦刑事訴訟規則（Federal Rules of Criminal Procedure）ルール41を改正[25]し、合衆国法典18編2331条で定義された国内テロリズムおよび国際テロリズムについては、テロリズムに関係する諸活動が行われた可能性があるどの管轄区の連邦治安判事（Federal magistrate judge）であっても、当該管轄区の内外を問わず捜索・差押令状を発することができるものとした。これは、国内テロリズムおよび国際テロリズムについては、裁判管轄区を越えた捜索令状（全国単一令状）の発付が可能となったということを意味する。

また、愛国者法801条は、車両や船舶・航空機などの州際通商または外国との通商にかかわる大量輸送（mass transportation）手段・システムを破壊、放

---

23) USA PATRIOT ACT, Pub. L. No. 107-56, tit. 8, §802(a)(4), 115 Stat. 272, 376 (2001), 18 U.S.C. §2331(5)(Supp. 4 2000).
24) STEPHEN DYCUS, ARTHUR L. BERNEY, WILLIAM C. BANKS, PETER RAVEN-HANSEN, NATIONAL SECURITY LAW 684 (3rd. ed. 2002).
25) Federal Rules of Criminal Procedure Rule 41(b)(3) (2004). なお、愛国者法219条（USA PATRIOT ACT, Pub. L. No. 107-56, §219, 115 Stat. 272, 291 (2001)）では、連邦刑事訴訟規則ルール41(a)の改正とされているが、現行の規定は連邦刑事訴訟規則ルール41(b)(3)である。

第4章 《9・11》の衝撃(インパクト)と「対テロ戦争」法制の展開 II

火、故障させたり、乗客・乗務員その他の従業員を危険に陥れる意図をもって、もしくは、人命の安全を無視して、生物剤ほかの装置等を用いて、当該大量輸送手段を破壊等したり乗客等を殺傷した場合には、罰金もしくは20年以下の拘禁刑、またはその両方に処すものとし、さらに、当該大量輸送手段が乗客を輸送している場合や人を死に至らしめた場合には、有期または終身の拘禁刑とすることを定めている。[26]

他方で、愛国者法は、テロ犯罪に対する裁判権や公訴権も拡大している。愛国者法804条は、公海上または合衆国外で、アメリカの市民または外交使節、領事、軍事使節の施設に対して行われるテロ犯罪もアメリカ合衆国の特別海事裁判管轄権（special maritime jurisdiction）および領域的裁判管轄権（territorial jurisdiction）の対象とするものとし、[27]809条は、合衆国法典18編3286条(b)項を改正し、合衆国法典18編2332b条(g)項(5)号(B)に列挙する犯罪については、当該犯罪の遂行が他の者を死に至らしめもしくは身体に重傷を負わせる結果を生じさせ、または、「予見し得る危険（for[e]seeable risk）」をもたらす場合には、期限を限ることなく、いつでも正式起訴状を発付することができ、または略式起訴が開始されるものと定めている。[28]

また、愛国者法805条は、1996年反テロリズム・効果的死刑法323条で追加されたテロ組織への「物理的支援または資源を提供すること（provides material[29]

---

26) USA PATRIOT ACT, Pub. L. No. 107-56, tit. 8, §801, 115 Stat. 272, 374—376 (2001), 18 U. S. C. §1993（Supp. 4 2000）.

27) USA PATRIOT ACT, Pub. L. No. 107-56, tit. 8, §804, 115 Stat. 272, 377 (2001), 18 U. S. C. §7(9) (Supp. 4 2000)

28) USA PATRIOT ACT, Pub. L. No. 107-56, tit. 8, §809(a), 115 Stat. 272, 379—380 (2001), 18 U.S.C. §3286(b) (Supp. 4 2000). なお、合衆国法典18編2332b条(g)項(5)号(B)は、航空機等の破壊、国際空港での暴力行為、特別海事裁判管轄・領域的裁判管轄内での放火、生物兵器による破壊等、大統領・連邦高級官吏の暗殺・略取誘拐、核物質による破壊等、プラスチック爆弾による破壊等、大量輸送システムの破壊等、エネルギー施設の破壊等などを「連邦法上のテロリズム犯罪（federal crime of terrorism）」と定義している（18 U. S. C. §2332b(g)(5)(B) (Supp. 4 2000)）.

29) Antiterrorism and Effective Death Penalty Act of 1996, Pub. L. No. 104-132, tit. 3, §323, 110 Stat. 1214, 1255 (1996) (codified at 18 U.S.C. §2339A (Supp. 1 2000).

support or resources)」を禁止する合衆国法典18編2339A条を改正し、「物理的支援または資源を提供すること」が禁じられるテロ犯罪の種類と、提供することが禁じられる「物理的支援または資源」の種類の両方を拡大した。805条(a)項(1)号は、合衆国法典18編2339A条(a)項を改正し、「物理的支援または資源を提供すること」が禁じられるテロ犯罪に、新たに、化学兵器の製造・所持・使用等、大量輸送手段の破壊等、核施設・核燃料に対するサボタージュ行為などを追加し、805条(a)項(2)号は、合衆国法典18編2339A条(b)項を改正し、提供を禁じられる「物理的支援または資源」に、「通貨代替物または有価証券（monetary instruments or financial securities)」および「専門的な助言もしくは援助（expert advice or assistance)」を追加した。なお、事情を知りながら、外国のテロ組織に対して合衆国法典18編2339A条で禁じられた「物理的支援または資源を提供」した場合は、合衆国法典18編2339B条によって、罰金もしくは15年以下の拘禁刑、またはその両方を科されるものとされている（人を死に至らしめた場合等には、有期または終身の拘禁刑)。

　もっとも、アメリカ政府がテロリスト組織に指定しているトルコ国内のクルド人組織・クルド労働党（PKK）のためにアメリカ連邦議会においてロビー活動を行ったクルド人援助団体の活動が、1996年反テロリズム・効果的死刑法303条によって新設された海外のテロ組織への「物理的支援または資源を提供すること（provides material support or resources)」を禁止する合衆国法典18編2339B条(a)項(1)号違反に問われた *Humanitarian Law Project v. U. S. Dep't of*

---

30)　18 U.S.C. §2339A(a) (Supp. 4 2000).
31)　USA PATRIOT ACT, Pub. L. No. 107-56, tit. 8, §805(a)(1), 115 Stat. 272, 377 (2001), 18 U.S.C. §2339A(a) (Supp. 4 2000).
32)　18 U.S.C. §2339A(b) (Supp. 4 2000). 合衆国法典18編2339A条(b)項は、通貨、通貨代替物または有価証券、金融サーヴィス、宿泊の便宜、訓練、専門的な助言もしくは援助、隠れ家、偽造文書・身分証明書、通信装置、設備、武器、致死性物質、爆発物、人員、輸送手段、その他の物的資産（ただし、医薬品、宗教上の資産を除く）の提供を禁じている。
33)　USA PATRIOT ACT, Pub. L. No. 107-56, tit. 8, §805(a)(2), 115 Stat. 272, 377 (2001), 18 U.S.C. §2339A(b) (Supp. 4 2000).
34)　18 U.S.C. §2339B(a)(1) (Supp. 1 2000).
35)　18 U.S.C. §2339B(a)(1) (Supp. 1 2000).

第4章 《9・11》の衝撃(インパクト)と「対テロ戦争」法制の展開Ⅱ

Justice 事件において、サンフランシスコの第9巡回区連邦控訴裁判所は、2003年12月3日、「物理的支援または資源（material support or resources）」に合衆国憲法第1修正（U. S. CONST. amend. I）の保護する「人的（personnel）」支援や「訓練（training）」等が含まれるとするならば、合衆国法典18編2339B条(a)項(1)号の規定は合衆国憲法第1修正および法の適正過程（due process of law）に反するものであるとし、合衆国法典18編2339B条の規定は漠然性ゆえに無効であるとした連邦地裁判決を支持する一部違憲判決を下している。

なお、愛国者法803条は、テロリストの隠匿を禁止する合衆国法典18編2339条を追加し、愛国者法812条は、合衆国法典18編2332b条(g)項(5)号(B)に列挙された犯罪により人を死に至らしめまたは身体に重傷を負わせ、または、「予見しうる危険（foreseeable risk）」をもたらすことを理由とする監視付釈放（supervised release）が認められる期間を有期または終身としている。

（4） 有罪推定（Presumption of Guilt）──外国人テロ容疑者の予防拘束

愛国者法の「目玉」のひとつは、外国人のテロ容疑者に対する予防的な長期間の拘束である。「外国人テロリスト（alien terrorist）」に対する特別な退去強制手続については、すでにクリントン政権時代に制定された1996年反テロリズム・効果的死刑法（Antiterrorism and Effective Death Penalty Act of 1996）によって追加された合衆国法典8編1531条〜1537条で規定されている。

愛国者法412条(a)項はこれに加えて、移民・国籍法（Immigration and Nationality Act）に236A条（合衆国法典8編1226a条）を追加した。追加された移

---

36) Humanitarian Law Project v. U.S. Dep't of Justice, 352 F.3d 382, 404—405 (9th Cir. 2003).

37) USA PATRIOT ACT, Pub. L. No. 107-56, tit. 8, §803, 115 Stat. 272, 376—377 (2001), 18 U. S. C. 2339 (Supp. 4 2000).

38) USA PATRIOT ACT, Pub. L. No. 107-56, tit. 8, §812, 115 Stat. 272, 382 (2001), 18 U. S. C. §3583(j) (Supp. 4 2000).

39) Antiterrorism and Effective Death Penalty Act of 1996, tit. 4, §401, Pub. L. No. 104-132, 110 Stat. 1214, 1258—1268 (1996), 8 U.S.C. §§1531—1537 (Supp. 4 2000). なお、この点につき第2章2. を参照のこと。

40) USA PATRIOT ACT, Pub. L. No. 107-56, tit. 4, §412(a), 115 Stat. 272, 350—352 (2001),

民・国籍法236A条(a)項(1)号は、司法長官が、「確信するに足る合理的な根拠（reasonable grounds of believe）」に基づき、ある外国人が、移民・国籍法236A条(a)項(3)号(A)または(B)に定める者に該当すると認定した場合、当該外国人を拘置（custody）することができるものと定めている。[41]

　移民・国籍法236A条(a)項(3)号(A)の定める者とは、①スパイ行為もしくはサボタージュ行為に関連して合衆国の法律に違反し、または物資、技術、慎重な取扱いを要する情報（sensitive information）の合衆国からの輸出を禁じる法律に違反もしくは回避するためのあらゆる行為、②実力（force）、暴力その他の非合法手段で合衆国政府に反対し、または合衆国政府を支配し、または合衆国政府を転覆することを目的とするあらゆる行為、③テロ活動（terrorist activity）、外国のテロ組織またはテロ活動を政治的に支持する政治的、社会的グループを代表する行為、司法長官によって指定された外国テロ組織の構成員となる行為などに従事する外国人であり、移民・国籍法236A条(a)項(3)号(B)の定める者とは、合衆国の国家安全保障を危うくする活動に従事している外国人[42]

---

　　8 U.S.C. §1226a (Supp. 4 2000). なお、愛国者法412条(a)項によって追加された移民・国籍法236A条の内容については、小谷順子「アメリカにおける出入国管理のテロ対策法制」大沢秀介・小山剛編『市民生活の自由と安全――各国のテロ対策法制』（成文堂、2006年）25頁以下、特に40頁以下を参照のこと。

41）　Immigration and Nationality Act, §236A(a)(1), 8 U.S.C. §1226a(a)(1) (Supp. 4 2000).
42）　Immigration and Nationality Act, §236A(a)(3)(A), 8 U.S.C. §1226a(a)(3)(A) (Supp. 4 2000). 移民・国籍法236A条(a)項(3)号(A)（合衆国法典1226a条(a)項(3)号(A)）は、移民・国籍法212条(a)項(3)号(A)(i)（合衆国法典8編1182条(a)項(3)号(A)(i)）、212条(a)項(3)号(A)(iii)（合衆国法典1182条(a)項(3)号(A)(iii)）、212条(a)項(3)号(B)（合衆国法典8編1182条(a)項(3)号(B)）、237条(a)項(4)号(A)(i)（合衆国法典8編1227条(a)項(4)号(A)(i)）、237条(a)項(4)号(A)(iii)（合衆国法典8編1227条(a)項(4)号(A)(iii)）、237条(a)項(4)号(B)（合衆国法典8編1227条(a)項(4)号(B)）に規定されている者に該当する外国人と定めている。

　なお、1996年反テロリズム・効果的死刑法401条（Antiterrorism and Effective Death Penalty Act of 1996, Pub. L. No. 104-132, tit. 4, §401, 110 Stat. 1214, 1258―1268 (1996)）によって追加された移民・国籍法の「外国人テロリスト（alien terrorist）」に対する特別な退去強制手続に関する規定（Immigration and Nationality Act, §§501―507, 8 U.S.C. §§1531―1537 (Supp. 4 2000)）においては、「外国人テロリスト（alien terrorist）」とは移民・国籍法237条（旧241条）(a)項(4)号(B)（合衆国法典8編1227条(a)項(4)号(B)）に規定された外国人のみを意味するものとされているので（Immigration and Nationality Act, §501(1), 8 U.S.C.

第4章 《9・11》の衝撃(インパクト)と「対テロ戦争」法制の展開Ⅱ

である[43]（本書では、司法長官によって、移民・国籍法236A条(a)項(3)号(A)または(B)に定める者に該当すると認定された外国人を、「テロリストの疑いのある外国人」とする）。

愛国者法412条(a)項によって追加された移民・国籍法236A条(a)項(5)号（合衆国法典8編1226a条(a)項(5)号）は、司法長官は、拘束後7日以内に、「テロリストの疑いのある外国人」として拘束された外国人の退去強制手続を開始するか、刑事訴追するかしなければならず、いずれの措置もとらない場合には当該外国人を釈放しなければならないものと定めている[44]。ただし、当該外国人が退去強制を命じられた場合でも、司法長官は90日以内の退去強制期間（removal period）に退去強制を実施すればよいものとされ、その間は拘束を継続することができるものとされる[45]。また、退去強制を命じられた外国人の退去強制が退去強制期間内に実施できない場合で、当該外国人が司法長官によって「コミュニティへのリスクがある、または退去強制命令に従わない」と決定された場合には、司法長官は退去強制期間を超えて当該外国人を拘束し続けることができるものとされる[46]。なお、当該外国人を釈放する場合には、司法長官の定める基準の下で監視下に置かれる[47]。

退去強制期間を超えて拘束できる期間について、従来は明示されていなかったが、追加された移民・国籍法236A条(a)項(6)号は、退去強制期間内に国外に退去していない「テロリストの疑いのある外国人」として拘束された外国人が退去強制期間内に退去強制が行われず、そして合理的に予見し得る将来においても退去強制が実行されそうもない場合、「当該外国人の釈放が合衆国の国家安全保障、またはコミュニティーもしくは個人の安全を脅かすであろう場合」

---

§1531(1) (Supp. 4 2000))、移民・国籍法236A条(a)項(3)号(A)・(B) (1226a条(a)項(3)号(A)・(B))の規定する外国人（「テロリストの疑いのある外国人」）の方が、移民・国籍法501条(1)号（合衆国法典8編1531条(1)号）にいう「外国人テロリスト（alien terrorist）」よりも対象が広い。

43) Immigration and Nationality Act, §236A(a)(3)(A), (B), §236A(a)(1), 8 U.S.C. §1226a(a)(3)(A), (B) (Supp. 4 2000).
44) Immigration and Nationality Act, §236A(a)(5), 8 U.S.C. §1226a(a)(5), (Supp. 4 2000).
45) 8 U.S.C. §1231(a)(1)(A) (Supp. 4 2000).
46) 8 U.S.C. §1231(a)(1)(C) (Supp. 4 2000).
47) 8 U.S.C. §1231(a)(6) (Supp. 4 2000).
48) 8 U.S.C. §1231(a)(3) (Supp. 4 2000).

119

に限り、6ヶ月を超えない追加的期間（additional periods of up to six months）拘束し続けることができるものとし、司法長官は「テロリストの疑いのある外国人」の認定を6ヶ月ごとに再審査しなければならないものとしている。

　これらの愛国者法による改正の結果、「テロリストの疑いのある外国人」は、司法裁判所の令状なしに当初7日以内、その後、退去強制手続が開始された場合には、当該手続の進行している間と退去強制期間（90日以内）の間、拘束され続けることになる。さらに「釈放が合衆国の国家安全保障、またはコミュニティーもしくは個人の安全を脅かすであろう場合」には、退去強制期間を超えて6ヶ月以内ごとに繰り返し拘束期間が延長されることになり、事実上、無期限の拘束状態に置かれることになった。

　なお、愛国者法412条で追加された移民・国籍法236A条（合衆国法典8編1226a条）の下での措置に対する司法審査は人身保護令状手続（habeas corpus proceedings）によってのみ利用可能であり、人身保護令状発付の申請がなされた場合、コロンビア特別区連邦控訴裁判所が排他的に上訴を取り扱うものとされている。

　ところで、アシュクロフト司法長官は、《9・11》直後に愛国者法412条に関連するいくつかの重要な行政命令も定めている。

---

49)　8 U.S.C. §1226a(a)(6), (Supp. 4 2000).
50)　8 U.S.C. §1226a(a)(7), (Supp. 4 2000). 愛国者法412条(a)項によって移民・国籍法236A条（合衆国法典8編1226a条）が追加される以前、90日間の退去強制期間（removal period）を超えて拘束し得る期間について争われた事例で、連邦最高裁は、連邦議会は6ヶ月を超える拘束の合憲性を明らかに疑っていたとして、拘束されていた外国人は6ヶ月後には釈放されなければならないとしていた（Zadvydas v. Davis, 533 U. S. 678, 701 (2001). *See also,* Clark v. Martinez, 543 U. S. 371 (2005)）。このため、愛国者法412条(a)項によって追加された移民・国籍法236A条(a)項(6)号（合衆国法典8編1226a条(a)項(6)号）は、「テロリストの疑いのある外国人」の場合に限って、90日間の退去強制期間を超えて拘束し続けることのできる期間を「6ヶ月以内の追加的期間（additional periods of up to six months）」とすることによって、6ヶ月以内の期間であれば繰り返し拘束の延長ができることを明らかにした。
51)　8 U.S.C. §1226a(b)(1), (3) (Supp. 4 2000).
52)　この点につき、菅野昭夫「愛国者法㊤──9月11日事件後のアメリカ合衆国における治安立法、治安政策」『法と民主主義』387号（2004年4月）41頁以下、同「アメリカ合衆国

第4章 《9・11》の衝撃(インパクト)と「対テロ戦争」法制の展開Ⅱ

　2001年9月20日の行政命令（主題別連邦行政命令集規則第8編287.3条(d)項）は、INSに対して、被疑者の身柄拘束後の勾留決定までの期間を24時間以内から48時間以内に延長しただけでなく、緊急事態やそのほかの非常事態においては「合理的と考えられる期間」に延長した。また、拘束できる外国人も、「テロリストの疑いのある外国人」に限定されず、すべての外国人が対象とされている[53]。2001年10月31日のINSに対する行政命令（主題別連邦行政命令集規則第8編3.19条(i)項(2)号）は、INSの地区部長に、移民審判官の発した釈放命令を上訴審の判断が出るまで停止する権限を付与した。この結果、ひとたび拘束された外国人は、上訴審の判断が出るまで勾留され続けることとなった[54]。

　なお、同じくアシュクロフト司法長官が2001年10月31日に刑務局に対して発した行政命令（主題別連邦行政命令集規則第28編501.3条(d)項(2)号）は、刑務局長に被収容者と弁護士の間の会話を含むすべての会話を監視する権限を付与している。この際、弁護士の依頼者秘密特権（Attorney-client privilege）は排除されるものとされている[55]。

　司法省が2002年12月11日に公表したところによれば、テロ容疑で拘束された

における愛国法の実態」『民主法律』264号（2005年12月）116頁以下を参照。

53) Disposition of cases of aliens arrested without warrant, 66 Fed. Reg. 48,335 (Sept. 20, 2001), 8 C. F. R. §287.3(d) (2002).

54) Executive Office for Immigration Review : Review of Custody Determinations, 66 Fed. Reg. 54,909—54,911 (Oct. 31, 2001), 8 C. F. R. §3.19(i)(2) (2002).

55) Prevention of acts of violence and terrorism, 66 Fed. Reg. 55,065—55,066 (Oct. 31, 2001), 28 C. F. R. §501.3(d)(2) (2002). 前出の菅野昭夫弁護士によると、著名な刑事弁護人リン・スチュアートが裁判所から任命された公費選任弁護人として、ニューヨーク市内でのテロを共謀した容疑で有罪とされた被告人との接見の際に被告人と交わした会話の内容が愛国者法の禁じるテロリストに対する物質的な援助（専門的な助言？）の提供にあたるとして逮捕され、自宅および法律事務所が捜索された事例を紹介している。なお、このとき、アシュクロフト司法長官は、スチュアート弁護士の逮捕が弁護人としての活動に由来するものであること、FBIはスチュアート弁護士と被告人の拘置所内における接見の際の会話を3年間盗聴し続けることによって証拠を得たことを明らかにし、今後は、テロリストの弁護を引き受けた弁護士は逮捕されることがあり得ることを宣言したという（菅野昭夫「愛国者法⑦——9月11日事件後のアメリカ合衆国における治安立法、治安政策」『法と民主主義』388号（2004年5月）56—57頁以下）。

者は「900人以上」であり、そのうち起訴されたのはわずかに134人、しかもそのほとんどはテロ容疑とは無関係の滞在期限切れ等の別件によるものであったという。[56]だとすれば、起訴すらされなかった750人以上の被拘束者はいったい何の容疑で拘束されたのであろうか？

　また、ブッシュ Jr. 政権が2003年9月に公表した「対テロ戦争の戦果報告書」である『テロリズムとのグローバルな戦争の進捗状況報告（Progress Report on the Global War on Terrorism）[57]』によれば、司法省は、《9・11》以来、アメリカ国内で、テロ犯罪捜査に関連して260人以上を訴追し、140人以上を有罪にしたとしているが、そうだとすれば、起訴すらされることなく拘束されている者が2003年9月の時点でなお640人以上いたことになる。彼らは、起訴すらされることなく、どこで、どのように処遇されているのであろうか？

　さらに、すぐ上で述べた2002年12月11日に司法省が公表した数字によれば、移民法違反容疑で765人が拘束され、うち、478人が国外退去となり、6人が収容中ということである。では、残る272名はいったいどこへ消えてしまったのか？

　アメリカ自由人権協会やヒューマン・ライツ・ウォッチなどの人権擁護団体の各種報告書によれば、《9・11》以後、在米イスラム教徒・アラブ系住民を狙い撃ちにした人種差別的な予防拘束によって、在米のイスラム教徒・アラブ系住民1200人以上が逮捕・拘束されているという。[58]

---

56)　毎日新聞2002年12月12日付夕刊。
57)　THE WHITE HOUSE, PROGRESS REPORT ON THE GLOBAL WAR ON TERRORISM at 4 (Sept., 2003)
58)　《9・11》以後の、裁判所令状なしでの予防的な身柄の拘束や起訴すらすることなく長期間にわたって継続されている身柄の勾留処分などの実態については、See, ACLU, CIVIL LIBERTIES AFTER 9／11, THE ACLU DEFENDS FREEDOM : A HISTORICAL PERSPECTIVE ON PROTECTING LIBERTY IN TIMES OF CRISIS (Dec., 2002); ACLU, FREEDOM UNDER FIRE : DISSENT IN POST—9／11 AMERICA (May, 2003); ACLU, INSATIABLE APPETITE : THE GOVERNMENT'S DEMAND FOR NEW AND UNNECESSARY POWERS AFTER SEPTEMBER 11 (April, 2002); HUMAN RIGHTS WATCH, PRESUMPTION OF GUILT : HUMAN RIGHTS ABUSES OF POST—SEPTEMBER 11 DETAINEES (Aug., 2002); ACLU, UNPATRIOTIC ACTS (July, 2003); The CENTER FOR CONSTITUTIONAL RIGHTS, THE STATE OF CIVIL LIBERTIES: ONE YEAR LATER (2002). また、邦語文献としては、さしあたり、ナット・ヘントフ『消えゆく自由——テロ防止に名をかりた

第4章 《9・11》の衝撃（インパクト）と「対テロ戦争」法制の展開Ⅱ

　このような捜査当局による予防的な拘束権限の著しい濫用については、何も人権団体だけが指摘しているわけではない。司法省自ら捜査機関の著しい権限濫用を重大な問題としているのである。

　司法省監察総監室（Office of the Inspector General）は、2003年4月の報告書[59]（以下、4月報告書）において、連邦捜査局（FBI）や移民帰化局（INS）によって、起訴されることも退去強制とされることもなく、長期にわたって拘束され続けるなどの拘束権限濫用の原因を次のように分析している。

　FBIは、《9・11》直後の2ヶ月間で、テロ捜査に関連して1,200人以上のアメリカ市民と外国人移民を拘束した（このFBIによるテロ捜査は"PENTTBOM"と呼ばれる）[60]が、その際、FBIは、テロの容疑者と、当該容疑者と偶然遭遇しただけの外国人を区別することなく、両者をともに拘束したと4月報告書は指摘している。そして、そのようないい加減な根拠に基づく拘束が行われた原因として、FBI捜査員による被拘束者のテロとの関連性の評価が、いかなる法的ガイダンスもなしに、捜査員が拘束時に利用可能な限られた情報だけに基づいて行われたためであるとしていた[61]。

　また、FBIが重大な関心を持つ外国人については、FBIによる「テロ非関与証明（clearance）」がなされるまで保釈等を許可しない方針（"no bond" policy）を司法省は採用しており[62]、FBIによる「テロ非関与証明」がなされるまでには平均80日以上かかるため、その間、被拘束者は起訴されることもなく拘束されたまま放置されることになったとも指摘している[63]。

合衆国憲法への無制限な攻撃』（集英社、2004年）、自由人権協会編『アメリカ発グローバル化時代の人権——アメリカ自由人権協会の挑戦』（明石書店、2005年）、田城明『ヒロシマ記者が歩く戦争格差社会アメリカ』（岩波書店、2007年）ほかを参照されたい。

59) U.S. DEPARTMENT OF JUSTICE, OFFICE OF THE INSPECTOR GENERAL, THE SEPTEMBER 11 DETAINEES : A REVIEW OF THE TREATMENT OF ALIENS HELD ON IMMIGRATION CHARGES IN CONNECTION WITH THE INVESTIGATION OF THE SEPTEMBER 11 ATTACKS (April, 2003).
60) *Id.* at 1.
61) *Id.* at 69—71.
62) *Id.* at 38.
63) *Id.* at 46.

さらに、4月報告書は、INSが自ら定めた拘束後72時間以内（法定は48時間以内）に行うことになっている罪状告知（Notice of Appear: NTA）について——INSは、PENTTBOMによって762人の外国人を拘束していた[64]——、INSが実際に72時間以内にNTAを行ったのは被拘束者の60％に対してだけであり、NTAを受け取るまでの平均期間は7日以上、多くの被拘束者が拘束後数週間もしくは1ヶ月以上たってもNTAを受け取っていないと指摘している[65]。

　同じく司法省監察総監室の2003年7月17日の報告書[66]（7月報告書）は、2002年12月16日から2003年6月15日の約半年間になされた愛国者法に基づく捜査・逮捕・身柄拘束への異議申立て1,073件のうち、司法省監察総監室の管轄下にあるものが272件あり（他の801件は監察総監室の管轄外の事件として再審査の対象とされなかった）、この272件中12.5％にあたる34件は人権侵害の可能性が高いとした[67]。

　これら34件の人権侵害事件の中には、看守が自分の靴磨きに使用するため、ムスリム在監者にシャツを脱ぐよう強制した事例[68]、FBIの捜査員がアラブ系アメリカ人のアパートを破壊して捜査・逮捕し、逮捕から4ヶ月後に証拠をでっち上げるためにアパート跡に覚醒剤を仕込んだ事例[69]、FBIの捜査員がアメリカ在住エジプト国民を誤認逮捕した事例[70]、入管職員が外国人被拘束者の頭に弾丸を込めた銃を押し当てて尋問した事例[71]、FBIの捜査員らが自動小銃を所持しているというニセ情報に基づきレバノン系アメリカ人の自宅を捜索した事例[72]などが含まれている。

　すぐ上に述べてきたような法執行当局による予防拘束権限の濫用がまかり

---

64) *Id.* at 2.
65) *Id.* at 35.
66) U. S. DEPARTMENT OF JUSTICE, OFFICE OF THE INSPECTOR GENERAL, REPORT TO CONGRESS ON IMPLEMENTATION OF SECTION 1001 OF THE USA PATRIOT ACT (July 17, 2003).
67) *Id.* at 6.
68) *Id.* at 7.
69) *Id.* at 8.
70) *Id.* at 7.
71) *Id.* at 9.
72) *Id.* at 11.

第4章 《9・11》の衝撃(インパクト)と「対テロ戦争」法制の展開Ⅱ

通っているのには、愛国者法412条やそれに関連して制定された行政命令が大きく影響していることはほぼ間違いがないであろう。

ところで、前述したごとく、司法省は《9・11》から1年以上たった2002年12月11日まで被拘束者数すら公表しなかったが、その後も被拘束者の氏名・拘束理由等の公表を拒み続けていた。その根拠となったのは、クリッピー（Michael Creppy）首席連邦移民審判官（Chief United States Immigration Judge）が全移民審判官に対して2001年9月21日に発した指示[73]（いわゆる「クリッピー・メモ（Creppy Memo)」）である。「クリッピー・メモ」は、《9・11》事件の捜査に「特別の利益」がある事例については、court calendar や court personnel を含めいっさいの事項を、報道機関や公衆のあらゆるメンバーに対して公開してはならないものとしている。[74]

2002年5月19日、ニュージャージー連邦地裁は、*North Jersey Media Group v. Ashcroft* 事件において、「クリッピー・メモ」の運用を禁ずる暫定的差止命令を発した。[75] また、2002年8月、*Detroit Free Press v. Ashcroft* 事件控訴審判決において、第6巡回区連邦控訴裁判所は、このような閉鎖的対審はプレスの自由の侵害にあたると判示した。[76] しかし、第3巡回区連邦控訴裁判所は、2002年11月、*North Jersey Media Group v. Ashcroft* 事件の控訴審判決において、原判決を破棄し、「クリッピー・メモ」は合憲である旨を判示した。そして、連邦最高裁も、2003年、サーシオ・レイライ令状の発付を求める原告の請求を

---

73) 移民審判官（immigration judge）は、いわゆる司法裁判所の裁判官ではなく、司法長官によって司法省の移民審査事務局（Executive Office for Immigration Review: EOIR）内の administrative judge として任命された attorney である（8 U.S.C. §1101(b)(4) (Supp. 4 2000)）。

74) Instruction for cases requiring additional security (from Michael Creppy to All Immigration Judges, Sept., 21, 2001)《http://news.findlaw.com/hdocs/docs/aclu/creppy092101memo.pdf》. *Also see*, CENTER FOR CONSTITUTIONAL RIGHT, SUMMARY OF RECENT COURT RULINGS ON TERRORISM-RELATED MATTERS HAVING CIVIL LIBERTIES IMPLICATIONS at 3—4 (March 8, 2004).

75) North Jersey Media Group v. Ashcroft, 205 F. Supp. 2d 288 (D. N. J. 2002).

76) Detroit Free Press v. Ashcroft, 303 F. 3d 681 (6th Cir. 2002), *reh'g en banc denid* (Jan. 22, 2003).

退ける決定を行った[77]。

また、『ニューヨーク・タイムズ (*The New York Times*)』、『ワシントン・ポスト (*Washington Post*)』、ABC、CBS、ハースト・グループなどのメディア・グループが、《9・11》テロに関連して拘束されたアメリカ国民以外の被拘束者の氏名等の開示を求めて争った *Center for Nat'l Sec. Studies v. U. S. Dep't of Justice* 事件において、コロンビア特別区連邦控訴裁判所は、2003年6月、《9・11》で拘束されたアメリカ国民以外の被拘束者の氏名等の開示を命じた連邦地裁判決を取り消し、被拘束者の氏名、拘束日時・場所等の情報は情報自由法 (Freedom of Information Act of 1966) 適用除外事項(7)号(A)[79]の下で公開から保護されており、合衆国憲法第1修正や連邦のコモン・ローに基づいて原告の求める情報の開示を政府に求めることはできないとした[78]。そして、2004年1月12日、連邦最高裁は、原告らによるサーシオ・レイライ令状の発付請求を却下した[80][81]。

「クリッピー・メモ」やアメリカ国民以外の《9・11》テロに関連した被拘束者の氏名等の開示請求に関する一連の訴訟の結果が意味するのは、連邦最高裁は、《9・11》事件に関連して拘束した被拘束者の氏名等の個人情報を開示せずに拘束し続けるという法執行当局の「秘密逮捕 (secret arrests)」の方針を是認したという事実である。このような秘密主義的な逮捕やその後の裁判の公開原則に反しかねない秘密法廷的な訴訟指揮は、少なくとも《9・11》以前は全面

---

77) North Jersey Media Group v. Ashcroft, 308 F. 3d 198 (3d Cir. 2002), *cert. denied*, 538 U. S. 1056 (2003).

78) Center for Nat'l Sec. Studies v. U. S. Dep't of Justice, 215 F. Supp. 2d 94 (D. D. C. 2002).

79) Freedom of Information Act of 1966, Pub. L. No. 89-487, §7, 80 Stat. 250, 251 (1966) (current version at 5 U.S.C. §552(b)(7)(A) (2000)). 1966年情報自由法適用除外事項7号(A)については、拙著『国家機密と情報公開——アメリカ情報自由法と国家機密特権の法理』(法律文化社、1998年) 154—163頁を参照のこと。

80) 合衆国憲法第1修正 (U.S. CONST. amend. I) に基づく開示請求権についても、拙著・上掲書97—100頁を参照のこと。

81) Center for Nat'l Sec. Studies v. U. S. Dep't of Justice, 331 F. 3d 918 (D. C. Cir. 2003), *cert. denied*, 540 U.S. 1104 (2004). *See also*, Center for National Security Studies, et al. v. Department of Justice, regarding the post-September 11 secret detentions《http://www.cnss.org/supremecourtstatement.htm》.

的に肯定されることはあり得なかったことであり、《9・11》による大きな「変化」の一端を示すものといえよう。

(5) 国家安全保障令状（NSL）発付権限の拡大と濫用

愛国者法210条は、裁判所や大陪審の発付する令状や命令によることなく、FBI長官等の行政機関の長が発付する行政的罰則付召喚令状（administrative subpoena）によって、電子的サービス・プロバイダー、遠隔コンピュータ処理サービス・プロバイダーに対して有線通信または電子的通信の内容の開示を請求する権限を拡大した。[82]

このFBI長官等によって発付される行政的罰則付召喚令状を、国家安全保障令状（National Security Letters：NSL）[83]という。NSLは、1986年に制定された1986年電子通信プライヴァシー法（Electronic Communications Privacy Act of 1986）201条[84]によって追加された合衆国法典18編2703条(b)項(1)号(B)(i)、(c)項(1)号(B)(i)[85]によって、裁判所の許可命令や令状によることなく、法執行機関等がインターネット・プロバイダーや金融機関から強制的に顧客の個人情報等を提供させるために創設された制度である。[86]

愛国者法210条は、法執行機関等がインターネット・プロバイダーや金融機関に対して開示請求できる有線通信または電子的通信の内容を、従来の受信契約者等の氏名、住所、契約期間等の限られた特定の情報から、受信契約者または顧客の氏名、住所、近距離または長距離電話の接続記録・通話時間・期間の記録、サービス提供期間および利用されるサービスの種類、電話番号、ネット

---

82) USA PATRIOT ACT, Pub. L. No. 107-56, tit. 2, §210, 115 Stat. 272, 283 (2001), 18 U. S. C. §2703(c)(2) (Supp. 4 2000).

83) 国家安全保障令状（National Security Letters：NSL）については、See, U.S. Department of Justice, Office of the Inspector General, A Review of the Federal Bureau of Investigation's Use of National Security Letters 7—21 (March, 2007).

84) Electronic Communications Privacy Act of 1986, Pub. L. No. 99-508, §201, 100 Stat. 1848, 1867 (1986).

85) 18 U. S. C. §2703(b)(1)(B)(i), (c)(1)(B)(i) (1986).

86) Electronic Communications Privacy Act of 1986, Pub. L. No. 99-508, §201, 100 Stat. 1848, 1867 (1986)(codified as amended at 18 U. S. C. §2709 (1986)).

ワーク・アドレス等の識別子、サービス利用料等の支払いのためのクレジット・カード番号または銀行口座番号などを含むものへと拡大した[87]。

愛国者法505条（合衆国法典18編2709条）は、金融機関、有線通信サービスおよび電子的通信サービス・プロバイダー（ISP）に対して、顧客（受信契約者）の個人情報（電子的通信交信記録を含む）の提出を命じる権限をFBI長官等に授権している。このとき、FBI長官等は、提出を要求する記録・情報が、「国際テロリズムまたは秘密諜報活動を防止するための権限ある捜査に関する記録・情報」であることを示さなければならないものとされている[88]。

1986年制定時の合衆国法典18編2709条(b)項は、①情報が権限ある外国の諜報活動に対抗するための捜査活動（foreign counterintelligence investigation）に関するものであり、かつ、②情報が求められている人物または団体が1978年外国情報活動監視法（Foreign Intelligence Surveillance Act of 1978）101条に定義する「外国勢力（foreign power）」または「外国勢力のエージェント（agent of a foreign power）」であると信ずるに足る理由を特定しかつ関連づけ得る事実が存在すると、FBI長官（および長官の指定するFBI職員）が書面で証明する場合、FBI長官等は、有線通信サービスおよび電子的通信サービス・プロバイダーに対して、その管理または所有する受信契約者の個人情報、電話料金記録、電子的通信交信記録の提供を命じることができるものとする[90]。

そして、2709条(a)項は、(b)項に基づき、FBI長官等から受信契約者の個人情報、電話料金記録、電子的通信交信記録の提供を命じられた有線通信サービスおよび電子的通信サービス・プロバイダーは、当該情報・記録を提出しなけれ

---

87) USA PATRIOT ACT, Pub. L. No. 107-56, tit. 2, §210, 115 Stat. 272, 283 (2001), 18 U.S.C. §2703(c)(2) (Supp. 4 2000).
88) USA PATRIOT ACT, Pub. L. No. 107-56, tit. 5, §505, 115 Stat. 272, 365―366 (2001), 18 U.S.C. § 2709 (Supp. 4 2000).
89) Foreign Intelligence Surveillance Act of 1978, Pub. L. No. 95-511, tit. 1, §101(a), (b), 92 Stat. 1783, ___(1978)(available at WESTLAW), 50 U.S.C. §1801(a), (b) (2000). なお、1978年外国情報活動監視法については、第5章を参照のこと。
90) Electronic Communications Privacy Act of 1986, Pub. L. No. 99-508, §201, 100 Stat. 1848, 1867 (1986)(codified as amended at 18 U.S.C. §2709(b) (1986)).

第4章 《9・11》の衝撃(インパクト)と「対テロ戦争」法制の展開Ⅱ

ばならないものと定める。また、提出命令を受けた有線通信サービスおよび電子的通信サービス・プロバイダーの職員・被用者等は、FBIによる当該情報へのアクセスの事実等を「何人」に対しても開示してはならないものとされた(2709条(c)項)。つまり、FBIは、裁判所の許可命令等を得ることなく、秘密裏に必要とする個人の情報や通信記録を入手することができるのである。

愛国者法505条(a)項は、電子通信プライヴァシー法201条(b)項（合衆国法典18編2709条(b)項）の提供対象となる情報の範囲を大幅に拡大した。電子通信プライヴァシー法201条(b)項では、FBI長官等が有線通信サービスおよび電子的通信サービス・プロバイダーに対して情報の提供を命じることができるのは、当該情報が外国の諜報活動に対抗するための権限ある捜査活動に関するものであり、かつ、1978年外国情報活動監視法101条に定義する「外国勢力」または「外国勢力のエージェント」に関するものである場合だけであったのが、愛国者法505条による改正では、「国際テロリズムまたは秘密諜報活動を防止するための権限ある捜査」に関連する情報の提供を求めることができることとされたのである。

ところで、FBIが、NSLによって、その管理または所有する顧客情報の提供を命じることができるのは、有線通信サービスおよび電子的通信サービス・プロバイダーだけに限定されているわけではない。

愛国者法505条(b)項は、1978年金融プライヴァシー権利法（The Right to Financial Privacy Act of 1978）1114条(a)項(5)号(A)を改正し、FBI長官（ならびに長官の指名する現場職員等）が、FBI等が対テロ諜報活動のために金融機関に提出を求めた金融記録が、「国際テロリズムまたは秘密諜報活動を防止するための外国防諜目的のために必要とされる」ものであることを書面で証明する場合

---

91) Electronic Communications Privacy Act of 1986, Pub. L. No. 99-508, §201, 100 Stat. 1848, 1867 (1986)(codified as amended at 18 U.S.C. §2709(a) (1986)).
92) Electronic Communications Privacy Act of 1986, Pub. L. No. 99-508, §201, 100 Stat. 1848, 1867 (1986)(codified as amended at 18 U.S.C. §2709(c) (1986)).
93) USA PATRIOT ACT, Pub. L. No. 107-56, tit. 5, §505(a), 115 Stat. 272, 365 (2001), 18 U.S.C. §2709(b) (Supp. 3 2000).
94) 12 U. S. C. §3414(a)(5)(A) (2000).

には、裁判所の許可命令等なしで、当該記録を金融機関に提出させることができるものと定めている[95]。

また、愛国者法358条は、合衆国法典31編5311条の規定に、「国際テロリズムを防止するための、分析を含む、諜報または防諜活動を遂行するにおいて」との文言を挿入し、また、銀行秘密法（The Bank Security Act）、金融プライヴァシー権利法（The Right to Financial Privacy Act of 1978）、公正信用報告法（The Fair Credit Reporting Act）、連邦供託保険法（The Federal Deposit Insurance Act）などの金融記録提出関係規定を改正することで、法執行機関や税務当局等が特定の金融記録を金融機関に請求することができる場合に、従来の犯罪・税務捜査等に必要な場合のほかに、国際テロリズムと対決するための諜報または防諜活動に必要な場合が加えられることになった[96]。

このような愛国者法による NSL 発付権限の拡大に対する歯止めのひとつとして、愛国者法215条は、1978年外国情報活動監視法（Foreign Intelligence Surveillance Act of 1978：FISA）に、司法長官に対して、NSL の請求・発付件数等を、連邦議会の上院・情報特別委員会（Select Committee on Intelligence of the Senate）と下院・常任情報特別委員会（Permanent Select Committee on Intelligence of the House of Representatives）に半年ごとに報告する義務を負わせる502条を追加した[97]。

---

95) USA PATRIOT ACT, Pub. L. No. 107-56, tit. 5, §505(b), 115 Stat. 272, 365—366 (2001), 12 U.S.C. §3414(a)(5(A) (Supp. 3 2000).

96) USA PATRIOT ACT, Pub. L. No. 107-56, tit. 3, §358, 115 Stat. 272, 326—328 (2001).

97) USA PATRIOT ACT, Pub. L. No. 107-56, tit. 2, §215, 115 Stat. 272, 287—288 (2001). 愛国者法215条によって、従来の1978年外国情報活動監視法（Foreign Intelligence Surveillance Act of 1978：FISA）501条〜503条は廃止され、代わりに新たな501条・502条（50 U.S.C. §§1861, 1862 (Supp. 1 2000)）が追加されることとなった。なお、愛国者法の16の時限規定を恒久化するために2006年3月に制定された2005年愛国者法改善・再授権法（USA PATRIOT Improvement and Reauthorization Act of 2005）106条(h)項(1)号(B)によって、司法長官が報告しなければならない連邦議会の委員会に、上院・司法委員会（Committee on the Judiciary）が追加された（USA PATRIOT Improvement and Reauthorization Act of 2005, Pub. L. No. 109-177, §106(h)(1)(B), 120 Stat. 192, 199 (2006)）。2005年愛国者法改善・再授権法の制定過程と主な内容については、本章の2. を参照のこと。

第 4 章 《9・11》の衝撃(インパクト)と「対テロ戦争」法制の展開 II

ところで、FBI は、人権団体からの開示請求に対しても、NSL の発付件数、発付対象等の情報をほとんど開示していない。このため、FBI による NSL の濫用と関連情報の秘匿に対して、2004年9月28日、ニューヨーク連邦地裁のビクター・マレーロ裁判官は、FBI から情報提供を求められた匿名のインターネット・サービス・プロバイダー（ISP）やアメリカ自由人権協会（American Civil Liberties Union Foundation）等の求めに応じて、アシュクロフト司法長官やFBI 長官に対し、90日間、法執行機関等による NSL の発付権限を差止める命令を下した。[98]

ビクター・マレーロ裁判官が FBI などの法執行機関等による NSL の発付権限を差止めた理由は、愛国者法505条(a)項（合衆国法典18編2709条）は合衆国憲法第4修正（U. S. CONST amend. IV）を侵害し、また、合衆国法典18編2709条(c)項の非開示規定は、合衆国憲法第1修正（U. S. CONST amend. I）を侵害するものであるというものであった。ことに合衆国法典18編2709条(c)項の非開示規定は、情報提供を命じられた者から法的な異議申立ての機会を不当に奪い、不当な緘口令を強いるものであるとしていた。

これに対して、アメリカ連邦政府は、2005年5月27日、第2巡回区連邦控訴裁判所に、「本件訴訟において、NSL の受取人は、NSL によってまさに禁止されている（NSL による情報への FBI 等の秘密アクセスの事実の開示）行為を行っている」として、法執行機関等の NSL の発付権限を回復するよう求めた。[99]

なお、NSL の濫用に関連して、司法省の監察総監室（U. S. Department of Justice, Office of the Inspector General）は、2007年3月9日、FBI が NSL を濫用して、個人の電話番号、ビジネス記録、金融取引記録などを違法に収集していた可能性を指摘した報告書を連邦議会に提出した。[100]

---

98) ACLU v. Ashcroft, 334 F. Supp. 2d 471, 526—527 (S.D.N.Y. 2004) (order granting summary judgment).
99) ASSOCIATED PRESS, May 28, 2005.
100) U.S. DEPARTMENT OF JUSTICE, OFFICE OF THE INSPECTOR GENERAL, A REVIEW OF THE FEDERAL BUREAU OF INVESTIGATION'S USE OF NATIONAL SECURITY LETTERS (March, 2007). この司法省監察総監による報告も、2005年愛国者法改善・再授権法119条(a)項（USA PATRIOT Improvement and Reauthorization Act of 2005, Pub. L. No. 109-177, §119(a),

同報告書によれば、NSL の請求件数——通常、1 件の NSL は複数の NSL 請求を含んでいるため、NSL の請求（NSL request）件数は NSL の発付件数を大きく上回ることになる——は、2000年にはおよそ8500件ほどであったものが、《9・11》後の2003年には3万9346件、2004年は5万6507件、2005年には4万7221件（3年間の合計14万3074件）と飛躍的に増加している[101]。これら NSL 請求のうち、73％は対テロリズム捜査に関連するもの（10万1885件／NSL の発付件数3万1246件）であり、26％が防諜捜査に関連するもの（3万5948件／NSL の発付件数1万2754件）であったという[102]。

　さらに、同報告書によれば、2003年～2005年に、議会に報告されたもの以外に4600件の NSL 請求があったという[103]。また、FBI 側のミスや NSL の受取人のミスなどで、内部規則に反して必要以上の個人情報を収集したり、誤った人物の個人情報を収集した事例が26件[104]、NSL の発付権限を有しない FBI 本部職員によって、「緊急の事情（exigent circumstances）」がないにもかかわらず、「緊急令状（exigent letters）」として発付された NSL が700件以上あったという[105]。

　また、NSL の濫用に関連して、2007年1月15日付の『ニューヨーク・タイムズ（*The New York Times*）』は、国防総省と CIA が、NSL によって、テロ活動やスパイ活動への従事が疑われるアメリカ合衆国市民の銀行口座やクレジット・カードの取引記録を金融機関から入手していたと報じた。ことに、国防総省は、約500件の事案に関連して数千件の NSL を発付していたという[106]。

---

120 Stat. 192, 219 (2006)）によって、新たに義務づけられたものである。
101)　*Id.* at xix chart 4.1, xliv—xlv.
102)　*Id.* at xx chart 1.1, xlv.
103)　*Id.* at xvii.
104)　*Id.* at xlvi.
105)　*Id.* at xxxiv, xlvii.
106)　The New York Times, Jan. 15, 2005.

2. 愛国者法の拡大・強化へ向けて──第2愛国者法案と愛国者法の改正

(1) 第2愛国者法案の挫折と「復活」

《9・11》以後の「対テロ戦争」法制の矢継ぎ早な制定とそれに基づく法執行機関・諜報機関の捜査権限および電子的監視権限の顕著な拡大に対して、何らかの歯止めを求める動きがまったくなかったわけではない。

例えば、2004年6月7日までに、アラスカ、ハワイ、メイン、バーモントの4州と322の地方自治体が、愛国者法の一部廃止または改正を求める決議を採択している。また、2003年12月3日の *Humanitarian Law Project v. U. S. Dep't of Justice* 事件第9巡回区連邦控訴裁判所判決のように対テロ法制の一部を違憲と判示する例もあった。[107]

しかし、このような、いきすぎた安全の強化に対する揺り戻しは、少なくとも2003年末の時点では──そして、今日の時点でも──なお部分的なものにとどまっている。

愛国者法制定以後のブッシュ Jr. 政権の立法活動は、愛国者法によって拡大された電子的監視権限（第5章3.を参照のこと）を恒久化すること──前述したように、諜報機関の電子的監視権限を拡大した愛国者法の規定の大部分は時限規定であった──と、さらなる権限の拡大を成し遂げることに主眼が置かれていた。そのために、ブッシュ Jr. 政権は、2003年早々、テロ関連の捜査権限や電子的監視権限のさらなる拡大・強化を求めて第2愛国者法案（PATRIOT ACT II）とも呼ばれる2003年国内安全保障強化法案（Domestic Security Enhancement Act of 2003）の議会提出を準備していた。[108]

---

107) Humanitarian Law Project v. U. S. Dep't of Justice, 352 F.3d 382 (9th Cir. 2003). なお、反愛国者法運動につき、矢島敦子「9・11テロ後のアメリカにおける国内テロ対策と市民的自由──なぜ反愛国者法運動は2003年に高揚したか」『社会理論研究』6号（2005年11月）72頁以下を参照のこと。

108) Confidential-Not for Distribution, Draft-Jan. 9, 2003, A Bill: To enhance the domestic security of the United States of America, and for other purposes. in Daily Rotten: Weird

2003年国内安全保障強化法案は、FISA・愛国者法の電子的監視権限の拡大と恒久化を目指し、①FISC の許可命令の下での電子的監視の対象となる「外国勢力」に、FISA101条(a)項（合衆国法典50編1801条(a)項）の定義する「組織」等の構成員以外の「個人（individual）」を追加し、②連邦議会による戦争宣言以外の緊急事態下でも、FISC の許可命令なしで法執行機関等への15日間の電子的監視権限の授権、③国家安全保障上の電子的監視から FISC の関与を排除する大統領権限の拡大などに関する規定を含んでいた。[109]

　さらに、同法案は、「国際テロリスト」や「テロ活動」等の概念を拡大した上で、テロ捜査のための行政的召喚令状発付権限の司法省への付与やテロ捜査への軍の関与を拡大する条項なども含んでいた。テロ捜査への軍の関与の拡大とは、具体的には、ⓐテロ容疑者の認定を国防長官が司法長官とともに行うこと、ⓑテロ関連情報を、司法省、FBI 等の法執行機関や CIA 等の情報機関とともに軍が共有すること、ⓒ情報自由法（Freedom of Information Act of 1966：FOIA）、秘密指定情報訴訟法（Classified Information Procedures Act: CIPA）の改正によるテロ関連情報の適用除外（＝非開示）事項の拡大、ⓓテロ容疑者からの DNA サンプル、指紋その他の個人識別情報を収集する権限を司法長官とともに国防長官にも授権することなどを指している。[110]

　第2愛国者法案は、司法省の原案が事前にインターネット上に流出したため

News《http://www.dailyrotten.com/》.

109) Confidential-Not for Distribution, Draft-Jan. 9, 2003, A Bill: To enhance the domestic security of the United States of America, and for other purposes. in Daily Rotten: Weird News《http://www.dailyrotten.com/》. *Also see*, Confidential-Not for Distribution, Draft-Jan. 9, 2003, Domestic Security Enhancement Act of 2003: Section-by-Section Analysis. in Daily Rotten: Weird News《http://www.dailyrotten.com/》; ACLU, *How "Patriot Act 2" Would Further Erode the Basic Checks on Government Power That Keep America Safe and Free* (March 20, 2003).

110) *See*, Confidential-Not for Distribution, Draft-Jan. 9, 2003, Domestic Security Enhancement Act of 2003: Section-by-Section Analysis. in Daily Rotten: Weird News《http://www.dailyrotten.com/》. なお、情報自由法（Freedom of Information Act of 1966：FOIA）および秘密指定情報訴訟法（Classified Information Procedures Act: CIPA）については、拙著・前掲注79）第1章〜第3章ならびに第5章を参照されたい。

第4章 《9・11》の衝撃と「対テロ戦争」法制の展開Ⅱ

「流産」することになるが、しかし、そこに盛り込まれていた各条項は、「隠れ第2愛国者法案」とでも呼ぶべき2004年情報機関改革・テロリズム防止法 (Intelligence Reform and Terrorism Prevention Act of 2004) や2005年愛国者法改善・再授権法 (USA PATRIOT Improvement and Reauthorization Act of 2005) などによって制定法化されていくことになる。

2003年12月13日に成立した2004会計年度情報権限法 (Intelligence Authorization Act for Fiscal Year 2004) 374条は、1978年金融プライヴァシー権利法 (The Right to Financial Privacy Act of 1978)（合衆国法典12編3414条(a)項(5)号(A)）にいう「金融機関 (Financial institutions)」は、合衆国法典31編5312条(a)項(2)号に定める「金融機関 (financial institutions)」の意味であるとした。この結果、合衆国法典12編3414条(a)項(5)号(A)にいう「金融機関 (Financial institutions)」には、新たに、アメリカ郵政公社 (USPS)、保険会社、不動産会社、旅行代理店、カジノ、質屋、インターネット・サービス・プロバイダー、自動車ディーラー、その他「犯罪、税金、規制に関連して利用されやすい現金取引」を行うすべての事業が含まれることとなった。すなわち、FBI等が金融記録の提出を要求することのできる金融機関の対象が大幅に拡大されたのである。

他方、愛国者法358条は、すでに前述したように、合衆国法典31編5311条の規定に、「国際テロリズムを防止するための、分析を含む、諜報または防諜活動を遂行するにおいて」との文言を挿入し、また、銀行秘密法 (The Bank Security Act)、1978年金融プライヴァシー権利法 (The Right to Financial Privacy Act of 1978)、公正信用報告法 (The Fair Credit Reporting Act)、連邦供託保険法 (The Federal Deposit Insurance Act) などの金融記録提出関係規定を改正することで、法執行機関や税務当局等が特定の金融記録を金融機関に請求することが

---

111) Intelligence Authorization Act for Fiscal Year 2004, Pub. L. No. 108-177, tit. 3, §374, 117 Stat. 2599, 2628 (2003).
112) 12 U.S.C. §3414(a)(5)(A) (2000).
113) 31 U.S.C. §5312(a)(2) (2000).
114) Intelligence Authorization Act for Fiscal Year 2004, Pub. L. No. 108-177, tit. 3, §374(a), 117 Stat. 2599, 2628 (2003), 12 U.S.C. §3414(d) (Supp. 3 2000).
115) USA PATRIOT ACT, Pub. L. No. 107-56, §358, 115 Stat. 272, 326—328 (2001).

できる場合に、従来の犯罪・税務捜査等に必要な場合に加えて、国際テロリズムと対決するための諜報または防諜活動に必要な場合を追加していた。

この2004会計年度情報権限法374条と愛国者法358条による改正が組み合わされた結果、FBI等は、国際テロリズムに対抗するための諜報・防諜活動に必要であれば、銀行等の金融機関、クレジット会社、アメリカ郵政公社、保険会社、不動産会社、旅行代理店、カジノ、質屋、インターネット・サービス・プロバイダー、自動車ディーラー、その他「犯罪、税金、規制に関連して利用されやすい現金取引」を行うすべての事業から利用者の金融情報記録を提供させることができるようになったのである。一見テクニカルな改正であるかのようにみえるものが、その実、FBI等の権限を大幅に拡大・強化するという重大な意義を持っていた例といえよう。

2004会計年度情報権限法は、さらに、大量破壊兵器の拡散にかかわっている外国企業、情報機関共同体（intelligence community）の有用性、麻薬撲滅への取り組み等に関して情報機関やFBIが毎年連邦議会へ報告する義務も解除した。[116]また、2004会計年度情報権限法105条は、財務省に、新たに情報・分析局（Office of Intelligence and Analysis）を設置した。この情報・分析局は、外国諜報および外国防諜情報の受領、分析、調査、普及を任務とし、情報機関共同体（IC）の構成要素とされる。[117]

さらに、2004年12月23日に制定された2005会計年度情報権限法（Intelligence Authorization Act for Fiscal Year 2005）[118]では、最終的には削除されたものの、2004年5月5日に上院に提出された法案（S. 2386）には、NSAやDIAなどの軍の情報機関にアメリカ国内での諜報活動を「黙認」する規定が盛り込まれていた。

上院法案502条は、軍の諜報機関をプライヴァシー法の適用除外とすると規

116) Intelligence Authorization Act for Fiscal Year 2004, Pub. L. No. 108-177, §361, 117 Stat. 2599, 2625 (2003).
117) Intelligence Authorization Act for Fiscal Year 2004, Pub. L. No. 108-177, §105(a), (b), 117 Stat. 2599, 2603 (2003), 31 U. S. C. § 311(a) (Supp. 4 2000).
118) Intelligence Authorization Act for Fiscal Year 2005, Pub. L. No. 108-487, 118 Stat. 3939 (2004).

定していた。プライヴァシー法552a条(e)項(3)号は、個人の情報を政府機関が収集するにあたって、当該政府機関は情報を何に使用する意図で収集するのか等を明らかにしなければならないものとし、政府機関の職員がその身分や目的を隠したままで個人の情報を収集することを原則として禁止している。例外的に、FBI や CIA は一定の条件を満たす場合に本条の適用から除外されるが、この適用除外規定を軍の諜報機関にも適用しようというのが上院法案502条の目的であった。軍の諜報機関がプライヴァシー法の適用除外とされる結果、軍の諜報機関員は、その身分や目的を隠したままで、アメリカ国内において、情報収集活動を行うことができるようになるのである。

　下院では議員たちの猛烈な反対によってこの規定は下院提出法案そのものに盛り込まれなかったが、上院では最終段階に至るまでこの条項は維持された。

　下院法案と上院法案を調整する過程で、最終的に、上院側が下院に歩み寄り、上院法案502条は削除されることになったのである。

　このように、年度ごとの情報機関の権限ベースの予算を承認するにすぎない会計年度情報権限法のなかに、第2愛国者法案の重要な規定のいくつかがひっそりともぐりこまされていたのであり、ブッシュ Jr. 政権の第2愛国者法制定への動きはけっして止まったわけではなかった。

(2) 愛国者法の改正

　愛国者法は、前述したように、電子的監視権限等に関する16の時限規定を有している。これらの時限規定は2005年12月31日に失効することになっていたため、情報・法執行機関のさらなる権限拡大を目指すブッシュ Jr. 政権は、これら時限規定の恒久化または長期間の期間延長を目指して連邦議会に積極的な働きかけを行ってきた。

　2005年7月11日、連邦議会下院司法委員会のセンセンブレナー（F. J.

---

119) S. 2386, §502, 108th Cong. 2d ses. (2004).
120) 5 U. S. C. §552a(e)(3) (2000).
121) 軍の諜報機関が合衆国市民に対して電子的監視（盗聴等）を行うことは厳格に制限されている。この点につき、第5章4．を参照のこと。

Sensenbrenner, Jr.）委員長は、2005年12月末日で失効する愛国者法の16条項の恒久規定化を図った2005年愛国者法改善・再授権法案（H. R. 3199：USA PATRIOT Improvement and Reauthorization Act of 2005）[122]（以下、愛国者法改善・再授権法案（H. R. 3199）という）を下院司法委員会および下院・常任情報活動特別委員会に提出した。同法案は、7月25日には上院にも送付された。

連邦議会・下院は、2005年12月14日、愛国者法の時限規定を恒久法化する愛国者法改善・再授権法案（H. R. 3199）を賛成251票、反対174票で可決し、同法案を上院に送付した。

上院ではもともと民主党議員に加え一部共和党議員も盗聴関係の規定の恒久法化や期限延長に抵抗が強かった上に、2005年12月16日に、ブッシュ Jr. 大統領が、国家安全保障局（NSA）に対して裁判所の許可命令なしでの盗聴を許可していた「秘密盗聴」事件（第5章4.参照）が発覚したため、上院は愛国者法改善・再授権法案を否決した。上院では、野党・民主党や共和党の反対派から、期限切れとなる時限条項を3ヶ月延長してその間に再修正協議を行うとする妥協案が提案された。

しかし、短期間の延長は受け入れられないとして、ブッシュ Jr. 大統領側が上院の提案に強く反発したため、クリスマス休暇入り直前の12月21日、上院の与党・共和党と野党・民主党の間で、期限切れとなる時限条項を半年間延長し、その間に再修正協議を行うことで妥協が成立した。

しかし、今度は、この間、上院側から何の相談も受けていなかった下院側が激しく反発。下院司法委員会のセンセンブレナー委員長は、委員長権限で延長期間を半年から1ヶ月に短縮してしまった。クリスマス休暇入りを控えてほとんどの議員が地元に戻ってしまっていた上院は、クリスマス休暇中の審議を避けるため、残る一部の議員だけで1ヶ月延長案を承認した。

2005年12月30日ブッシュ Jr. 大統領は、愛国者法の時限規定の効力を1ヶ月間延長する法案（S. 2167）に署名し、同法は2006年2月3日まで延長されるこ

---

[122] H. R. 3199, 109th Cong. 1st Sess. (2005). 愛国者法の改正につき、大津留（北川）・前掲注1）145頁以下、特に157—168頁を参照のこと。

第4章　《9・11》の衝撃と「対テロ戦争」法制の展開Ⅱ

とになった。さらに、2月3日の延長期限切れを迎えると、下院は2月1日に、上院は2月2日に、愛国者法の時限規定の効力を3月10日まで延長する法案（H.R. 4659）をそれぞれ採択し、同法は再延長されることとなった。

そして、2006年3月1日、上院は、愛国者法改善・再授権法案（H. R. 3199）および同法案の上院再修正案（S. 2271: USA PATRIOT Act Additional Reauthorizing Amendments Act of 2006）をともに圧倒的大差で可決し、下院も3月7日に上院再修正案（S. 2271）を賛成280票、反対138票で可決——下院は、すでに2005年12月14日に愛国者法改善・再授権法案（H. R. 3199）を可決していた——、3月10日の再延長期限切れ前日の3月9日、ブッシュJr.大統領の署名を得て2005年愛国者法改善・再授権法が成立した。

2006年3月9日に成立した2005年愛国者法改善・再授権法（USA PATRIOT Improvement and Reauthorization Act of 2005）（再授権法）と2006年愛国者法追加的再授権修正法（USA PATRIOT Act Additional Reauthorizing Amendments Act of 2006）（再修正法）の主な内容を検討しておきたい。

成立した愛国者法改善・再授権法は、次の7編よりなる。

　　第Ⅰ編　合衆国愛国者法改善・再授権法
　　第Ⅱ編　テロリスト死刑増進（2005年テロリスト死刑増進法）
　　第Ⅲ編　アメリカの海港における犯罪およびテロリズムの縮減（2005年アメリカの海港における犯罪およびテロリズム縮減法）

---

123)　Act of Dec. 30, 2005, Pub. L. No. 109-160, 119 Stat. 2957 (2005).
124)　Act of Feb 3, 2006, Pub. L. No. 109-170, 120 Stat. 3 (2006). なお、この間の経緯については、*See*, 151 Cong. Rec. H5637-37 (daily ed. July 11, 2005); 151 Cong. Rec. H11523-44 (daily ed Dec. 14, 2005); 151 Cong. Rec. S13699-701, S13708-19, S13719-20 (daily ed. Dec, 16, 2005); 151 Cong. Rec. S14424, H13179-81 (daily ed. Dec. 22, 2005); 151 Cong. Rec. H60-67 (daily ed. Feb. 1, 2006); 151 Cong. Rec. S502-03 (daily ed. Feb. 2, 2006); 151 Cong. Rec. S1557-61 (daily ed. March 1, 2006); 151 Cong. Rec. H581-93, H599 (daily ed. March 7, 2006).
125)　S. 2271, 109th Cong. 2d Sess. (2006).
126)　USA PATRIOT Improvement and Reauthorization Act of 2005, Pub. L. No. 109-177, 120 Stat. 192 (2006) [hereinafter cited as Reauthorization Act].
127)　USA PATRIOT Act Additional Reauthorizing Amendments Act of 2006, Pub. L. No. 109-178, 120 Stat. 278 (2006) [hereinafter cited as Amendments Act].

第Ⅳ編　テロ金融との闘争（2005年テロ金融闘争法）
第Ⅴ編　雑則
第Ⅵ編　シークレット・サービス（2005年シークレット・サービス権限・技術的改良法）
第Ⅶ編　2005年メタンフェタミン流行闘争法

　まず、再授権法101条(b)項は、愛国者法の引用呼称を、Uniting and Strengthening America by Providing Appropriate Tools Required to Intercept and Obstruct Terrorism（USA PATRIOT ACT）Act of 2001[128]から Uniting and Strengthening America by Providing Appropriate Tools Required to Intercept and Obstruct Terrorism Act of 2001またはUSA PATRIOT Actへと変更する[129]。

　ところで、愛国者法改正の、従って再授権法制定の最大の眼目は、2005年12月末日で失効する愛国者法の16条項を恒久規定化することであった。そこで、再授権法第Ⅰ編102条(a)項[130]は、FBI等による電子的監視権限や捜査権限の拡大に関する愛国者法201条、202条、203条(b)項、203条(d)項、204条、206条、207条、209条、212条、214条、215条、217条、218条、220条、223条、225条の16条項を2005年12月31日に失効する時限規定としていた愛国者法224条(a)項を廃止した。この結果、FBI等による電子的監視権限や捜査権限の拡大に関する愛国者法201条、202条、203条(b)項、203条(d)項、204条、207条、209条、212条、214条、217条、218条、220条、223条、225条の14条項は、有効期限の定めのない恒久条項となることになった。ただし、時限16条項のうち、愛国者法206条と215条は、再授権法102条(b)項の規定により、2009年12月31日まで延長されるものとされ、恒久条項化はされなかった[131]。

　さらに、再授権法103条は、FISA101条(b)項(1)号の「外国勢力のエージェント（agent of a foreign power）」の定義を拡大した2004年情報機関改革・テロリ

---

128) USA PATRIOT ACT, Pub. L. No. 107-56, §1(a), 115 Stat. 272 (2001).
129) Reauthorization Act of 2005, Pub. L. No. 109-177, tit. 1, §101(b), 120 Stat. 192, 194 (2006).
130) Reauthorization Act of 2005, Pub. L. No. 109-177, tit. 1, §102(a), 120 Stat. 192, 194 (2006).
131) Reauthorization Act of 2005, Pub. L. No. 109-177, tit. 1, §102(b), 120 Stat. 192, 195 (2006).

ズム防止法 (Intelligence Reform and Terrorism Prevention Act of 2004) 6001条(a)項を2005年12月31日までの時限規定としていた同法6001条(b)項を改正し、6001条(a)項の期限を2009年12月31日まで延長するものとした[132]。

再授権法104条は[133]、①国境を越えるテロリズムの定義に関する合衆国法典18編2332b条(g)項[134]、②禁止されるテロリストに対する物的支援 (material support or resources) の定義（合衆国法典18編2339A条(b)項(1)号）を一部変更した2004年情報機関改革・テロリズム防止法6603条(b)項[135]、③同じく禁じられた指定外国テロリスト組織への物的支援に関する合衆国法典18編2339B条(a)項(1)号から「合衆国国内または合衆国の裁判管轄権の支配下において」という文言を削除し、支援することを禁じられるテロ組織、テロ活動の定義をより詳細化（合衆国法典18編2339B条(g)項(6)号、移民・国籍法212条(a)項(3)号(B)、1988・1989会計年度外交関係権限法 (Foreign Relations Authorization Act, Fiscal Years 1988 and 1989) 140条(d)項(2)号で定義するもの）した2004年情報機関改革・テロリズム防止法6603条(c)項[136]、④同じく合衆国法典18編2339B条(g)項(4)号を変更する2004年情報機関改革・テロリズム防止法6603条(e)項[137]、⑤合衆国法典18編2339Bに(h)項を追加する2004年情報機関改革・テロリズム防止法6603条(f)項[138]の各規定が2006年12月31日で失効することを定めた2004年情報機関改革・テロリズム防止法6603条(g)項[139]の規定を廃止した。

---

132) Reauthorization Act of 2005, Pub. L. No. 109-177, tit. 1, §103, 120 Stat. 192, 195 (2006).
133) Reauthorization Act of 2005, Pub. L. No. 109-177, tit. 1, §104, 120 Stat. 192, 195 (2006).
134) 18 U.S.C. §2332b(g) (Supp. 4 2000).
135) Intelligence Reform and Terrorism Prevention Act of 2004, Pub. L. No.108-458, tit. 6, subtit. G, §6603(b), 118 Stat. 3638, 3762 (2004), 18 U.S.C. §2339A(b)(1) (Supp. 4 2000).
136) Intelligence Reform and Terrorism Prevention Act of 2004, Pub. L. No.108-458, tit. 6, subtit. G, §6603(c), 118 Stat. 3638, 3762—3763 (2004), 18 U.S.C. §2339B(a)(1) (Supp. 4 2000).
137) Intelligence Reform and Terrorism Prevention Act of 2004, Pub. L. No. 108-458, tit. 6, subtit. G, §6603(e), 118 Stat. 3638, 3763 (2004), 18 U.S.C. §2339B(g)(4) (Supp. 4 2000).
138) Intelligence Reform and Terrorism Prevention Act of 2004, Pub. L. No.108-458, tit. 6, subtit. G, §6603(f), 118 Stat. 3638, 3763 (2004), 18 U.S.C. §2339B(h) (Supp. 4 2000).
139) Intelligence Reform and Terrorism Prevention Act of 2004, Pub. L. No. 108-458, tit. 6, subtit. G, §6603(g), 118 Stat. 3638, 3764 (2004).

また、再授権法105条(a)項は、FISA105条(e)項(1)号(B)・(2)号(B)（合衆国法典50編1805条(e)項(1)号(B)・(2)号(B)）の、再授権法105条(b)項は、FISA304条(d)項(1)号(B)・(2)号（合衆国法典50編1824条(d)項(1)号(B)・(2)号）の文言を「101条(b)項(1)号(A)で定義する」から「合衆国の人（United States person）でない」に変更したが、その目的は、合衆国法典50編1805条(e)項および同1824条(d)項の、最初の電子的監視・物理的捜索の期間を120日以内（現行90日以内）に延長し、監視・捜索期間の延長期間を１年以内に延ばすことにあったとされる。
　次に、再授権法と同日に成立した再修正法の主な内容をみておくことにしよう。
　愛国者法215条によって追加されたFISA501条(a)項(1)号（合衆国法典50編1861条(a)項(1)号）は、「合衆国の人」が関係しない外国諜報情報を取得し、または国際テロリズム・秘密諜報活動（clandestine intelligence activities）の防止を目的とする捜査のために、FBI長官（またはFBI長官の指名する者）は有体物（帳簿、記録、書類等）の作成命令（production order）の発付を請求することができるものと定め、同条(d)項（合衆国法典50編1861条(d)項）は、何人もFBIが本条に基づき有体物を捜索または取得したことを他の何人に対しても開示してはならないものとしていた（非開示命令（nondisclosure order））。
　再授権法106条(f)項(2)号は、合衆国法典50編1861条(f)項(1)号として、合衆国法典50編1861条(a)項(1)号の作成命令を受けた者に対して当該命令の合法性についてFISCに異議を申し立てる権利を保障したが、再修正法３条は、さらに、合衆国法典50編1461条(f)項(2)号(A)(i)として、作成命令を受けた者は、作成命令

---

140)　Reauthorization Act of 2005, Pub. L. No. 109-177, tit. 1, §105(a), 120 Stat. 192, 195 (2006).
141)　Reauthorization Act of 2005, Pub. L. No. 109-177, tit. 1, §105(b), 120 Stat. 192, 195 (2006).
142)　H. R. 3199, H. R. Rep. No. 109-333, §105, 109th Cong. 1st Sess. at 90 (2005).
143)　USA PATRIOT ACT, Pub. L. No. 107-56, tit. 2, §215, 115 Stat. 272, 287—288 (2001), *amnded by* Intelligence Authorization Act for Fiscal Year 2002, Pub. L. No. 107-108, tit. 3, §314(a)(6), 115 Stat. 1394, 1402 (2001), 50 U.S.C. §1861(a)(1) (Supp.4 2000).
144)　USA PATRIOT ACT, Pub. L. No. 107-56, tit. 2, §215, 115 Stat. 272, 287—288 (2004), 50 U. S. C. §1861(d) (Supp. 4 2000).
145)　Reauthorization Act of 2005, Pub. L. No. 109-177, tit. 1, §106(f)(2), 120 Stat. 192, 198 (2006).

第4章 《9・11》の衝撃と「対テロ戦争」法制の展開Ⅱ

の発付の日付から1年以上経過した場合には、非開示命令の合法性に異議を申し立てることができるものとした。また、再修正法は非開示命令の例外規定も拡大している。

合衆国法典18編2709条(a)項は、有線または電子的通信サービス・プロバイダーに対して、その管理、保有する受信契約者・電話料金記録の情報、電子的通信取引記録についてのFBI長官の要求に従わなければならないものとしていたが、この有線または電子的通信サービス・プロバイダーに図書館が含まれるかどうかで従来争いがあった。特に、図書館の利用者の書籍、ジャーナル、雑誌、新聞等の利用情報の提供は、思想の内容を推知せしめるものであるだけに思想の自由を侵害する危険があるとして批判されていた。このため、再修正法5条は、図書館が合衆国法典18編2510条(15)号（電子的通信サービス）に定義するサービスを提供しない限り、図書館は合衆国法典18編2709条(a)項にいう有線または電子的通信サービス・プロバイダーには該当しない旨を規定する合衆国法典18編2709条(f)項を追加した。

---

146) Amendments Act of 2006, Pub. L. No. 109-178, §3, 120 Stat. 278, 278―279 (2006).
147) Amendments Act of 2006, Pub. L. No. 109-178, §4(a), (b), 120 Stat. 278, 280 (2006).
148) 18 U. S. C. §2709(a) (Supp. 4 2000).
149) この問題について詳しくは、高木和子「米国愛国者法と図書館のプライバシー保護」『情報管理』45巻8号（2002年11月）580頁以下、中川かおり「米国愛国者法の制定と図書館の対処」『カレントアウェアネス』283号（2005年3月20日）2頁以下、川崎良孝「アメリカ愛国者法と知的自由――図書館はテロリストの聖域か」『図書館雑誌』99巻8号（2005年8月）507頁以下、山本順一「アメリカの知的自由と図書館の対応に関するひとつの視角――愛国者法から図書館監視プログラム、そしてCOINTELPROに遡ると」『現代の図書館』42巻3号（2004年9月）157頁以下を参照されたい。
150) 18 U. S. C. §2510(15) (Supp. 4 2000).
151) Amendments Act of 2006, Pub. L. No. 109-178, §5, 120 Stat. 278, 281 (2006).

3. 国土安全保障法の制定と国土安全保障省（DHS）の創設

（1） 国土安全保障局（OHS）の創設と『国土安全保障戦略』

　アメリカの情報（諜報）機関や法執行機関の間でのテロ情報とテロ対策情報の共有に関して最も重要な立法のひとつは、2002年国土安全保障法（Homeland Security Act of 2002）（国土安全保障法）である。国土安全保障法第Ⅰ編101条(b)項は、国土安全保障省（Department of Homeland Security: DHS）の主たる任務として、①アメリカ合衆国内でのテロ攻撃の阻止（101条(b)項(1)号(A)）、②テロに対するアメリカの脆弱性を減らすこと（101条(b)項(1)号(B)）、③アメリカ合衆国内で発生したテロ攻撃による損害を最小限に抑え、テロ攻撃からの回復を支援すること（101条(b)項(1)号(C)）などを定めている。ただし、テロ行為の捜査・訴追の第一次的責任は、連邦と州の法執行機関が負うものとされている（101条(b)項(2)号）。

　ここでは、アメリカ合衆国内でのテロ攻撃を阻止するために国土安全保障法が国土安全保障省（DHS）に授権した移民対策、航空機・船舶等の輸送システム、空港・港湾等の安全、国境警備の強化等に関する権限について検討していくことにするが、しかし、その前に、国土安全保障法の制定と国土安全保障省（DHS）の創設に至る経緯、および国土安全保障省の組織と機能について概観しておきたい。なお、国土安全保障法の最も主要な課題のひとつである――従って、国土安全保障省（DHS）の最重要任務のひとつでもある――、軍・諜報機関・法執行機関の間におけるテロ情報／テロ対策情報の共有についてと、そのためのFBIやCIA等の諜報機関等の組織再編については、第6章で詳し

---

152) Homeland Security Act of 2002, Pub. L. No. 107-296, tit. 1, §101(b)(1)(A), (B), (C), 116 Stat. 2135, 2142 (2002), 6 U.S.C. §111(b)(1)(A), (B), (C) (Supp. 2 2000). 同法の概要と抄訳については、土屋恵司「米国における2002年国土安全保障法の制定」『外国の立法』222号（2004年11月）1頁以下を参照のこと。

153) Homeland Security Act of 2002, Pub. L. No. 107-296, tit. 1, §101(b)(2), 116 Stat. 2135, 2142 (2002), 6 U.S.C. §111(b)(2) (Supp. 2 2000).

く検討する予定なので、ここでは取り扱わない。

　《9・11》直後の2001年9月20日の演説において[154]、ブッシュJr.大統領は、国土安全保障局（Office of Homeland Security：OHS）の創設とその初代長官に大統領自身の長年の友人でペンシルバニア州知事のトム・リッジ（Tom Ridge）をあてることを表明した。そして、アフガニスタンへの軍事侵攻開始翌日の2001年10月8日、アメリカ本土の防衛を強化するため、国土安全保障局（OHS）の創設を命じた国土安全保障局創設大統領命令（大統領命令13228号[155]）が制定された。

　ところで、ブッシュJr.大統領が創設を命じた国土安全保障局（OHS）は独自の予算と職員を持たず、また、テロ対策の指揮機能が弱体すぎて国土防衛のための実効性に欠けていた。そこで、国土防衛のための本格的な組織として国土安全保障省（Department of Homeland Security：DHS）が設置されることになった。2002年7月16日、国土安全保障局は、国土安全保障省の創設を核とする『国土安全保障のための国家戦略（National Strategy for Homeland Security）[156]』（『国土安全保障戦略』）を発表した。

　『国土安全保障戦略』は、①合衆国内でのテロ攻撃の防止、②テロに対するアメリカの脆弱性の改善、③テロ攻撃が起こった場合の損害の最小限化と復旧──の3つの戦略目標を掲げる[157]。そして、これら3つの戦略目標を達成するために、国土安全保障に関する6つの重要な任務領域を設定する。第1は、諜報と警報、第2は、国境および輸送の安全、第3は、国内のテロリズム対策（counterterrorism）、第4は、重要インフラストラクチャーの防衛、第5は、破壊的テロ（catastrophic terrorism）に対する防衛、第6は、緊急事態準備・対応

---

154) Address to a Joint Session of Congress and the American People (Sept. 20, 2001)《http://www.whitehouse.gov/news/releases/2001/09/20010920-8.html》. 在日アメリカ大使館による日本語仮訳「米議会上下両院合同会議及び米国民に向けた大統領演説」《http://tokyo.usembassy.gov/j/p/tpj-jp0026.html》。

155) Exec. Order No. 13,228, 66 Fed. Reg. 51,812 (2001).

156) OFFICE OF HOMELAND SECURITY, NATIONAL STRATEGY FOR HOMELAND SECURITY (July, 2002).

157) Id. at vii.

である。第1、第2、第3の3つの任務領域はテロ攻撃防止に、第4と第5の2つは合衆国の国家規模での脆弱性の改善に、そして第6の任務領域は、テロ攻撃が起こった場合の損害の最小限化と復旧にかかわる。なお、第1の諜報と警報では、FBIの情報分析能力の向上、創設される国土安全保障省の情報分析およびインフラストラクチャー防護部局による新たな能力の構築、テロ攻撃を防ぐためのdual-use分析の利用などを含むテロ対策のための軍・諜報機関・法執行機関の間での情報共有がメインとなる。これに対して第3の国内テロリズム対策（domestic counterterrorism）では、テロ攻撃を防止するためのFBIの機能変更がメインとなる。

　また、『国土安全保障戦略』は、国土安全保障の基盤として、①法制、②科学・技術、③情報共有・システム、④国際協力の4つをあげているが、なかでも、法制については、連邦レベルでは、重要インフラストラクチャー情報の共有、軍・諜報機関・法執行機関の間の情報共有、現行の犯罪人引渡権限（extradition authorities）の拡大、国内安全保障における軍の支援、大統領の行政組織変更（reorganization）権限の復活、国土安全保障省の柔軟な実質的管理

158）　*Id.* at viii—ix.
159）　国内の治安維持活動に連邦の正規軍が介入・支援することは、1878年に制定された民警団法（Posse Comitatus Act, Act of June 18, 1878, ch. 263, §15, 20 Stat. 152 (1878), 18 U. S. C. §1385）によって、合衆国憲法または議会制定法による明示的授権がない限り、原則として禁じられている。このため、国内の治安維持に軍の支援が必要な場合には、連邦の正規軍の予備兵力としての州兵（National Guard）が動員されることになっている。この点については、See, Doyle, *The Posse Comitatus Act and Related Matters: The Use of the Military to Execute Civilian Law* (CRS, Order Code 95-964 S, June 1, 2000); Brake, *Terrorism and the Military's Role in Domestic Crisis Management: Background and Issues for Congress* (CRS, Order Code RL30,938, April 19, 2001); Doyle & Elsea, *Terrorism: Some Legal Restrictions on Military Assistance to Domestic Authorities Following a Terrorist Attack* (CRS, Order Code RS21,012, May 27, 2005). 邦語文献としては、鈴木滋「米国の『国土安全保障』と州兵の役割——9.11同時多発テロ以降の活動を中心に」『レファレンス』2003年7月号53頁以下、遠藤哲也「米国の国内安全保障を担う武力組織——9.11事件以降の再編の動きをふまえて」『海外事情』2003年5月号82頁以下、富井幸雄「アメリカにおける軍の警察活動の制約（一）（二）——Posse Comitatus法の意義」『法学新報』111巻5・6号（2005年1月）163頁以下、111巻11・12号（2005年3月）53頁以下を参照のこと。

の提供——を可能とするような法制の整備が必要であるとする。[160]

(2) 国土安全保障省（DHS）の組織と機能

この『国土安全保障戦略』に基づき、2002年11月25日、新たに軍事・治安・情報関係の22の政府機関を再編・統合して、17万人よりなる巨大戦争機構（第2国防総省）としての国土安全保障省（Department of Homeland Security：DHS）の設置を定めた2002年国土安全保障法（Homeland Security Act of 2002）（国土安全保障法）が制定されることになるのである。

国土安全保障法は、次の全17編（全186頁）よりなる。

第Ⅰ編　国土安全保障省
第Ⅱ編　情報分析およびインフラストラクチャー防護
第Ⅲ編　国土安全保障を支援する科学技術
第Ⅳ編　国境・運輸安全保障総局
第Ⅴ編　緊急事態対応
第Ⅵ編　合衆国軍隊およびその他の政府組織の構成員のための慈善信託の取扱い
第Ⅶ編　管理運営
第Ⅷ編　連邦以外の組織との調整、監察総監、合衆国シークレット・サービス、沿岸警備隊、一般規定
第Ⅸ編　国家国土安全保障会議
第Ⅹ編　情報セキュリティー
第Ⅺ編　司法省部局
第Ⅻ編　航空会社戦争リスク保険立法
第ⅩⅢ編　連邦労働力改善
第ⅩⅣ編　対テロリズム武装パイロット
第ⅩⅤ編　移行
第ⅩⅥ編　航空運輸保安に関する現行法の改正
第ⅩⅦ編　調整的・技術的修正

160）　OFFICE OF HOMELAND SECURITY, *supra* note 156, at x—xii.

また、同法の第Ⅱ編B部（subtitle B）は2002年重要インフラストラクチャー情報法（Critical Infrastructure Information Act of 2002）[161]、同じく第Ⅱ編C部の225条は2002年サイバー・セキュリティー促進法（Cyber Security Enhancement Act of 2002）[162]、第Ⅷ編G部は効果的技術促進による反テロリズム支援法（Support Anti-terrorism by Fostering Effective Technologies Act of 2002：SAFETY Act）[163]、第Ⅷ編Ｉ部は国土安全保障情報共有法（Homeland Security Information Sharing Act）[164]、第Ⅹ編は連邦情報安全保障管理法（Federal Information Security Management Act of 2002）[165]、第ⅩⅠ編C部は安全爆発物法（Safe Explosives Act）[166]、第ⅩⅢ編は2002年首席人事担当官法（Chief Human Capital Officers Act of 2002）[167]、第ⅩⅣ編は対テロリズム武装パイロット法（Arming Pilots Against Terrorism Act）[168]とし

---

161) Critical Infrastructure Information Act of 2002, Pub. L. No. 107-296, tit. 2, subtit. B, §211, 116 Stat. 2135, 2150 (2002), 6 U.S.C. §101 note (Supp. 2 2000).

162) Cyber Security Enhancement Act of 2002, Pub. L. No. 107-296, tit. 2, subtit. C, §225(a), 116 Stat. 2135, 2156 (2002), 6 U.S.C. §145 (Supp. 2 2000).

163) Support Anti-terrorism by Fostering Effective Technologies Act of 2002 (SAFETY Act), Pub. L. No. 107-296, tit. 8, subtit. G, §861, 116 Stat. 2135, 2238 (2002), 6 U.S.C. §101 note (Supp. 2 2000).

164) Homeland Security Information Sharing Act, Pub. L. No. 107-296, tit. 8, subtit. I, §891(a), 116 Stat. 2135, 2252 (2002), 6 U.S.C. §481 (Supp. 2 2000).

165) Federal Information Security Management Act of 2002, Pub. L. No. 107-296, tit. 10, §1001(a), 116 Stat. 2135, 2259 (2002), 6 U.S.C. §101 note (Supp. 2 2000).

166) Safe Explosives Act, Pub. L. No. 107-296, tit. 11, subtit. C, §1121, 116 Stat. 2135, 2280 (2002), 18 U.S.C. §841 note (Supp. 2 2000).

167) Chief Human Capital Officers Act of 2002, Pub. L. No. 107-296, tit. 13, §1301, 116 Stat. 2135, 2287 (2002), 5 U.S.C. §101 note (Supp. 2 2000).

168) Arming Pilots Against Terrorism Act, Pub. L. No. 107-296, tit. 14, §1401, 116 Stat. 2135, 2300 (2002), 49 U.S.C. §40101 note (Supp. 2 2000). 同法1402条（合衆国法典49編44921条）は、運輸安全保障担当次官に、自発的な航空機パイロットをハイジャック（air piracy）などの犯罪行為から操縦室を守るための連邦の法執行官である連邦操縦室職員（Federal flight deck officers）に任命し（Arming Pilots Against Terrorism Act, Pub. L. No. 107-296, tit. 14, §1402(a), 116 Stat. 2135, 2300 (2002), 49 U.S.C. §44921(a) (Supp. 2 2000))、これらのパイロットを訓練するための責任を負わせた（49 U.S.C. §44921(b) (Supp. 2 2000)）。なお、運輸安全保障担当次官は、訓練プログラムを修了した連邦操縦室職員に火器の携帯（49 U.S.C. §44921(f) (Supp. 2 2000)）および武力行使（use force）を許可（49 U.S.C. §44921(g) (Supp. 2 2000)）する権限を

第 4 章 《9・11》の衝撃(インパクト)と「対テロ戦争」法制の展開 II

て引用されるものとされている。

　国土安全保障法によって設置された国土安全保障省（DHS）は、8つの省、22の政府機関を再編・統合して出来上がった総員17万人よりなる巨大な戦争機構（第2国防総省）である。各省庁から国土安全保障省へ移管された主要な政府機関・部局・機能等は表①のとおりである。

　ところで、「国土安全保障（homeland security）」という場合、それは通常「合衆国内でのテロ攻撃を阻止し、テロに対するアメリカの脆弱性を縮小し、発生した攻撃による損害を最小化し、回復するための国家的努力に関するもの」とされる。そして、「アメリカ本土（American homeland）」や「国土（homeland）」という用語は、「合衆国（United States）」を意味するものとされ、また、「合衆国（United States）」という用語が地理的意味で用いられる場合、それは合衆国のすべての州、ワシントン・コロンビア特別区（首都ワシントン）、プエルトリコ準州、ヴァージン諸島、グアム、アメリカン・サモア、北マリアナ諸島その他のすべての海外領土、および合衆国の司法管轄権内にある海域を意味するものとして用いられるものとされている。

　国土安全保障法第Ⅰ編102条は、国土安全保障省に国土安全保障長官（Secretary of Homeland Security：SHS）を置き（102条(a)(1)）、国土安全保障省の長としてその指揮統制を委ねるとともに（102条(a)(2)）、大統領、副大統領、司法長官、国防長官、その他大統領の指名する個人によって構成される国土安全保障会議（Homeland Security Council：HSC）の構成メンバーとしている（903条）。

有する。
169) OFFICE OF HOMELAND SECURITY, *supra* note 156 at 2.
170) Homeland Security Act of 2002, Pub. L. No. 107-296, §2(1), 116 Stat. 2135, 2140 (2002), 6 U.S.C. §101(1) (Supp. 2 2000).
171) Homeland Security Act of 2002, Pub. L. No. 107-296, §2(16)(A), 116 Stat. 2135, 2141 (2002), 6 U.S.C. §101(16)(A) (Supp. 2 2000).
172) Homeland Security Act of 2002, Pub. L. No. 107-296, tit. 1, §102(a)(1), 116 Stat. 2135, 2142 (2002), 6 U.S.C. §112(a)(1) (Supp. 2 2000).
173) Homeland Security Act of 2002, Pub. L. No. 107-296, tit. 1, §102(a)(2), 116 Stat. 2135, 2142 (2002), 6 U.S.C. §112(a)(2) (Supp. 2 2000).
174) 国土安全保障法第Ⅸ編901条によって、大統領府（Executive Office of the President）の

表① 国土安全保障省へ移管された主な政府機関・プログラム等

国土安全保障省の部局等	国土安全保障省へ移管された主な政府機関・プログラム等	移管元機関
情報分析・インフラストラクチャー防護総局	＊重要インフラストラクチャー保障室（CIAO） ＊国家インフラストラクチャー・シミュレーション分析センター（NISC） ＊エネルギー安全保障プログラム（ESAP） ＊国家インフラストラクチャー防護センター（NIPC） ＊国家通信システム（NCS） ＊連邦コンピュータ事件対応センター（FCIRC）	商務省 エネルギー省 エネルギー省 司法省 FBI 国防総省 共通役務省
科学技術総局	＊化学的・生物的国家安全保障・支援プログラムおよび核不拡散・査察研究開発プログラムの諸活動（合衆国戦略核防衛体制プログラム・活動を除く） ＊核不拡散・査察研究開発プログラムに含まれる核密輸に関するプログラム・活動（合衆国戦略核防衛体制プログラム・活動を除く） ＊環境測定研究所 ＊ローレンス・リバモア国立研究所のコンピュータ処理先端科学研究プログラム・活動 ＊国家生物兵器防御分析センター（NBWDAC） ＊プライムアイランド動物疾病センター（研究活動を除く）	エネルギー省 エネルギー省 エネルギー省 エネルギー省 国防総省 農務省
国境・運輸安全保障総局	＊移民帰化局（一部）（当初、国境安全保障局（BBS）、のち移民・関税執行局（BICE）に改称） ＊動植物検疫（一部） ＊合衆国税関局（USCS） ＊運輸安全局（TSA） ＊連邦保安局（FPS） ＊連邦法執行訓練センター（FLETC） ＊国内テロリズム対応室	司法省移民帰化局 農務省 財務省 運輸省 共通役務省 財務省 司法省
緊急事態対応総局	＊連邦緊急事態管理庁（FEMA） ＊統合危険情報システム（FIREST） ＊全国国内テロ対応室（NDPO） ＊国内緊急事態支援チーム（DEST） ＊緊急事態対応室（OEP） ＊国家災害医療システム（NDMS） ＊大都市医療対応システム（MMRS） ＊戦略的国家備蓄（SNS） ＊核事件対応チーム（NIRT）（有事のみ）	連邦緊急事態管理庁 国家海洋大気庁 司法省 FBI 司法省 保健・福祉省 保健・福祉省 保健・福祉省 保健・福祉省 エネルギー省・環境保護庁
合衆国沿岸警備隊（U.S. CG）	＊合衆国沿岸警備隊（U. S. CG.）	運輸省
合衆国シークレット・サービス（U.S. SS）	＊合衆国シークレット・サービス（U. S. SS.）	財務省

＊ 本表の国土安全保障省の組織は、国土安全保障法制定当時のものである。

第 4 章 《9・11》の衝撃(インパクト)と「対テロ戦争」法制の展開 Ⅱ

国土安全保障法103条(a)項は、国土安全保障長官の下に、長官の「第一補佐 (first assistant)」として 1 名の国土安全保障副長官 (Deputy Secretary of Homeland Security : D/SHS)[176]、情報分析・インフラストラクチャー防護担当[177]、科学技術担当[178]、国境・運輸安全保障担当[179]、緊急事態対応担当[180]、管理運営担当[181]の 5 名の次官 (Under Secretary)、12名以内の次官補 (Assistant Secretary)[182]、市民権・入国管理サービス局長官 (Director of the Bureau of Citizenship and Immigration Services)[183]、沿岸警備隊司令官 (Commandant of the Coast Guard)[184]、シークレット・

なかに、国土安全保障問題について大統領に助言することを役割とする国土安全保障会議 (Homeland Security Council) が設けられた (901条)。同会議の構成メンバーは、大統領、副大統領、国土安全保障長官、司法長官、国防長官、その他大統領が指名する個人とされている (903条)。また、大統領は、国家安全保障会議 (National Security Council) と国土安全保障会議の合同会議を招集することができる (906条) (Homeland Security Act of 2002, Pub. L. No. 107-296, tit. 9, §§901—906, 116 Stat. 2135, 2258—2259 (2002), 6 U.S.C. §§491—496 (Supp. 2 2000))。なお、国土安全保障長官は、国家安全保障会議 (National Security Council : NSC) のメンバーでもある (Homeland Security Act of 2002, Pub. L. No. 107-296, tit. 1, §102(d), 116 Stat. 2135, 2143 (2002), 6 U.S.C. §112(d) (Supp. 2 2000))。

175) Homeland Security Act of 2002, Pub. L. No. 107-296, tit. 9, §903(3), 116 Stat. 2135, 2259 (2002), 6 U.S.C. §493(3) (Supp. 2 2000).
176) Homeland Security Act of 2002, Pub. L. No. 107-296, tit. 1, §103(a)(1), 116 Stat. 2135, 2144 (2002), 6 U.S.C. §113(a)(1) (Supp. 2 2000).
177) Homeland Security Act of 2002, Pub. L. No. 107-296, tit. 1, §103(a)(2), 116 Stat. 2135, 2144 (2002), 6 U.S.C. §113(a)(2) (Supp. 2 2000).
178) Homeland Security Act of 2002, Pub. L. No. 107-296, tit. 1, §103(a)(3), 116 Stat. 2135, 2144 (2002), 6 U.S.C. §113(a)(3) (Supp. 2 2000).
179) Homeland Security Act of 2002, Pub. L. No. 107-296, tit. 1, §103(a)(4), 116 Stat. 2135, 2144 (2002), 6 U.S.C. §113(a)(4) (Supp. 2 2000).
180) Homeland Security Act of 2002, Pub. L. No. 107-296, tit. 1, §103(a)(5), 116 Stat. 2135, 2144 (2002), 6 U.S.C. §113(a)(5) (Supp. 2 2000).
181) Homeland Security Act of 2002, Pub. L. No. 107-296, tit. 1, §103(a)(7), 116 Stat. 2135, 2144 (2002), 6 U.S.C. §113(a)(7) (Supp. 2 2000).
182) Homeland Security Act of 2002, Pub. L. No. 107-296, tit. 1, §103(a)(8), 116 Stat. 2135, 2144 (2002), 6 U.S.C. §113(a)(8) (Supp. 2 2000).
183) Homeland Security Act of 2002, Pub. L. No. 107-296, tit. 1, §103(a)(6), 116 Stat. 2135, 2144 (2002), 6 U.S.C. §113(a)(6) (Supp. 2 2000).
184) Homeland Security Act of 2002, Pub. L. No. 107-296, tit. 1, §103(c), 116 Stat. 2135, 2144

サービス長官（Director of the Secret Service）[185]等を置くものとしている。

　国土安全保障省には 4 名の各担当次官を長とする 4 つの総局（directorate）が置かれている。4 つの総局とは、情報分析・インフラストラクチャー防護総局（Directorate for Information Analysis and Infrastructure Protection）[186]、科学技術総局（Directorate of Science and Technology）[187]、国境・運輸安全保障総局（Directorate of Border and Transportation Security）[188]、緊急事態対応総局（Directorate of Emergency Preparedness and Response）[189]である。

　ただし、2007年 2 月時点での国土安全保障省（DHS）の実際の組織構成は、国土安全保障法上の組織構成とは必ずしも一致していない。例えば、国土安全保障法上は情報分析・インフラストラクチャー防護総局とされている組織は、対応総局（Preparedness Directorate）――災害対策のほかにサイバー・テレコミュニケーションや重要インフラストラクチャーの保護なども管轄――となっているし、国土安全保障法上何らの規定もない管理運営総局（Directorate for Management）が設置されている[190]。

　国土安全保障法制定以後の国土安全保障省（DHS）の組織改編が、いつ、ど

(2002), 6 U.S.C. § 113(c) (Supp. 2 2000).

185）　Homeland Security Act of 2002, Pub. L. No. 107-296, tit. 1, §103(d)(1), 116 Stat. 2135, 2145 (2002), 6 U.S.C. §113(d)(1) (Supp. 2 2000).

186）　Homeland Security Act of 2002, Pub. L. No. 107-296, tit. 2, subtit. A, §201(a)(1), 116 Stat. 2135, 2145 (2002), 6 U.S.C. §121(a)(1) (Supp. 2 2000).

187）　Homeland Security Act of 2002, Pub. L. No. 107-296, tit. 3, §301, 116 Stat. 2135, 2163 (2002), 6 U.S.C. §181 (Supp. 2 2000).

188）　Homeland Security Act of 2002, Pub. L. No. 107-296, tit. 4, subtit. A, §401, 116 Stat. 2135, 2177 (2002), 6 U.S.C. §201 (Supp. 2 2000).

189）　Homeland Security Act of 2002, Pub. L. No. 107-296, tit. 5, §501, 116 Stat. 2135, 2212 (2002), 6 U.S.C. §311 (Supp. 2 2000).

190）　国土安全保障省のサイト・ページ《http://www.dhs.gov/index.shtm/》では、管理運営総局（Management Directorate/Directorate for Management）が置かれていることになっているが（2007年 2 月現在）、国土安全保障法701条は管理運営担当次官（Under Secretary for Management）を置くことのみを定め、管理運営総局（Directorate for Management）の設置については何ら規定していない（Homeland Security Act of 2002, Pub. L. No. 107-296, tit. 7, §701(a), 116 Stat. 2135, 2218 (2002), 6 U.S.C. §341(a) (Supp. 2 2000))。

のようにしてなされたのか、残念ながら不分明であるが、国土安全保障法第Ⅷ編 H 部872条は、国土安全保障長官に国土安全保障省の組織を再編する権限を授権しており、チャートフ（Michael Chertoff）長官は、2005年7月13日、国土安全保障省の組織は国土安全保障省の任務を支援するために最適なものでなければならないとして、国土安全保障法872条に基づく組織再編計画 *Second Stage Review/the 2SR Initiative* を発表した。管理運営総局の設置もこの *Second Stage Review/the 2SR Initiative* に盛り込まれているので、あるいはこの再編計画に基づき国土安全保障省の組織改編が実施されたのかもしれない（2007年2月の時点での組織構成については、表②左欄を参照されたい）。さらに、2007年4月1日からは、より大規模な組織改編が実施された（表②右欄）。

ところで、2005年8月29日から30日かけて、ルイジアナ、ミシシッピー両州を中心にカテゴリー5の巨大ハリケーン・カトリーナが襲った。死者1,800人以上、被災者150万人以上、避難民80万人以上、20万軒以上の家屋が全半壊し、ミシシッピー州の州都ニューオーリンズは市街地の8割が水没するという未曾有の大災害となった。

連邦緊急事態管理庁（FEMA）が2004年に実施した図上演習において、大規模なハリケーンによって、老朽化したニューオーリンズの堤防は容易に決壊し10万人以上が取り残される可能性が指摘されていたにもかかわらず、連邦政府も州政府も何の手立てもうってこなかったこと、カトリーナがアメリカ本土に上陸してからの連邦政府、州政府の初動対応の決定的な遅れが被害を拡大させたことなどから、ブッシュ Jr. 政権、ことに災害対策を主管する FEMA へ批

---

191) Homeland Security Act of 2002, Pub. L. No. 107-296, tit. 8, subtit. H, §872(a), 116 Stat. 2135, 2243 (2002), 6 U.S.C. §452(a) (Supp. 2 2000).

192) U.S. Department of Homeland Security, *Secretary Michael Chertoff U.S. Department of Homeland Security Second Stage Review Remarks* (July 13, 2005)《http://www.dhs.gov/xnews/speeches/speech_0255.shtm》. *Also see*, Relyea & Hogue, *Department of Homeland Security Reorganization: The 2SR Initiative* (CRS, Order Code RL33,042, Aug. 19, 2005); Vina, *Homeland Security: Scope of Secretary's Reorganization Authority* (CRS, Order Code RS21,450, Aug. 9, 2005).

193) 朝日新聞2005年9月9日付朝刊。

表② 国土安全保障省の組織対照表

	2007年2月の時点での国土安全保障省の組織	2007年4月1日に改編された国土安全保障省の組織
総局	＊**対応総局（Preparedness Directorate）** ＊科学技術総局（Science and Technology Directorate） ＊**政策総局（Policy Directorate）** ＊管理運営総局（Management Directorate）	＊**国家防護・計画総局（National Protection and Programs Directorate：NPPD）** ＊科学技術総局（Science and Technology Directorate） ＊管理運営総局（Management Directorate）
部局	＊諜報・分析局（Office of Intelligence and Analysis） ＊作戦調整局（Office of Operations Coordination） ＊国内核探知局（Domestic Nuclear Detection Office） ＊**連邦緊急事態管理庁（Federal Emergency Management Agency：FEMA）** ＊運輸安全保障局（Transportation Security Administration：TSA） ＊合衆国関税・国境保護局（U. S. Customs and Border Protection） ＊合衆国入国管理・関税執行局（U. S. Immigration and Customs Enforcement：ICE） ＊連邦法執行訓練センター（Federal Law Enforcement Training Center） ＊合衆国市民権・入国管理サービス（U. S. Citizenship and Immigration Services） ＊合衆国沿岸警備隊（U. S. Coast Guard） ＊合衆国シークレット・サービス（U. S. Secret Service） ＊長官室（Office of the Secretary） ＊プライヴァシー最高責任者室（Office of the Chief Privacy Officer） ＊市民権・市民的自由局（Office of Civil Rights and Civil Liberties） ＊監察総監室（Office of the Inspector General） ＊市民権・入国管理オンブズマン（Citizenship and Immigration Services Ombudsman） ＊**議会・政府機関相互調整局（Office of Congressional and Intergovernmental Affairs）** ＊法律顧問室（Office of the General Counsel） ＊麻薬対策局（Office of Counter Narcotics） ＊広報局（Office of Public Affairs）	＊**政策局（Office of Policy）** ＊**健康局（Office of Health Affairs）** ＊諜報・分析局（Office of Intelligence and Analysis） ＊作戦調整局（Office of Operations Coordination） ＊国内核探知局（Domestic Nuclear Detection Office） ＊**連邦緊急事態管理庁（Federal Emergency Management Agency：FEMA）** ＊運輸安全保障局（Transportation Security Administration：TSA） ＊合衆国関税・国境保護局（U. S. Customs and Border Protection） ＊合衆国入国管理・関税執行局（U. S. Immigration and Customs Enforcement：ICE） ＊連邦法執行訓練センター（Federal Law Enforcement Training Center） ＊合衆国市民権・入国管理サービス（U. S. Citizenship and Immigration Services） ＊合衆国沿岸警備隊（U. S. Coast Guard） ＊合衆国シークレット・サービス（U. S. Secret Service） ＊長官室（Office of the Secretary） ＊プライヴァシー最高責任者室（Office of the Chief Privacy Officer） ＊市民権・市民的自由局（Office of Civil Rights and Civil Liberties） ＊監察総監室（Office of the Inspector General） ＊市民権・入国管理オンブズマン（Citizenship and Immigration Services Ombudsman） ＊**立法局（Office of Legislative Affairs）** ＊法律顧問室（Office of the General Counsel） ＊麻薬対策局（Office of Counternarcotics Enforcement） ＊広報局（Office of Public Affairs）

＊ 本表は、Department of Homeland Security《http://www.dhs.gov/dhspublic/》の資料および DEPARTMENT OF HOMELAND SECURITY：ORGANIZATIONAL CHARTS（Jan. 29, 2007）を基に作成した。
＊ 太字は変更された部局。

判が集中することになり、ブラウンFEMA長官は2005年9月12日に「詰め腹」を切らされ辞任に追い込まれた。

2006年10月4日、ブッシュJr.大統領は、FEMAの大幅な組織改革を行うための法案に署名し、2006年ポスト・カトリーナ緊急事態改革法（Post-Katrina Emergency Management Reform Act of 2006）[194]が成立した。同法は、FEMAについて規定した2002年国土安全保障法第Ⅴ編507条をほぼ全面的に改正している[195]。

さらに、FEMAの組織改編に関しては、従来、対応総局（Preparedness Directorate）の管轄下にあった、合衆国消防庁（United States Fire Administration: USFA）、寄付・訓練局（Office of Grants and Training: G & T）、化学備蓄緊急事態対応局（Chemical Stockpile Emergency Preparedness Division: CSEP）、放射能緊急事態対応局（Radiological Emergency Preparedness Program: REPP）、首都地域調整局（Office of National Capital Region Coordination: NCRC）の4部局がFEMAに移管されるものとなっている。そして、対応総局（Preparedness Directorate）は、国家防護・計画総局（National Protection and Programs Directorate: NPPD）に改編される[196]。

また、大量破壊兵器と生体防衛（Weapons of Mass Destruction (WMD) and Biodefense）などを管轄する健康局（Office of Health Affairs: OHA）が新設され、他方で政策総局（Policy Directorate）は政策局（Office of Policy）に「格下げ」さ

---

194) Post-Katrina Emergency Management Reform Act of 2006, Pub. L. No. 109-295, tit. 6, §§601-699A, 120 Stat. 1355, 1394—1463 (2006). なお、同法は、2007会計年度国土安全保障省予算法（Department of Homeland Security Appropriations Act, 2007, Pub. L. No. 109-295, 120 Stat. 1355 (2006)）の第Ⅵ編として制定されたものである。

195) Post-Katrina Emergency Management Reform Act of 2006, Pub. L. No. 109-295, tit. 6, subtit. A, §611, 120 Stat. 1355, 1395—1410 (2006).

196) Implementation of the Post-Katrina Emergency Management Reform Act And Other Organizational Changes《http://www.dhs.gov/xabout/structure/gc_1169243598416.shtm》。なお、2007年4月1日に予定されていた国土安全保障省（DHS）および連邦緊急事態管理庁（FEMA）の再編後の組織については、DEPARTMENT OF HOMELAND SECURITY: ORGANIZATIONAL CHARTS (Jan. 29, 2007)、土屋恵司「アメリカ合衆国の連邦緊急事態管理庁FEMAの機構再編」『外国の立法』232号（2007年6月）3頁以下が詳しい。

れる(次官補(Assistant Secretary)が担当)ものとされている。

　しかしながら、FEMA の組織改編に関していえば、災害対策の専門機関であった FEMA[197]をテロ対策やテロ関連情報の共有を主たる目的とする国土安全保障省(DHS)に統合したこと自体が、予算のテロ対策への重点配分にともなう災害対策予算の削減、災害対策のベテラン職員の退職などをまねき FEMA の災害対応能力を低下させたと指摘されている以上、《9・11》以前[198]のように、FEMA を DHS から「独立」させ災害対策専門の機関に戻さなければ、FEMA が災害対策において十分効果的に機能することは困難なのではないか。

(3) 移民＝入国管理対策

　国土安全保障法は、①テロリスト、テロ行為手段の合衆国内への侵入を阻止し、②合衆国の国境、領海、港湾、ターミナル、水路、航空・陸上・海上輸送システムの安全の保障、③司法省移民帰化局長(Commissioner of Immigration and Naturalization)により遂行される移民法執行機能の実行などの任務を果たすため[199]、国境・運輸安全保障担当次官(Under Secretary for Border and Transportation Security)の下に国境・運輸安全保障総局(Directorate of Border and Transportation Security)を設置し[200]、司法省から移民帰化局(INS)の一部と

---

197) もちろん FEMA は、1979年3月28日のスリーマイル島原発事故を契機として、1979年4月にカーター(Jimmy Carter)大統領が制定した大統領命令12127号(Exec. Order No. 12,127, 44 Fed. Reg. 19,367 (1979))によって、民間防衛(civil defense)と災害対策を統合した機関として創設されたものであるが、1990年代には冷戦構造の崩壊に伴い災害救助・復旧活動へとその重点を移し、特に1992年8月のハリケーン・アンドリュー対策が批判をまねいた後の1993年4月にクリントン大統領が J・L・ウィット(J. L. Witt)を FEMA 長官に任命してからは、ほとんど大統領に直結した「災害対策の専門機関」と化していた。なお、FEMA の歴史については、岩城成幸「Ⅵ　自然災害と緊急時対応」国立国会図書館調査及び立法考査局『総合調査報告書　主要国における緊急事態への対処』(2003年)150頁および FEMA History 《http://www.fema.gov/about/history.shtm》を参照のこと。
198) The Washington Post, Sept. 7, 2005.
199) Homeland Security Act of 2002, Pub. L. No. 107-296, tit. 4, subtit. A, §402(1)―(3), 116 Stat. 2135, 2178 (2002), 6 U.S.C. §202(3) (Supp. 2 2000).
200) Homeland Security Act of 2002, Pub. L. No. 107-296, tit. 4, subtit. A, §401, 116 Stat. 2135, 2177 (2002), 6 U.S.C. §201 (Supp. 2 2000).

第4章 《9・11》の衝撃(インパクト)と「対テロ戦争」法制の展開Ⅱ

国内テロリズム対策室、財務省から合衆国関税局（USCS）、農務省から動植物検疫の一部、運輸省から運輸安全局（TSA）、共通役務省から連邦保安局（FPS）、財務省から連邦法執行訓練センター（FLETC）を国境・運輸安全保障総局に移管した（表①参照）。

そして、従来、司法省の移民帰化局（INS）が一元的に管轄していた移民管理機能は、国土安全保障省の2つの部局と司法省の移民審査事務局（Executive Office for Immigration Review：EOIR）の3つに分割されることとなった。

移民帰化局（INS）の機能のうち、国境警備プログラム、拘束・退去強制プログラム、諜報プログラム、捜査プログラム、検査プログラムに基づき遂行されるすべての職務、関係するすべての職員、資産、責任は、国境・運輸安全保障総局に新設された国境安全保障局（Bureau of Border Security：BBS）に移管された。他方、移民査証、帰化、亡命・難民の申請についての裁定等は、これも国境・運輸安全保障総局に新設された市民権・入国管理サービス局（Bureau of Citizenship and Immigration Services：BCIS）に移管された（図③参照）。国境安全保障局（BBS）は、2003年3月に、入国管理・関税執行局（Bureau of Immigration and Customs Enforcement：BICE）に改称されたという。現在は、合衆国入国管理・関税執行局（United States Immigration and Customs Enforcement：

---

201) Homeland Security Act of 2002, Pub. L. No. 107-296, tit. 4, subtit. A, §403, subtit. D, §441, 116 Stat. 2135, 2178, 2192 (2002), 6 U.S.C. §203, §251 (Supp. 2 2000).

202) Homeland Security Act of 2002, Pub. L. No. 107-296, tit. 4, subtit. D, §§441—442, 116 Stat. 2135, 2192 (2002), 6 U.S.C. §§251—252 (Supp. 2 2000).

203) Homeland Security Act of 2002, Pub. L. No. 107-296, tit. 4, subtit. E, §451(a)(1)—(2),(b)(1)—(4), 116 Stat. 2135, 2195—2196 (2002), 6 U.S.C. §271(b) (Supp. 2 2000).

204) 土屋・前掲注(152)、27頁。《9・11》以後のアメリカの移民管理＝出入国管理法制については、小谷順子「アメリカにおける出入国管理のテロ対策法制」大沢秀介・小山剛編『市民生活の自由と安全——各国のテロ対策法制』（成文堂、2006年）25頁以下、井樋三枝子「テロ対策と出入国管理関連の立法動向——2001年米国愛国者法から2005年 REAL ID法まで」『外国の立法』227号（2006年2月）137頁以下、井樋三枝子「米国における就労目的の外国人の受入れと規制」『外国の立法』231号（2007年2月）6頁以下が詳しい。さらに、アメリカの移民管理＝出入国管理法制全般については、松林高樹「米国における移民関連法制の概要と治安問題との関連について(上)(下)」『警察学論集』57巻2号（2004年2月）148頁以下、57巻3号（2004年3月）149頁以下が詳しい。

図③　司法省・移民帰化局（INS）の国土安全保障省への移管

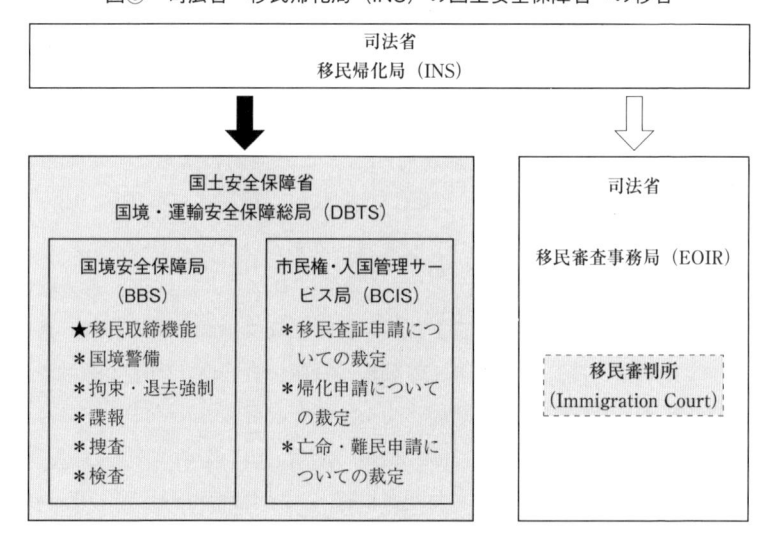

```
┌─────────────────────────────────────────┐
│          司法省                          │
│      移民帰化局（INS）                    │
└─────────────────────────────────────────┘
         ↓                    ⇩
┌──────────────────────┐  ┌──────────────┐
│    国土安全保障省     │  │    司法省     │
│ 国境・運輸安全保障総局 │  │              │
│     （DBTS）          │  │ 移民審査事務局 │
│ ┌────────┬─────────┐ │  │  （EOIR）     │
│ │国境安全 │市民権・入│ │  │              │
│ │保障局   │国管理サー│ │  │ ┌──────────┐│
│ │（BBS）  │ビス局    │ │  │ │移民審判所 ││
│ │★移民取 │（BCIS）  │ │  │ │(Immigration││
│ │締機能   │*移民査証 │ │  │ │  Court)   ││
│ │*国境警備│申請につい│ │  │ └──────────┘│
│ │*拘束・退│ての裁定  │ │  │              │
│ │去強制   │*帰化申請 │ │  │              │
│ │*諜報    │についての│ │  │              │
│ │*捜査    │裁定      │ │  │              │
│ │*検査    │*亡命・難 │ │  │              │
│ │         │民申請につ│ │  │              │
│ │         │いての裁定│ │  │              │
│ └────────┴─────────┘ │  │              │
└──────────────────────┘  └──────────────┘
```

ICE）と合衆国市民権・入国管理サービス（United States Citizenship and Immigration Services：CIS）に再編されている[205]（表②右欄参照）。

（4）　航空保安法制

《9・11》が、ハイジャックした民間旅客機を乗客・乗員ごと「生きたミサイル」として目標に突入させるという「コロンブスの卵」的テロとして実行されたことから、ブッシュ Jr. 政権は、《9・11》直後から、直ちに航空機と空港の保安体制の強化に取り組むことになる。

《9・11》直後の2001年9月22日には、航空保安・システム強化法（Air Transportation Safety and System Stabilization Act）[206]が制定される。同法は、航空

205）　なお、2008年2月現在の国土安全保障省（DHS）の組織構成については、同省のサイト・ページ《http://www.dhs.gov/xabout/structure/》および同サイト・ページ内にある Organization Charts (Feb. 1, 2008) を参照されたい。
206）　Air Transportation Safety and System Stabilization Act, Pub. L. No. 107-42, 115 Stat. 230 (2001).

第 4 章 《9・11》の衝撃[インパクト]と「対テロ戦争」法制の展開 II

会社に対する損失補塡・財政支援および《9・11》犠牲者に対する補償基金[207]（「9月11日犠牲者補償基金」）の創設を定めていた。[208]

次いで、11月19日には、航空運輸安全法（Aviation and Transportation Security Act）[209]が制定された。航空運輸安全法101条によって合衆国法典49編 1 章に追加された合衆国法典49編114条は、運輸省に運輸安全局（Transportation Security Administration：TSA）を新設し、その責任者である運輸安全担当次官（Under Secretary of Transportation Security）[210]に民間航空等の運輸手段の安全を確保する責任と、国際航空および州際航空の旅客に対する連邦安全検査の実施責任を負わせた。[211] 航空運輸安全法105条[212]によって新設された合衆国法典49編44917条[213]は、連邦航空保安官（Federal air marshals）をすべての国際航空、州際航空の旅客便に搭乗させることを義務づけている。

航空運輸安全法106条[214]は、合衆国法典49編44903条を改正し、運輸安全担当次官に空港の安全性を強化することを義務づけ[215]、航空運輸安全法110条(b)項[216]は、合衆国法典49編44901条を改正し、合衆国の空港を利用するすべての旅客とその荷物（郵便や貨物を含む）の検査は、同法制定より 1 年以内にすべて連邦政府職員の手によって実施され[217]、当該検査は運輸安全局の制服職員の監督下に実施

---

207) Air Transportation Safety and System Stabilization Act, Pub. L. No. 107-42, tit. 1, §101, 115 Stat. 230 (2001).
208) September 11th Victim Compensation Fund of 2001, Pub. L. No. 107-42, tit. 4, §§401—409, 115 Stat. 230, 237—241(2001).
209) Aviation and Transportation Security Act, Pub. L. No. 107-71, 115 Stat. 597 (2001).
210) 49 U.S.C. §114(a) (Supp. 1 2000).
211) 49 U.S.C. §114(b), (d), (e) (Supp. 1 2000).
212) Aviation and Transportation Security Act, Pub. L. No. 107-71, §105, 115 Stat. 597, 606—607 (2001).
213) 49 U.S.C. §44917(a)(1) (Supp. 1 2000).
214) Aviation and Transportation Security Act, Pub. L. No. 107-71, §106, 115 Stat. 597, 608 (2001).
215) 49 U.S.C. §44903(h)(2) (Supp. 1 2000).
216) Aviation and Transportation Security Act, Pub. L. No. 107-71, §110(b), 115 Stat. 597, 614—616 (2001).
217) 49 U.S.C. §44901(a) (Supp. 1 2000).

されるものとされた[218]。同法制定から60日以内に、合衆国内のすべての空港ですべての手荷物を検査するシステムを[219]、また、2002年12月31日までに、すべての手荷物を検査する爆発物探知システムを[220]運用するものとされた。なお、同法制定から2年経過した後は、資格を付与された民間検査会社が、運輸安全局の制服職員の監督の下で、検査を行うこともできるものとされた[221]。

航空運輸安全法に次いで航空保安関係で重要な法律は、2002年国土安全保障法（Homeland Security Act of 2002）の第Ⅳ編、第ⅩⅣ編、第ⅩⅥ編である。

2002年国土安全保障法第Ⅳ編は、「国境・運輸安全保障総局」と題され、国土安全保障省に、国境・運輸安全保障担当次官（Under Secretary for Border and Transportation Security）を長とする国境・運輸安全保障総局（Directorate of Border and Transportation Security）が設置され[222]、運輸省の運輸安全局は、財務省の合衆国関税局（United States Customs Service）、共通役務庁の連邦保安局（Federal Protective Service）、財務省の連邦法執行訓練センター（Federal Law Enforcement Training Center）、司法省の法プログラム局（Office of Justice Programs）ならびに国内テロリズム対策室（Office for Domestic Preparedness）などとともに国土安全保障省に移管された。国土安全保障法423条は、国土安全保障長官等に、航空安全、航空運輸業務の運航、航空機の耐空性や空域の利用等に影響する事項について、連邦航空局長（Administrator of the Federal

---

[218] 49 U.S.C. §44901(b) (Supp. 1 2000).

[219] 49 U.S.C. §44901(c) (Supp. 1 2000).

[220] 49 U.S.C. §44901(d) (Supp. 1 2000). なお、同項の定める2002年12月31日という期日は、後に国土安全保障法425条（Homeland Security Act of 2002, Pub. L. No. 107-296, tit. 4, §425, 116 Stat. 2135, 2185—2186 (2002) によって、2003年12月31日まで猶予することができるものと改められた。

[221] Aviation and Transportation Security Act, Pub. L. No. 107-71, §108(a), 115 Stat. 597, 611—613 (2001), 49 U.S.C. §§44919—44920 (Supp. 1 2000).

[222] Homeland Security Act of 2002, Pub. L. No. 107-296, tit. 4, §401, 116 Stat. 2135, 2177 (2002). なお、航空安全保安法制については、*Also see*, UNITED STATES GOVERNMENT ACCOUNTABILITY OFFICE, AVIATION SECURITY: SECURE FLIGHT DEVELOPMENT AND TESTING UNDER WAY, BUT RISKS SHOULD BE MANAGED AS SYSTEM IS FURTHER DEVELOPED (GAO Report, GAO-05-356, March, 2005).

Aviation Administration) と事前協議することを義務づけ[223]、同法424条は、運輸省から国土安全保障省に移管された運輸安全局を、運輸安全保障担当次官の下にある国土安全保障省内の別個の組織（a distinct entity）とする[224]。また、同法426条は、合衆国法典49編115条を改正し[225]、運輸安全監視委員会（Transportation Security Oversight Board）を運輸省の管轄から国土安全保障省の管轄へ移すものとした[226]。

　2002年国土安全保障法第XIV編は、対テロリズム武装パイロット法（Arming Pilots Against Terrorism Act）として引用され[227]、同法1402条は新たに合衆国法典49編44921条として、国境・運輸安全保障担当次官に、自発的な航空パイロットをハイジャック（air piracy）などの犯罪行為から操縦室を守るための連邦法執行職員（「連邦操縦室職員（Federal flight deck officers）」）に任命し[228]、これらのパイロットを訓練するためのプログラム等を整備する責任を負わせた[229]。運輸安全保障担当次官は、訓練プログラムを修了した連邦操縦室職員に火器の携帯[230]および武力の行使（use force）を許可する権限を有する[231]。

　2002年国土安全保障法の第XVI編では、まず、1601条(a)項で、合衆国法典49編40119条(a)項に連邦航空局長を追加し、運輸安全保障担当次官とともに、ハイジャック等の犯罪行為やテロリズムから乗客と財産を守り、安全を保障するために、運輸安全の研究開発に従事するものとし[232]、1602条は、航空安全保障要

---

223) Homeland Security Act of 2002, Pub. L. No. 107-296, tit. 4, §423(a), 116 Stat. 2135, 2185 (2002).
224) Homeland Security Act of 2002, Pub. L. No. 107-296, tit. 4, §424(a), 116 Stat. 2135, 2185 (2002).
225) 49 U.S.C. §115(a) (Supp. 2 2000).
226) Homeland Security Act of 2002, Pub. L. No. 107-296, tit. 4, §426(a)(1), 116 Stat. 2135, 2186 (2002).
227) Arming Pilots Against Terrorism Act, Pub. L. No. 107-296, tit. 14, §1401, 116 Stat. 2135, 2300—2301 (2002).
228) Arming Pilots Against Terrorism Act, Pub. L. No. 107-296, tit. 14, §1402(a), 116 Stat. 2135, 2300—2301 (2002), 49 U.S.C. §44921(a) (Supp. 2 2000).
229) 49 U.S.C. §44921(b) (Supp. 2 2000).
230) 49 U.S.C. §44921(f) (Supp. 2 2000).
231) 49 U.S.C. §44921(g) (Supp. 2 2000).
232) Homeland Security Act of 2002, Pub. L. No. 107-296, tit. 16, §1601(a), 116 Stat. 2135, 2312 (2002), 49 U.S.C. §40119(a) (Supp. 2 2000).

件に違反した民間航空機の運行に携わる者に対する民事制裁金の限度額を25,000ドルまで引き上げ[233]、1603条は、安全検査に従事する安全検査官の資格要件を、「合衆国の市民（citizen of the United States）」から「合衆国の市民または合衆国の国民（citizen of the United States or a national of the United States）」へと変更した[234]。

2002年11月25日には、運輸長官に港湾施設・船舶等の壊滅的な緊急事態を回避するための全米港湾運輸安全計画（National Maritime Transportation Security Plan）の策定を義務づけた2002年海上輸送安全法（Maritime Transportation Security Act of 2002）[235]も制定されている。

　　　　　　　　　　＊　　　　　　＊　　　　　　＊

追　記

　2007年8月3日、2002年国土安全保障法についてその制定以来最大規模の改正を行うために、2007年9・11委員会勧告履行法（Implementing Recommendations of the 9/11 Commission Act of 2007）[236]が制定された。

　2007年9・11委員会勧告履行法は、2004年7月の「合衆国に対するテロ攻撃に関する国家委員会（National Commission on Terrorist Attacks Upon the United States: 9/11 Commission）」による勧告『合衆国に対するテロ攻撃に関する国家委員会・最終報告書（Final Report of the National Commission on Terrorist Attacks Upon the United States）』[237]を実施するため、そして、2002年の国土安全保障法制定以後の国土安全保障省（DHS）の組織再編を「法的に追認」するために、2002年国土安全保障法を大幅に改正するものである。

　2007年9・11委員会勧告履行法は、全24編（Ａ4判285頁）からなる大部の法律

---

233) Homeland Security Act of 2002, Pub. L. No. 107-296, tit. 16, §1602, 116 Stat. 2135, 2312 (2002), 49 U.S.C. §46301(a)(1)―(8) (Supp. 2 2000).
234) Homeland Security Act of 2002, Pub. L. No. 107-296, tit. 16, §1603, 116 Stat. 2135, 2312 (2002), 49 U.S.C. §44935(e)(2)(A)(ii) (Supp. 2 2000).
235) Maritime Transportation Security Act of 2002, Pub. L. No. 107-295, 116 Stat. 2064 (2002).
236) Implementing Recommendations of the 9/11 Commission Act of 2007, Pub. L. No. 110-53, 121 Stat. 266 (2007).
237) 9・11委員会とその勧告内容については、第6章1.を参照されたい。

であり、同法による2002年国土安全保障法の改正は極めて多岐にわたり、かつ、改正内容も極めて重要ではあるが、残念ながら、本書では、同法による改正内容について検討する余裕はなかった。ここでは、さしあたり、本章3．および第6章2．(1)に直接かかわる国土安全保障省（DHS）の組織再編に関する改正点を1点だけ指摘しておくにとどめたい。

2007年9・11委員会勧告履行法531条は、2002年国土安全保障法201条を改正し、情報分析・インフラストラクチャー防護総局（Directorate for Information Analysis and Infrastructure Protection）を、情報・分析局（Office of Intelligence and Analysis: OIA）とインフラストラクチャー防護局（Office of Infrastructure Protection: OIP）に分割した[238]——もっとも、実際の分割・再編は法改正以前に行われており（表②参照）、法改正はそれを追認しただけではあるが——。情報・分析局（OIA）は、情報分析・インフラストラクチャー防護担当次官に替わって設けられた情報・分析担当次官（Under Secretary for Intelligence and Analysis）[239]が、インフラストラクチャー防護局（OIP）はインフラストラクチャー防護担当次官補（Assistant Secretary for Infrastructure Protection）が、それぞれ長として統括するものとされた[240]。また、情報・分析担当次官は、国土安全保障省（DHS）全体の首席諜報官（Chief Intelligence Officer: CIO）としての位置づけも与えられている[241]。

---

238) Homeland Security Act of 2002, Pub. L. No. 107-296, tit. 2, §201(a), 116 Stat. 2135, 2145 (2002), *amended by* Implementing Recommendations of the 9/11 Commission Act of 2007, Pub. L. No. 110-53, tit. 5, subtit. D, §531 (a)(2), 121 Stat. 266, 332 (2007).

239) Homeland Security Act of 2002, Pub. L. No. 107-296, tit. 2, §201(b)(1), 116 Stat. 2135, 2145 (2002), *amended by* Implementing Recommendations of the 9/11 Commission Act of 2007, Pub. L. No. 110-53, tit. 5, subtit. D, §531 (a)(2), 121 Stat. 266, 332 (2007).

240) Homeland Security Act of 2002, Pub. L. No. 107-296, tit. 2, §201(b)(3), 116 Stat. 2135, 2145 (2002), *amended by* Implementing Recommendations of the 9/11 Commission Act of 2007, Pub. L. No. 110-53, tit. 5, subtit. D, §531 (a)(2), 121 Stat. 266, 332 (2007).

241) Homeland Security Act of 2002, Pub. L. No. 107-296, tit. 2, §201(b)(2), 116 Stat. 2135, 2145 (2002), *amended by* Implementing Recommendations of the 9/11 Commission Act of 2007, Pub. L. No. 110-53, tit. 5, subtit. D, §531 (a)(2), 121 Stat. 266, 332 (2007).

第5章　FISA による電子的監視と愛国者法

1. FISA 制定以前の電子的監視

(1) 国家安全保障政策と政府の盗聴監視権限

《9・11》からわずか2ヶ月も経たない2001年10月26日、アメリカ国内におけるテロ対策を本格的に整備するためにFBIやCIAなどの法執行機関・諜報機関（軍の諜報機関も含む）のテロ捜査権限、電子的監視権限などを「飛躍的」に強化した2001年アメリカ合衆国愛国者法（USA PATRIOT ACT）[1]（以下、愛国者法）が制定された——愛国者法の概要については、第4章1.で取り扱っている——。

愛国者法制定の最も主要な目的の1つが、1978年外国情報活動監視法（Foreign Intelligence Surveillance Act of 1978: FISA）[2]（合衆国法典50編1801条以下）（以下、FISA）の改正によるFBI等の法執行機関による電話や電子的通信の盗聴（傍受）などの電子的監視（electronic surveillance）の権限と手段の強化、お

---

1) Uniting and Strengthening America by Providing Appropriate Tools Required to Intercept and Obstruct Terrorism (USA PATRIOT ACT) Act of 2001, Pub. L. No. 107-56, 115 Stat. 272 (2001) [hereinafter cited as USA PATRIOT ACT]. なお、愛国者法については、さしあたり、平野美恵子・土屋恵司・中川かおり「米国愛国者法（反テロ法）（上）（下）」『外国の立法』214号（2002年11月）1頁以下、215号（2003年2月）1頁以下、また、右崎正博「アメリカにおける緊急事態（有事）法制」『法律時報増刊　憲法と有事法制』（2002年12月）168頁以下、大沢秀介「アメリカ合衆国におけるテロ対策法制——憲法を中心として」大沢秀介・小山剛編『市民生活の自由と安全——各国のテロ対策法制』（成文堂、2006年）1頁以下を参照のこと。

2) Foreign Intelligence Surveillance Act of 1978, Pub. L. No. 95-511, 92 Stat. 1783 (1978), 50 U.S.C. §§1801—1811 (1994) (available at WESTLAW) [hereinafter cited as FISA].

よび法執行機関による電子的監視に対する司法的統制の緩和であったことは間違いない。

　法執行機関等による電子的監視には、①通常の刑事犯罪に対する電子的監視（合衆国法典18編2510条以下）と、②FISAによる「外国勢力」、「外国勢力のエージェント」に対する国家安全保障目的による電子的監視とがあるが、愛国者法「第Ⅱ編　監視手続の強化」は、①の電子的監視の対象とされる刑事犯罪に「テロリズム」を組み込み、また②のFISAによる電子的監視の対象者に「外国勢力」、「外国勢力のエージェント」だけでなく「テロリストの疑いのある外国人」を加えることによって、すなわち「テロリズム」対策を媒介として、①の通常犯罪に対する電子的監視と②のFISAによる電子的監視の両者の「境界」を極めて曖昧なものとすることによって、両者に対する司法的統制を著しく弱体化させる結果をもたらすものとなった。[3]

＊　　　　＊　　　　＊

　そもそも、連邦と州の法執行機関による電話盗聴（wiretap）は、少なくとも

---

3) この電子的監視の二分法と、FISAによる電子的監視については、さしあたり、*See, e.g.*, STEPHEN DYCUS, ARTHUR L. BERNEY, WILLIAM C. BANKS, PETER RAVEN-HANSEN, NATIONAL SECURITY LAW 666―698 (3rd ed. 2002) [hereinafter cited as DYCUS II]; Banks & Bowman, *Executive Authority for National Security Surveillance*, 50. AM. U. L. REV. 1 (2000); Bazan, *The Foreign Intelligence Surveillance Act: An Overview of the Statutory Framework and U.S. Foreign Intelligence Surveillance Court and U.S. Foreign Intelligence Surveillance Court of Review Decisions* (CRS, Order Code RL30,465, Feb. 15, 2007); Kerr, *Internet Surveillance Law after the USA Patriot Act: The Big Brother that isn't*, 97 NW. U.L. REV. 607 (2003); Henderson, *The PATRIOT Act's Impact on the Government's Ability to conduct Electronic Surveillance of ongoing Domestic Communications*, 52 DUKE L. J. 179 (2002); Herman, *The USA PATRIOT Act and the Submajoritarian Fourth Amendment*, 41 HARV. C.R.-C. L. L. REV. 67(2006); Dowley, *Government Surveillance Powers under the USA Patriot Act: Is it Possible to protect National Security and Privacy at the Same Time? A Constitutional Tug-of-War*, 36 SUFFOLK U. L. REV. 165 (2002). 平野美恵子・土屋恵司・中川かおり「米国愛国者法（反テロ法）（上）」『外国の立法』214号（2002年11月）17―22頁、右崎・前掲注1)、陳一・横溝大「サイバーセキュリティと国家管轄権」NTTデータ技術開発本部システム科学研究所編『サイバーセキュリティの法と政策』（NTT出版、2004年）63頁以下、79―87頁、拙著『国家秘密と情報公開――アメリカ情報自由法と国家秘密特権の法理』（法律文化社、1998年）146―154頁を参照のこと。

19世紀末（1895年）から行われてきたといわれている[4]。

1928年、連邦最高裁は、*Olmstead v. United States* 事件判決において、5対4という僅差ながら、法執行機関による有線電話の盗聴については合衆国憲法第4修正（U.S. Const. amend. Ⅳ）の令状主義は適用されない旨の判断を示した[5]。この連邦最高裁判決の法廷意見は、身体、家屋、書類および所有物に対する捜査もしくは押収には裁判所の発付する令状が必要であることを定めた合衆国憲法第4修正は、家屋への「物理的な侵入」（すなわち、家屋内に侵入して盗聴器を仕掛ける行為等）には適用されるが、屋外の電話線への盗聴器の設置という家屋への「物理的な侵入」を伴わない方法による電話盗聴には合衆国憲法第4修正は適用されないという理論構成を採っていた[6]。この結果、屋外に盗聴装置を仕掛ける方法での、法執行機関による裁判所令状なしでの電話盗聴は、合法的な捜査手段とされることになった。

Olmstead v. United States 事件判決の法廷意見で示された考え方をオルムステッド・ドクトリンというが、1967年の判例変更まで、このオルムステッド・ドクトリンが、法執行機関による電話盗聴を利用した捜査と市民のプライヴァシーの憲法上の保障との関係を支配することとなった。

1934年、連邦議会は、「何人（any person）」に対しても、送信者の許可なく有線および無線通信の内容を傍受すること、ならびに傍受した通信内容を他人に漏示することを違法行為として禁止することを定めた1934年連邦通信法（Federal Communications Act of 1934）[7]を制定した。連邦最高裁は、1937年の *Nardone v. United States* 事件判決において、1934年連邦通信法605条の規定はFBIなどの連邦政府職員（federal agents）に対しても適用されるとの判断を示

---

4) ACLU, Big Brother in the Wires: Wiretapping in the Digital Age (March, 1998) 《http://www.aclu.org/privacy/spying/15440pub19980301.html》or《http://encryption_policies.tripod.com/civil/aclu_0398_bigbrother.htm》.
5) Olmstead v. United States, 277 U.S. 438 (1928).
6) *Id.* at 462, 465–466.
7) Federal Communications Act of 1934, ch. 652, tit. 6, §605, 48 Stat. 1064, 1103–1104 (1934), 47 U.S.C. §605 (1964).

した。従って、法解釈上は、FBI 等の法執行機関による電話盗聴も「違法」な（非合法の）捜査手段ということになるはずであった。

　しかし、司法省は、1934年連邦通信法ならびに1937年 *Nardone* 判決が、連邦の法執行機関による電話盗聴を禁じたものとは解釈していなかった。ルーズヴェルト大統領は、重大な国防事項に関連する場合には、電話盗聴などの方法によって監視を行うことは合衆国憲法上正当な大統領の国防権限に属するとして、1940年、司法長官に対して、スパイ活動や合衆国政府に対する破壊活動の容疑者の通信を盗聴する権限を授権した。また、1954年には、当時のブラネル司法長官が、フーバー FBI 長官に対して、FBI が「国益」のために必要であると判断した場合には市民に対する盗聴や監視を行うことを認める覚書を手交した。

　このように、連邦政府は、第二次世界大戦による「外敵」からの国家の防衛の必要性や、冷戦初期の反共集団ヒステリー（マッカーシー旋風）の下で「国内の敵」から国家を防衛する必要性という大義名分の下、盗聴捜査などに関して、連邦議会が連邦政府機関に課した制約を大統領の戦時国防権限や国家安全保障権限を巧みに利用しながらなし崩しに形骸化して行ったのである。

　ベトナム戦争中の1960年代後半から1970年代前半にかけて、FBI や CIA などの法執行・諜報機関は、アメリカ国内でのベトナム反戦運動の高まりに対応して、ベトナム反戦運動を鎮圧し、「活動家」を一般市民から孤立させるために、彼らに対する盗聴などの手段を用いた徹底的な情報収集・監視と様々な謀略作戦を展開した。

---

8)　Nardone v. United States, 302 U.S. 379, 381 (1937); 308 U.S. 338 (1939). 本判決に関して、井上正仁『捜査手段としての通信・会話の傍受』（有斐閣、1997年）7頁を参照のこと。
9)　S. Dycus, A.L. Berney, W.C. Banks & P. Raven-Hansen, National Security Law 457 (1st ed., 1990) [hereinafter cited as Dycus I].
10)　*Id.*
11)　*Id.*
12)　CIA や FBI などのアメリカの諜報機関および諜報機関による市民監視の実態については、さしあたり、*See,* S. Lens, Permanent War: The Militarization of America 52-54 (1987). *See, e.g.,* J.T. Richelson, The U.S. Intelligence Community (4th ed., 1999); N. Hager, Secret Power (1996); D. Lyon, The Electronic Eye: The Rise of Surveillance Society

これらの法執行・諜報機関によるアメリカ市民に対する「非合法」の盗聴・監視活動で最も有名なのは、CIAによって実行されたコード・ネーム"CHAOS"と呼ばれる作戦であろう。この作戦は、その規模や著しい「非合法」度もさることながら、盗聴・監視対象に、ジェーン・フォンダやマーロン・ブランドなどの著名な俳優、ジェームズ・レストンなどのアメリカを代表する偉大なジャーナリストなどが多数含まれていたことで世界的な注目を浴びることになった。[13]

　ベトナムへの本格的な軍事介入に道を開いたジョンソン大統領は、1960年代後半にアメリカ国内でベトナム反戦運動が高まりをみせると、それらのベトナ

(1994); ACLU, The Surveillance-Industrial Complex: How The American Government is Conscripting Businesses and Individuals in the Construction of a Surveillance Society (2004); B. Schneier, D. Banisar, The Electronic Privacy Papers: Documents on the Battle for Privacy in the Age of Surveillance (1997). ロバート・ペア『CIAは何をしていた？』（新潮社、2003年）、ジョン・F・ケリー、フィリップ・K・ワーン『FBI神話の崩壊』（原書房、1998年）、ボブ・ウッドワード『ヴェール――CIAの極秘戦略1981―1987（上）（下）』（文藝春秋、1988年）、スタン・ターナー『CIAの内幕――ターナー元長官の告発』（時事通信社、1986年）、ダーマッド・ジェフリーズ『FBI神話のベールを剥ぐ（上）（下）』（同朋舎出版、1996年）、マーク・リーブリング『FBI対CIA――アメリカ情報機関　暗躍の50年史』（早川書房、1996年）、ハーバート・カミング『FBIの危険なファイル――狙われた文学者たち』（中央公論社、1994年）、デイヴィッド・ライアン『監視社会』（青土社、2002年）、ジェイムズ・バムフォード『すべては傍受されている――米国家安全保障局の正体』（角川書店、2003年）、ジム・レッデン『監視と密告のアメリカ』（成甲書房、2004年）パトリック・ラーデン・キーフ『チャター――全世界盗聴網が監視するテロと日常』（日本放送出版協会、2005年）を参照のこと。

13) CIAの秘密監視作戦"CHAOS"は、1976年、チャーチ上院議員を委員長とする上院情報活動・対外情報・軍事情報に関する政府活動を研究するための特別委員会（チャーチ委員会（Church committee））の報告書（*Book I & III of the Final Report of the Select Committee to Study Governmental Operations with Respect to Intelligence Activities*, S. Rep. No. 94-755, 94th Cong., 2d Sess. (1976)）によってその実態が明らかにされた。チャーチ委員会報告の邦訳としては、アメリカ合衆国議会上院諜報に関する政府活動調査特別委員会『CIA暗殺計画――米上院特別委員会報告』（毎日新聞社、1976年）が、また、チャーチ委員会と前後してCIAのアメリカ国内での秘密活動を調査したロックフェラー委員会（Rockefeller commission）の報告書（*Report to the President by the Commission on CIA Activities within the United States* (June 6, 1975)）の邦訳としては、ロックフェラー委員会『CIA: アメリカ中央情報局の内幕――ロックフェラー委員会報告』（毎日新聞社、1975年）がある。

ム反戦運動は、ソ連の影響を強く受けソ連によって金銭的に支援された一部の「活動家」の扇動によるものであると考え、CIAに対して、ベトナム戦争に批判的な合衆国市民に対する外国政府や外国の政治組織の影響力と援助の程度を調査するように命じた。

CIAがベトナム戦争に批判的なアメリカ市民に対する監視・盗聴作戦として実行した"CHAOS"作戦は、当初から、FBIから反戦運動に関する情報提供を受け、また、国家安全保障局（National Security Agency: NSA）から当該反戦運動に参加もしくは支援している監視対象者の国際電話・国際電報・国際無線通信などの傍受内容の提供を受けて行われた、極めて広範かつ包括的（網羅的）なものであった。その主な内容は、次のようなものであった。

① 海外にいる合衆国市民による反戦運動に対する、海外のCIAステーションによる物理的および電子的監視、友好国の諜報機関や密告者を利用した情報収集・監視活動。
② 国内の自発的な情報提供者から公然と海外情報を受け取るCIAの国内接触サービス。
③ 反戦運動シンパのポーズをとっているCIAエージェントを、国内・国外の反戦ラディカル団体に潜入させる"Project 2"。
④ CIAの財産および要員の安全に脅威をもたらすとみなされた国内の反戦ならびにラディカル団体へCIAエージェントを潜入させる"MERRIMAC[K]"プロジェクト。
⑤ CIA保安局（Office of Security; OS）による情報収集活動"RESISTANCE"プロジェクト。

ところで、CIAは、1947年国家安全保障法（National Security Act of 1947）102条(d)項(3)号但書において、アメリカ「国内」で法執行権限や国内安全保障（internal-security）権限を行使することを明示的に禁止されていた。従って、

---

14) Halkin v. Helms, 690 F.2d 977, 982—983 (D.C. Cir. 1982).
15) Id. at 983.
16) Id.
17) 1947年国家安全保障法102条(d)項(3)号但書（National Security Act of 1947, Pub. L.

"CHAOS"作戦のように、CIAがアメリカ「国内」でアメリカ市民の行動を監視したり、アメリカ市民との間でやり取りされる通信内容を盗聴することは、明らかな違法行為であった。

国家安全保障局（NSA）は、コード・ネーム"MINARET"と呼ばれる1967年から1973年にかけて実施された極秘作戦において、FBI、CIA、国防情報局（Defense Intelligence Agency: DIA）、シークレット・サービス（Secret Service, SS）、麻薬・危険薬物取締局（Bureau of Narcotics and Dangerous Drugs: BNDD）などから提供された監視対象者リストをもとに、ベトナム反戦活動家など1,200名にものぼるアメリカ市民の海外との電子的コミュニケーション――国際電話、国際電報、国際電信通話など――の内容を常時モニタリングしていた。[18] また、NSAは、同じ時期、Western Union International, RCA Global Communications, ITT World Communicationsの民間通信3社の協力を得て、アメリカ国内を「通過」（経由）したすべての電報の盗聴・解読を行う"SHAMROCK"作戦も展開していた。[19]

NSAは、"MINARET"、"SHAMROCK"両作戦によって収集した情報を整理・分析・要約し、約2,000もの報告書を作成して、これらの報告書を、国際麻薬取引捜査、行政府の防衛、テロリズム対策、国内組織への外国勢力の影響力評価――特に、ベトナム反戦運動組織へのソ連の影響力の浸透度の分析――などに役立てるために、FBI、CIA、DIA、SS、BNDDなどの諜報機関に極秘で提供していた。[20]

（2） オルムステッド・ドクトリンの変更と盗聴監視権限の統制

このような、法執行機関や諜報機関による盗聴／電子的監視権限の著しい濫

No. 253, §102(d)(3), 61 Stat. 495, 498 (1947), 50 U.S.C. §403-3(d)(1) (1994) (current version at 50 U.S.C. §403-4a(d)(1) (Supp. 4 2000))）は、「CIAは、警察、召喚令状、法執行権能もしくは国内治安機能をもたない」と規定し、CIAの合衆国内での諜報・市民監視活動を明示的に禁止している。

18) Halkin v. Helms, 598 F.2d 1, 3―4 (D.C. Cir. 1978).
19) *Id.* at 3―4.
20) *Id.* at 4.

用という「現実」を受けて、1967年、連邦最高裁は、*Katz v. United States* 事件判決において、合衆国憲法第4修正の令状主義は、法執行機関による電話盗聴を含む「電子的監視（electronic surveillance）」にも適用される旨の判断を示し、1928年以来のオルムステッド・ドクトリンを変更した。[21]

Katz 判決を受けて、連邦議会は、翌1968年、犯罪捜査のために法執行機関によって行われる電話盗聴ほかの電子的監視にも裁判所による許可命令の発付を要件として課すものとした1968年包括的犯罪取締・街路安全法（Omnibus Crime Control and Safe Streets Act of 1968）第Ⅲ編801条〜803条を成立させた。[22]

この1968年包括的犯罪取締・街路安全法第Ⅲ編801条〜803条は、FBIなどの法執行機関等による盗聴権限の濫用と一般市民に対する過度のプライヴァシー侵害を防止するために、法執行機関等が電話盗聴を含む電子的監視を行う際には裁判所の許可命令の発付を必要とするという新たな要件を課すことで、法執行機関等による電子的監視に一定の制約を加えることを目的としたものである。

1968年包括的犯罪取締・街路安全法第Ⅲ編802条によって追加された合衆国法典18編119章2510条〜2520条は、有線及び口頭の会話（wire or oral communication）を故意に傍受したり、傍受を試みたり、傍受させたり、傍受を試みさせた者は「何人も（any person）」1万ドル以下の罰金もしくは5年以下の禁固刑またはその両方を科すことによって、原則として電話の盗聴・傍受を禁止した。[23] また、併せて、有線及び口頭の会話を傍受する装置を製造、配布、所有および広告することも1万ドル以下の罰金もしくは5年以下の禁固刑また

---

21) Katz v. United States, 389 U.S. 347, 353 (1967).
22) Omnibus Crime Control and Safe Streets Act of 1968, Pub. L. No. 90-351, tit. 3, §§ 801—803, 82 Stat. 197, 211—225 (1968), 18 U.S.C. §§2510—2520 (1970), *amended by* Electronic Communications Privacy Act of 1986, Pub. L. No. 99-508, 100 Stat. 1848 (1986). *See*, Dycus II, *supra* note 3, at 615—626. 本法に関して、井上・前掲注8) 32頁以下、右崎正博・柏木友紀「第Ⅳ部　盗聴立法をめぐる国際的動向　第1章　アメリカ」右崎正博・川崎英明・田島泰彦『盗聴法の総合的研究――「通信傍受法」と市民的自由』（日本評論社、2001年）293頁以下を参照のこと。
23) Omnibus Crime Control and Safe Streets Act of 1968, Pub. L. No. 90-351, tit. 3, §802, 82 Stat. 197, 213 (1968), 18 U.S.C. §2511(1) (1970).

はその両方を科すことによって禁止している[24]。

ただし、例外的に、本法802条によって追加された合衆国法典18編2516条(1)項(a)号〜(g)号[25]の各号に規定する特定の犯罪についての証拠を提供する可能性がある場合には、合衆国法典18編2518条に規定する手続（後述）に基づき、司法長官、司法長官が特別に指名する司法次官補（Assistant Attorney General）は、FBIや当該犯罪の捜査に責任を有する連邦機関に有線および口頭の会話を盗聴・傍受する権限を授権するための許可命令を裁判所に請求することができるものとしている[26]。

司法長官等は、許可命令の発付を裁判所に請求する場合には、①請求を行う法執行官等の身元、②現に行われ、行われつつある、または、行われようとしている特定の犯罪の詳細、③通信傍受を行うための設備・場所の性質、④傍受しようとする通信の種類、⑤特定できる場合には、犯罪の犯人であって通信傍受の対象となる人物の身元、⑥他の捜査手段が試みられ失敗したことがあるかどうか等――についての情報を裁判所に提供しなければならないものとされている[27]。

請求を受けた裁判官は、①通信傍受の対象となる者が合衆国法典18編2516条に列挙された犯罪を現に行い、行いつつあり、または、行おうとしていると信ずる相当の理由（probable cause for belief）と、②当該通信傍受によって当該犯罪に関する特定の通信が獲得されると信ずる相当の理由があり、③通常の捜査手段が試みられたが失敗したか、合理的に考えて（reasonably appear）、仮に試みたとしても成功しそうもないかまたは危険すぎること――などを認定した場合には、通信傍受を許可する命令を発付することができる（may enter an *ex*

---

24) Omnibus Crime Control and Safe Streets Act of 1968, Pub. L. No. 90-351, tit. 3, §802, 82 Stat. 197, 214―215 (1968), 18 U.S.C. §2512(1)(a) ― (c) (1970).

25) Omnibus Crime Control and Safe Streets Act of 1968, Pub. L. No. 90-351, tit. 3, §802, 82 Stat. 197, 216―217 (1968), 18 U.S.C. §2516(1)(a) ― (g) (1970).

26) Omnibus Crime Control and Safe Streets Act of 1968, Pub. L. No. 90-351, tit. 3, §802, 82 Stat. 197, 216―217 (1968), 18 U.S.C. §2516(1) (1970).

27) Omnibus Crime Control and Safe Streets Act of 1968, Pub. L. No. 90-351, tit. 3, §802, 82 Stat. 197, 218―219 (1968), 18 U.S.C. §2518(1)(a) ― (f) (1970).

parte order）ものとされている。[28]

　この場合の許可命令は一方的命令（*ex parte* order）であり[29]、通信傍受（電子的監視）の対象となる特定犯罪の被疑者には告知されない。裁判所の許可命令は（裁判所に対する請求も）、裁判官によって封印され（sealed by the judge）、10年間保管されることになっている。[30]なお、許可命令を発付した（または請求を却下した）裁判官は、通信傍受の対象となった通信の当事者に対して、命令によって許可された通信傍受期間（およびその延長期間）が終了した時点（請求が却下された場合は請求時）から90日を超えない合理的な期間（reasonable time）内に、①命令発付（または請求）の事実、②命令発付（または請求）の日付、通信傍受の期間、③通信が傍受されたか否かの事実の通知を含む目録（inventory）を提供しなければならないものとされているが、一方当事者による十分な理由（good cause）の立証があれば当該目録の提供を延期することもできるものとされている。[31]

　なお、許可命令によって通信傍受が認められる期間は、授権の目的を達成するのに必要な期間（any period longer than is necessary to achieve the objective of the authorization）を超えず、かつ、30日を超えない期間とされているが、裁判官が授権の目的を達成するために必要と思慮する期間を超えず、かつ、30日を超えない期間であれば延長することも認められている。[32]

　このように、1968年包括的犯罪取締・街路安全法第Ⅲ編802条によって合衆国法典18編に119章2510条～2520条として追加された規定によって、従来、合衆国憲法第4修正の令状主義の埒外にあるとされ、それゆえに権限濫用が日常

28) Omnibus Crime Control and Safe Streets Act of 1968, Pub. L. No. 90-351, tit. 3, §802, 82 Stat. 197, 219 (1968), 18 U.S.C. §2518(3)(a)—(d) (1970).
29) Omnibus Crime Control and Safe Streets Act of 1968, Pub. L. No. 90-351, tit. 3, §802, 82 Stat. 197, 219 (1968), 18 U.S.C. §2518(3) (1970).
30) Omnibus Crime Control and Safe Streets Act of 1968, Pub. L. No. 90-351, tit. 3, §802, 82 Stat. 197, 220 (1968), 18 U.S.C. §2518(8)(b) (1970).
31) Omnibus Crime Control and Safe Streets Act of 1968, Pub. L. No. 90-351, tit. 3, §802, 82 Stat. 197, 220—221 (1968), 18 U.S.C. §2518(8)(d) (1970).
32) Omnibus Crime Control and Safe Streets Act of 1968, Pub. L. No. 90-351, tit. 3, §802, 82 Stat. 197, 219 (1968), 18 U.S.C. §2518(5) (1970).

的であった電話盗聴等の電子的監視に、裁判所の許可命令という要件を課すことでまがりなりにも司法的コントロールを担保しようとしたのであった（監視対象者への告知がなされず、監視対象者の権利保護にはなお欠ける部分が大きいものであったとしても）のであって、法執行機関による電子的監視を容易にするために本法が制定されたわけではない。ましてや、本法は法執行機関による電話盗聴を「最初に合法化」した法律などではない。[33]

ところで、1967年の *Katz* 判決は、①犯罪捜査目的での法執行機関による電子的監視には合衆国憲法第4修正の令状主義が適用されるが、②大統領の国防権限によって根拠づけられる国家安全保障目的のための電子的監視には合衆国憲法第4修正の令状主義は適用されないとの判断を示していた[34]。このため、1968年包括的犯罪取締・街路安全法第Ⅲ編802条（合衆国法典18編2511条）も、ⓐ「外国勢力（foreign power）」の顕在的もしくは潜在的攻撃、またはその他の敵対的行為から国家を守る――伝統的／対外的国家安全保障（national security）――ために必要だと大統領が判断した場合と、ⓑ暴力その他の非合法な手段による合衆国政府の破壊もしくは合衆国政府に対する明白かつ現在の危険から合衆国政府を守る――国内的安全保障（domestic security）――ために必要があると大統領が判断した場合には、法執行機関等による電子的監視に裁判所による令状（または許可命令）発付を要件として課している本法801条～803条ならびに1934年連邦通信法605条は適用されないものと定めていた[35]。

---

33) 柏木友紀「公衆電話も……市民『複雑』（盗聴捜査 米国の光と影：上）」朝日新聞1999年7月15日付（朝刊）は、「米国では1968年、捜査に通信傍受（盗聴）を認める法律が制定された」とし、1968年包括的犯罪取締・街路安全法が、あたかもそれまで非合法だった盗聴捜査を合法化するために制定されたかのように記述しているが、同法は、従来「野放し」だった法執行機関による電話盗聴に裁判所の許可命令という司法的統制を課すことにより、法執行機関の盗聴捜査権限の濫用を防止するために制定されたものであって、盗聴捜査を「合法化」するために制定されたわけではない。

34) Katz, *supra* note 21, at 358 n.23.

35) Omnibus Crime Control and Safe Streets Act of 1968, Pub. L. No. 90-351, tit. 3, §802, 82 Stat. 197, 214 (1968), 18 U.S.C. §2511(3) (1970). なお、「外国勢力（foreign power）」による顕在的もしくは潜在的攻撃、またはその他の敵対的行為から国家を守る必要があると大統領が判断する場合には、大統領が、外国の諜報活動に関する情報の獲得が合衆国の安全保

もっとも、1968年包括的犯罪取締・街路安全法第Ⅲ編802条のⓑ「国内的安全保障（domestic security）」のための電子的監視を行う場合について、司法省が、この場合の電子的監視の対象には、「外国勢力」とは直接的にも間接的にも関係のない「国内組織（domestic organization）」も含まれるとの解釈を示したため、36)「国内的安全保障」のための盗聴は政敵を葬るための政争の道具として、また過度に市民の自由を抑圧するための道具として濫用されるおそれが大きいとして問題化することになった。

　このため、連邦最高裁は、ニクソン大統領が政敵を葬るために民主党全国委員会事務所に盗聴器を設置しようとしたいわゆる"ウォーターゲート（Watergate）事件"が起きたのと同じ1972年の *United States v. United States District Court （Keith）* 事件判決において、「国内組織」から合衆国政府を防衛するという「国内的安全保障」概念は過度に漠然としており、「外国勢力」とは直接的にも間接的にも関係のない「国内組織」に対する盗聴・電子的監視は、政敵に対する抑圧手段として濫用されるおそれ、ならびに市民のプライヴァシーや表現の自由との関係でも深刻な問題をもたらすおそれがあることなどから、「国内的安全保障」のための電話盗聴・電子的監視には裁判所の令状の発付が必要であるとの判断を示した。37)

　連邦最高裁は次のようにいう。

　　「……安全保障監視（[s]ecurity surveillances）は、国内的安全保障概念に固有の漠然性、情報収集に必然的に伴う広範性・継続性、政治的反対者を監視するための安全保障監視の使用の誘惑ゆえに特に慎重さを要す。当裁判所は、大統領の国内的安全保障任務が憲法上の根拠を有するものであることを承認はするが、しかし、それは［合衆国憲法］第4修正と矛盾しない方法で行使されなければならないと考える。本件において、当裁判所は、このことは適切な事前の令状手続を要求するものと判断する」。38)

障に不可欠であると判断する場合や、外国の諜報機関から合衆国の国家安全保障情報を保護するために必要であると判断する場合も含まれる。

36) DYCUS II, *supra* note 3, at 618.
37) United States v. United States District Court (Keith), 407 U.S. 297 (1972).
38) *Id.* at 321.

この連邦最高裁判決を受けて、連邦議会は、1978年、合衆国において国家安全保障目的のためにFBIやCIAが行う電話盗聴・電子的監視の対象に、合衆国の市民、法人、集団等が含まれている場合には、合衆国外国情報活動監視裁判所（United States Foreign Intelligence Surveillance Court: FISC）の許可命令を得ることを要件として課した1978年外国情報活動監視法（Foreign Intelligence Surveillance Act of 1978: FISA）を成立させた。

　このように、1960年代〜1970年代にかけては、概ね、戦争や冷戦初期のどさくさに紛れて拡大された法執行機関や諜報機関の盗聴・電子的監視権限が、政敵の抹殺や市民への抑圧的な監視などの目的のために濫用されてきたという過去の教訓に鑑みて、法執行機関や諜報機関の盗聴・電子的監視権限に一定の制約を課す方向での司法判断と立法政策が積み重ねられてきたといえる。

2. FISAによる電子的監視の司法的統制の強化と緩和

（1）　FISAによる電子的監視の司法的統制の強化

　1978年外国情報活動監視法（Foreign Intelligence Surveillance Act of 1978: FISA）[39]は、FBIなどの法執行機関やNSA、CIA、SS、陸・空軍情報部などの諜報機関が、合衆国内における外国勢力による諜報活動、テロ、サボタージュ等を防止する目的で、合衆国内において実施する国家安全保障目的のための電子的監視の対象に、「外国勢力」のエージェントとなっている「合衆国の人（United States person）」[40]——合衆国の市民、法人、集団（法人格なき社団）等

---

39) FISA, Pub. L. No. 95-511, 92 Stat. 1783 (1978), 50 U.S.C. §§1801—1811 (1994).
40) 「合衆国の人（United States person）」とは、合衆国の市民（citizen of the United States）、（移民・国籍法101条(a)項(20)号によって定義される）合衆国に合法的に永住することを認められた外国人、合衆国市民もしくは合法的に永住することを認められた外国人が実質上多数を占める法人格なき社団または合衆国において設立された法人で、［合衆国法典50編1801条］(a)項(1)号、(2)号、(3)号で定義される外国勢力（foreign power）の法人または社団を除くものと定義されている（FISA, Pub. L. No. 95-511, §101(i), 92 Stat. 1783, ＿＿ (1978), 50 U.S.C. §1801(i) (1994))。

177

——が含まれている場合には、連邦最高裁判所首席裁判官の任命する7名の連邦地方裁判所裁判官で構成される合衆国外国情報活動監視裁判所（United States Foreign Intelligence Surveillance Court; FISC）——FISC については、後述する——の許可命令を得ることを要件として課すものであった。この結果、通常の刑事犯罪捜査を目的とする電子的監視とは異なり、従来まったく司法的統制の対象となっていなかった国家安全保障上の目的による電子的監視の場合にも、裁判所の許可命令が必要とされる場合が生じることとなったのであった。[41]

FISA102条(a)項(1)号（合衆国法典50編1802条(a)項(1)号）は、司法長官[42]が宣誓の上、書面で、外国諜報情報（foreign intelligence information）[43]を獲得するための電子的監視（electronic surveillance）[44]が、(A)「外国勢力（foreign power）[45]」の間、

---

41) FISA, Pub. L. No. 95-511, §102(b), 92 Stat. 1783, 1787—788 (1978), 50 U.S.C. §1802(b) (1994).

42) FISA にいう司法長官には、司法長官代理（Acting Attorney General）または司法副長官（Deputy Attorney General）も含まれる（FISA, Pub. L. No. 95-511, §101(g), 92 Stat. 1783, ____ (1978), 50 U.S.C. §1801(g) (1994)）。

43) 外国諜報情報（foreign intelligence information）とは、(1)(A)外国勢力または外国勢力のエージェントによる現実的もしくは潜在的な攻撃またはその他の重大な敵対行為、(B)外国勢力または外国勢力のエージェントによる破壊行為または国際テロリズム、(C)外国勢力の諜報機関もしくは諜報ネットワークまたは外国勢力のエージェントによる秘密諜報活動から、合衆国の能力を守ること、および「合衆国の人」に関する場合は合衆国の能力を守るために必要とされる情報、および、(2)(A)合衆国の国防または安全保障、(B)合衆国の外交活動に関係する外国勢力、外国領に関する情報、および「合衆国の人」に関する場合はそれらの遂行に必要とされる情報と定義されている（FISA, Pub. L. No. 95-511, §101(e), 92 Stat. 1783, ____ (1978), 50 U.S.C. §1801(e) (1994)）。

44) 電子的監視（electronic surveillance）とは、プライヴァシーが合理的に期待され、法執行目的のために令状が必要とされる状況の下で、合衆国内にいる「合衆国の人」またはそれ以外の人から発信、または、合衆国内にいる「合衆国の人」またはそれ以外の人によって受信される有線通信、無線通信またはそれ以外の通信の内容を、意図的に、電子的、機械的、またはその他の監視装置によって獲得することであるとされる。この点につき、詳しい定義は FISA101条(f)項でなされている（FISA, Pub. L. No. 95-511, §101(f), 92 Stat. 1783, ____ (1978), 50 U.S.C. §1801(f) (1994)）。

45) 「外国勢力（foreign power）」とは、FISA101条(a)項によれば、①合衆国政府による承認のいかんを問わず、外国の政府またはその構成要素、②実質的に「合衆国の人」によって構成されない、外国または諸外国の国民による党派（faction）、③1または複数の外

または「外国勢力のエージェント（agent of a foreign power）[46]」の間で専用の通信手段によって送受信される通信内容を獲得するためであり、(B)「合衆国の人（United States person）」が当事者である通信の内容を獲得する実質的な見込みがなく、(C) FISA101条(h)項（合衆国法典50編1801条(h)項）に定める「最小限化手続（minimization procedures）」に合致するものであることなどを証明する場合、大統領は、裁判所命令なしで、1年以内の電子的監視権限を、司法長官を通じて、授権できるものとしている[47]。

すなわち、①電子的監視の対象とする外国諜報情報が、もっぱら「外国勢力」または「外国勢力のエージェント」の間で送受信される通信であり、当該通信内容に「合衆国の人」が当事者である通信の内容が含まれている実質的な

国政府の指揮統制下にあることが当該外国政府によって公然と認められている組織、④国際テロリズムまたはその準備活動に従事する集団、⑤実質的に「合衆国の人」によって構成されない、外国に基盤を置く政治組織、⑥1または複数の外国政府の指揮統制下にある組織であるとされる（FISA, Pub. L. No. 95-511, §101(a)(1)—(6), 92 Stat. 1783, ___ (1978), 50 U.S.C. §1801(a)(1)—(6) (1994))。

46)「外国勢力のエージェント（agent of a foreign power）」とは、FISA101条(b)項によれば、①「合衆国の人」でない者であって、ⓐ国際テロリズムまたはその準備活動に従事する集団に該当する外国勢力の職員、被用者または一員として合衆国内で活動する者、ⓑ合衆国内に当該人物が存在するという状況から、合衆国の国益に反する秘密諜報活動への関与の可能性が示唆される場合、または、当該活動の運営に当たる者と知りながら幇助、教唆し、もしくは当該活動に従事する者と知りながら共謀する場合において、合衆国内において、外国勢力のために、または、外国勢力に代わって当該活動に従事する者——のいずれかに該当する者、②ⓐ合衆国刑事法の違反となる、または違反となる可能性があることを知りながら、外国勢力のために、または、外国勢力に代わって秘密諜報活動に従事する者、ⓑ合衆国刑事法の違反となる、または違反となる可能性があることを知りながら、外国勢力の諜報機関または諜報ネットワークの指示に従って、外国勢力のために、または、外国勢力に代わってその他の秘密諜報活動に従事する者、ⓒ外国勢力のために、または、外国勢力に代わって破壊活動、国際テロリズムまたはその準備活動に従事する者、ⓓⓐ、ⓑ、ⓒにいう活動の運営に当たる者と知りながらその者を意識的に幇助もしくは教唆し、または、ⓐ、ⓑ、ⓒにいう活動に従事する者と知りながらその者と共謀する者——のいずれかに該当する者をいうものとされている（FISA, Pub. L. No. 95-511, §101(b)(1)—(2), 92 Stat. 1783, ___ (1978), 50 U.S.C. §1801(b)(1)—(2) (1994))。

47) FISA, Pub. L. No. 95-511, §102(a)(1)(A)—(C), 92 Stat. 1783, ___ (1978), 50 U.S.C. §1802 (a)(1)(A)—(C) (1994).

見込みがない場合には、FISCの許可命令を得ることなく、1年以内の電子的監視を実施することができるが、②電子的監視の対象とする外国諜報情報が、もっぱら「外国勢力」または「外国勢力のエージェント」の間で送受信される通信内容だけでなく、「合衆国の人」が当事者である通信の内容が含まれている実質的な見込みがある場合には、FISCの許可命令を要するのである。

　このことは、FISCの管轄権規定によっても裏面から確認されている。FISA102条(b)項但書（合衆国法典50編1802条(b)項）は、FISA102条(a)項(1)号に基づくFISCの許可命令について、当該電子的監視が「合衆国の人」が当事者である通信の内容が含まれている実質的な見込みがない場合には、FISCは電子的監視を許可するいかなる命令も発付する権限を有しないと定めているからである[48]。これは、当該電子的監視が「合衆国の人」が当事者である通信の内容が含まれている実質的な見込みがある場合には、FISCは、司法長官の請求に基づき、当該電子的監視を許可する命令を出すかどうかについて判断する権限を有するが、当該電子的監視が「合衆国の人」が当事者である通信の内容が含まれている実質的な見込みがない場合には、FISCは、当該電子的監視を許可するかどうかについて判断する権限を有しないことを意味しているからである。

　ところで、FISCは、連邦政府職員の請求に基づき、外国諜報情報の獲得を目的とする電子的監視を許可する権限を有するが、当該電子的監視の許可命令は、1968年包括的犯罪取締・街路安全法第Ⅲ編802条（合衆国法典18編2518条(3)項）の場合と同様に、一方的命令（ex parte order）でなければならないものとされている[49]。このことは、FISCの許可命令が、監視対象者に対して告知されないことを意味する。このためもあって、FISCはしばしば「秘密法廷（secret court）」と呼ばれる。

　もっとも、1968年包括的犯罪取締・街路安全法第Ⅲ編802条（合衆国法典18編2518条(3)項）の場合とは異なり、FISAは、裁判官が、①外国諜報情報の電子的監視を承認する権限を、大統領が司法長官に授権したこと、②許可命令の請求が連邦政府職員によってすでになされ、司法長官によって承認されたこと、③

---

[48]　FISA, Pub. L. No. 95-511, §102(b), 92 Stat. 1783, ____ (1978), 50 U.S.C. §1802(b) (1994).
[49]　FISA, Pub. L. No. 95-511, §105(a), 92 Stat. 1783, ____ (1978), 50 U.S.C. §1805(a) (1994).

第5章　FISAによる電子的監視と愛国者法

電子的監視の対象が外国勢力または外国勢力のエージェントであり、電子的監視が指示される施設・場所が外国勢力または外国勢力のエージェントによって使用されつつあるか使用されようとしていること――などを認定した場合には、電子的監視を承認する一方的命令を発付<u>しなければならない</u>（the judge <u>shall</u> enter an *ex parte* order）と規定している[50]――1968年包括的犯罪取締・街路安全法第Ⅲ編802条（合衆国法典18編2518条(3)項）は、「裁判官は、一方的命令を発付することが<u>できる</u>（the judge <u>may</u> enter an *ex parte* order）」と規定していた[51]――。また、FISA は、電子的監視期間の終了後に、命令発付の事実、命令発付の日付、通信傍受の期間、通信が傍受されたか否かの事実の通知を含む目録（inventory）の提供を裁判官に義務づける規定を設けてはいない。

さらに、FISA は、司法長官が、①電子的監視の許可命令を相当の注意を払って取得できる前に、電子的監視を運用して外国諜報情報を獲得すべき緊急事態（emergency situation）が存在し、かつ、② FISA に基づく命令を発付して電子的監視を承認すべき事実上の根拠が存在すると合理的に判定した場合、管轄権を有する裁判官への授権の通知および授権から24時間以内の許可命令の請求を条件として、電子的監視の緊急運用を授権することができるものと規定している[52]。また、戦時（time of war）においては、大統領は、連邦議会による戦争宣言（declaration of war）から15暦日以内であれば、FISA による裁判所命令なしで、外国諜報情報を獲得するための電子的監視を授権することができるものとされている[53]。

ここで、1968年包括的犯罪取締・街路安全法第Ⅲ編から1978年 FISA までの電子的監視に関する法的枠組みについてもう一度整理しておくと次のようになる。まず、電子的監視は、Ⓐ犯罪捜査目的での電子的監視と、Ⓑ国家安全保障目的での電子的監視とに分類される――ただし、この分類は機能上の分類で

---

50)　FISA, Pub. L. No. 95-511, §105(a), 92 Stat. 1783, ＿＿ (1978), 50 U.S.C. §1805(a) (1994).
51)　Omnibus Crime Control and Safe Streets Act of 1968, Pub. L. No. 90-351, tit. 3, §802, 82 Stat. 197, 219 (1968), 18 U.S.C. §2518(3) (1970).
52)　FISA, Pub. L. No. 95-511, §105(e), 92 Stat. 1783, ＿＿ (1978), 50 U.S.C. §1805(e) (1994).
53)　FISA, Pub. L. No. 95-511, §111, 92 Stat. 1783, ＿＿ (1978), 50 U.S.C. §1811 (1994).

表① 電子的監視に対する司法的統制

電子的監視の目的	電子的監視の対象	電子的監視に対する司法的統制
Ⓐ犯罪捜査	特定の犯罪の被疑者	通常の司法裁判所の許可命令・令状
Ⓑ国家安全保障	Ⓑⓐ「合衆国の人」が当事者である通信の内容を含む実質的な見込のある「外国勢力」・「外国勢力のエージェント」間の通信	FISC の許可命令
	Ⓑⓑ「合衆国の人」が当事者である通信の内容を含む実質的な見込のない「外国勢力」・「外国勢力のエージェント」間の通信	司法的統制なし

あって、その機能を主に担う国家機関による分類ではないということに留意する必要がある。よく知られているように、法執行機関としての FBI は、法執行機能のみを担っているわけではなく、CIA や NSA などの諜報機関と同様に諜報機能や国家安全保障機能も担っているからである——。

次に、Ⓑの国家安全保障目的での電子的監視は、Ⓑⓐ「合衆国の人」が当事者である通信の内容を含む「外国勢力」・「外国勢力のエージェント」間の通信の電子的監視と、Ⓑⓑ「合衆国の人」が当事者である通信の内容を含まない「外国勢力」・「外国勢力のエージェント」間の通信の電子的監視とに分類される。

Ⓐの犯罪捜査目的での電話盗聴などの電子的監視には、通常の裁判所の盗聴許可命令の発付が必要とされる。また、Ⓑⓐ「合衆国の人」が当事者である通信の内容を含む実質的な見込のある「外国勢力」・「外国勢力のエージェント」間の通信の電子的監視には秘密法廷である FISC の許可命令が必要とされる。Ⓑⓑ「合衆国の人」が当事者である通信の内容を含む実質定な見込のない「外国勢力」・「外国勢力のエージェント」間の通信の電子的監視の場合は、FISC を含む裁判所の許可命令はいっさい必要とされない。

合衆国外国情報活動監視裁判所（FISC）は、1978年 FISA103条で新たに創設された裁判所であり、連邦最高裁判所首席裁判官によって7つの巡回区から任命された7名の連邦地方裁判所裁判官によって構成される。[54]

---

54) FISA, Pub. L. No. 95-511, §103(a), 92 Stat. 1783, ___ (1978), 50 U.S.C. § 1803(a) (1994).

第5章　FISAによる電子的監視と愛国者法

なお、政府機関が外国諜報情報を獲得するために実施しようとする電子的監視が、「合衆国の人」が当事者である通信の内容が含まれている実質的な見込みがない場合には、FISC は管轄権を有しない[55]。また、FISC の裁判官は、他の FISC の裁判官によってすでに却下された電子的監視の許可命令の請求と同一の請求を審理することはできないものとされている[56]。

FISC によって却下された請求を再審理するため、連邦控訴裁判所または連邦地方裁判所の中から連邦最高裁首席裁判官によって任命された3名の裁判官からなる合衆国外国情報活動監視再審裁判所（United States Foreign Intelligence Surveillance Court of Review：FISCR）が構成される[57]。

FISC は、連邦政府職員の宣誓または確約の下での書面による請求——それは、司法長官の事実認定に基づき、司法長官によって承認されていることを要す——に基づき、①原則として、90日以内の電子的監視を認める権限を有する。②ただし、監視対象が FISA101条(a)項(1)号〜(3)号で定義された「外国勢力」——外国政府の構成要素、外国の党派、公然と外国政府の指揮統制下にある組織——の場合は1年以内の電子的監視を認める権限を有する[58]。また、③監視期間の延長は、最初の命令と同一の基準でなされるが、④ FISA101条(a)項(4)号〜(6)号で定義された国際テロ集団、外国に基盤を置く政治組織、外国政府の指揮統制下にある組織などの「外国勢力のエージェント」が監視対象である場合には、1年以内の期間延長することができる[59]。

なお、この場合、連邦政府職員が FISC に提出する請求書面には、国家安全

FISC の裁判官数は、後に2001年の愛国者法208条（Uniting and Strengthening America by Providing Appropriate Tools Required to Intercept and Obstruct Terrorism (USA PATRIOT ACT) Act of 2001, Pub. L. No. 107 56, tit. 2, §208, 115 Stat. 272, 283 (2001), 50 U.S.C. §1803(a)(1) (Supp. 4 2000)）によって、7名から11名に増員された。

55)　FISA, Pub. L. No. 95-511, §102(b), 92 Stat. 1783, ＿＿ (1978), 50 U.S.C. §1802(b) (1994).
56)　FISA, Pub. L. No. 95-511, §103(a), 92 Stat. 1783, ＿＿ (1978), 50 U.S.C. §1803(a) (1994).
57)　FISA, Pub. L. No. 95-511, §103(b), 92 Stat. 1783, ＿＿ (1978), 50 U.S.C. §1803(b) (1994).
58)　FISA, Pub. L. No. 95-511, §105(d)(1), 92 Stat. 1783, ＿＿ (1978), 50 U.S.C. §1805(d)(1) (1994).
59)　FISA, Pub. L. No. 95-511, §105(d)(2), 92 Stat. 1783, ＿＿ (1978), 50 U.S.C. §1805(d)(2) (1994).

保障担当大統領補佐官または上院の助言と承認を得て大統領が任命した国家安全保障または国防担当の行政職員による「監視の目的（the purposes of the surveillance）が外国諜報情報の獲得であること」を証明する証明書が含まれていなければならないものとされている[60]。この「監視の目的（the purposes of the surveillance）が外国諜報情報の獲得であること」という文言は、電子的監視の「主たる目的（primary purpose）」が外国諜報情報の獲得にあることの証明を要求するものであるとされる[61]。

ところで、FISAによる電子的監視について、司法長官は、特定の通信事業者に対して、電子的監視の実施に必要とされるすべての情報、施設または技術的支援について秘密を守ること、および、それらを提供すべきことを指示することができるものとされている[62]。

（２）　クリントン政権における電子的監視権限の拡大・強化

しかし、このような司法判断と立法政策の潮流は、レーガン政権の登場とともに逆転され、1980年代から1990年代にかけて、FBIやCIAなどの電話盗聴・電子的監視権限は逆に拡大・強化されて行くことになる。

CIA、NSA、DIA、FBIなどのアメリカの諜報機関は、レーガン政権時代に「情報機関共同体（Intelligence Community : IC）」として実質的に「再編」され、CIAが国内における防諜活動にも従事し、FBIが国外での諜報活動にも従事できるようその権限と機能が拡大された（大統領命令12333号[63]）。この傾向は、ブッシュSr.政権末期からクリントン政権にかけてよりいっそう顕著なものとなる。

---

60) FISA, Pub. L. No. 95-511, §104(a)(7)(B), 92 Stat. 1783, ＿＿ (1978), 50 U.S.C. §1804(a)(7)(B) (1994).
61) Henderson, *supra* note 3, at 191―192.
62) FISA, Pub. L. No. 95-511, §102(a)(4)(A), 92 Stat. 1783, ＿＿ (1978), 50 U.S.C. §1802(a)(4)(A) (1994).
63) Exec. Order No. 12,333, 46 Fed. Reg. 59,941 (1981). なお、情報機関共同体（IC）は、フォード（G. R. Ford）大統領が1976年2月に発した大統領命令11905号（Exec. Order. No. 11,905, 41 Fed. Reg. 7,703 (1976)）によって（法的には）創設された。

レーガン大統領は、1981年、CIA、FBI、国家安全保障局（National Security Agency: NSA）、国防情報局（Defense Intelligence Agency: DIA）などの合衆国の諜報機関を包摂した情報機関共同体（Intelligence Community: IC）を「再編」・強化するとともに、CIA長官（Director of Central Intelligence: DCI）を大統領と国家安全保障会議（National Security Council: NSC）に直接責任を負うICの責任者とした大統領命令12333号（Executive Order 12,333）を制定した。

---

64) Exec. Order No. 12,333, §§1.4, 3.4(f), 46 Fed. Reg. 59,941, 59,943, 59,953 (1981), *amended by* Exec. Order No. 13,355, 69 Fed. Reg. 53,593 (2004). 情報機関共同体（Intelligence Community: IC）は、大統領および国家安全保障会議（National Security Council: NSC）、国務省、国防総省などが外交政策ならびに国家安全保障を守るために必要とする情報を収集する政府の諜報機関の集合体であるとされる（Exec. Order No. 12,333, §1.4, 46 Fed. Reg. 59,941, 59,943 (1981), *amended by* Exec. Order No. 13,355, 69 Fed. Reg. 53,593 (2004)）。情報機関共同体の構成機関について定めた大統領命令12333号3.4節(f)項は、1992年情報活動組織法702条（Intelligence Organization Act of 1992, Pub. L. No. 102-496, tit. 7, §702, 106 Stat. 3180, 3188—3189 (1992)）によって、合衆国法典50編401a条（50 U.S.C. §401a (1994)）として法典化された。現行の1947年国家安全保障法3条(4)号（合衆国法典50編401a条(4)号）によれば、「情報機関共同体（Intelligence Community）」は、国家情報長官室（Office of the Director of National Intelligence）、中央情報局（CIA）、国家安全保障局（NSA）、国防情報局（DIA）、国家地理情報局（National Geospatial-Intelligence Agency）、国家偵察局（National Reconnaissance Office）、国防総省のその他の特殊な国家諜報部局、陸・海・空・海兵4軍の諜報部局、FBIの諜報部局、財務省の諜報部局、エネルギー省の諜報部局、沿岸警備隊の諜報部局、国務省諜報調査局（Bureau of Intelligence and Research of the Department of State）、外国諜報情報（foreign intelligence information）の分析にかかわる国土安全保障省の部局などによって構成されるものとされている（50 U.S.C. §401a(4) (Supp.4 2000)）。なお、情報機関共同体（IC）の詳細については、OFFICE OF THE DIRECTOR OF NATIONAL INTELLIGENCE, AN OVERVIEW OF THE UNITED STATES INTELLIGENCE COMMUNITY (2007) を参照のこと。

65) Exec. Order No. 12,333 §1.5, 46 Fed. Reg. 59,941 (1981), *amended by* Exec. Order No. 13,355, 69 Fed. Reg. 53,593 (2004). CIA長官（DCI）が合衆国の全情報機関の統括責任者であることは、すでにフォード大統領の制定した大統領命令11905号（Exec. Order No. 11,905, 41 Fed. Reg. 7,703, 7,707 (1976)）などによって確認されていたが、大統領命令12333号1.5節はCIA長官（DCI）を大統領と国家安全保障会議（NSC）に直接責任を負うものとし、1992年情報活動組織法705条(a)項(3)号（Intelligence Organization Act of 1992, Pub. L. No. 102-496, tit. 7, §705(a)(3), 106 Stat. 3180, 3191—3192 (1992)）は、1947年国家安全保障法103条(c)項（合衆国法典50編403-3条(c)項 (50 U.S.C. §403-3(c) (1994)）として、CIA長官（DCI）を「情報機関共同体の長（Head of the Intelligence Community）」とする規定

また、大統領命令12333号は、連邦議会などから厳しく指弾されたCIA等の諜報機関によるベトナム反戦運動に対する「非合法」の盗聴・電子的監視活動や海外での反米政権要人の暗殺や反米政権の転覆などを図った「秘密活動（covert action）」を復活させる契機ともなった[66]。

　大統領命令12333号1.4節(d)項は、ICを構成する各諜報機関に対して「特殊活動（special activities）」を行う権限を授権した[67]。ここでいう「特殊活動（special activities）」とは、「海外での国家外交政策目標（national foreign policy objectives）を支援するために行われる諸活動で、合衆国政府の役割を非公然または非公知なものとするために計画および実行された諸活動」と定義される[68]。もちろん、このような「特殊活動」が、直ちに、反米政権要人の暗殺、反政府組織への武力支援・武器援助・軍事訓練の提供などの「非合法」活動を意味するわけではない。大統領命令12333号は、1.4節で、ICを構成する各諜報機関に対し、「適用されうる合衆国の法律および本命令の他の条項に反しない」ことを義務づけており[69]、2.8節で、「本命令は、合衆国憲法または合衆国の制定法の侵害となるようないかなる活動も正当化するものとして解釈されてはならな

を追加した。
　なお、現在の全情報機関の統括責任者は、2004年情報機関改革・テロリズム防止法第Ⅰ編・2004年国家安全保障情報活動改革法1011条によって新設された国家情報長官（Director of National Intelligence: DNI）である（National Security Act of 1947, Pub. L. No. 253, §102(b)(1), 61 Stat. 495, ＿＿(1947), 50 U.S.C. §403(b)(1) (Supp. 4 2000), *amended by* National Security Intelligence Reform Act of 2004, Pub. L. No.108-458, tit. 1, §1011(a), 118 Stat. 3638, 3643 (2004)）。国家情報長官（DNI）については、第6章を参照されたい。

66) CIAやNSAなどによる「非合法」の盗聴・電子的監視活動や秘密活動（covert action）については、前掲注12）・13）で掲げた諸文献のほか、*Also see*, National Security Archive, *Wiretap Debate Déjà Vu* (Feb. 4, 2006)《http://www.gwu.edu/~nsarchiv/NSAEBB/NSAEBB178/index.htm》; National Security Archive, *The National Security Agency Declassified* (Jan. 13, 2000)《http://www.gwu.edu/~nsarchiv/NSAEBB/NSAEBB24/index.htm》; National Security Archive, *Digital National Security Archive No. 9, The Iran-Contra Affair: The Making of a Scandal, 1983—1988*《http://nsarchive.chadwyck.com/marketing/about.jsp》.
67) Exec. Order No. 12,333, §1.4(d), 46 Fed. Reg. 59,941, 59,943 (1981).
68) Exec. Order No. 12,333, §3.4(h), 46 Fed. Reg. 59,941, 59,953—59,954 (1981).
69) Exec. Order No. 12,333, §1.4, 46 Fed. Reg. 59,941, 59,943 (1981).

第5章　FISA による電子的監視と愛国者法

い」としているからである。[70]

　CIA の海外での「秘密活動」については、もともと、1974年に追加された1961年外国支援法（Foreign Assistance Act of 1961）662条(A)項によって、それらの活動が合衆国の国家安全保障にとって重要であるとの大統領の認定がなければ実施できないものとされていた。[71] しかし、大統領命令12333号に基づいて制定された国家安全保障決定指令159号（National Security Decision Directives 159: NSDD-159）は、CIA だけでなくすべての合衆国政府機関の「秘密活動（covert action）」について、アメリカの国家安全保障にとって重要であるとの大統領の書面での認定を要件とするとともに、[72] CIA 等が「秘密活動」を行う場合の要件として、1961年外国支援法662条や大統領命令12333号が大統領による国家安全保障上の重要性の認定のみを定めているかのように強調するものであったため、CIA が「非合法」の「秘密活動」に従事しうる余地を生じさせたといわれている。実際、この大統領命令12333号と NSDD-159の組み合わせの下で、イラン・コントラ・ゲート事件が引き起こされることになるのである。[73]

---

70)　Exec. Order No. 12,333, §2.8, 46 Fed. Reg. 59,941, 59,952 (1981).
71)　Foreign Assistance Act of 1961, Pub. L. No. 87-195, §662(A), 78 Stat. 424 (1961) as added Foreign Assistance Act of 1974, Pub. L. No. 93-559, §32, 88 Stat.1804 (1974), *repealed by* Intelligence Authorization Act, Fiscal Year 1991, Pub. L. No. 102-88, tit. 6, §601, 105 Stat. 429, 441 (1991).
72)　National Security Decision Directives No. 159, Covert Action Policy Approval and Coordination Procedures (Jan. 18, 1985)《http://www.fas.org/irp/offdocs/nsdd/23-2543a.gif》.
73)　イラン・コントラ・ゲート事件を調査したタワー委員会（Tower commission）——レーガン大統領によって任命されたタワー（John Tower）元上院議員を長とする調査委員会——の報告書（The Tower Commission Report (1987)）や上下両院の合同調査委員会の報告書（Report of the Congressional Committees Investigating the Iran-Contra Affair (Iran-Contra Report), House Select Comm. to Investigate Covert Arms Transactions with Iran and Senate Comm. on Secret Military Assistance to Iran and the Nicaraguan Opposition, Report of the Congressional Committees Investigating the Iran-Contra Affair, S. Rep. No. 216, H.R. Rep. No. 433, 100th Cong., 1st Sess. 3-11 (1987)）は、ともに、大統領命令12333号の制定がイラン・イラク戦争中のイランやニカラグアの反政府武装勢力コントラへの極秘の武器・資金援助活動につながったとの認識を示している。*Also see,* National Security Archive, *Digital National Security Archive No. 9, The Iran-Contra Affair: The Making of a Scandal, 1983—1988*《http://nsarchive.chadwyck.com/marketing/about.jsp》.

他方で、大統領命令12333号は、CIA や NSA などによる合衆国市民に対する違法な盗聴・電子的監視活動が再開される端緒ともなった。
　すでにみてきたように、CIA や NSA はベトナム反戦運動に対する違法な監視活動を連邦議会等から厳しく指弾され、そのことが、合衆国市民に対する電子的監視を行う場合は、例えそれが国家安全保障目的のためのものであったとしても、FISC の許可命令を要するとした FISA が制定される契機ともなった。しかし、大統領命令12333号は、「外国の勢力（foreign powers）」や「外国勢力のエージェント（their agents）」による、「合衆国に対する諜報活動、国際テロリズムならびに国際薬物活動、および合衆国に対するその他の敵対的行為に関する情報の収集ならびにそれらの活動から合衆国を守るための諸活動」を行うことを IC に義務づける[74]。そして、「外国の勢力（foreign powers）」や「外国勢力のエージェント（their agents）」による合衆国に対する諜報活動に関する情報を収集するための手段の一つとして、電子的監視が実行されることになる。
　この点に関して特に重要なのは、従来、禁じられてきた CIA や NSA の合衆国国内での合衆国市民を対象とした電子的監視活動が大統領命令12333号によって事実上「解禁」されたことである。
　1947年国家安全保障法102条(d)項(3)号但書は、「CIA は、警察、召喚令状、法執行権能もしくは国内治安機能をもたない」と規定し、CIA による合衆国国内での監視活動を明示的に禁じていた[75]。
　しかし、大統領命令12333号は、CIA の外国情報機関の活動情報の収集や防諜活動に関して、①「合衆国国内（within the United States）での外国諜報（情報）または防諜（情報）の収集、作成、普及は、CIA 長官と司法長官の合意した手続に基き FBI と協力して行わなければならない」、②「合衆国国内（within the United States）における防諜活動は、CIA 長官と司法長官の合意した手続に基づき FBI と協力して行う（ただし、いかなる国内治安機能の引き受けや実行を伴

---

74)　Exec. Order No. 12, 333, §1.4(c), 46 Fed. Reg. 59, 941, 59,943 (1981).
75)　National Security Act of 1947, Pub. L. No. 253, §102(d)(3), 61 Stat. 495, 498 (1947), 50 U.S.C. §403-3(d)(1)(1994) (current version at 50 U.S.C. §403-4a(d)(1) (Supp. 4 2000)).
76)　Exec. Order No. 12,333, §1.8(a), 46 Fed. Reg. 59,941, 59,945 (1981).

第5章　FISAによる電子的監視と愛国者法

うものも除く[77]）」と規定することによって、CIAが合衆国国内において、外国情報機関やそのエージェントによる諜報活動情報の収集や防諜活動のための電子的監視活動を「合法的」に行うことに道を開いた。

また、大統領命令12333号は、国防長官に対しても、①国家外国諜報（national foreign intelligence）の収集[78]、②軍事および軍事関連外国諜報（military and military-related foreign intelligence）情報の収集、作成、普及、防諜（counterintelligence）[79]情報の収集、作成、普及、③合衆国外でCIAと協力して、合衆国内でFBIと協力して、防諜活動（counterintelligence activities）[80]を実施する権限を授権した。さらに、大統領命令12333号は、国防長官に対して、SIGINT（signals intelligence）とCOMINT（communications security activities）についても責任を負わせるものとしていた[81]。この結果、NSAやDIAなどの軍の諜報機関が、合衆国内外で、外国情報機関やそのエージェントによる諜報活動情報の収集や防諜活動のための電子的監視活動を「合法的」に行うことにも道が開かれた。

このように、CIAやNSAによる反米政権要人の暗殺、反政府組織への武力支援・武器援助・軍事訓練の提供などの「秘密活動」や、アメリカ合衆国国内でのアメリカ市民に対する「違法」な電子的監視（電話や無線通信の盗聴等）の実態が次々と暴かれ、FBIなどの法執行機関やCIA、NSAなどの諜報機関（軍の諜報機関を含む）の活動に対する議会統制の強化を図るという1970年代中期以降の流れは、1981年に大統領命令12333号が制定されることによって、早くも1980年代初頭には逆転現象を起こし始めるのである。

さらに、CIAなどの諜報機関の権限を定めている1947年国家安全保障法、1949年CIA法、1984年CIA情報法などは、1992年から1996年にかけて大幅に改正され、諜報機関の盗聴・電子的監視（electronic surveillance）権限と能力は著しく拡大強化された。

---

77) Exec. Order No. 12,333, §1.8(c), 46 Fed. Reg. 59,941, 59,945 (1981).
78) Exec. Order No. 12,333, §1.11(a), 46 Fed. Reg. 59,941, 59,946 (1981).
79) Exec. Order No. 12,333, §1.11(b), 46 Fed. Reg. 59,941, 59,946 (1981).
80) Exec. Order No. 12,333, §1.11(d), 46 Fed. Reg. 59,941, 59,947 (1981).
81) Exec. Order No. 12,333, §1.11(e), 46 Fed. Reg. 59,941, 59,947 (1981).

例えば、上述の諜報機関の権限を大幅に強化した大統領命令12333号は、1992年情報活動組織法（Intelligence Organization Act of 1992）[82]によって、1947年国家安全保障法（National Security Act of 1947）3条以下の規定のなかに制定法化される[83]。1994会計年度情報機関権限法（Intelligence Authorization Act for Fiscal Year 1994）[84]、1995会計年度情報機関権限法（Intelligence Authorization Act for Fiscal Year 1995）[85]および1994年防諜・安全保障強化法（Counterintelligence and Security Enhancements Act of 1994）[86]は、CIAおよびFBIのアメリカ国内外でのアメリカ市民や外国市民に対する電子的監視および物理的監視権限を大幅に拡大した。1996年経済防諜法（Economic Espionage Act of 1996）[87]も、CIAやFBIの電子的監視の対象範囲を大幅に拡大したものとして理解される必要がある。

　しかし、クリントン政権における電子的監視で特記すべきは、1994年に制定された1994年法執行通信援助法（Communications Assistance for Law Enforcement Act: CALEA）[88]であろう。同法103条(a)項(1)号・(2)号は、FBIの電子的監視、ことに電話盗聴とインターネット通信の監視能力を強化するため、民間の電話架設会社（telecommunications carrier）に対して、1998年までに、電話線敷設時にあらかじめ電子的監視を可能とする装置を組み込んでおくことを求めるものであった[89]。この法律が実際に施行されれば、ニューヨーク市の電話回線は100本

82) Intelligence Organization Act of 1992, Pub. L. No. 102-496, tit. 7, §702, 106 Stat. 3180, 3188 (1992).
83) 50 U.S.C. §§401a—403-6(1994).
84) Intelligence Authorization Act for Fiscal Year 1994, Pub. L. No. 103-178, 107 Stat. 2024 (1993).
85) Intelligence Authorization Act for Fiscal Year 1995, Pub. L. No. 103-359, 108 Stat. 3423 (1994).
86) Counterintelligence and Security Enhancements Act of 1994, Pub. L. No. 103-359, tit. 8, §§801—807, 108 Stat. 3423, 3434—3453 (1994).
87) Economic Espionage Act of 1996, Pub. L. No. 104-294, 110 Stat. 3488 (1996). 1996年経済防諜法については、第2章2.を参照のこと。
88) Communications Assistance for Law Enforcement Act, Pub. L. No. 103-414, 108 Stat. 4279 (1994).
89) Communications Assistance for Law Enforcement Act, Pub. L. No. 103-414,

第5章 FISAによる電子的監視と愛国者法

に1本の割合で電子的監視が可能となるといわれていた。

　また、クリントン政権は、1993年、テロ防止等を名目として、諜報機関がすべてのスクランブル（暗号化）通信にアクセスできる「クリッパーチップ（Clipper Chip）」と呼ばれる暗号チップと、スクランブル通信を解読する"カギ"を政府の指定する寄託機関に預けなければならないとする「クリッパーチップ2（Clipper Chip II）」の採用を告知した。この制度が完全に実施されれば、すべての電子的通信は、諜報機関が覗き見たいと思うときにはいつでも自由に「覗き見」できるようになる。このほかにも、アメリカ政府は、コンピュータ関連企業に対して、電子的通信の発信源や利用者を特定することのできる技術の開発を要請している。

　死者168名を出した1995年のオクラホマ連邦政府ビル爆破事件を契機として、クリントン政権はさらなる盗聴権限の拡大を図る。1996年に成立した1996年反テロリズム・効果的死刑法（Antiterrorism and Effective Death Penalty Act of 1996）には、法案段階では、テロ関連情報を収集するためFBIがアメリカ市民に対する広範な盗聴・サイバー監視を行う権限が盛り込まれていた。下院に提出された2つの1995年包括的反テロリズム法案および上院に提出された1996年効果的死刑・公共安全法案には、FBIに対して、電話の利用料金請求書、航空

---

§103(a)(1), (2), 108 Stat. 4279, 4280—4281 (1994). CALEA については、詳しくは、See, Figliola, *Digital Surveillance: The Communications Assistance for Law Enforcement Act* (CRS, Order Code RL30,677, May 3, 2005).

90) The White House, Statement by the Press Secretary (April 16, 1993)《htth://clinton6.nara.gov/1993/04/1993 04 16-press-release-on-clipper-chip-en...》。なお、クリッパーチップ（Clipper Chip）については、Electronic Privacy Information Centerのサイトページ《http://www.epic.org/crypto/clipper/foia/》に関連するFBIの秘密指定文書（FOIAによって情報公開されたもの）がそろっている。

91) Antiterrorism and Effective Death Penalty Act of 1996, Pub. L. No.104-132, 110 Stat. 1214 (1996).

92) 同法案の内容については斉藤豊治「アメリカは盗聴を拡大したか——アメリカのテロ対策立法」『法学セミナー』507号（1997年3月）15頁以下が詳しい。なお、あわせて拙著・前掲注3) 103—110頁、特に104頁脚注(82)を参照のこと。

93) H.R. 1710, 104th Cong., 1st Sess.; H.R. 2703, 104th Cong., 1st Sess.

94) S. 735, 104th Cong., 2d Sess.

機・レンタカー・ホテルの宿泊等の利用記録を収集する権限を授権する条項、外国の諜報機関に対して追跡装置を使用することを認める条項や、48時間以内であれば裁判所の許可命令なしに電話を盗聴する権限を授権する条項などが含まれていたのである。

　また、1996年反テロリズム・効果的死刑法でこれらの条項を立法化することに失敗した後も、1996年7月17日のTWA機爆発炎上事件（死者230名）が起こると、再び連邦議会はこれらの条項の立法化に積極的に乗り出した。すなわち、下院に提案された1996年航空安全・反テロリズム法案[95]、1996年反テロリズム・法執行促進法案[96]は、先に立法化に失敗したFBIの電話盗聴権限や秘密捜査権限の拡大を目指したものであった（もっとも、これらの権限の拡大・強化は、結局クリントン政権期には達成されず、《9・11》の発生まで待たねばならないことになった）。

（3）《9・11》以前のFISAの改正

　このような、クリントン政権下における電子的監視権限・秘密捜査権限の拡大・強化の一環として、FISAの改正（ことに、司法的統制を緩和するための改正）が行われることになる。

　《9・11》以前で最大の改正は、FISAに、外国諜報情報を獲得するための不動産、情報、資料、財産に対する物理的な捜索（physical searches）を規定した301条〜309条（合衆国法典50編1821条〜1829条）を追加した、1994年制定の1995会計年度情報機関権限法（Intelligence Authorization Act for Fiscal Year 1995）第Ⅷ編・1994年防諜・安全保障強化法（Counterintelligence and Security Enhancements Act of 1994）807条による改正であろう[97]。

　物理的捜索（physical searches）とは、FISA301条(5)号の定義によれば、「プライヴァシーが合理的に期待され、法執行目的のために令状が必要とされる状

---

95) H.R. 3953, 104th Cong., 2d Sess.
96) H.R. 3960, 104th Cong., 2d Sess.
97) Counterintelligence and Security Enhancements Act of 1994, Pub. L. No. 103-359, tit. 8, §807, 108 Stat. 3423, 3443—3453 (1994).

況の下で、情報、資料、または財産の押収、複製、検査または改変を意図して、合衆国内において、不動産または財産に何らかの物理的侵入（技術的方法による財産内部の検査を含む）を行うこと」であるとされる。[98]

FISA302条(a)項は、司法長官が、宣誓の下、書面で、当該物理的捜索が「合衆国の人」の不動産、情報、資料または財産にかかわる可能性をほとんど持たないことを証明する場合には、大統領は、裁判所命令なしで、1年以内の期間、外国諜報情報を獲得するための物理的捜索を、司法長官を通じて、授権することができるものとする。[99]しかし、「合衆国の人」の不動産、情報、資料または財産にかかわる可能性をほとんど持たないことを証明できない場合に物理的捜索を実施するためには、電子的監視の場合と同様に、FISCの許可命令を得なければならないものとされている。[100]

この場合のFISCの許可命令が一方的命令（*ex parte* order）である点も、電子的監視の場合と同様である。[101]ただし、FISAが制定されるまで令状手続を欠いていた国家安全保障目的での電子的監視に一方的命令（*ex parte* order）ではあるにせよ新たにFISCの許可命令を課した電子的監視の場合とは異なり、従来、合衆国憲法第4修正の下で令状手続が課されてきた物理的捜索について、対象者に対する告知を欠くFISCの一方的命令（*ex parte* order）で済むものとしたFISAの物理的捜索規定は、しばしば「令状なし捜索（warrantless physical searches）」と呼ばれる。[102]

---

98) 50 U.S.C. §1821(5) (1994).
99) 50 U.S.C. §1822(a)(1) (1994).
100) 外国諜報情報を獲得するための物理的捜索の請求を審理し、命令を発付する権限を有するのは、FISA103条で設置されたFISCである（50 U.S.C. §§1822(c), 1821(3) (1994))。
101) 50 U.S.C. §1824(a) (1994).
102) Malooly, *Physical Searches under FISA : A Constitutional Analysis*, 35 AM. CRIM. L. REV. 411, 416 (1998). なお、ブラウンとチンクグラナによれば、外国諜報情報（foreign intelligence infromation）を獲得する目的でなされる「令状なし捜索（warrantless physical searches）」は、このFISA改正以前にも、レーガン大統領の制定した大統領命令12333号（Exec. Order No. 12,333, 46 Fed. Reg. 59,941(1981)）の下で行われてきたという（Brown & Cinquegrana, *Warrantless Physical Searches for Foreign Intelligence Purposes : Executive Order 12,333 and the Fourth Amendment*, 35 CATH. U. L. REV. 97, 99—100 (1985))。

FISC は、①原則として、45日以内の物理的捜索を認める権限を有する。②ただし、監視対象が FISA101条(a)項(1)号〜(3)号で定義された「外国勢力」——外国政府の構成要素、外国の党派、公然と外国政府の指揮統制下にある組織——の場合は1年以内の物理的捜索を認める権限を有する。また、③捜索期間の延長は、最初の命令と同一の基準でなされるが、FISA101条(a)項(4)号〜(6)号で定義された国際テロ集団、外国に基盤を置く政治組織、外国政府の指揮統制下にある組織などの「外国勢力のエージェント」が捜索対象である場合は、1年以内で延長することもできる。[104]

もちろん、物理的捜索の場合も、司法長官が、①物理的捜索の許可命令を相当の注意を払って取得できる前に、物理的捜索を実施して外国諜報情報を獲得すべき緊急事態が存在し、かつ、② FISA に基づく命令を発付して捜索を承認すべき事実上の根拠が存在すると合理的に判定した場合、管轄権を有する裁判官への授権の通知および授権から24時間以内の許可命令の請求を条件として、物理的捜索の緊急実施を授権することができるものと規定している。[105] また、戦時 (time of war) においては、大統領は、連邦議会による戦争宣言 (declaration of war) から15暦日以内であれば、FISA による裁判所命令なしで、外国諜報情報を獲得するための物理的捜索を授権することができるものとされている。[106]

1998年に制定された1999会計年度情報機関権限法 (Intelligence Authorization Act for Fiscal Year 1999) 第Ⅵ編601条は、FISA に第Ⅳ編401条〜406条 (合衆国法典50編1841条〜1846条) を追加した。[107] FISA 第Ⅳ編401条〜406条は、FISA による電子的監視にペンレジスター (pen register) およびトラップ＆トレース装置 (trap and trace device) の使用を認めるための規定である。

FISA402条(a)項(1)号は、司法長官等に、FBI によって実施される、「合衆国

---

103) 50 U.S.C. §1824 (c)(1) (1994).
104) 50 U.S.C. §1824 (c)(2) (1994).
105) 50 U.S.C. §1824 (d)(1)(A), (B) (1994).
106) 50 U.S.C. §1829 (1994).
107) FISA, Pub. L. No. 95-511, tit.4, §§401—406, 92 Stat. 1783, ___ (1978), *amended by* Intelligence Authorization Act for Fiscal Year 1999, Pub. L. No. 105-272, tit. 6, §601, 112 Stat. 2396, 2404—2410 (1998), 50 U.S.C. §§1841—1846 (2000).

第 5 章　FISA による電子的監視と愛国者法

の人」に関係しない外国諜報情報または国際テロリズムに関する情報の収集を目的とする捜査のために、ペンレジスター／トラップ＆トレース装置の使用を認める命令を請求することを認めている[108]。この請求を行う場合、政府機関は、獲得される可能性の高い情報が、司法長官によって承認されたガイドラインの下で、FBI によって進行中の外国諜報情報または国際テロリズムの捜査に関連するものであることを証明しなければならないものとされている[109]。裁判官は、本条に基づく請求が本条の定める要件を満たすものであると判断するときは、ペンレジスター／トラップ＆トレース装置の使用を認める一方的命令（ex parte order）を発付することが義務づけられている[110]。

　裁判官は、また、請求に基づき、命令の発付によって、ペンレジスター／トラップ＆トレース装置の90日以内の使用を認めることができる（当該期間の延長も、90日以内の期間に限り認めることができる）[111]。ただし、司法長官が、①ペンレジスター／トラップ＆トレース装置の許可命令を相当の注意を払って取得できる前に、ペンレジスター／トラップ＆トレース装置を設置・使用して、外国諜報情報または国際テロリズム関連情報を獲得すべき緊急事態が存在し、かつ、②FISA402条に基づく命令を発付してペンレジスター／トラップ＆トレース装置の設置・使用を承認すべき事実上の根拠が存在すると合理的に決定した場合には、緊急の根拠（emergency basis）に基づき、ペンレジスター／トラップ＆トレース装置の設置・使用の決定がなされたことを授権時に裁判官に通知し、かつ、ペンレジスター／トラップ＆トレース装置の設置・使用から48時間以内に許可命令を得るための請求をすることを条件として、緊急の根拠に基づき、司法長官は外国諜報情報または国際テロリズムに関連する情報を収集するためにペンレジスター／トラップ＆トレース装置の設置・使用を授権することができる[112]。さらに、戦時においては、大統領は、裁判所命令なしで、

---

108)　50 U.S.C. §1842(a)(1) (2000).
109)　50 U.S.C. §1842(c)(2) (2000).
110)　50 U.S.C. §1842(d)(1) (2000).
111)　50 U.S.C. §1842(e) (2000).
112)　50 U.S.C. §1843(a), (b) (2000).

連邦議会による戦争宣言から15暦日以内のペンレジスター／トラップ＆トレース装置の使用を授権することができるものとされている[113]。

また、FISAのペンレジスター法は、ペンレジスター／トラップ＆トレース装置の設置対象となる有線通信サービスおよび電子的通信サービス・プロバイダー、不動産所有者、管理者その他の者に対して、裁判所命令によることなしには、捜査またはペンレジスター／トラップ＆トレース装置の存在を、何人に対しても開示してはならないと定め、特別な守秘義務を課している[114]。

なお、ペンレジスターとは、発信元（監視対象者）より送信される有線通信または電子的通信の着信先の局番、経路、宛先、信号の情報を記録・解読する装置であり[115]、トラップ＆トレース装置とは、監視対象者に対して送信されてきた有線通信または電子的通信の発信者（発信元）の局番、経路、宛先、信号の情報を記録・解読する逆探知装置のことである[116]。ただし、この場合に傍受できるのは、通信の処理・送信に利用される局番、経路、宛先、信号情報に限定され、通信の内容（contents）が含まれてはならないものとされている[117]。

ところで、FISAに基づく電子的監視にペンレジスター法の適用を認める1998年改正では、ペンレジスター／トラップ＆トレース装置の使用対象に電子的通信も含まれるかどうかは必ずしも一義的に明確ではなかった。このため、2000年11月17日にカリフォルニア北部地区連邦地裁は、政府によるインターネット通信へのペンレジスターの使用許可を求める一方的命令（*ex parte order*）の請求を却下し、かつ、インターネットにペンレジスター法は適用されないことを確認した[118]。この判決が、FISAのペンレジスター法規定の、後述する愛国者法216条による再改正を導くことになる。

さらに、1999会計年度情報機関権限法（Intelligence Authorization Act for

---

113)　50 U.S.C. §1844 (2000).
114)　50 U.S.C. §1842(d)(2)(B)(ii)(I) (2000).
115)　18 U.S.C. §3127(3) (Supp. 4 2000).
116)　18 U.S.C. §3127(4) (Supp. 4 2000).
117)　18 U.S.C. §3121(c) (Supp. 4 2000).
118)　*In re* United States, Cr-00-6091 (N.D. Cal. Nov. 17, 2000)(unpublished opinion), cited in Kerr, *supra* note 3, at 635.

Fiscal Year 1999）第Ⅵ編602条は、FISA に第Ⅴ編501条〜503条（合衆国法典50編1861条〜1863条）を追加した。[119]

FISA502条は、FBI 長官またはその指定する者は、外国諜報情報を収集するための捜査または国際テロリズムに関する捜査のために、公共交通事業者（common carrier）、公共宿泊施設（public accommodation facility）、保管施設（physical storage facility）、車両レンタル施設（vehicle rental facility）に対して、その所有する記録を提出することを求める命令の発付を FISC の裁判官等に対して請求することができるものとする。[120]

請求を受けた裁判官は、当該請求が本条の要件に合致すると認定するときは、記録の提出を認める一方的命令（*ex parte* order）を発付しなければならないものとされている。[121] 本条(a)項で述べられた捜査の目的のために発付された本条(c)項の命令は、開示されてはならないものとされ[122]、さらに、公共交通事業者、公共宿泊施設、保管施設、車両レンタル施設およびその職員、被用者、代理人は、本条(c)項の命令に基づいて FBI が捜索し、または獲得した記録を「何人（any person）」に対しても開示してはならないものとしている。[123]

1999年制定の2000会計年度情報機関権限法（Intelligence Authorization Act for Fiscal Year 2000）第Ⅵ編601条は、FISA101条(b)項(2)号(D)を(E)に変更し、新たに(D)として「外国勢力のために、または、外国勢力に代わって意識的に身元を偽称または詐称して合衆国に入国し、または合衆国に滞在している間、意識的に身元を偽称または詐称する者」を「外国勢力のエージェント」の定義に追加した。[124]

---

119) FISA, Pub. L. No. 95-511, tit.5, §§501—503, 92 Stat. 1783, ___ (1978), *amended by* Intelligence Authorization Act for Fiscal Year 1999, Pub. L. No. 105-272, tit. 6, §602, 112 Stat. 2396, 2410—2412 (1998), 50 U.S.C. §§1861—1863 (2000).
120) 50 U.S.C. §1862(a) (2000).
121) 50 U.S.C. §1862(c)(1) (2000).
122) 50 U.S.C. §1862(c)(2) (2000).
123) 50 U.S.C. §1862(d)(2) (2000).
124) FISA, Pub. L. No. 95-511, tit. 1, §101(b)(2)(D), 92 Stat. 1783, ___ (1978), *amended by* Intelligence Authorization Act for Fiscal Year 2000, Pub. L. No. 106-120, tit. 6, §601, 113 Stat. 1606, 1619—1620 (1998), 50 U.S.C. §1801(b)(2)(D)((2000).

2000年制定の2001会計年度情報機関権限法（Intelligence Authorization Act for Fiscal Year 2001）第Ⅵ編・2000年防諜改革法（Counterintelligence Reform Act of 2000）602条(a)項は、FISA104条（合衆国法典50編1804条）に、司法長官による審査条項を追加する。すなわち、FBI長官、国防長官、国務長官またはCIA長官から書面で電子的監視の請求がなされたときは、司法長官自らが審査に当たらなければならず、司法長官が許可命令の請求を不承認と決定した場合は、書面で通知しなければならないものとする。2000年防諜改革法603条は、物理的捜索について定めたFISA303条（合衆国法典50編1823条）に、FISA104条(e)項と同様の司法長官による審査条項を追加している。

3. 愛国者法によるFISAの改正と電子的監視権限の強化

(1) 愛国者法によるFISAの改正

　《9・11》以後のFISAの改正で最も重要なのは、やはり2001年愛国者法（Uniting and Strengthening America by Providing Appropriate Tools Required to Intercept and Obstruct Terrorism (USA PATRIOT ACT) Act of 2001）による改正であろう。

　愛国者法207条は、FISA105条(e)項(1)号（合衆国法典50編1805条(e)項(1)号）を改正し、国際テロリズムまたはその準備活動に従事する団体の職員、被用者等としての「外国勢力のエージェント（an agent of a foreign power）」を対象とする電子的監視の期間を<u>120日以内</u>とする規定を追加した。また、この場合の延長

---

125) Counterintelligence Reform Act of 2000, Pub. L. No. 106-567, tit. 6, §602(a), 114 Stat. 2831, 2851 (2000), 50 U.S.C. §1804(e) (Supp. 4 2000).
126) Counterintelligence Reform Act of 2000, Pub. L. No. 106-567, tit. 6, §603(a), 114 Stat. 2831, 2852 (2000), 50 U.S.C. §1823(d) (Supp. 4 2000).
127) Uniting and Strengthening America by Providing Appropriate Tools Required to Intercept and Obstruct Terrorism (USA PATRIOT ACT) Act of 2001, Pub. L. No. 107-56, 115 Stat. 272 (2001) [hereinafter cited as USA PATRIOT ACT].
128) USA PATRIOT ACT, Pub. L. No. 107-56, tit. 2, §207(a)(1)(B), 115 Stat. 272, 282 (2001),

第5章　FISAによる電子的監視と愛国者法

期間も1年以内とされた。[129]

　愛国者法207条は、また、物理的捜索（physical searches）についても、FISA304条(d)項(1)号（合衆国法典18編1824条(d)項(1)号）を改正し、FISCの許可命令を要する場合の「外国勢力」、「外国勢力のエージェント」に対する物理的捜索の期間を45日以内から90日以内へと延長した。[130] さらに、国際テロリズムまたはその準備活動に従事する団体の職員、被用者等としての「外国勢力のエージェント」に対する物理的捜索の期間を120日以内とする規定を追加した[131]（この場合の延長期間も1年以内とされている[132]）。

　このように、愛国者法207条は、「外国勢力」、「外国勢力のエージェント」に対する電子的監視と物理的捜索の両方の期間を大幅に延長したのである。

　愛国者法206条は、FISA105条(c)項(2)号(B)（合衆国法典50編1805条(c)項(2)号(B)）を改正し、FISCが、「請求の対象者の行為が明記された者の識別を妨げるおそれがある」と認める状況にある場合には、「その影響の及ぶ者」に対して、「電子的監視の遂行に必要なすべての情報、施設または技術的支援を請求者に提供すること」を義務づけた。[133] これは、従来、刑事犯罪捜査の分野においての

---

50 U.S.C. §1805(e)(1)(B) (Supp. 4 2000). なお、2001会計年度情報機関権限法第Ⅵ編・2000年防諜改革法602条(b)項(1)号（Counterintelligence Reform Act of 2000, Pub. L. No. 106-567, tit. 6, §602(b)(1), 114 Stat. 2831, 2851 (2000)）によって、FISA105条(b)項は(c)項へ、(c)項は(d)項へ、(d)項は(e)項へ、(e)項は(f)項へ、(f)項は(g)項へ、(g)項は(h)項へ項番号が変更されている。

129)　USA PATRIOT ACT, Pub. L. No. 107-56, tit. 2, §207(b)(1)(B), 115 Stat. 272, 282 (2001), 50 U.S.C. §1805(e)(2)(B) (Supp. 4 2000).

130)　USA PATRIOT ACT, Pub. L. No. 107-56, tit. 2, §207(a)(2)(A), 115 Stat. 272, 282 (2001), 50 U.S.C. §1824(d)(1) (Supp. 4 2000). なお2000年防諜改革法603条(b)項(1)号（Counterintelligence Reform Act of 2000, Pub. L. No. 106-567, tit. 6, §603(b)(1), 114 Stat. 2831, 2853 (2000)）によって、FISA304条(b)項は(c)項へ、(c)項は(d)項へ、(d)項は(e)項へ、(e)項は(f)項へ項番号が変更されている。

131)　USA PATRIOT ACT, Pub. L. No. 107-56, tit. 2, §207(a)(2)(C), 115 Stat. 272, 282 (2001), 50 U.S.C. §1824(d)(1)(B) (Supp. 4 2000).

132)　USA PATRIOT ACT, Pub. L. No. 107-56, tit. 2, §207(b)(1)(B), 115 Stat. 272, 282 (2001), 50 U.S.C. §1824(d)(2) (Supp. 4 2000).

133)　USA PATRIOT ACT, Pub. L. No. 107-56, tit. 2, §206, 115 Stat. 272, 282 (2001), 50 U.S.C. §1805(c)(2)(B) (Supp. 4 2000).

み認められてきたいわゆる移動監視 (roving surveillance) と呼ばれる手法を、FISA による電子的監視にも導入したものである。移動監視 (roving surveillance) とは、監視対象となる通信機器を特定せず、監視対象者が利用する可能性のあるすべての通信機器の送受信を監視する電子的監視の手法である。移動監視を FISA に基づく電子的監視の場合に認めることについては、数多くの無実の会話の盗聴・傍受をもたらすことになるとの強い批判がある。[134]

さらに、愛国者法214条は、FISA402条（合衆国法典50編1842条）を改正し、政府機関が FISA による電子的監視のためにペンレジスター／トラップ＆トレース装置を使用する場合の目的を、「外国諜報情報または国際テロリズムに関連する情報の収集を目的とする捜査のために」から「合衆国の人に関係しない外国諜報情報の獲得または国際テロリズムもしくは秘密諜報活動 (clandestine intelligence activities) の防止を目的とする捜査のために」に変更した。[135]また、その場合に政府に課される挙証責任についても、監視対象とする通信機材が連邦刑事法に違反するテロリズムまたは諜報活動に従事する者によって使用されているものであることを証明する義務が解除され、「合衆国の人が関係しない外国諜報情報または国際テロリズムもしくは秘密諜報活動の防止を目的とする継続中の捜査に関連するものであること」を証明するだけでよくなった。[136]

なお、この愛国者法214条による改正に関連して、愛国者法216条は、ペンレジスター／トラップ＆トレース装置の使用対象が、有線通信のみならず電子的通信も対象となること、さらにパケット交換方式のデータ・ネットワークに対してもペンレジスターおよびトラップ＆トレース装置が利用しうることを明確にした。[137]これは、前述した、2000年11月17日にカリフォルニア北部地区連邦地裁が、政府によるインターネット通信へのペンレジスターの使用許可を求

---

134) Henderson, *supra* note 3, at 203.
135) USA PATRIOT ACT, Pub. L. No. 107-56, tit. 2, §214(a)(1), 115 Stat. 272, 286 (2001), 50 U.S.C. §1842(a)(1) (Supp. 4 2000).
136) USA PATRIOT ACT, Pub. L. No. 107-56, tit. 2, §214(a)(2), 115 Stat. 272, 286 (2001), 50 U.S.C. §1842(c)(2) (Supp. 4 2000).
137) USA PATRIOT ACT, Pub. L. No. 107-56, tit. 2, §216(b)(1), 115 Stat. 272, 288 (2001), 18 U.S.C. §3123(a), (a)(3)(A), (B) (Supp. 4 2000).

第 5 章　FISA による電子的監視と愛国者法

める一方的命令（ex parte order）の請求を却下し、かつ、インターネットにペンレジスター法は適用されないことを確認したことに対して、ペンレジスター法（合衆国法典18編3123条(a)項）を改正することによって、インターネット通信にもペンレジスター法の適用があることを明確にするためであったと指摘されている。[138]

愛国者法215条は、FISA の501条〜503条を全面削除し、新たに501条と502条（合衆国法典50編1861条・1862条）を制定しなおしている。再制定されたFISA501条（合衆国法典50編1861条）は、FBI 長官（または FBI 長官の指定する者）は、「合衆国の人」が関係していない外国諜報情報を獲得し、または国際テロリズムもしくは秘密諜報活動の防止を目的とする捜査のために、金融機関や通信プロバイダー等に対して、帳簿、記録類、書類、資料その他の物品を含む有形物の作成を求める命令を、FISC に対して請求することができるものとした。[139] このとき、何人も、FBI が有形物を捜索または取得したことを他者に対して開示してはならないものとされている。[140]

ところで、実は、愛国者法による FISA の最も重要な改正点は、愛国者法218条による FISA104条(a)項(7)号(B)、303条(a)項(7)号(B)（合衆国法典50編1804条(a)項(7)号(B)、1823条(a)項(7)号(B)）の改正であるかもしれない。[141] この改正によって、FBI 職員等が FISC の裁判官に対して電子的監視の許可命令を請求する場合の要件の1つが、「監視の目的（the purpose）が、外国諜報情報の獲得であること」から、「監視の重要な目的のうちの1つ（a significant purpose）が、外国諜報情報の獲得であること」に変更された。[142] これは、外国勢力、外国勢力のエー

---

138) Kerr, *supra* note 3, at 637.
139) USA PATRIOT ACT, Pub. L. No. 107-56, tit. 2, §215, 115 Stat. 272, 287—288 (2001), 50 U.S.C. §1861(a)(1) (Supp. 4 2000).
140) USA PATRIOT ACT, Pub. L. No. 107-56, tit. 2, §215, 115 Stat. 272, 287—288 (2001), 50 U.S.C. §1861(d) (Supp. 4 2000).
141) USA PATRIOT ACT, Pub. L. No. 107-56, tit. 2, §218, 115 Stat. 272, 291 (2001), 50 U.S.C. §§1804(a)(7)(B), 1823(a)(7)(B) (Supp. 4 2000).
142) 50 U.S.C. §§1804(a)(7)(B), 1823(a)(7)(B) (Supp. 4 2000). なお、合衆国法典1823条(a)項(7)号(B)の文言は、「捜索の重要な目的のうちの1つが、……」である。

ジェントに対して電子的監視を実施する場合は、外国諜報情報の獲得そのものを「主たる目的（primary purpose）」とするものでなければならないという従来の要件を、外国諜報情報の獲得が「主たる目的」ではなくても（すなわち、「主たる目的」が他のものであっても）、他の「主たる目的」に付随する「重要な目的のうちの１つ」でありさえすれば、電子的監視が可能とされることを意味する。FISA による電子的監視の敷居は、極めて低いものになったということができよう。

　「テロリズム」対策の FISA への導入に伴う FISA の電子的監視・物理的捜索権限の拡大・強化、あるいは適用要件の大幅な緩和については、テロリストでない者がテロリストとして捜査・起訴される潜在的な危険性をもたらし、[143]「テロリストの疑いのある外国人[144]」に対する監視・捜索の通知の遅延の容認が、政府の権限濫用をもたらすおそれがあるものとする強い批判がある。[145]

　愛国者法の「第Ⅱ編　監視手続の強化」は、FISA を改正し、FBI 等による「外国勢力」、「外国勢力のエージェント」に対する電子的監視（electronic surveillance）の権限と手段を強化し、司法的統制を緩和するという直接的な影響だけを FISA にもたらしたわけではない。愛国者法の最大の意義は、①犯罪

---

143)　Henderson, *supra* note 3, at 203.
144)　なお、ここでいう「テロリストの疑いのある外国人」とは、愛国者法412条(a)項（USA PATRIOT ACT, Pub. L. No. 107-56, tit. 4, §412 , 115 Stat. 272, 350―352 (2001), 8 U.S.C. §1226a (Supp. 4 2000)）によって改正された移民・国籍法（Immigration and Nationality Act）236A 条(a)項(3)号の下で、「確信するに足る合理的な根拠（reasonable grounds of believe）」に基づき、ある外国人を、移民・国籍法に定める、①スパイ行為もしくはサボタージュ行為に関連して合衆国の法律に違反し、または物資、技術、慎重な取扱いを要する情報（sensitive information）の合衆国からの輸出を禁じる法律に違反もしくは回避するためのあらゆる行為、②実力（force）、暴力その他の非合法手段で合衆国政府に反対し、または合衆国政府を支配し、または合衆国政府を転覆することを目的とするあらゆる行為、③テロ活動（terrorist activity）、外国のテロ組織またはテロ活動を政治的に支持する政治的、社会的グループを代表する行為、司法長官によって指定された外国テロ組織の構成員となる行為（8 U.S.C. §§1182(a)(3)(A)(i), 1182(a)(3)(A)(iii), 1182(a)(3)(B), 1227(a)(4)(A)(i), 1227(a)(4)(A)(iii), 1227(a)(4)(B) (Supp. 4 2000)）――などに従事する者として司法長官が認定した外国人のことをいう。
145)　Dowley, *supra* note 3, at 181.

捜査目的の電子的監視の対象とされる刑事犯罪に「テロリズム」を組み込み、また②FISAによる国家安全保障目的の電子的監視の対象者にも、「外国勢力」、「外国勢力のエージェント」だけでなく「テロリストの疑いのある外国人」を加えることによって、すなわち「テロリズム」対策を媒介として、①の犯罪捜査のための電子的監視と②のFISAによる国家安全保障のための電子的監視という二分法的な枠組み自体を突き崩し、両者を「融合」させた（両者の境界を曖昧なものとした）点にこそ、求められるかもしれない。

　例えば、愛国者法201条は、司法長官等が、有線通信または口頭の会話を傍受する権限を連邦捜査局（FBI）ほかの法執行機関に授権するための裁判所命令を請求することのできる犯罪に、化学兵器に関する犯罪とテロリズムに関する犯罪を追加し、同202条は電子的監視の対象となる犯罪にコンピュータ詐欺とコンピュータ濫用罪を追加した[146]。この結果、法執行機関による特定の刑事犯罪に対する盗聴等の電子的監視を実施しうる対象に、テロ犯罪およびコンピュータ関連犯罪も含まれることになった。[147]

　愛国者法による犯罪捜査目的の電子的監視法のその他の改正としては、次のようなものがある。愛国者法209条は、合衆国法典18編2510条(1)号および(14)号の有線通信（wire communication）と電子的通信システム（electronic communication system）の定義を変更し、かつ、合衆国法典18編2703条の電子的通信の内容を法執行機関が入手する場合の手続規定に「有線（wire）」の文言を追加することによって、裁判所の命令によらず、大陪審の罰則付召喚令状または行政上の罰則付召喚令状（administrative subpoena）――「国家安全保障令状（National Security Letters: NSL）」――によって、法執行機関は、有線・電子的通信プロバイダーに対して、電子メールと同様にボイス・メッセージの内容の開示を要求することができるものとした[148]。さらに、この合衆国法典18編

---

146)　USA PATRIOT ACT, Pub. L. No. 107-56, tit. 2, §201(2), 115 Stat. 272, 278 (2001), 18 U.S.C. §2516(1) (q) (Supp. 4 2000).

147)　USA PATRIOT ACT, Pub. L. No. 107-56, tit. 2, §202, 115 Stat. 272, 278 (2001), 18 U.S.C. §2516(1) (c) (Supp. 4 2000).

148)　USA PATRIOT ACT, Pub. L. No. 107-56, tit. 2, §209, 115 Stat. 272, 283 (2001), 18 U.S.C. §§2510(1), (14), 2703(a), (b) (Supp. 4 2000).

2703条の改正に関連して、愛国者法210条は、合衆国法典18編2703条(c)項(2)号を改正し、法執行機関が行政上の罰則付召喚令状によって入手することのできる有線・電子的通信プロバイダーの受信契約者または顧客の個人情報を、従来からの氏名、住所、近距離および遠距離電話接続記録または通話時間・期間の記録、電話番号その他の識別子に加えて、ネットワーク・アドレス、サービス料金支払いのためのクレジット・カード番号、銀行口座番号などを含むものへと拡大した。[149]

愛国者法216条は、有線および電子的通信の傍受のためにペンレジスター／トラップ＆トレース装置を使用する場合、政府の代理人が、当該装置の利用および利用によって取得が予測される情報が継続中の犯罪に関連するものであることを証明したと裁判所が認めた場合には、裁判所に、許可命令を発付した裁判所の管轄区内だけでなく、全米のどこにでも当該装置を設置し利用することのできる一方的命令（*ex parte* order）を発付することを義務づけている。[150]ただし、この場合に傍受できるのは、通信の処理・送信に利用される局番、経路、宛先、信号情報に限定され、通信の内容は含まれてはならないものとされている。[151]

愛国者法220条[152]による合衆国法典18編2703条[153]および2711条[154]の改正によって、裁判所の命令によって法執行機関が有線通信・電子的通信の内容の開示をプロバイダーに対して要求する場合、当該命令を発しうるのは、捜査対象の犯罪について管轄権を有する裁判所であることが明確にされた。さらに、愛国者法213条は、裁判所が、被疑者にあらかじめ通告することが捜査に対して悪影響を及ぼすと判断する場合には、裁判所命令・令状の執行を直ちに通告すること

---

149) USA PATRIOT ACT, Pub. L. No. 107-56, tit. 2, §210, 115 Stat. 272, 283 (2001), 18 U.S.C. §2703(c)(2) (Supp. 4 2000).
150) USA PATRIOT ACT, Pub. L. No. 107-56, tit. 2, §216(b)(1), 115 Stat. 272, 288—289 (2001), 18 U.S.C. §3123(a) (Supp. 4 2000).
151) 18 U.S.C. §3121(c) (Supp. 4 2000).
152) USA PATRIOT ACT, Pub. L. No. 107-56, tit. 2, §220(a), 115 Stat. 272, 291—292 (2001).
153) 18 U.S.C. §2703(a) (Supp. 4 2000).
154) 18 U.S.C. §2711(3) (Supp. 4 2000).

なく、財産等の捜索を行うことができるものとしている[155]。ただし、この場合、捜査官は、裁判所に対して差押の相当の必要性（reasonable necessity）を示せなければならず[156]、また、捜索後「相当な期間（reasonable period）」内に当該被疑者に対して通告しなければならないものとされている[157]。

愛国者法203条(b)項は、法執行機関が通信傍受によってまたは大陪審によって入手した外国諜報（foreign intelligence）、防諜（counterintelligence）、外国諜報情報（foreign intelligence information）について、法執行機関の職員は、諜報機関、国家安全保障機関、国家防衛機関、移民担当機関の職員に対して開示することができるものとした[158]。また、203条のもう１つの時限規定である203条(d)項は、刑事犯罪捜査の一部として獲得された外国諜報、防諜、外国諜報情報を諜報機関、国家安全保障機関、国家防衛機関、移民担当機関の職員に対して開示することができるものとした[159]。この結果、法執行機関や大陪審が収集した外国諜報や外国諜報情報を、CIAやDIAなどの諜報機関・軍機関も入手・利用することができることとなった。なお、204条によって、FISAによる外国諜報情報の収集には、刑事捜査のための電子的監視に対する手続や規制が適用されないことが確認された[160]。

ここまで検討してきた愛国者法の各条項のうち、208条と216条を除く、201条、202条、203条(b)項、203条(d)項、204条、206条、207条、209条、214

---

155) USA PATRIOT ACT, Pub. L. No. 107-56, tit. 2, §213(2), 115 Stat. 272, 285—286 (2001), 18 U.S.C. §3103a(b)(1) (Supp. 4 2000).

156) USA PATRIOT ACT, Pub. L. No. 107-56, tit. 2, §213(2), 115 Stat. 272, 285—286 (2001), 18 U.S.C. §3103a(b)(2) (Supp. 4 2000).

157) USA PATRIOT ACT, Pub. L. No. 107-56, tit. 2, §213(2), 115 Stat. 272, 285—286 (2001), 18 U.S.C. §3103a(b)(3) (Supp. 4 2000). 平野ほか・前掲洋1)(ト)『外国の立法』214号（2002年11月）21頁脚注(20)によれば、この「相当な期間」は、最長で90日程度が想定されているという。

158) USA PATRIOT ACT, Pub. L. No. 107-56, tit. 2, §203(b), 115 Stat. 272, 280 (2001), 18 U.S.C. §2517(6) (Supp. 4 2000).

159) USA PATRIOT ACT, Pub. L. No. 107-56, tit. 2, §203(d), 115 Stat. 272, 281 (2001), 50 U.S.C. §403-5d (Supp. 4 2000).

160) USA PATRIOT ACT, Pub. L. No. 107-56, tit. 2, §204, 115 Stat. 272, 281 (2001), 18 U.S.C. §2511(2)(f) (Supp. 4 200).

条、215条、218条、220条の各条項は、愛国者法224条(a)項の規定によって2005年12月31日で失効する時限規定であった。[161]

(2) 愛国者法以後のFISAの改正

ブッシュ Jr. 政権は、2003年早々、テロ関連の捜査権限や電子的監視権限のさらなる拡大・強化を求めて2003年国内安全保障強化法案（Domestic Security Enhancement Act of 2003）——第2愛国者法案（PATRIOT ACT II）と呼ばれる——の議会提出を準備していた。

2003年国内安全保障強化法案は、FISA・愛国者法の電子的監視権限の拡大と恒久法制化を目指し、①FISCの許可命令の下での電子的監視の対象となる「外国勢力」に、FISA101条(a)項（合衆国法典50編1801条(a)項）の定義する「組織」等の構成員以外の「個人（individual）」を追加し、②連邦議会による戦争宣言以外の緊急事態下でも、FISCの許可命令なしで法執行機関等への15日間の電子的監視権限の授権、③国家安全保障上の電子的監視からFISCの関与を排除する大統領権限の拡大などの規定を含んでいた。[162]

さらに、同法案は、「国際テロリスト」や「テロ活動」等の概念を拡大した上で、テロ捜査のための行政的召喚令状発付権限の司法省への付与やテロ捜査への軍の関与を拡大する条項なども含んでいた。テロ捜査への軍の関与の拡大とは、具体的には、ⓐテロ容疑者の認定を国防長官が司法長官とともに行うこと、ⓑテロ関連情報を、司法省、FBI等の法執行機関やCIA等の情報機関とともに軍が共有すること、ⓒ情報自由法（Freedom of Information Act of 1966: FOIA）、秘密指定情報訴訟法（Classified Information Procedures Act: CIPA）の改

---

161) USA PATRIOT ACT, Pub. L. No. 107-56, tit. 2, §224(a), 115 Stat. 272, 295 (2001).
162) Confidential-Not for Distribution, Draft-Jan. 9, 2003, A Bill: To enhance the domestic security of the United States of America, and for other purposes. in Daily Rotten: Weird News《http://www.dailyrotten.com/》. *Also see*, Confidential-Not for Distribution, Draft-Jan. 9, 2003, Domestic Security Enhancement Act of 2003: Section-by-Section Analysis. in Daily Rotten: Weird News《http://www.dailyrotten.com/》; ACLU, *How "Patriot Act 2" Would Further Erode the Basic Checks on Government Power That Keep America Safe and Free* (March 20, 2003).

正によるテロ関連情報の適用除外（＝非開示）事項の拡大、ⓓテロ容疑者からの DNA サンプル、指紋その他の個人識別情報を収集する権限を司法長官とともに国防長官にも授権することなどを指している。[163]

 第2愛国者法案は、司法省の原案が事前にインターネット上に流出したため「流産」することになるが、しかし、そこに盛り込まれていた各条項は、すぐ後でみる、2004年情報機関改革・テロリズム防止法 (Intelligence Reform and Terrorism Prevention Act of 2004) や2005年愛国者法改善・再授権法 (USA PATRIOT Improvement and Reauthorization Act of 2005) などによって制定法化されていくことになる。

 2004年情報機関改革・テロリズム防止法 (Intelligence Reform and Terrorism Prevention Act of 2004) 6001条(a)項は、「外国勢力のエージェント (agent of a foreign power)」について定義する FISA101条(b)項(1)号（合衆国法典50編1801条(b)項(1)号）に、(C)「国際テロリズムに従事し、または意識的にその準備活動に従事する者」を追加した[164]（なお、同法6001条(b)項は、6001条(a)項は愛国法224条の時限規定に従う、すなわち、6001条(a)項も2005年12月31日で失効するものと規定していた）[165]。この条項は、通称、「一匹狼 ("lone wolf")」条項と呼ばれる。なぜなら、同条項には、従前からの「外国勢力のエージェント」に関する定義である FISA101条(b)項(1)号(A)・(B)（合衆国法典50編1801条(b)項(1)号(A)・(B)）の「(b)(1) 合衆国の人でない者であって、(A)本条(a)項(4)号で定義される［国際テロリズムまたはその準備活動に従事する集団に該当する］外国勢力の職員、被用者または

---

163) See, Confidential-Not for Distribution, Draft-Jan. 9, 2003, Domestic Security Enhancement Act of 2003: Section-by-Section Analysis. in Daily Rotten: Weird News《http://www.dailyrotten.com/》 Also see, ACLU, How "Patriot Act 2" Would Further Erode the Basic Checks on Government Power That Keep America Safe and Free (March 20, 2003). なお、情報自由法 (Freedom of Information Act of 1966: FOIA) および秘密指定情報訴訟法 (Classified Information Procedures Act: CIPA) については、拙著・前掲注3）第1章～第3章ならびに第5章を参照されたい。

164) Intelligence Reform and Terrorism Prevention Act of 2004, Pub. L. No.108-458, tit. 6, subtit. A, §6001(a), 118 Stat. 3638, 3742 (2004), 50 U.S.C. §1801(b)(1)(C) (Supp. 4 2000).

165) Intelligence Reform and Terrorism Prevention Act of 2004, Pub. L. No.108-458, tit. 6, subtit. A, §6001(b), 118 Stat. 3638, 3742 (2004).

一員として合衆国内で活動する者、(B)合衆国内に当該人物が存在するという状況から、合衆国の国益に反する秘密諜報活動への関与の可能性が示唆される場合、または、当該活動の運営に当たる者と知りながら幇助、教唆し、もしくは当該活動に従事する者と知りながら共謀する場合において、合衆国内において、外国勢力のために、または、外国勢力に代わって当該活動に従事する者」とする規定とは異なり、「外国勢力の職員、被用者または一員として」とか、「外国勢力のために、または、外国勢力に代わって」とかの「外国勢力」とのかかわりを示す文言がなんら入っていないからである。このことは、「国際テロリズムに従事し、または意識的にその準備活動に従事する者」は、外国勢力──例えば、外国、外国のグループ、国際テロ組織等──との結びつきがなんら示されなくとも、ただ「国際テロリズムに従事し、または意識的にその準備活動に従事」しただけでFISAの下で電子的監視または物理的捜索の対象とされること、すなわち組織的背景を持たない「一匹狼」のテロリストも監視対象とされることを意味するものとされる[166]。

　2004年情報機関改革・テロリズム防止法6603条(b)項は、禁止されるテロリストに対する物的支援（material support or resources）の定義（合衆国法典18編2339A条(b)項）[167]を一部変更し、2004年情報機関改革・テロリズム防止法6603条(c)項は、同じく禁じられた指定外国テロリスト組織への物的支援に関する合衆国法典18編2339B条(a)項(1)号から「合衆国国内または合衆国の裁判管轄権の支配下において」という文言を削除し、支援することを禁じられるテロ組織、テロ活動の定義（合衆国法典18編2339B条(g)項(6)号、移民・国籍法212条(a)項(3)号(B)、1988・1989会計年度外交関係権限法（Foreign Relations Authorization Act, Fiscal Years 1988 and 1989）140条(d)項(2)号で定義するもの）をより詳細化した[168]。さらに、

---

166) Bazan & Yeh, *Intelligence Reform and Terrorism Prevention Act of 2004: "Lone Wolf" Amendment to the Foreign Intelligence Surveillance Act* at CRS-2—5 (CRS, Order Code RS22,011, Dec. 19, 2006).

167) Intelligence Reform and Terrorism Prevention Act of 2004, Pub. L. No.108-458, tit. 6, subtit. G, §6603(b), 118 Stat. 3638, 3762 (2004), 18 U.S.C. §2339A(b) (Supp. 4 2000).

168) Intelligence Reform and Terrorism Prevention Act of 2004, Pub. L. No.108-458, tit. 6, subtit. G, §6603(c), 118 Stat. 3638, 3762—3763 (2004), 18 U.S.C. §2339B(a)(1) (Supp. 4 2000).

2004年情報機関改革・テロリズム防止法6603条(e)項は、合衆国法典18編2339B条(g)項(4)号を変更し、2004年情報機関改革・テロリズム防止法6603条(f)項は、合衆国法典18編2339B条に(h)項を追加している。

2005年12月末日で失効する愛国者法の16条項を恒久規定化することなどを目的として2006年3月9日に制定された2005年愛国者法改善・再授権法 (USA PATRIOT Improvement and Reauthorization Act of 2005)（以下、再授権法）は、第Ⅰ編102条(a)項で、16条項が2005年12月31日で失効することを定めた愛国者法224条(a)項を廃止した。この結果、FBI等による電子的監視権限や捜査権限の拡大に関する愛国者法の16条項のうち201条、202条、203条(b)項、203条(d)項、204条、207条、209条、212条、214条、217条、218条、220条、223条、225条の14条項は、有効期限の定めのない恒久条項となることになった。ただし、時限16条項のうち残る2つの条項、愛国者法の206条と215条は、再授権法102条(b)項の規定により、2009年12月31日で失効するものとされ、恒久条項化はされなかった。

再授権法103条は、FISA101条(b)項(1)号の「外国勢力のエージェント (agent of a foreign power)」の定義を拡大した2004年情報機関改革・テロリズム防止法 (Intelligence Reform and Terrorism Prevention Act of 2004) 6001条(a)項を2005年12月31日までの時限規定としていた同法6001条(b)項を改正し、6001条(a)項の期限を2009年12月31日まで延長するものとした。

再授権法104条は、①国境を越えるテロリズムの定義に関する合衆国法典18

---

169) Intelligence Reform and Terrorism Prevention Act of 2004, Pub. L. No.108-458, tit. 6, subtit. G, §6603(e), 118 Stat. 3638, 3763 (2004), 18 U.S.C. §2339B(g)(4) (Supp. 4 2000).
170) Intelligence Reform and Terrorism Prevention Act of 2004, Pub. L. No.108-458, tit. 6, subtit. G, §6603(f), 118 Stat. 3638, 3763 (2004), 18 U.S.C. §2339B(h) (Supp. 4 2000).
171) USA PATRIOT Improvement and Reauthorization Act of 2005, Pub. L. No. 109-177, 120 Stat. 192 (2006) [hereinafter cited as Reauthorization Act].
172) Reauthorization Act of 2005, Pub. L. No. 109-177, tit. 1, §102(a), 120 Stat. 192, 194 (2006).
173) Reauthorization Act of 2005, Pub. L. No. 109-177, tit. 1, §102(b), 120 Stat. 192, 195 (2006).
174) Reauthorization Act of 2005, Pub. L. No. 109-177, tit. 1, §103, 120 Stat. 192, 195 (2006).
175) Reauthorization Act of 2005, Pub. L. No. 109-177, tit. 1, §104, 120 Stat. 192, 195 (2006).

編2332b条(g)項、②禁止されるテロリストに対する物的支援 (material support or resources) の定義 (合衆国法典18編2339A条(b)項(1)号) を一部変更した2004年情報機関改革・テロリズム防止法6603条(b)項、③同じく禁じられた指定外国テロリスト組織への物的支援に関する合衆国法典18編2339B条(a)項(1)号から「合衆国国内または合衆国の裁判管轄権の支配下において」という文言を削除し、支援することを禁じられるテロ組織、テロ活動の定義をより詳細化 (合衆国法典18編2339B条(g)項(6)号、移民・国籍法212条(a)項(3)号(B)、1988・1989会計年度外交関係権限法 (Foreign Relations Authorization Act, Fiscal Years 1988 and 1989) 140条(d)項(2)号で定義するもの) した2004年情報機関改革・テロリズム防止法6603条(c)項、④同じく合衆国法典18編2339B条(g)項(4)号を変更する2004年情報機関改革・テロリズム防止法6603条(e)項、⑤合衆国法典18編2339B条に(h)項を追加する2004年情報機関改革・テロリズム防止法6603条(f)項の各規定が2006年12月31日で失効することを定めた2004年情報機関改革・テロリズム防止法6603条(g)項の規定を廃止した。

また、再授権法105条(a)項は、FISA105条(e)項(1)号(B)・(2)号(B) (合衆国法典50編1805条(e)項(1)号(B)・(2)号(B)) の、再授権法105条(b)項は、FISA304条(d)項(1)号(B)・(2)号 (合衆国法典50編1824条(d)項(1)号(B)・(2)号) の文言を「101条(b)項(1)号(A)で定義する」から「合衆国の人 (United States person) でない」に変更したが、

---

176) 18 U.S.C. §2332b(g) (Supp. 4 2000).
177) Intelligence Reform and Terrorism Prevention Act of 2004, Pub. L. No.108-458, tit. 6, subtit. G, §6603(b), 118 Stat. 3638, 3762 (2004), 18 U.S.C. §2339A(b)(1) (Supp. 4 2000).
178) Intelligence Reform and Terrorism Prevention Act of 2004, Pub. L. No.108-458, tit. 6, subtit. G, §6603(c), 118 Stat. 3638, 3762—3763 (2004), 18 U.S.C. §2339B(a)(1) (Supp. 4 2000).
179) Intelligence Reform and Terrorism Prevention Act of 2004, Pub. L. No.108-458, tit. 6, subtit. G, §6603(e), 118 Stat. 3638, 3763 (2004), 18 U.S.C. §2339B(g)(4) (Supp. 4 2000).
180) Intelligence Reform and Terrorism Prevention Act of 2004, Pub. L. No.108-458, tit. 6, subtit. G, §6603(f), 118 Stat. 3638, 3763 (2004), 18 U.S.C. §2339B(h) (Supp. 4 2000).
181) Intelligence Reform and Terrorism Prevention Act of 2004, Pub. L. No.108-458, tit. 6, subtit. G, §6603(g), 118 Stat. 3638, 3764 (2004).
182) Reauthorization Act of 2005, Pub. L. No. 109-177, tit. 1, §105(a), 120 Stat. 192, 195 (2006).
183) Reauthorization Act of 2005, Pub. L. No. 109-177, tit. 1, §105(b), 120 Stat. 192, 195 (2006).

第5章　FISAによる電子的監視と愛国者法

その目的は、合衆国法典50編1805条(e)項および同1824条(d)項の、最初の電子的監視および物理的捜索の期間を120日以内（現行90日以内）に延長し、監視・捜索期間の延長を１年以内に延ばすことにあったとされる。[184]

なお、再授権法案と一緒に成立した2006年愛国者法追加的再授権修正法（USA PATRIOT Act Additional Reauthorizing Amendments Act of 2006）[185]（以下、再修正法）は、FISAに基づくFBIの作成命令（production order）および非開示命令（nondisclosure order）を受けた者の異議申立ての権利の保障と、FBIの図書館からの利用者情報の入手に対する一定の制限措置を盛り込んだ条項を追加した。

愛国者法215条によって追加されたFISA501条(a)項(1)号（合衆国法典50編1861条(a)項(1)号）は、「合衆国の人」が関係しない外国諜報情報を取得し、または国際テロリズム・秘密諜報活動（clandestine intelligence activities）の防止を目的とする捜査のために、FBI長官（またはFBI長官の指名する者）は有体物（帳簿、記録、書類等）の作成命令（production order）の発付を請求することができるものと定め、同条(d)項は（合衆国法典50編1861条(d)項）は、何人もFBIが本条に基づき有体物を捜索または取得したことを他の何人に対しても開示してはならないものとしていた（非開示命令（nondisclosure order））。[186][187]

再授権法106条(f)項(2)号は、合衆国法典50編1861条(f)項(1)号として、合衆国法典50編1861条(a)項(1)号の作成命令を受けた者に対して当該命令の合法性についてFISCに異議を申し立てる権利を保障したが、[188]さらに再修正法３条は、合衆国法典50編1861条(f)項(2)号(A)(i)として、作成命令を受けた者は、作成命令の

---

184) H.R. 3199, H.R. REP. No.109-333, §105, 109th Cong. 1st Sess. at 90 (2005).
185) USA PATRIOT Act Additional Reauthorizing Amendments Act of 2006, Pub. L. No. 109-178, 120 Stat. 278 (2006) [hereinafter cited as Amendments Act].
186) USA PATRIOT ACT, Pub. L. No. 107-56, tit. 2, §215, 115 Stat. 272, 287–288 (2001), *amended by* Intelligence Authorization Act for Fiscal Year 2002, Pub. L. No. 107-108, tit. 3, §314(a)(6), 115 Stat. 1394, 1402 (2001), 50 U.S.C. §1861(a)(1) (Supp. 4 2000).
187) USA PATRIOT ACT, Pub. L. No. 107-56, tit. 2, §215, 115 Stat. 272, 287—288 (2004), 50 U.S.C. §1861(d) (Supp. 4 2000).
188) Reauthorization Act of 2005, Pub. L. No. 109-177, tit. 1, §106(f)(2), 120 Stat. 192, 198 (2006).

発付の日付から1年以上経過した場合には、非開示命令の合法性に異議を申し立てることができるものとした。また、再修正法は非開示命令の例外規定も拡大している。[190]

合衆国法典18編2709条(a)項は、有線または電子的通信サービス・プロバイダーに対して、その管理、保有する受信契約者・電話料金記録の情報、電子的通信取引記録についてのFBI長官の要求に従わなければならないものとしていたが、[191]この有線または電子的通信サービス・プロバイダーに図書館が含まれるかどうかで従来争いがあった。特に、図書館の利用者の書籍、ジャーナル、雑誌、新聞等の利用情報の提供は、思想の内容を推知せしめるものであるだけに思想の自由を侵害する危険があるとして批判されていた。[192]このため、再修正法5条は、合衆国法典18編2709条に、図書館が合衆国法典18編2510条(15)号（電子的通信サービス）[193]に定義するサービスを提供しない限り、図書館は合衆国法典18編2709条(a)項にいう有線または電子的通信サービス・プロバイダーには該当しない旨を規定する(f)項を追加した。[194]

（3） FISAの運用実態

最後に、FISAに基づく電子的監視（有線通信・無線通信の傍受（盗聴）等）の運用実態について簡単にみておこう。

連邦裁判所事務局（Administrative Office of the U. S. Courts）の統計によると、

---

189) Amendments Act of 2006, Pub. L. No. 109-178, §3, 120 Stat. 278, 278—279 (2006).
190) Amendments Act of 2006, Pub. L. No. 109-178, §4(a), (b), 120 Stat. 278, 280 (2006).
191) 18 U.S.C. §2709(a) (Supp. 4 2000).
192) この問題について詳しくは、高木和子「米国愛国者法と図書館のプライバシー保護」『情報管理』45巻8号（2002年11月）580頁以下、中川かおり「米国愛国者法の制定と図書館の対処」『カレントアウェアネス』283号（2005年3月20日）2頁以下、川崎良孝「アメリカ愛国者法と知的自由――図書館はテロリストの聖域か」『図書館雑誌』99巻8号（2005年8月）507頁以下、山本順一「アメリカの知的自由と図書館の対応に関するひとつの視角――愛国者法から図書館監視プログラム、そしてCOINTELPROに遡ると」『現代の図書館』42巻3号（2004年9月）157頁以下を参照されたい。
193) 18 U.S.C. §2510(15) (Supp. 4 2000).
194) Amendments Act of 2006, Pub. L. No. 109-178, §5, 120 Stat. 278, 281 (2006).

1985年から1995年のわずか10年ほどの間に、法執行機関の手によって1200万通話（件数ではない）以上の通信の盗聴が行われ、そのうちのほとんどが犯罪とは無関係であったという。[195]

例えば、連邦裁判所事務局の統計『1997年度版盗聴報告（1997 Wiretap Report）』によれば、1997年1年間に連邦と州の両方を合わせて1,186件の盗聴が裁判所によって許可され、実際に1,094件で盗聴が実施されたが、裁判所の盗聴許可命令1件あたりの平均盗聴対象者は197人、盗聴1件あたりの平均盗聴通話数は2,081通話にも及んでいる（計算上、1997年度の盗聴通話総数は227万6,614通話になる）。極端な例では、ニューヨーク南部地区において、47日間の麻薬犯罪捜査の期間中に、1日あたり422通話もの盗聴が行われている。そして、上述の2,081通話のうち、犯罪の訴追のための証拠として提出されたのはわずかに20％にすぎなかった（つまり、盗聴された通話のうち80％は犯罪とは無関係の通話であったということになる）。[196]

FISAによる国家安全保障目的での電子的監視に限れば、1979年（FISAの施行された年）から1988年までの10年間に4,000件を超えるFISAに基づく電子的監視の請求がFBIなどによって行われているが、FISCはそのうちただの1件も請求を却下していない。[197] FISA107条の規定に基づき司法省が公表している

---

195) ACLU, BIG BROTHER IN THE WIRES: WIRETAPPING IN THE DIGITAL AGE (March, 1988)《http://www.aclu.org/privacy/spying/15440pub19980301.html》or《http://encryption_policies.tripod.com/civil/aclu_0398_bigbrother.htm》. なお、同報告によれば、1995年だけで200万通話近い犯罪とは無関係の通話が盗聴されていたという。

196) ADMINISTRATIVE OFFICE OF THE UNITED STATES COURTS, 1997 WIRETAP REPORT 10(April, 1998)《http://www.uscourts.gov/library/wiretap.html》.

197) Cinquegrana, *The Walls (and Wires) have Ears: the Background and First Ten Years of the Foreign Intelligence Surveillance Act of 1978*, 137 U. PA. L. REV. 793, 814—815 (Jan., 1989). なお、前著『国家秘密と情報公開——アメリカ情報自由法と国家秘密特権の法理』（法律文化社、1998年）151—152頁脚注（22）、拙稿「新ガイドライン体制と対テロ法制」『法律時報』71巻9号（1999年）40—41頁および「《9・11》以後の世界——『新しい戦争』と立憲主義の終焉？」『法学セミナー』567号（2002年3月）54頁において、FISCの盗聴許可件数について、「1988年現在で4,000件を超える」（すなわち、FISAが施行された1979年から1988年までの10年間で4,000件を超える）とすべきところを「1988年には、4,000件を超える」または「年間4,000件以上」（すなわち、1988年の1年だけで4,000件を超え

表② 各年ごとの1978年外国情報活動監視法による盗聴申請件数と許可件数の推移

年	申請件数	許可件数	拒否件数	年	申請件数	許可件数	拒否件数
1979	199	207	0	1994	576	576	0
1980	319	322	0	1995	697	697	0
1981	431	433	0	1996	839	839	0
1982	473	475	0	1997	749	748	0
1983	549	549	0	1998	796	796	0
1984	635	635	0	1999	886	880	0
1985	587	587	0	2000	1005	1012	0
1986	573	573	0	2001	932	934	0
1987	512	512	0	2002	1228	1228	0
1988	534	534	0	2003	1727	1724	4
1989	546	546	0	2004	1758	1754	0
1990	595	595	0	2005	2074	2072	0
1991	593	593	0	2006	2181	2176	1
1992	484	484	0	合計	22987	22990	5
1993	509	509	0				

* Electronic Privacy Information Center, *Foreign Intelligence Surveillance Act Orders 1979-2004*《http://epic.org/privacy/wiretap/stats/fisa_stats.html》による（ただし、2005年と2006年の件数については、U.S. Department of Justice, National Security Division の資料による）。

* 同一の盗聴の申請とその許可が、年末・年始をまたいで前年と次年に行われることがあるので、各年ごとの申請件数と許可件数は必ずしも一致しない。

1979年度から2006年度までのFISAに基づく電子的監視許可申請の総数は22,987件、そのうち許可命令の発付件数は22,990件、申請が却下されたのは2003年の4件、2006年の1件のわずかに合計5件だけである（表②参照）[198]。この

る）としていたが、これは、表②および後掲注198）の資料から明らかなように誤りであったのでこの場を借りて訂正しておきたい。

198) 1996年以降の各年ごとの申請件数、許可件数、拒否件数を記載した年次報告（Annual Foreign Intelligence Surveillance Act Report to Congress）は、司法省の国家安全保障局（National Security Division）のサイト《http://www.usdoj.gov/nsd/foia/reading_room/foia_readingroom.htm》で閲覧できる。また、それ以前の期間も含むすべての年次報告は、

第5章　FISAによる電子的監視と愛国者法

表③　各年ごとの犯罪捜査のための盗聴申請件数と許可件数の推移

年	許可件数	拒否件数	年	許可件数	拒否件数	年	許可件数	拒否件数
1968	174	0	1980	564	2	1994	1154	0
1969	301	2	1981	589	0	1995	1058	0
1970	596	0	1982	578	0	1996	1149	1
1971	816	0	1983	648	0	1997	1186	0
1972	855	5	1984	801	1	1998	1329	2
1973	864	2	1985	784	2	1999	1350	0
1974	728	3	1988	738	2	2000	1190	0
1975	701	3	1989	763	0	2001	1491	0
1976	686	2	1990	872	0	2002	1358	1
1977	626	0	1991	856	0	2003	1442	0
1978	570	2	1992	919	0	2004	1710	0
1979	533	0	1993	976	0	合計	30975	30

* Electronic Privacy Information Center, Title III Electronic Surveillance 1968-2004 《http://epic.org/privacy/wiretap/stats/wiretap_stats.html》による。
* 許可件数は、連邦と州の合計数。
* 1986年と1987年については、統計データ自体がない。

ため、FISCによる司法的チェックの実効性については、かねがね疑問が呈されている。

　もっとも、表③にみるように、通常の犯罪捜査のための電子的監視の場合でも、裁判所が捜査機関の電子的監視許可申請を却下するのは請求全体の1％程度にすぎず、その点ではFISAに基づく国家安全保障上の目的のための電子的監視だけが特異なわけではない。[199]

　Federation of American ScientistsのForeign Intelligence Surveillance Actのサイト《http://fas.org/irp/agency/doj/fisa》で閲覧することができる。ただし、同報告の大部分は、申請件数、許可件数、拒否件数だけを記したわずか数行たらずのものである。もっとも、盗聴申請・許可件数の増加とともに年次報告書の頁数も増加し、2003年版報告書（2004年4月30日）・2004年版報告書（2005年4月1日）・2005年版報告書（2006年4月28日）は各2頁、2006年版報告書（2007年4月27日）は3頁となっている。

199)　犯罪捜査のための盗聴についての連邦裁判所事務局（Administrative Office of the

ただし、《9・11》以降、すなわち2002年以降、FISA に基づく電子的監視の請求（申請）件数・許可件数はともに顕著な伸びを示している（2005年12月に発覚したように、NSA などによる「違法」なアメリカ市民に対する電子的監視が日常的に行われていたにもかかわらず）。このことから、少なくとも、《9・11》以降の安全至上主義的傾向の下で、国家あるいは社会全体の「安全」と個人のプライヴァシーの保障の天秤は、明らかに前者に傾いた、そしてなお傾き続けているということだけは指摘できるであろう。

4. NSA 秘密盗聴事件と FISA2007年改正

（1） NSA による秘密盗聴事件

　2005年12月16日、『ニューヨーク・タイムズ（*The New York Times*）』は、1年間の取材・準備期間を経て、ブッシュ Jr. 大統領が2002年から、アメリカ最大の諜報機関の1つである国家安全保障局（NSA）に対して、FISC の許可命令を得ることなしに合衆国内で合衆国市民に対する電子的盗聴監視を行う権限を授権していた事実を暴露した。[200]

　United States Courts）による年次報告書（Wiretap Report）については、1997年版以降のものについては、連邦裁判所事務局のサイト《http://www.uscourts.gov/library/wiretap.html》で閲覧できる。

[200] THE NEW YORK TIMES, Dec. 16, 2005.《9・11》以後の監視の実態については、*See*, ACLU, THE SURVEILLANCE-INDUSTRIAL COMPLEX : HOW THE AMERICAN GOVERNMENT IS CONSCRIPTING BUSINESSES AND INDIVIDUALS IN THE CONSTRUCTION OF A SURVEILLANCE SOCIETY (2004), デイヴィッド・ライアン『9・11以後の監視──〈監視社会〉と〈自由〉』（明石書店、2004年）、ジム・レッデン『監視と密告のアメリカ』（成甲書房、2004年）、ロバート・オハロー『プロファイリング・ビジネス──米国「諜報産業」の最強戦略』（日経 BP 社、2005年）を参照のこと。特に、NSA の電子的監視活動については、パトリック・ラーデン・キーフ『チャター──全世界盗聴網が監視するテロと日常』（日本放送出版協会、2005年）とジェイムズ・バムフォード『すべては傍受されている──米国国家安全保障局の正体』（角川書店、2003年）、新保史生「監視社会化の国際動向──監視社会におけるプライバシー侵害の特徴を踏まえて」『法律時報』75巻12号（2003年11月）64頁以下は必読であろう。なお、前稿「愛国者法による FISA の改正と電子的監視権限の強化──《9・11》以後

第5章　FISAによる電子的監視と愛国者法

　記事の執筆者であるライゼン記者自身によれば、ブッシュ Jr. 大統領は、2002年の初頭に、秘密の大統領命令（a secret presidential order）で、裁判所の捜索令状（search warrants）――正確には、FISC による電子的監視許可命令である――も NSA による国内における情報収集活動を承認する新法の制定もなしに、合衆国内の電話での通話、電子メール、その他のインターネット・トラフィックの NSA による監視と盗聴を承認したのだという。このブッシュ Jr. 大統領の秘密命令によって、アメリカ国内の電子的通信ネットワークが NSA に対して公開されることとなった。[201]

　ライゼンの説明によれば、NSA 内ではたんに「プログラム（the Program）」とだけ称される NSA の秘密盗聴活動は、概ね次のようなものであったという。通信網のグローバル化、すなわち、国内通信システムと国際通信システムが一体化された結果、コンピュータ化された通信システムは、発信者と受信者の2点間の最短距離の回線を選ぶとは限らず、通信データをデジタル化したバケットにとって最も効率的な伝送路を選択する。つまり、発信地・受信地ともにアメリカ国内ではない純粋な海外通信が、アメリカ国内に設置されている交換設備を経由して行われることもあるのである。このようなトランジット・トラフィックは、インターネットのインフラをアメリカが独占していることや、アメリカ国内の電子的通信システムの大半を処理する主要な交換設備――それ

の「安全」と「自由」に関する予備的考察(2)」『神戸学院法学』35巻4号（2006年4月）108頁本文および脚注（168）において、NSA による秘密盗聴事件の発覚を「2006年12月」としていたが、これは「2005年12月」の誤りである。この場を借りて訂正しておきたい。

201)　ジェームズ・ライゼン『戦争大統領――CIA とブッシュ政権の秘密』（毎日新聞社、2006年）54頁（JAMES RISEN, STATE OF WAR: THE SECRET HISTORY OF THE CIA AND THE BUSH ADMINISTRATION, 44 (2006)）。同書からの引用は原則として翻訳書から行ったが、その際、訳文を一部改めたところがある。なお、電話盗聴を含む電子的監視（electronic surveillance）の場合は、すでに本章でも繰り返し述べてきたように、FISC が発付するのは電子的監視を許可する一方的命令であって、物理的捜索（physical searches）の場合に通常の司法裁判所が発付する捜索令状（search warrants）とは異なるが、ライゼンは原文で search warrants と表記している。また、ライゼンは、合衆国外国情報活動監視裁判所（United States Foreign Intelligence Surveillance Court: FISC）のことも、FISA court と表記しているが、引用にあたっては原文のままとした（Id. at 47）。

はニューヨーク近郊にあるのだという——が大西洋横断海底ケーブルに接続されヨーロッパおよびその先の諸国の通信も処理することになることによって、アメリカ国内にある交換設備を中継して行われることになるのだという。

　NSA は、大手通信キャリアの経営陣と話をつけることによって、この主要な交換設備に自由にアクセスでき、その結果、この主要な交換設備を中継して行われる「外国勢力」や「外国勢力のエージェント」間の国際通信を盗聴するついでに（付随的に）、アメリカ国内でやりとりされる電話通話や電子メールの盗聴もできるようになるのだという。なぜなら、海外の通信がアメリカ国内の交換設備を中継して行われるのだから、海外の通信を監視するためにはアメリカ国内の交換設備にアクセスせざるを得ず、そうなれば必然的（付随的）にアメリカ国内の通信も覗き見せざるを得ない、というわけである。逆に、アメリカ国内の通信が盗聴できないようにするためにはアメリカ国内通信の交換設備へのアクセスを制限しなければならず、そうなればアメリカ国内の交換設備を中継して行われるテロリスト間の国際通信を監視することができなくなってしまうのだという。[202]

　もちろん、これらの通信を監視するにあたって、いちいち FISC の許可命令を請求することは「物理的に不可能」であるという。なぜなら、アメリカ国内の電子メールの年間送信数は 9 兆通、1 日にかける国内携帯電話通話は10億通話弱、固定電話は 1 日あたり10億通話にも達するのだから。[203]

　2002年に開始された「プログラム」によって、NSA——数百万件の電話通話や電子メールの同時処理能力を有する——は、7,000人の海外在住者を対象とする電話と電子メールの監視を行うとともに、アメリカ国内の約500人の通信も常時監視の対象としているという。[204]そして、これらの監視対象者は NSA が独自の判断で選んでいる。「だれをスパイするかは、もっぱら NSA が決める」のである。[205]

---

202) 同上、54—63頁。
203) 同上、59頁。
204) 同上、65頁。
205) 同上、64頁。

ライゼンによれば、「プログラム」は、「1960年代以降最大の国内諜報活動で、ベトナム戦争このかたFBIやCIAが国内で実施したいかなる国内諜報活動よりも規模が大きい[206]」ものであり、「現在のNSAは、ウォーターゲート事件の職権濫用以降絶えていたアメリカ国民の監視を大々的におこなっているのである[207]」。

もともとNSAやCIAなどの諜報機関は、アメリカ国内における合衆国市民に対する監視や盗聴などの情報収集活動を行うことは一応「禁止」されてきた。例えば、CIAについては、1947年国家安全保障法102条(d)項(3)号但書で、「中央情報局（CIA）は、警察、召喚令状、法執行権能もしくは国内安全保障機能（internal-security function）を持たない」として、CIAが国内において治安活動（ならびに、それらに付随する監視・情報収集活動）に従事することは明示的に禁じられていた[208]。

もっとも、レーガン大統領が1981年に定めた大統領命令12333号（Executive Order No. 12,333）1.8節は、CIAに①合衆国外における外国政府機関の諜報活動等に関する情報・諜報情報の収集、②CIA長官と司法長官の合意した手続に基づき、FBIと協力して、合衆国内における外国政府機関の諜報活動などに関する情報・諜報情報の収集――「外国勢力のエージェント（agent of a foreign power）」として活動する合衆国市民に関する情報の収集も含まれる――、③合衆国外での防諜活動、④FBIと協力して、合衆国内での防諜活動などを行うことをCIAに対して義務づけており、CIAによる合衆国内でのアメリカ市民に対する監視・諜報活動がまったく禁じられているというわけではない[209]。

他方、NSAやDIAなどの軍の諜報機関については、まず、1878年の民警団法（Posse Comitatus Act）によって、軍の機関が国内の治安維持活動に従事することが禁じられているほか[210]、1982年に定められた国防総省のガイドライン

---

206) 同上、55頁。
207) 同上、53頁。
208) National Security Act of 1947, Pub. L. No. 253, §102(d)(3), 61 Stat. 495, 498 (1947),50 U.S.C. §403-3(d)(1) (1994) (current version at 50 U.S.C. §403-4a(d)(1) (Supp. 4 2000)).
209) Exec. Order No. 12,333, §1.8, 46 Fed. Reg. 59,941, 59,945 (1981).
210) Posse Comitatus Act, Act of June 18, 1878, ch. 263, §15, 20 Stat. 152 (1878), 18 U.S.C.

(*DoD 5240 1-R : Procedures Governing the Activities of DOD Intelligence Components that affect United States Persons*)において、国家安全保障局（NSA）、国防情報局（DIA）、海軍情報室（ONI）、陸軍諜報・安全保障コマンド（AISC）、海軍諜報コマンド（NIC）、海軍安全保障グループ・コマンド（NSGC）、空軍諜報サービス（AFIS）、合衆国空軍電子的安全保障コマンド（ESC, U.S.A.F.）、海軍捜査サービス・テロ対策部隊（CENIS）、空軍特別捜査室・テロ対策部隊（CEAFOSI）、第650軍諜報グループ（650th MIG, SHAPE）、国防総省内の国家外国諜報関連部局、陸軍諜報担当参謀次長補、空軍諜報担当参謀次長補、海兵隊諜報局長などの軍の諜報機関（DoD Intelligence Components）が、合衆国市民を含む「合衆国の人（United States person）」に関する情報を収集する場合は、原則として、「公然たる手段（overt means）」に限るものとしていた。ただし、陸軍諜報担当参謀次長代理が2001年11月5日に発した覚書は、上述のDoD 5240 1-Rや1984年に制定された陸軍規則381—10が、「合衆国の人（United States Person）」に関する情報を（「公然たる手段」以外の手段で）収集することを必ずしも禁じているわけではないとしていたことが明らかにされている。

なお、NSAの秘密盗聴問題に関連して、全米3大ネットワークの1つNBCは、独自に入手した国防総省の400頁に及ぶ秘密文書から、国防総省が、米軍の新兵募集に反対するクエーカー教徒など20人ほどの国内での集会や79歳の老婆を監視していた事実をそのサイト・ページで暴露した。また、『ニューヨーク・タイムズ（*The New York Times*）』は、2005年12月20日付紙面で、FBIのテロ対策エージェントが、PETA（People for the Ethical Treatment of Animals）やグリーン・ピースなどの環境・動物保護団体や、貧困解消を求めるカトリッ

---

§1385 (Supp.4 2000).

211) UNDER SECRETARY OF DEFFENSE FOR POLICY, DEPARTMENT OF DEFFENSE, PROCEDURES GOVERNING THE ACTIVITIES OF DOD INTELLIGENCE COMPONENTS THAT AFFECT UNITED STATES PERSONS (DoD 5240 1-R, Dec., 1982).
212) UNDER SECRETARY OF DEFFENSE FOR POLICY, *supra* note 211, C2.5., at 18.
213) Army Regulation 381-10; US Army Intelligence Activities at 1—2, July 1, 1984.
214) 《http://cqpolitics.com/cq.com/www.cq.com/public/20060131_homeland.html》.
215) 《http://msnbc.msn.com/id/10454316/》.

ク系の労働組合など約150の団体を監視対象としていたことを明らかにしている[216]。

　2006年5月11日、全国紙『USA トゥデイ（*USA Today*）』は、NSAのアメリカ市民に対する電子的盗聴は《9・11》直後に始められ、通信大手3社のAT&T、ベライゾン（Verizon）、ベルサウス（BellSouth）から提供された通話記録などを基に、数百万単位の電話番号の通話パターンを収集・蓄積する巨大なデータ・ベースを構築していると報じた[217]。ただし、『USA トゥデイ（*USA Today*）』は、2006年6月30日付の紙面で、ベライゾン（Verizon）とベルサウス（BellSouth）の2社については、NSAに通話記録を提供する旨の契約の存在を確認できなかったとして記事の一部を事実上撤回した[218]。

　さらに、NSAの秘密盗聴問題につき、『ニューヨーク・タイムズ（*The New York Times*）』は、2007年12月16日付紙面で、NSAによる令状なしでの合衆国市民に対する盗聴には2つの源流があることを報じた。

　ひとつは、1990年代から行われている麻薬取引の監視（drug trafficking operation）のためのもので、麻薬取締局（Drug Enforcement Administration：DEA）と共同で、合衆国内とラテンアメリカなどの薬物生産地域との間の電話通話と電子メールの盗聴を行っていたものであり、ブッシュSr.とクリントン両政権の司法省上級幹部（[s]enior Justice Department officials）によって承認され、今日もなお継続・拡大されているという[219]。

　いまひとつは、本節で問題としてきたNSAの秘密盗聴事件に直接結びつくものである。NSAは麻薬取引の監視とはまったく別の監視プログラムのため、2001年2月——2001年9月11日に《9・11》が起こる半年前——から、合衆国内の通信の盗聴に協力するようコロラド州デンバーにある電話通信キャリアーQwest社に依頼していたというのである[220]。Qwest社が、NSAの要請は裁判所

---

216)　THE NEW YORK TIMES, Dec. 20, 2005.
217)　USA TODAY, May 11, 2006.
218)　USA TODAY, June 30, 2006.
219)　THE NEW YORK TIMES, Dec. 16, 2007.
220)　THE NEW YORK TIMES, Dec. 16, 2007.

令状なしの違法な盗聴の疑いがあるとして協力を断ると、今度は、AT&T社に、ニュージャージーにあるネットワーク・センターを通過するすべてのグローバル電話通信（global phone）と電子メールのトラフィックにアクセスさせるよう依頼したという。[221]

この『ニューヨーク・タイムズ』の報道が事実であるとすれば、ブッシュJr. 大統領自身の言明——ブッシュJr. 大統領は、2005年12月17日のラジオ演説において、NSAにFISCの許可命令なしでの電子的監視を行う権限を授権したのは、《9・11》以後であったと述べていた[222]——にもかかわらず、NSAによる合衆国市民に対するFISCの許可命令なしでの盗聴は、《9・11》が起きる前——従って、ブッシュJr. 政権がNSAによる秘密盗聴を正当化する根拠として主張していたAUMF（2001年9月18日）や2001年愛国者法（2001年10月26日）が制定される以前——から行われていたことを示唆するものといえよう。

（2） NSAの秘密盗聴の正当化とFISA2007年改正

ブッシュJr. 大統領は、2005年12月17日のラジオ演説においてNSAによる秘密盗聴の事実を認めただけでなく、NSAによる電子的監視は対テロ戦争に不可欠な道具であり、「アメリカの人民と彼らの市民的自由を守るために合衆国の法と憲法に基づく私の権限でできる限りのことをすることが私には求められており、私が大統領である限りは今後もそうし続ける」と強調した。[223]ブッシュJr. 大統領は、翌2006年1月23日のカンザス州での演説でもこの問題について触れ、NSAによる「テロリスト監視計画（Terrorist Surveillance Program：TSP）」の対象は「国内の誰かと国外の誰かとの間の通信であり、どちらかは

---

221) The New York Times, Dec. 16, 2007. なお、NSAの協力要請に応じたかどうかという点に関して、AT&T社のスポークスマンは、「AT&T社は、わが社の顧客のプライヴァシーを保護するために最善を尽くしている。わが社は、国家安全保障上の問題に関与していない」と応えている（Id）。

222) President's Radio Address, For Immediate Release, Office of Press Secretary (Dec. 17, 2005)《http://www.whitehouse.gov/news/releases/2005/12/20051217.html》.

223) Id.

アルカイダのメンバーか関係者である」として重ねて正当化した[224]。

　さらにブッシュ Jr. 政権は、2001年9月18日に連邦議会が、戦争権限法（War Powers Resolution）[225]に基づいて制定した武力行使授権決議（Authorization for Use of Military Force：AUMF）[226]――両院合同決議（Joint Resolution）――によって、FISC の許可命令なしに電子的監視を行う権限を NSA 等に授権する大統領権限が正当化されているとした[227]。

　このため、この問題は、上院に提案されていた2005年愛国者法改善・再授権法案（HR3199：USA PATRIOT Improvement and Reauthorization Act of 2005）[228]の審議に大きな影を落とすことになった。なぜなら、ライゼンがその著書で引用した国家安全保障問題関係の法律家や愛国者法の制定にかかわった元議員補佐官、元政府高官たちが指摘するように、「プログラム（the Program）」によってNSA に委ねられた市民監視・盗聴の範囲は、2001年愛国者法による FISA の改正で FBI や CIA などに新たに授権された権限の範囲を大きく超えており、「愛国者法などとは比較にならない一大事」であったからである[229]。愛国者法改善・再授権法案は、本来、愛国者法の時限16条項が失効する2005年12月末日までに制定されなければならなかったにもかかわらず、たびたび採決が延期され、結局、2006年3月9日までその成立がずれ込むことになったのであった。

　この問題はその後、司法の場に持ち込まれ、2006年8月17日、ミシガン西部地区連邦地方裁判所のテイラー（Anna Diggs Taylor）裁判官は、合衆国外国情報活動監視裁判所（FISC）の許可命令なしに合衆国国内で合衆国市民を対象とする電子的監視を行うことは、権力分立制、合衆国憲法第4修正等に違反する

---

224)　For Immediate Release, Office of the Press Secretary, President Discusses Global War on Terror at Kansas State University (Jan. 23, 2006)《http://www.whitehouse.gov/news/releases/2006/01/20060123-4.html》.

225)　War Powers Resolution, Pub. L. No. 93-148, 87 Stat. 555 (1973).

226)　Authorization for Use of Military Force, Pub. L. No. 107-40, §2(a), 115 Stat. 224 (2001).

227)　U.S. Department of Justice, "*Legal Authorities Supporting the Activities of the National Security Agency Described by the President*," at 12 (Jan. 19, 2006).

228)　HR3199, 109th Cong. 1st Sess. (2005), *enacted as* USA PATRIOT Improvement and Reauthorization Act of 2005, Pub. L. No. 109-177, 120 Stat. 192(2006).

229)　ライゼン、前掲注201）57—58頁。

として、TSP の本案的差止命令（Permanent Injunction）を下した[230]。これに対し、ブッシュ Jr. 政権は第6巡回区連邦控訴裁判所に地裁の本案的差止命令に対する stay pending appeal を行った。第6巡回区連邦控訴裁判所は、2006年10月4日、地裁の本案的差止命令に対する政府の stay pending appeal を認めた[231]。

しかし、その後、ブッシュ Jr. 政権は、FISC の許可命令なしでの合衆国市民に対する電子的監視が議会で支持される見込みはなくなったとして、2007年1月17日、今後は1978年外国情報活動監視法（Foreign Intelligence Surveillance Act of 1978：FISA）の規定に基づき、FISC の許可命令をとってから電子的監視を行う方針に切り替えたことを表明した[232]。しかし、このことはブッシュ Jr. 政権が FISA の定める手続に従うことを必ずしも意味しなかった。なぜなら、ブッシュ Jr. 政権は、FISA の電子的監視の要件を大幅に緩和する改正案を連邦議会に上程していたからである。

2007年4月13日、司法省は、FBI、CIA、NSA などによる「秘密監視」を拡大するために、FISC の管轄権を大幅に縮小し、かわりに司法長官の「秘密監視」許可権限を大幅に拡大する2008会計年度情報機関権限法案第Ⅳ編・2007年外国情報監視現代化法案（Intelligence Authorization Act for FY 2008：Title IV, Foreign Intelligence Surveillance Modernization Act of 2007）[233]を連邦議会に提出し

---

230) American Civil Liberties Union v. National Security Agency, 438 F. Supp. 2d 754, 782 (E.D. Michigan 2006).
231) American Civil Liberties Union v. National Security Agency, 467 F. 3d 590, 591 (6th Cir. 2006).
232) White House, Office of the Press Secretary, Press Briefing by Tony Snow, Jan. 17, 2007《http://www.whitehouse.gov/news/releases/2007/01/print/20070117-5.html》.
233) Department of Justice & the Office of the Director of National Intelligence, Fact Sheet: Title IV of the Fiscal Year 2008 Intelligence Authorization Act, Matters related to the Foreign Intelligence Surveillance Act (April 13, 2007). Text of Administration's Proposed Intelligence Authorization Act for FY 2008, with Sectional Analysis (Title IV is the Administration's Foreign Intelligence Surveillance Modernization Act of 2007)：Hearing before the S. Select Comm. on Intelligence, 110th Cong. (May 1, 2007)《http://intelligence.senate.gov/hearings.cfm?hearingId=2643》。なお、同法案の第Ⅳ編の草案（FISA Modernization Provisions of the Proposed Fiscal Year 2008 Intelligence Authorization：

た。

　2007年8月2日、マコーネル（McConnell）国家情報長官（DNI）は、2007年外国情報監視現代化法案（Foreign Intelligence Surveillance Modernization Act of 2007）の制定を求める声明を発表した。この声明において、マコーネル長官は、①FISAの現代化は、技術革新と国家の最新の情報収集の要請に対応するものでなければならないこと、②「海外にいる外国人の対象（foreign targets located overseas）」から外国諜報を効果的に集めるためには、裁判所命令は必要とされるべきではないこと、ただし、③「海外にいる外国人の対象」に対する秘密の方法（classified methods）によって、必要な外国諜報情報の収集が開始された後であれば、収集手続に対する司法審査は容認し得るものであること——などとしていた。[234]

　このマコーネル国家情報長官の声明発表と前後して、2007年8月1日に上院・司法委員会に対して上院法案1927号（S. 1927: Protect America Act of 2007）[235]が、8月3日に上院法案2011号（S. 2011: Protect America Act of 2007）[236]が提案された。上院法案1927号の方がより政府提案に近い内容のものであり、上院法案2011号は政府権限の拡大に慎重な内容であった。上院法案1927号の主要条項を制定後180日で失効する時限条項とすることで上院内の調整が図られ、上院法案1927号が上院本会議で可決された。他方、下院では、8月3日の夕方、政府権限の拡大に抑制的な下院法案3356号（H. R. 3356: Improving Foreign Intelligence Surveillance to Defend the Nation and the Constitution Act of 2007）[237]が本会議で採決されたが、賛成218、反対207で可決に必要な3分の2以上の賛成を得ることができず、否決された。このため、下院は、翌4日、上院法案1927号を可決し、

　　Title IV—Matters Relating to the Foreign Intelligence Surveillance Act）は、Electronic Frontier Foundationのサイト・ページ《http://www.eff.org/issues/nas-spying》でも閲覧できる。

234)　Statement by Director of National Intelligence: Modernization of the Foreign Intelligence Surveillance Act (FISA), Aug. 2, 2007.
235)　S. 1927, 110th Cong. 1st Session.
236)　S. 2011, 110th Cong. 1st Session.
237)　H. R. 3356, 110th Cong. 1st Session.

2007年8月5日、ブッシュ Jr. 大統領の署名を得て、2007年アメリカ防衛法 (Protect America Act of 2007)(アメリカ防衛法)が制定された。[238]

アメリカ防衛法2条は、FISA105条(合衆国法典50編1805条)の後に、105A 条(合衆国法典50編1805a 条)と105B 条(合衆国法典50編1805b 条)を追加する。[239]

アメリカ防衛法2条によって追加された FISA105B 条(合衆国法典50編1805b 条)は、①「合衆国外にいると合理的に確信される人(persons reasonably believed to be outside the United States)」に関する外国諜報情報(foreign intelligence information)を獲得(acquisition)することについての決定のための国家情報長官(DNI)と司法長官の定める「合理的手続(reasonable procedures)」が存在し、かつ当該手続が105C 条に定める FISC の審査に服するであろうこと、②(本条にいう)「獲得(acquisition)」が、(FISA で定義する)「電子的監視(electronic surveillance)」に該当しないこと——アメリカ防衛法2条で追加された105A 条および105B 条では、FISA の規制対象とはならない通信傍受等の電子的監視(electronic surveillance)について、FISA の規制対象となる FISA によって定義された「電子的監視(electronic surveillance)」[240]と区別するために、「外国諜報情報の獲得(the acquisition of foreign intelligence information)」あるいはたんに「獲得(the acquisition)」という用語が用いられている(以下、「情報の獲得」とする)——、③「情報の獲得」が、通信を中継または蓄積している通信サービス・プロバイダー、管理者(custodian)、その他の人物等の支援から、または支援による外国諜報情報の入手(obtaining)を含むこと、④「情報の獲得」の<u>重要な目的</u>が、外国諜報情報の入手であること、⑤「情報の獲得」のた

---

238) Protect America Act of 2007, Pub. L. No. 110-55, 121 Stat. 552 (2007). アメリカ防衛法の制定過程については、*See*, Bazan, *The Foreign Intelligence Surveillance Act: A Brief Overview of Selected Issues* (CRS Order Code RL34,279, Dec. 14, 2007); Bazan, *P.L. 110-55, the Protect America Act of 2007: Modifications to the Foreign Intelligence Surveillance Act* (CRS Oder Code RL34,143, Aug. 23, 2007).
239) 50 U.S.C. §§1805a, 1805b, *as added by* Protect America Act of 2007, Pub. L. No. 110-55, §2, 121 Stat. 552—555 (2007).
240) FISA の規制対象となる電子的監視(electronic surveillance)については、合衆国法典50編1801条(f)項(1)号～(4)号(50 U.S.C. §1801(f)(1)-(4) (Supp. 4 2000))で定義されている。

めの活動が、FISA101条(h)項に定める最小限化手続（minimization procedures）に合致するものであること——という5つの要件を満たすと、提供された情報に基づき、国家情報長官（DNI）と司法長官が決定した場合、FISCの許可命令なしでの「合衆国外にいると合理的に確信される人（persons reasonably believed to be outside the United States）」に関する外国諜報情報の獲得を、「1年以内の期間（periods of up to one year）」、国家情報長官（DNI）と司法長官の権限に委ねるものとする。[241]

FISA105B条（合衆国法典50編1805b条）は、要するに、①監視対象が「合衆国外にいると合理的に確信される人」であり、かつ、②監視（surveillance）、すなわち「情報の獲得」が、FISAに規定する「電子的監視」に該当しない場合に限って、③「1年以内の期間」、FISCの許可命令なしに、国家情報長官（DNI）と司法長官に情報の獲得＝監視権限を授権するものである。

また、アメリカ防衛法2条によって追加されたFISA105A条（合衆国法典50編1805a条）は、FISA105B条（合衆国法典50編1805b条）に定める要件との関係において、「[FISA]101条(f)項の下での電子的監視（electronic surveillance）の定義には、合衆国外にいると合理的に確信される人（a person reasonably believed to be outside the United States）に対する監視（surveillance）を含むものと解釈されるべきものは何もない」と定めることによって、監視（＝「情報の獲得」）の直接の対象が「合衆国外にいると合理的に確信される人」である限り、当該電子的監視はFISCの許可命令を要するFISAで規定する電子的監視には該当しないものとしたのであった。[242]

---

241) 50 U.S.C. §1805b(a)(1)—(5), *as added by* Protect America Act of 2007, Pub. L. No. 110-55, §2, 121 Stat. 552—553 (2007)
242) 50 U.S.C. §1805a(a), *as added by* Protect America Act of 2007, Pub. L. No. 110-55, §2, 121 Stat. 552 (2007). 特に、FISA105A条（合衆国法典50編1805a条）の追加によって影響を受けるのは、合衆国法典50編1801条(f)項(2)号と合衆国法典50編1801条(f)項(4)号であるとされる。FISAによって規制される「電子的監視（electronic surveillance）」について、1801条(f)項(2)号は、「合衆国内にいる人（a person in the United States）」から発信され、または「合衆国内にいる人（a person in the United States）」によって受信される有線通信（any wire communication）の内容を、いかなる当事者の同意も得ずに「合衆国内（in the United States）」で収集することと規定しており、また、1801条(f)項(4)号は、有線

さらに、アメリカ防衛法3条で追加されたFISA105C条（合衆国法典50編1805c条）は、FISA105B条に関するFISCの司法審査を、国家情報長官（DNI）と司法長官の決定（determination）に「明白な誤り（clearly erroneous）」があったか否かという点だけに限定した。[243]

　しかし、アメリカ防衛法2条によって追加された105B条（合衆国法典50編1805b条）でいう「合衆国外にいると合理的に確信される人」に関する外国諜報情報の獲得という文言の解釈をめぐって同法の制定時から様々な疑義が提起されていた。すなわち、具体的には、①「合衆国外にいる人」とは、合衆国外にいる外国人に限定されるのか、それとも合衆国外にいる「合衆国の人（United States persons）」も含まれるのか、②「合衆国外にいる人」に関する外国諜報情報の獲得という場合、「情報の獲得」＝監視の直接対象者が「合衆国外」にいるだけでなく、通信の相手側当事者も「合衆国外」にいる場合に限定されるのか、それとも通信の相手側当事者は「合衆国内にいる人」であってもかまわないのか——後者の場合で、さらに当該相手側当事者が「合衆国の人（United States persons）」である場合には、外国諜報情報を獲得するための監視活動を行うためにはFISCの許可命令を要することになる——、などの問題である。[244]

　　または無線通信以外の形態でなされる通信（other than form a wire or radio communication）から、監視を目的として情報を収集するために、「合衆国内（in the United States）」に……監視装置を設置し……と規定している。FISA105A条（合衆国法典50編1805a条）によって「合衆国外にいると合理的に確信される人（a person reasonably believed to be outside the United States）」に対する監視がFISAの適用対象外となる結果、①監視対象者が「合衆国外にいると合理的に確信される人」でありさえすれば、通信の相手方当事者が「合衆国内にいる人」であっても、また「合衆国外にいる合衆国の人」であってもFISAの適用対象とはならないとする解釈が成り立つ余地が生じる。また、監視装置の設置場所が「合衆国外」であれば、有線通信——無線通信は、別途1801条(f)項(3)号でも規定されている——または有線もしくは無線通信以外の形態でなされる通信の内容の収集が、FISAの規制対象外となると解釈する余地も生じる。

243) 50 U.S.C. §1805c(a)—(c), *as added by* Protect America Act of 2007, Pub. L. No. 110-55, §3, 121 Stat. 552, 555 (2007).
244) *See e.g.*, Bazan, *The Foreign Intelligence Surveillance Act: A Brief Overview of Selected Issues* (CRS Order Code RL34,279, Dec. 14, 2007); Bazan, *P. L. 110-55, the Protect America Act of 2007: Modifications to the Foreign Intelligence Surveillance Act* (CRS

第5章　FISAによる電子的監視と愛国者法

　実際、このような疑問の余地が生じることを封じるため、否決された上院法案2011号や下院法案3356号では、FISCの許可命令を要せずに情報を獲得し得るのは通信の両当事者がともに「合衆国外」にある場合に限られることを明確にするために、「合衆国内に位置しない人の間での通信の内容（the contents of any communication between persons that are not located within the United States）」という文言が使われており、また通信の当事者に「合衆国外」にある「合衆国の人」が含まれる場合などには、FISCの許可命令または「1年以内の期間（a period of 1 year, periods of not more than 1 year）」に監視期間が延長された命令を要するものとしていた。[245]

　しかし、アメリカ防衛法は前述したような疑問を抱えたまま、その成立を図るために、6条(c)項で、同法6条(d)項に規定された場合を除き、2条（FISA105A条、105B条）、3条（FISA105C条）、4条、5条を同法制定の日から180日で失効する時限規定とすることで妥協が図られた。[246]そのため、アメリカ防衛法の制定直後から、アメリカ防衛法――で修正されたFISAの特定の条項――の時限規定を、恒久化するための法案が上下両院に相次いで提出されることになった。

　その最も代表的なものは、上院法案2248号（S. 2248）と下院法案3773号（H. R. 3773）の2つであろう。ただし、上院法案2248号（S. 2248）には、それぞれ内容の異なる上院・司法委員会バージョンと上院・情報特別委員会バージョンの2つがある。両者を区別するために、上院司法委員会バージョンを上院法案2248号（司法委）、後者を上院法案2248号（情報委）とする。

　まず最初に、下院法案3773号（H. R. 3773: Responsible Electronic Surveillance That is Overseen, Reviewed, and Effective Act of 2007 (RESTORE Act of 2007)）が、2007年10月9日に、下院・司法委員会（the Committee on the Judiciary）と常任

　　Oder Code RL34,143, Aug. 23, 2007）; Best Jr. *Intelligence Issues for Congress* at CRS-17
　　―CRS-19 (CRS Order Code RL 33,539, Dec. 18, 2007).
245)　S. 2011, §2(a), 110th Cong. 1st Session at 2―3; H.R. 3356, §3(a) 110th Cong. 1st Session at 2―3.
246)　Protect America Act of 2007, Pub. L. No. 110-55, §6(c), 121 Stat. 552, 557 (2007).

情報特別委員会 (the Select Committee on Intelligence (Permanent Select)) に提出される[247]。ついで、上院法案2248号 (情報委) (S. 2248: Foreign Intelligence Surveillance Act of 1978 Amendments Act of 2007 (FISA Amendments Act of 2007)) が10月26日に上院・情報特別委員会 (the Select Committee on Intelligence) に提出され[248]、11月1日には上院・司法委員会 (the Committee on the Judiciary) で上院法案2248号 (司法委) に修正される[249]。

下院法案3773号、上院法案2248号 (情報委)、上院法案2248号 (司法委) の最も大きな違いは、FISA の適用から除外される監視 (=「情報の獲得 (acquisition)」) の範囲と、政府機関による監視に協力した民間の通信プロバイダー等の遡及的免責の2点であった。

下院法案3773号は FISA の規制対象となる電子的監視に含まれない監視——従って、そのような監視には FISC の許可命令を要しない——の対象を、「合衆国の人でない人で、かつ合衆国内に位置していない人の間の通信の内容 (the contents of any communication between persons that are not United States persons and are not located within the United States)」、または、「合衆国外に位置していると合理的に確信されており、かつ、合衆国の人ではない人 (persons that are reasonably believed to be located outside the United States and not a United States persons)」の情報の獲得に限定していた[250]。

この結果、監視対象となる通信の両当事者はともに「合衆国外に位置していると合理的に確信されている人 (persons......reasonably believed to be located outside the United States)」でなければならないことが明確になり、直接の監視対象となる者が「合衆国外にいると合理的に確信されてい」さえすれば、通信の相手方当事者は「合衆国内」にいる者であってもかまわないとする拡張的な解釈は許されないことになる。また、通信のいずれか一方の当事者が「合衆国

---

247) H. R. 3773, 110th Cong. 1st Session. なお、同法案は翌2008年2月12日に、Foreign Intelligence Surveillance Act of 1978 Amendments Act of 2008 (FISA Amendments Act of 2008) に名称変更される。
248) S.2248 (ver. SSCI), 110th Cong. 1st Session.
249) S.2248 (ver. SCJ), 110th Cong. 1st Session.
250) FISA §§105A(a), (b), 105B(a), H. R. 3773, §§2, 3, 110th Cong. 1st Session at 3—4.

の人 (United States persons)」である場合には——当該「合衆国の人 (United States persons)」が、合衆国内にいると合衆国外にいるとにかかわらず——、当該監視は FISA の適用対象から除外されないこととなる。

これに対して、上院法案2248号（情報委）は、FISA の規制対象となる電子的監視に含まれない監視の対象を、「合衆国外に位置していると合理的に確信されている人 (persons reasonably believed to be located outside the United States)」とし、情報の獲得時に「合衆国内にいることが既知の人 (persons known……to be located in the United States)」を意図的に監視対象とすることを禁じている。また、情報の獲得が合衆国内で行われる場合には、「合衆国の人」を対象とすることを禁じ、「合衆国外」に設置された監視装置によって情報の獲得が行われる場合には、「合衆国外にいると合理的に確信されている合衆国の人 (United States person reasonably believed to be outside the United States)」を意図的に対象とすることも禁じていた。[251]

ただし、下院法案の場合とは異なり、上院法案で禁止されるのは直接の監視（＝「情報の獲得」）対象とすることだけであって、監視対象の通信の相手方当事者が「合衆国の人」等である場合にも情報の獲得が禁じられるのかどうかという点は必ずしも明確ではなかった。

他方、政府機関による監視に協力した民間の通信プロバイダー等に遡及的免責を与えるかどうかという点については、それぞれの法案で次のような違いがあった。

アメリカ防衛法2条によって追加された FISA105B 条(1)項（合衆国法典50編1805b 条(1)項）は、FISA105B 条（合衆国法典50編1805b 条）に規定された指令 (directive) に従って、民間の通信プロバイダー等が法執行機関等に情報、施設、支援を提供することは、いかなる裁判所においても訴訟原因 (cause of action) として認められない旨を規定している。従って、アメリカ防衛法2条によって追加された FISA105B 条の下で、国家情報長官と司法長官の決定に

---

251) FISA §§701, 703(a), (b)(1)—(2), (c)(1)—(2), S. 2248 (ver. SSCI), tit. 1, §101(a)(2) 110th Cong. 1st Session at 3, 5—7; FISA tit. 1, §703(a)—(c), S.2248 (ver. SCJ), tit. 1, §101(a)(2), 110th Cong. 1st Session at 5—7.

基づく「情報の獲得」のために通信内容や中継施設等を提供した通信プロバイダー等は、情報等を提供された契約者・通信当事者等から情報等の提供を原因として訴訟を起こされる心配はなくなった[252]。

しかし、アメリカ防衛法2条による改正以前は、違法に口頭の会話、電子的通信が傍受、開示、意図的に利用された者は民事訴訟において適切な救済を受けるものとされ[253]、また通信プロバイダー等が、<u>裁判所命令または司法長官等の発付する証明書</u>に基づき情報、施設、支援を法執行機関等に提供した場合に限って訴訟原因とはならないものとされていた[254]。ことに、愛国者法225条は、FISAの下で法執行機関・諜報機関等に情報、施設、支援を提供した通信プロバイダー等について、<u>FISCの許可命令またはFISAに規定された緊急の支援のための請求</u>（request for emergency assistance）に従って情報、施設、支援を提供した場合は訴訟原因とはならないものとしていた[255]。このため、前述したNSAによるFISCの許可命令なしでの秘密盗聴に協力したような場合までは免責されないおそれがあった。

実際、《9・11》以降のNSAによる秘密盗聴のような「令状なし監視プログラム（warrantless surveillance program）」などに関連して、NSAなどに協力した通信プロバイダー各社に対して多くの訴訟が提起されている。2007年11月現在、合衆国法典28編1407条の規定に基づく広域係属訴訟司法委員会（Judicial Panel on Multidistrict Litigation：JPML）の命令に基づき[256]、約40の訴訟がカリフォルニア北部地区連邦地方裁判所（United States District Court, Northern District of

---

252) 50 U.S.C. §1805b(l), *as added by* Protect America Act of 2007, Pub. L. No. 110-55, §2, 121 Stat. 552, 554—555 (2007).
253) 18 U.S.C. §2520(a) (Supp. 4 2000).
254) 18 U.S.C. §2511(2)(a)(ii) (Supp. 4 2000).
255) USA PATRIOT Act, Pub. L. No. 107-56, tit. 2, §225, 115 Stat. 272, 295—296 (2001), 50 U.S.C. §1805(h). ただし、合衆国法典50編1805条(h)項は、2001年12月28日に制定された2002会計年度情報機関権限法314条(a)項(2)号(C)（Intelligence Authorization Act for Fiscal Year 2002, Pub. L. No. 107-108, tit. 3, §314(a)(2)(C), 115 Stat. 1394, 1402 (2001)）によって、項番号が(h)項から(i)項へ変更されている（50 U.S.C. §1805(i) (Supp. 4 2000)）。
256) 28 U.S.C. §1407 (Supp. 4 2000).

第5章　FISAによる電子的監視と愛国者法

California）に係属されている。[257]

　このためアメリカ防衛法の主要規定を恒久化する法律を制定するにあたって、法執行機関や諜報機関の「令状なし監視」に引き続き民間の通信プロバイダーの協力を取り付けるためには、アメリカ防衛法制定以前の協力行為に対しても遡及的に免責する必要が生じたのであった。

　この点に関して、上院法案2248号（情報委）が遡及的免責の定めを置いているのに対して、上院法案2248号（司法委）と下院法案3773号にはそのような定めはなかった。[258]　上院では後に遡及的免責条項を含む上院法案2248号（情報委）に一本化されたが、下院では、遡及的免責条項を含まない下院法案3773号が、[259]　2007年11月15日に下院本会議で可決された。

　ブッシュJr.大統領は、アメリカ防衛法の期限切れ直前の2008年1月28日に行った一般教書演説において、アメリカ防衛法が2月1日に失効する前に、「米国を防衛する努力を支援してきたと考えられる企業のために、法的責任からこうした企業を保護する法案を通過させなければなりません。これまで審議には十分時間をかけました。今は採決のときです」[260]と述べ、下院に対して上院法案の採択を迫った。

　しかしながら、上下両院の調整はつかず、アメリカ防衛法は15日間の効力延長がなされたにもかかわらず、2008年2月16日に失効した。

　3月13日、ブッシュJr.大統領は、下院指導部に対して、下院法案は再び危険な諜報ギャップを招来させるものであり、アメリカ合衆国の国家安全保障を危険にさらすものであると激しく非難することによって、上院法案を成立させ

---

257)　*In re* National Security Agency Telecommunications Record Litigation, MDL Docket No. 06-1791 VRW (N.D. Cal. Nov. 6, 2007).

258)　S. 2248 (ver. SSCI), tit. 2, §202, 110th Cong. 1st Session at 45―48.

259)　上院法案2248号（情報委）、上院法案2248号（司法委）、下院法案3773号の詳細な異同については、Bazan, *The Foreign Intelligence Surveillance Act : Comparison of House-Passed H.R. 3773, S. 2248 as Reported by the Senate Select Committee on Intelligence, and S. 2248 as Reported out of the Senate Judiciary Committee* (CRS Order Code RL34,277, Dec. 14, 2007) の対照一覧表を参照のこと。

260)　「ブッシュ大統領の2008年一般教書演説」《http://tokyo.usembassy.gov/j/p/tpj-20080128-78.html》。

るよう強く求める演説を行った。[261]

　ところでNSAの秘密盗聴事件とその顛末は、いったい何を意味するのであろうか。

　法執行機関等による電子的監視は、もともと、(I)刑事犯罪捜査目的のものと(II)国家安全保障目的のものとに二分され、(I)刑事犯罪捜査目的の電子的監視には通常の司法裁判所の令状または許可命令が必要とされた。他方、(II)国家安全保障目的の電子的監視の場合には、さらに、監視対象に、(A)「合衆国の人」が含まれている場合と、(B)「合衆国の人」が含まれていない場合とに細分され、(II)(A)の場合には、秘密法廷であるFISCの一方的な許可命令を要するものとされていた。

　しかしながら、2001年に制定された愛国者法は、テロリズム対策を電子的監視分野に持ち込むこと——「テロリストの疑いのある外国人」もFISAの対象に含めること——などによって、(I)と(II)の間の「境界」を相対化しただけでなく、法執行機関と諜報機関の間の「境界」も曖昧なものとしてしまった（もっとも、第6章でも触れているように、FBIはもともと法執行機関としての機能だけでなく、諜報機関としての機能も備えていたのではあるが）。[262]

---

261) Office of the Press Secretary, For Immediate Release, President Bush Discusses FISA (March 13, 2008)《http://www.whitehouse.gov/news/releases/2008/03/20080313.html》. *See also*, Office of the Press Secretary, For Immediate Release, Fact Sheet: Protect America Alert: House Foreign Surveillance Bill Undermines Our National Security (March 13, 2008)《http://www.whitehouse.gov/news/releases/2008/03/20080313-10.html》. もっとも、ブッシュJr.大統領は、この演説のわずか5日前の2008年3月8日に、拘束した敵性戦闘員に対するCIA等による「水責め（waterboarding）」等の拷問の実行を禁じる下院法案2082号（H. R. 2082: Intelligence Authorization Act for Fiscal Year 2008）に対して拒否権を行使して葬ったばかりであったのだが（Office of the Press Secretary, For Immediate Release, Message to the House of Representatives (March 8, 2008)《http://www.whitehouse.gov/news/releases/2008/03/20080308-1.html》）。

262) 大沢秀介は、愛国者法によるFISAの改正によって、「テロ行為の捜査であっても、それが同時に外国諜報収集活動を伴うものであれば、外国諜報監視法の下でFISA法廷から電子的監視のための捜査令状を入手することができるようになった。その結果、通信傍受等が幅広く行われやすくなる一方、人権団体からはプライバシー侵害の危惧が強く指摘されることになったのである」と指摘している（大沢・前掲注1）12頁）。

さらに、NSAの秘密盗聴事件は、合衆国内外にいる「合衆国の人」までもが諜報機関による電子的監視の対象となっていたことを明らかにした。このことは、テロ対策を名目とする電子的監視においては、監視対象が、合衆国内にいる人物か、合衆国外にいる人物かという区別、さらには、「合衆国の人」であるか、「合衆国の人」以外の人物であるかという区別ももはや意味を持ち得ないことを顕在化させてしまった。

　ブッシュJr.政権と対立する野党・民主党が上下両院を制しても、NSAの「合衆国の人」を含む監視対象に対する秘密盗聴が違法であり、そのような電子的監視を実行するためにはFISCの許可命令を得なければならないというNSAの秘密盗聴事件が発覚する前の状態に戻すことすらできず、民主党支配の連邦議会はアメリカ防衛法を制定することによってNSAの秘密盗聴を法的に追認することしかできなかった。

　このことは、《9・11》以後にアメリカ社会を覆った安全至上主義的な傾向が、もはや不可逆的な現象であることの何よりの証拠であり、ブッシュJr.政権が終わった後も、一時的な「スピード・ダウン」は起こり得たとしても、進行方向の転換を伴う本格的な「揺り戻し」は見込めないのではないか。

　さらに、このことは、いったん諜報機関が創設され、そして諜報機関に市民に対する監視権限がひとたび授権されたならば、諜報機関というものは、法的制限を乗り越えて、常に、絶えず、市民に対する盗聴・監視を拡大し続けるものであるということを意味するものと思われる。

第6章 《9・11》の衝撃(インパクト)とテロ情報の共有・情報機関の再編

1. 《9・11》テロ・対イラク戦争とテロ情報の共有・情報機関の再編

(1) 《9・11》テロと情報機関

　2001年9月11日(アメリカ東部時間)、ハイジャックした4機の民間航空機を、乗客・乗員265人を載せたままニューヨークの世界貿易センタービルのツインタワーと国防総省(ペンタゴン)に突入させるという未曾有の手法で実行された《9・11》は、2,795名という犠牲者数(2002年11月2日、ニューヨーク市発表)をはるかに超える衝撃をアメリカ社会に与えた。

　ことに、すでに1996年にはビンラディンのテロネットワークがアメリカの国家安全保障に対する主要な脅威として明確に認識されるようになっており、また2001年にはアリゾナのFBI捜査官から対米テロに関する重要な情報がもたらされていたにもかかわらず、アメリカの情報(諜報)機関が《9・11》の防止に失敗したという事実は、FBIやCIAなどの情報機関に対するアメリカ市民の信頼を著しく失墜させた。[1]

---

1)　2007年8月21日にCIAが公開した《9・11》に関するCIA監察総監の内部調査報告書のサマリー(EXECUTIVE SUMMARY: OIG REPORT ON CIA ACCOUNTABILITY WITH RESPECT TO THE 9/11 ATTACKS (Aug. 21, 2007))——なお、2005年6月に作成された調査報告書そのものは秘密指定文書であり、公開されなかった——によれば、CIAは《9・11》以前の段階で、《9・11》の実行犯に関する有力な情報を得ていたにもかかわらず、CIA内部での情報共有の失敗や国家安全保障局(National Security Agency: NSA)との確執などによって《9・11》の防止に失敗したという。CIAやFBIが事前に様々なテロ情報をつかんでいながら

さらにまた、ブッシュ Jr. 政権は、イラクが国連安保理決議に違反して大量破壊兵器の開発と保有を進めており、これらのイラクの大量破壊兵器は国際社会に対する重大な脅威となっていると主張して、2003年3月19日、イラクに対する予防戦争を開始した。しかし、「戦後」、複数のアメリカ政府の調査組織は、イラクが少なくとも開戦時に大量破壊兵器を開発・保有していた証拠は何一つ発見されず、また国際テロ組織アルカイダとの結びつきも証明されなかったと結論づける報告書を相次いで公表した――これらの調査団・調査委員会および調査報告書の内容についてはすぐ後で検討する――。これらの諸報告書の報告結果を踏まえて、パウエル元国務長官も、2004年10月1日の記者会見で、開戦前に自分が国連安保理で行った演説（2002年2月）とそこで示した「証拠」が誤った情報によるものであったことを認めた。そして、2005年12月14日、ついにブッシュ Jr. 大統領自身も、旧フセイン政権の大量破壊兵器に関する情報が誤りであったことを認めざるを得なくなった。

　このように、ビンラディンのテロネットワークを最重要の監視対象とし事前に様々な情報を得ていたにもかかわらず《9・11》の発生を防ぐことができなかったという事実、また、対イラク開戦の根拠とした2002年〜2003年当時の旧

　《9・11》の防止に失敗した原因については、さしあたりマイケル・ショワー『帝国の傲慢⊕⊕』（日経 BP 社、2005年）――特に上巻第2章――、青木冨貴子『FBI はなぜテロリストに敗北したのか』（新潮社、2002年）、宮坂直史「第二章　対テロ戦争における米国の情報体制と市民社会」日本国際問題研究所（平成14年度・外務省委託研究）『米国の情報体制と市民社会に関する調査』（日本国際問題研究所、2003年）20―21頁を参照のこと。

2)　毎日新聞2004年10月2日付夕刊。

3)　2005年12月14日、ワシントン市内のウッドロー・ウィルソン・センターでの演説で、「結果的に大量破壊兵器についての情報のほとんどが間違っていた。大統領として対イラク開戦の責任は私にある。そして、情報収集能力を改善して問題箇所を直す責任も私にある」と述べ、開戦の根拠とした旧フセイン政権の大量破壊兵器の開発・保有に関する情報が「誤り」であったことを認めた。もっとも、「サダム・フセインを取り除くという決断は正しいものだった。サダムは脅威だった。彼が権力の座を追われたことでアメリカ国民と世界がおかれている状況は改善された」とするなど対イラク開戦はあくまでも正しかったと開き直ってはいるが（"President Discusses Iraqi Elections, Victory in the War on Terror" (Dec. 14, 2005, The Woodrow Wilson Center, Washington, D.C.)《http://www.whitehouse.gov/news/releases/2005/12/20051214—1.html》）。

第6章 《9・11》の衝撃(インパクト)とテロ情報の共有・情報機関の再編

フセイン政権の大量破壊兵器に関する情報が後に「ほぼ完全な誤り」であったことが判明したことなどによって、FBIやCIAなどのアメリカの情報機関はその信頼性を著しく失墜させた。このため、情報機関の建て直しと再編がブッシュJr.政権にとっての急務となった[4]。

本章では、《9・11》以後のアメリカの情報機関共同体 (Intelligence Community: IC) の、テロ情報の分析精度を高めるための共同体内部におけるテロ／対テロ情報の共有の強化と組織改革を2本柱とする再建（再編）——それらは主に、①国土安全保障省 (Department of Homeland Security: DHS) や国家テロ対策センター (National Counterterrorism Center: NCTC) の創設、国家情報長官 (Director of National Intelligence: DNI) ポストの新設、CIA・FBIの機能的・組織的再編などと、②FBIや各州の法執行機関、CIAなどの諜報機関、NSA（国家安全保障局）やDIA（国防情報局）などの軍の諜報機関、国土安全保障省 (DHS)、国家テロ対策センター (NCTC) の間におけるテロリズム情報および対テロリズム情報の情報交換＝情報共有のあり方の改革によるものであるが——について、主に法制度の側面から検討する。

　　　　　　　　＊　　　　　　＊　　　　　　＊

2002年11月27日、連邦議会は、《9・11》を防げなかった原因とそれに関連するアメリカの情報機関の問題点などを調査する独立委員会「合衆国に対するテロ攻撃に関する国家委員会 (National Commission on Terrorist Attacks Upon the United States)」（9・11委員会）の設置を定めた2003会計年度情報権限法 (Intelligence Authorization Act for Fiscal Year 2003) を制定した[5]。

---

4) 《9・11》以後のアメリカの情報機関の再編状況については、小林良樹「米国の情報機構 (Intelligence Community) の改編をめぐる動向について」『警察学論集』58巻3号（2005年3月）149頁以下、同「米国の情報コミュニティの改編をめぐる動向——国家情報長官制度の創設から約1年を経て」『警察学論集』59巻2号（2006年2月）134頁以下、同「米国のインテリジェンス・コミュニティの改編をめぐる動向——国家情報長官（DNI）制度の創設から約3年を経て」『警察学論集』61巻1号（2008年1月）103頁以下が詳しい。また、併せて宮田智之「米国におけるテロリズム対策——情報活動改革を中心に」『外国の立法』228号（2006年5月）60頁以下も参照のこと。

5) Intelligence Authorization Act for Fiscal Year 2003, Pub. L. No. 107-306, tit. 6, §601, 116 Stat. 2383, 2408 (2002).

9・11委員会は、2004年7月22日、《9・11》を防止できなかった原因と、アメリカの情報機関の能力と脆弱性を評価した『合衆国に対するテロ攻撃に関する国家委員会・最終報告書（Final Report of the National Commission on Terrorist Attacks Upon the United States）』を公表した。全文604頁からなる同報告書は、①多くの省庁に分散して存在する情報機関を監督・統括する閣僚級ポストの新設、②15の情報機関の連絡調整のための国家テロ対策センター（National Counterterrorism Center: NCTC）の創設、③情報機関に対する議会の監視権限の強化、④各情報機関によるテロ関連情報の共有の促進などを勧告した[6]。

　なお、9・11委員会は『最終報告書』の公表後に解散したが、トーマス・H・キーン（Thomas H. Kean）委員長ら主要メンバーは、9/11 Public Discourse Projectとして活動を継続し、2005年12月5日に、『合衆国に対するテロ攻撃に関する国家委員会・最終報告書』の勧告内容の進捗状況を項目別に評価した『9・11委員会勧告に関する最終報告（Final Report on 9/11 Commission Recommendations）』を公表した[7]。この評価報告においても、FBIやCIAのテロリズム対策情報活動や情報機関相互でのテロ関連情報の共有化についての評価は、A～Fのランク中いずれもC～D評価にとどまっていた。

（2）　対イラク戦争と情報機関の能力

　2002年9月に公表された『国家安全保障戦略（The National Security Strategy of the United States of America）[8]』は、旧ソ連の崩壊と冷戦の終結によってアメ

---

6) The National Commission on Terrorist Attacks Upon the United States, The 9/11 Commission Report: Final Report of the National Commission on Terrorist Attacks Upon the United States (Aug. 2004). 同報告書の概要については、宮田智之「同時多発テロ事件に関する独立調査委員会の最終報告書」『外国の立法』222号（2004年11月）153頁以下、井樋三枝子「9・11同時多発テロ事件以後の米国におけるテロリズム対策」『外国の立法』228号（2006年5月）24頁以下、特に28—29頁を参照のこと。

7) 9/11 Public Discourse Project, Final Report on 9/11 Commission Recommendations (Dec. 5, 2005). 同報告書の概要については、井樋・前掲注6) 24頁以下、特に32—36頁を参照のこと。

8) The White House, The National Security Strategy of the United States of America (Sept., 2002).

第6章 《9・11》の衝撃とテロ情報の共有・情報機関の再編

リカの国家安全保障環境は大きく変わったとし、国際テロ組織やイラク、イラン、北朝鮮などの「ならず者国家（rogue states）」による大量破壊兵器の開発・保有・使用能力の獲得こそが、今日、アメリカの安全保障にとって「新たな破壊的な難問」、すなわち最大の脅威となっているとする。そして、国際テロ組織や「ならず者国家」が大量破壊兵器の使用能力を獲得することを阻止するため、アメリカはこれらの脅威に対して先制攻撃による自衛権（right of self-defense by acting preemptively）の行使をためらうことはないと強調していた。

この2002年版『国家安全保障戦略』が公表されてからわずか1ヶ月後の2002年10月、CIAは、イラクが、①国連安保理決議を無視して、核・生物・化学兵器などの大量破壊兵器（WMD）の開発計画を維持し、②国連安保理決議で制限された射程距離を超えるミサイル（大量破壊兵器の運搬手段）を保有し、③これらの大量破壊兵器の開発を巧みに隠蔽していることなどを骨子とする報告書『イラクの大量破壊兵器（Iraq's Weapons of Mass Destruction Programs)』を公表した[9]。そして、2002年10月16日、イラクによってもたらされている脅威からアメリカ合衆国を防衛し、イラクに関するすべての国連安保理決議を履行させるために「必要かつ適切」な合衆国軍隊の使用を大統領に授権する両院合同決議（Authorization for Use of Military Force Against Iraq Resolution of 2002: AUMFIR）[10]が制定され、いつでもイラクを攻撃できる態勢が整えられた。

2003年3月17日、ブッシュ Jr. 大統領は、イラクのフセイン政権が、大量破壊兵器の完全廃棄という1991年の湾岸戦争の終結条件に反してなお「最も破壊的な武器のいくつかを保有し隠蔽し続けていることは疑いがない」として、フセイン大統領に対して48時間以内の国外退去を通告、3月19日には、イラクに対して「宣戦布告」し、アメリカ軍を中核とする「有志連合（willing coalition）」軍は、国連安保理におけるフランスやドイツの反対を無視して、安保理による武力行使授権決議すら得ることなしに、イラクへの軍事侵攻を開始した。

イラク「戦後」——ブッシュ Jr. 大統領は、2003年5月1日、イラクでの「大

---

9) CIA, IRAQ'S WEAPONS OF MASS DESTRUCTION PROGRAMS (Oct., 2002).
10) Authorization for Use of Military Force Against Iraq Resolution of 2002, Pub. L. No. 107-243, §3(a), 116 Stat. 1498, 1501 (2002).

規模戦闘の終結」を宣言した――の2004年9月、CIA長官特別顧問チャールズ・ダルファー（Charles Duelfer）を団長とするイラク検証グループ（Iraq Survey Group: ISG）が、アメリカ軍、CIAなどの情報機関要員千数百人を動員し、数百億円の予算と、2003年6月から2004年9月26日までの15ヶ月間をかけてイラクで実施した大量破壊兵器の開発・貯蔵等に関する調査結果をまとめた『ダルファー・レポート（Duelfer Report）』を公表した。

『ダルファー・レポート』は、開戦前にイラクが生物・化学兵器を備蓄していた事実は一切なく、また核兵器の開発計画についても湾岸戦争のあった1991年以降頓挫していたこと、さらに、フセイン政権からアルカイダなどのテロ組織に大量破壊兵器や関連情報が提供された証拠も存在していなかったこと、すなわち、ブッシュJr.政権が対イラク戦の開戦の根拠として依拠した2002年10月のCIAの『イラクの大量破壊兵器（Iraq's Weapons of Mass Destruction Programs）』の内容が事実無根であったことを明らかにした。

また、2005年3月に公表された『ダルファー・レポート』の追補では、開戦前にイラクの大量破壊兵器が第三国へ移転されたという事実もなかったことが明らかにされ、「大量破壊兵器による差し迫った脅威の存在」というアメリカの対イラク戦争の開戦理由は完全に崩壊した。

このほかにも、上院の情報特別委員会が2004年7月に公表した『アメリカ合衆国情報機関共同体のイラクに関する戦前情報活動のアセスメント報告（Report of the Select Committee on Intelligence on the U.S. Intelligence Community's Prewar Intelligence Assessments on Iraq)』も、CIAを中心とする情報機関共同

---

11) 《http://www.whitehouse.gov/news/releases/2003/05/20030501-15.html》.
12) SPECIAL ADVISOR TO THE DIRECTOR OF CENTRAL INTELLIGENCE, COMPREHENSIVE REPORT OF THE SPECIAL ADVISOR TO THE DCI ON IRAQ'S WMD (Sept. 30, 2004).
13) CIA, IRAQ'S WEAPONS OF MASS DESTRUCTION PROGRAMS (Oct., 2002).
14) SPECIAL ADVISOR TO THE DIRECTOR OF CENTRAL INTELLIGENCE, ADDENDUMS TO THE COMPREHENSIVE REPORT OF THE SPECIAL ADVISOR TO THE DCI ON IRAQ'S WMD (March, 2005).
15) THE SELECT COMMITTEE ON INTELLIGENCE, UNITED STATES SENATE, REPORT OF THE SELECT COMMITTEE ON INTELLIGENCE ON THE U.S. INTELLIGENCE COMMUNITY'S PREWAR INTELLIGENCE ASSESSMENTS ON IRAQ (July 7, 2004).

体（IC）のイラクの大量破壊兵器に関する報告について、「情報機関共同体2002年10月国家諜報評価『イラクの大量破壊兵器継続プログラム』(Intelligence Community's October 2002 National Intelligence Estimate (NIE), *Iraq's Continuing Programs for Weapons of Mass Destruction*）に含まれている主要な判断の大部分は、誇張されているか、または、情報の裏づけのないものである」とし、アメリカの各情報機関が対イラク開戦前に収集した情報とそれらの分析結果がいかに信頼性に乏しいものであったかを徹底的に暴くとともに、情報機関の抜本的な改革を提言するものであった。

さらに、ブッシュ Jr. 大統領が2004年2月に任命した超党派の9人のメンバーよりなる大量破壊兵器に関する合衆国の情報活動能力に関する委員会 (the Commission on the Intelligence Capabilities of the United States Regarding Weapons of Mass Destruction)（以下、WMD 委員会）が2005年3月31日にブッシュ Jr. 大統領に提出した報告書（全文601頁）も、上院情報特別委員会の報告書と同様に、ブッシュ Jr. 大統領がイラク開戦の根拠とした2002年10月の『国家諜報評価：イラクの大量破壊兵器継続プログラム（*National Intelligence Estimate (NIE): Iraq's Continuing Programs for Weapons of Mass Destruction*）』におけるイラクの大量破壊兵器計画に関する評価は「すべて誤りであった（……were all wrong)」と断定している。

WMD 委員会報告書が「誤り」であったとした最も代表的な事例は、ブッシュ Jr. 大統領が2003年1月28日の一般教書演説でとりあげた、イラクがアフ

---

16) *Id.* at 14.
17) NATIONAL INTELLIGENCE COUNCIL, NATIONAL INTELLIGENCE ESTIMATE: IRAQ'S CONTINUING PROGRAMES FOR WEAPONS OF MASS DESTRUCTION (Oct., 2002).
18) THE COMMISSION ON THE INTELLIGENCE CAPABILITIES OF THE UNITED STATES REGARDING WEAPONS OF MASS DESTRUCTION, REPORT TO THE PRESIDENT OF THE UNITED STATES at 45 (March 31, 2005). 大量破壊兵器に関する合衆国の情報活動能力に関する委員会 (the Commission on the Intelligence Capabilities of the United States Regarding Weapons of Mass Destruction) は、2004年2月6日付で制定された大統領命令13328号 (Exec. Order No. 13,328, §1, 69 Fed. Reg. 6,901 (2004)) によって設置された超党派の委員会であり、共同委員長の1人はシルバーマン（L. Silberman）元連邦控訴裁判所裁判官が務めた。
19) *President Delivers "State of the Union"*《http://www.whitehouse.gov/news/releases

リカ（ニジェール）から核兵器製造用のウランと強化アルミニウム管を入手しようとしていたという情報の信頼性の問題であろう。この点について WMD 委員会報告書は、イラクがニジェールから500トンのイエローケーキ・ウランを入手しようとした証拠はなく、強化アルミニウム管はイラクの81ミリ・ロケット（通常兵器）用のものであって核兵器開発用のものではなかったと結論づけている[20]。

また、WMD 委員会報告書は、パウエル国務長官が2003年2月5日の国連安全保障理事会において、イラクの大量破壊兵器開発計画が継続されていることの「証拠」の1つとしてあげた「移動式の生物兵器製造施設」の存在に関する『国家諜報評価：イラクの大量破壊兵器継続プログラム』の情報評価は、「深刻な誤り」であったと結論づけていた[21]。

情報機関共同体（IC）がこのような「根本的な誤り」を犯した原因について、WMD 委員会報告書は、情報機関共同体は、「カーブボール（Curveball）」というコードネームの亡命イラン人というたった1つの情報源からの情報にのみ依拠して情報の評価を行ったこと、さらに情報源の「カーブボール」が「常習的な嘘つき」であったにもかかわらず、情報源の信頼性についての吟味をきちんと行わなかったことなどをあげている[22]。

これらのイラクの大量破壊兵器に関するアメリカの情報機関の情報収集・分析能力に関する諸報告書の報告結果を踏まえて、前述したようにパウエル元国務長官やブッシュ Jr. 大統領自身も、旧フセイン政権の大量破壊兵器に関する情報が誤りであったことを認めざるを得なくなったのであった。

/2003/01/20030128-19.html》。なお、同一般教書演説の邦訳は在日アメリカ大使館のサイト・ページ《http://tokyo.usembassy.gov/j/p/tpj-jp0208.html》で閲覧可能である。

20) THE COMMISSION ON THE INTELLIGENCE CAPABILITIES OF THE UNITED STATES REGARDING WEAPONS OF MASS DESTRUCTION, *supra* note 18, at 58—59.

21) *Id.* at 50.

22) *Id.* at 87.「カーブボール（Curveball）」という情報源の信頼性について、ジェームズ・ライゼンは、国防総省の国防ヒューミント・サービス（Defense HUMINT service）に情報を仲介したドイツの諜報機関自体が疑問視していたことを指摘している（ジェームズ・ライゼン『戦争大統領——CIA とブッシュ政権の秘密』（毎日新聞社、2006年）138—139頁）。

2. 軍・諜報・治安機関におけるテロ／対テロ情報の共有

(1) 国土安全保障省を結節点とするテロ／対テロ情報の共有

2002年国土安全保障法（Homeland Security Act of 2002）[23]（以下、国土安全保障法）によって創設された国土安全保障省（Department of Homeland Security: DHS）が、①アメリカ合衆国内でのテロ攻撃の阻止、②テロに対するアメリカの脆弱性を減らすこと、③アメリカ合衆国内で発生したテロ攻撃による損害を最小限に抑え、テロ攻撃からの回復を支援することなどの任務を果たせるよう[24]にするため、国土安全保障法は、情報分析・インフラストラクチャー防護担当次官（Under Secretary for Information Analysis and Infrastructure Protection）に、アメリカ合衆国に対するテロ情報分析に関して、①国土に対するテロの脅威の本質・範囲の特定[25]、②合衆国に対するテロの脅威の検知・特定[26]、③国土の現実

---

23) Homeland Security Act of 2002, Pub. L. No. 107-296, 116 Stat. 2135 (2002). この法律の概要および抄訳については、土屋恵司「米国における2002年国土安全保障法の制定」『外国の立法』222号（2004年11月）1頁以下を参照のこと。

24) Homeland Security Act of 2002, Pub. L. No. 107-296, tit. 1, §101(b)(1)(A), (B), (C), 116 Stat. 2135, 2142 (2002), 6 U.S.C. §111(b)(1)(A), (B), (C) (Supp. 2 2000).

25) Homeland Security Act of 2002, Pub. L. No. 107-296, tit. 2, §201(d)(1)(A), 116 Stat. 2135, 2146 (2002), 6 U.S.C. §121(d)(1)(A) (Supp. 2 2000). もっとも、2002年国土安全保障法201条（Homeland Security Act of 2002, Pub. L. No. 107-296, tit. 2, §201, 116 Stat. 2135, 2145 (2002)）が規定していた情報分析・インフラストラクチャー防護総局（Directorate for Information Analysis and Infrastructure Protection）は、2007年9・11委員会勧告履行法531条（Implementing Recommendations of the 9/11 Commission Act of 2007, Pub. L. No. 110-53, tit. 5, subtit. D, §531, 121 Stat. 266, 332 (2007)）によって、情報・分析局（Office of Intelligence and Analysis: OIA）とインフラストラクチャー防護局（Office of Infrastructure Protection: OIP）に分割された（Homeland Security Act of 2002, Pub. L. No. 107-296, tit. 2, §201(a), 116 Stat. 2135, 2145 (2002), *amended by* Implementing Recommendations of the 9/11 Commission Act of 2007, Pub. L. No. 110-53, tit. 5, subtit. D, §531 (a)(2), 121 Stat. 266, 332 (2007)）。また、情報・分析局（OIA）の長として、情報分析・インフラストラクチャー防護担当次官（Under Secretary for Information Analysis and Infrastructure Protection）に代わって情報・分析担当次官（Under Secretary for

的・潜在的な脆弱性を勘案した上での脅威の理解、④合衆国の重要資源（key resources）・重要インフラストラクチャー（critical infrastructure）の脆弱性に関する包括的評価、⑤国土安全保障への脅威に対する警報について第一義的責務を果たす国土安全保障警報システム（Homeland Security Advisory System: HSAS）の運営、⑥国土安全保障に関する法執行情報・諜報情報（intelligence

---

Intelligence and Analysis）のポストが設けられた（Homeland Security Act of 2002, Pub. L. No. 107-296, tit. 2, §201(b)(1), 116 Stat. 2135, 2145 (2002), *amended by* Implementing Recommendations of the 9/11 Commission Act of 2007, Pub. L. No. 110-53, tit. 5, subtit. D, §531 (a)(2), 121 Stat. 266, 332 (2007))。なお、情報・分析担当次官は、国土安全保障省(DHS)全体の首席諜報官（Chief Intelligence Officer: CIO）としての位置づけも与えられている(Homeland Security Act of 2002, Pub. L. No. 107-296, tit. 2, §201(b)(2), 116 Stat. 2135, 2145 (2002), *amended by* Implementing Recommendations of the 9/11 Commission Act of 2007, Pub. L. No. 110-53, tit. 5, subtit. D, §531 (a)(2), 121 Stat. 266, 332 (2007))。

ただし、第4章3.の「追記」にも記したように、本書では2007年9・11委員会勧告履行法による改正内容を本格的に検討する余裕はなかった。従って、本章での記述内容は、あくまでも同法による改正以前のものにとどまるものであることをお断りしておく。

26) Homeland Security Act of 2002, Pub. L. No. 107-296, tit. 2, §201(d)(1)(B), 116 Stat. 2135, 2146 (2002), 6 U.S.C. §121(d)(1)(B) (Supp. 2 2000).
27) Homeland Security Act of 2002, Pub. L. No. 107-296, tit. 2, §201(d)(1)(C), 116 Stat. 2135, 2146 (2002), 6 U.S.C. §121(d)(1)(C) (Supp. 2 2000).
28) 重要資源（key resources）とは、経済および統治（government）の最小限の運営にとって必要不可欠な公的または私的に統制された資源を意味するものとされている(Homeland Security Act of 2002, Pub. L. No. 107-296, §2(9), 116 Stat. 2135, 2141 (2002))。
29) 重要インフラストラクチャー（critical infrastructure）とは、愛国者法1016条(e)項(Uniting and Strengthening America by Providing Appropriate Tools Required to Intercept and Obstruct Terrorism (USA PATRIOT ACT) Act of 2001, Pub. L. No. 107-56, tit. 10, §1016(e), 115 Stat. 272, 401 (2001))において定義された「物理的であるとヴァーチャルであるとを問わず、当該システムおよび資産の無力化または破壊が、安全保障、国家経済安全保障（national economic security）、国家的公衆衛生もしくは安全、またはこれらの複合事項を弱体化する悪影響を及ぼすであろう合衆国にとって死活的なシステムおよび資産」であるとされている（Homeland Security Act of 2002, Pub. L. No. 107-296, §2(4), 116 Stat. 2135, 2140 (2002))。
30) Homeland Security Act of 2002, Pub. L. No. 107-296, tit. 2, §201(d)(2), 116 Stat. 2135, 2146 (2002), 6 U.S.C. §121(d)(2) (Supp. 2 2000).
31) Homeland Security Act of 2002, Pub. L. No. 107-296, tit. 2, §201(d)(7)(A), 116 Stat.

第 6 章 《9・11》の衝撃(インパクト)とテロ情報の共有・情報機関の再編

赤（Severe Risk）
オレンジ（High Risk）
黄（Elevated Risk）
青（Guarded Risk）
緑（Low Risk）

information)・諜報関連情報（intelligence-related information）その他の国土安全保障に関連する情報についての連邦政府機関、州政府、地方政府相互における共有管理の方針と手続の改善のための再評価、分析、勧告、⑦テロの脅威に関する情報（法執行情報も含む）についてのCIA、その他の連邦政府の機関、州政府、地方政府、民間部門の組織との協議――などについて責務を負わせるものとしている。

なお、国土安全保障警報システム（HSAS）は、テロの脅威について、危険度の高い順に「赤（Severe Risk）」、「オレンジ（High Risk）」、「黄（Elevated Risk）」、「青（Guarded Risk）」、「緑（Low Risk）」で色分けして表示するシステムであり、国土安全保障省のサイト・ページ上にも常時表示されている。《9・11》以後は、常に「オレンジ（High Risk）」か「黄色（Elevated Risk）」の表示がなされている。

さらに、上述の責務を果たすため、国土安全保障省情報分析・インフラストラクチャー防護総局の情報分析・インフラストラクチャー防護担当次官は、首席情報官（Chief Information Officer: CIO）と協力して、データおよび情報にアクセスし、受領し、分析するために、または国土安全保障省によって収集・分析された情報を必要に応じて提供するために、データ・マイニングその他の先端的分析ツールを含む安全確実な通信および情報技術インフラストラクチャーを

2135, 2146 (2002), 6 U.S.C. §121(d)(7)(A) (Supp. 2 2000).
32) Homeland Security Act of 2002, Pub. L. No. 107-296, tit. 2, §201(d)(8), 116 Stat. 2135, 2147 (2002), 6 U.S.C. §121(d)(8) (Supp. 2 2000).
33) Homeland Security Act of 2002, Pub. L. No. 107-296, tit. 2, §201(d)(9), (10), 116 Stat. 2135, 2147 (2002), 6 U.S.C. §121(d)(9), (10) (Supp. 2 2000).

確立し、利用するものとされている[34]。

　国土安全保障長官は、上述のような情報分析や他の連邦政府機関、州政府、地方政府、民間組織等との連携を図るために、ⓐ連邦政府機関によって収集・保有・整備されることが可能な、合衆国に対するテロの脅威または長官によって指定されたその他の責任領域に関するあらゆる情報――報告、アセスメント、分析および未評価の諜報情報を含む――、およびテロに対する合衆国のインフラストラクチャーまたはその他の脆弱性に関するすべての情報[35]、および、ⓑ長官の管轄事項に関するその他の情報であって、連邦政府の機関によって収集・保有・整備されることが可能な情報[36]にアクセスすることができなければならないものとされ、他方、ⓒ連邦政府のすべての機関は、合衆国に対する脅威および国土安全保障長官によって指定されたその他の責任領域に関するあらゆる情報（未評価の諜報情報を含む）[37]、テロに対する合衆国のインフラストラクチャーまたはその他の脆弱性に関するすべての情報[38]、合衆国に対する重大かつ確実な脅威に関する情報（未分析の情報を含む）等を速やかに国土安全保障長官に提供しなければならないものとされる[39]。

　また、国土安全保障法202条(d)項(2)号は、国土安全保障省がアクセス可能なテロ関連情報を、必要に応じて、1947年国家安全保障法3条(4)号（合衆国法典50編401a条(4)号）[40]で定められたCIA、FBI、国防情報局（DIA）、国家安全保

---

34) Homeland Security Act of 2002, Pub. L. No. 107-296, tit. 2, §201(d)(14), 116 Stat. 2135, 2147 (2002), 6 U.S.C. §121(d)(14) (Supp. 2 2000).

35) Homeland Security Act of 2002, Pub. L. No. 107-296, tit. 2, §202(a)(1), 116 Stat. 2135, 2149 (2002), 6 U.S.C. §122(a)(1) (Supp. 2 2000).

36) Homeland Security Act of 2002, Pub. L. No. 107-296, tit. 2, §202(a)(2), 116 Stat. 2135, 2149 (2002), 6 U.S.C. §122(a)(2) (Supp. 2 2000).

37) Homeland Security Act of 2002, Pub. L. No. 107-296, tit. 2, §202(b)(2)(A), 116 Stat. 2135, 2150 (2002), 6 U.S.C. §122(b)(2)(A) (Supp. 2 2000).

38) Homeland Security Act of 2002, Pub. L. No. 107-296, tit. 2, §202(b)(2)(B), 116 Stat. 2135, 2150 (2002), 6 U.S.C. §122(b)(2) (B) (Supp. 2 2000).

39) Homeland Security Act of 2002, Pub. L. No. 107-296, tit. 2, §202(b)(2)(C), 116 Stat. 2135, 2150 (2002), 6 U.S.C. §122(b)(2)(C) (Supp. 2 2000).

40) National Security Act of 1947, Pub. L. No. 253, §3(4), 61 Stat. 495 (1947), *as added* Intelligence Organization Act of 1992, Pub. L. No. 102-496, tit. 7, §702, 106 Stat. 3180, 3188

局（NSA）などの連邦政府機関、州政府、地方政府との間で適切に共有することを保証しなければならないものとしている[41]。

このような情報共有については、ほかに第Ⅷ編Ⅰ部891条～899条——これらの条項は、国土安全保障情報共有法（Homeland Security Information Sharing Act）[42]（以下、情報共有法）として引用される——でも規定されている。

情報共有法891条は、連邦政府は、テロ攻撃からの防衛を含む共通の防衛（common defense）という憲法上の要請を満たすため、国土安全保障を促進する秘密指定情報および「慎重な取扱いを要するが秘密指定されていない（sensitive but unclassified: SBU）情報」を収集、創造、管理、保護するのみならず、州政府、地方政府、法執行機関、諜報機関、その他緊急事態対応機関の要員もテロとの戦いのために国土安全保障情報[43]を利用できるよう当該情報を国家法執行通信システム（National Law Enforcement Telecommunication System: NLETS）やテロ脅威警報システム（Terrorist Threat Warning System: TTWS）等の情報システムを通じて共有できるようにしなければならない旨を定めている[44]。

情報共有法892条(a)項は、大統領は、国土安全保障情報の共有のために、①連邦政府機関、州政府・地方政府の適切な当局者（appropriate State and local personnel）[45]の間での国土安全保障情報の共有手続、②「慎重な取扱いを要する

(1992), current version at 50 U.S.C. §401a (4) (Supp. 4 2000).

41) Homeland Security Act of 2002, Pub. L. No. 107-296, tit. 2, §202(d)(2), 116 Stat. 2135, 2150 (2002), 6 U.S.C. §122(d)(2) (Supp. 2 2000).

42) Homeland Security Information Sharing Act, Pub. L. No. 107-296, tit. 8, subtit. I, §891(a), 116 Stat. 2135, 2252 (2002), 6 U.S.C. §481(a) (Supp. 2 2000).

43) 国土安全保障情報（homeland security information）とは、連邦政府、州政府または地方政府によって所有されている情報であって、①テロ活動の脅威に関する情報、②テロ活動を防止し、妨げ、中断させる能力に関する情報、③テロ容疑者もしくはテロ組織の特定もしくは捜査、またはテロ行為に対する対応を改善するのに資するような情報であるとされる（Homeland Security Information Sharing Act, Pub. L. No. 107-296, tit. 8, subtit. I, §892(f)(1)(A)—(D), 116 Stat. 2135, 2255 (2002), 6 U.S.C. §482(f)(1)(A)—(D) (Supp. 2 2000))。

44) Homeland Security Information Sharing Act, Pub. L. No. 107-296, tit. 8, subtit. I, §891(b)(1)—(12), 116 Stat. 2135, 2252—2253 (2002), 6 U.S.C. §481(b)(1)—(12) (Supp. 2 2000).

45) 「州政府・地方政府の当局者（State and local personnel）」とは、国土安全保障情報共有法892条(f)項(3)によれば、州知事、市長、その他の公選された地方幹部、州と地方の法

が秘密指定されていない（SBU）国土安全保障情報」の特定手続、③当該情報の秘密保護の範囲、秘密指定情報の移送の範囲および移送後の共有の範囲を決定する手続などを定めなければならないものとし、情報共有法892条(b)項は、これらの大統領の定めた手続に基づき、情報機関共同体（IC）を含むすべての関連機関は、情報システムを通じて、国土安全保障情報を共有すべきものとする。情報共有法892条(c)項は、892条(a)項の大統領の定める手続に従い範囲が決定された後に秘密指定された、または「慎重な取扱いを要するが秘密指定されていない国土安全保障情報」の連邦機関、州、地方政府の当局者による共有に関する手続を大統領が定めるものとし、当該手続は、ⓐ州、地方政府当局者のセキュリティー・クリアランス（秘密指定情報取扱資格）の調査の実施、ⓑ「慎重な取扱いを要するが秘密指定されていない情報」について、州・地方政府当局者との間での非開示協定（nondisclosure agreements）の締結、ⓒ FBIの合同テロ対策班（Joint Terrorism Task Forces: JTTF）、司法省の反テロ対策班（Anti-Terrorism Task Forces: ATTF）、地域的なテロ早期警報グループ（Terrorism Early Warning Groups）のような、州・地方政府当局者を含む情報共有パートナーシップの利用の拡大などの意義を有するものとされる[49]。

連邦刑事訴訟規則ルール6(e)（Federal Rules of Criminal Procedure Rule 6(e)）[50]

執行要員、公衆衛生・医療専門家、地域・州・地方の緊急事態管理機関要員等と定義されている（Homeland Security Information Sharing Act, Pub. L. No. 107-296, tit. 8, subtit. I, §892(f)(3)(A)—(F), 116 Stat. 2135, 2255 (2002), 6 U.S.C. §482(f)(3)(A)—(F) (Supp. 2 2000))。

46) Homeland Security Information Sharing Act, Pub. L. No. 107-296, tit. 8, subtit. I, §892(a)(1)(A)—(C), 116 Stat. 2135, 2253 (2002), 6 U.S.C. §482(a)(1)(A)—(C) (Supp. 2 2000).

47) Homeland Security Information Sharing Act, Pub. L. No. 107-296, tit. 8, subtit. I, §892(b)(1), 116 Stat. 2135, 2253 (2002), 6 U.S.C. §482(b)(1) (Supp. 2 2000).

48) Homeland Security Information Sharing Act, Pub. L. No. 107-296, tit. 8, subtit. I, §892(c)(1), 116 Stat. 2135, 2254 (2002), 6 U.S.C. §482(c)(1) (Supp. 2 2000).

49) Homeland Security Information Sharing Act, Pub. L. No. 107-296, tit. 8, subtit. I, §892(c)(2), 116 Stat. 2135, 2254—2255 (2002), 6 U.S.C. §482(c)(2) (Supp. 2 2000).

50) FED. R. CRIM. P. 6(e) (2004). なお、大陪審に提出された外国諜報情報を法執行機関以外の諜報、国防、国家安全保障機関の職員に対しても開示することができる旨の改正は、愛国者法203条(a)項(1)号（USA PATRIOT ACT, Pub. L. No. 107-56, tit. 2, §203(a)(1), 115 Stat. 272, 278—280 (2001)）によって行われた。

は、大陪審（grand jury）に提出された外国諜報（foreign intelligence）[51]、防諜（counterintelligence）[52]、外国諜報情報（foreign intelligence information）[53]を法執行機関、諜報機関、入国管理、国防、国家安全保障の当局者に対して開示することを認めているが、情報共有法895条は、開示の対象を、外国勢力または外国勢力のエージェントによる現実的もしくは潜在的な攻撃または重大な敵対行為、国内および国際的なサボタージュ、国内および国際的なテロリズム、諜報機関・外国勢力のネットワークまたは外国勢力のエージェントによる秘密の情報収集活動などに関する情報にまで拡大するために連邦刑事訴訟規則ルール6(e)を改正した[54]。

なお、国土安全保障省がアクセスしまたは他の政府機関と共有するテロ等の情報の保護に関して、①国土安全保障法201条(d)項(12)号(A)は、本法に基づき国土安全保障省が他の政府機関等から受領した情報は公務執行のためにのみ使用

---

51) 50 U.S.C. §401a(2) (Supp. 4 2000)
52) 50 U.S.C. §401a(3) (Supp. 4 2000).
53) 外国諜報情報（foreign intelligence information）は、連邦刑事訴訟規則ルール6(e)によって、①合衆国の人（United States person）にかかわるか否かにかかわらず、外国の勢力もしくは外国勢力のエージェントによる現実的もしくは潜在的攻撃、その他の重大な敵対行為、サボタージュ、国際テロリズム、または外国勢力の諜報機関・ネットワークもしくは外国勢力のエージェントによる秘密の諜報活動から合衆国を防護する能力に関する情報、②合衆国の人（United States person）にかかわるか否かにかかわらず、合衆国の国防、国家安全保障、外交活動に関連する外国勢力または外国の領域にかかる情報と定義されている（FED. R. CRIM. P. 6(e)(3)(D)(iii) (2004)）。
54) Homeland Security Information Sharing Act, Pub. L. No. 107-296, tit. 8, subtit. I, §895(2), 116 Stat. 2135, 2256—2257 (2002). ただし、連邦刑事訴訟規則ルール6(e)は、本条による改正後にパラグラフ、サブパラグラフの番号や順番が大幅に変更されており、現行の連邦刑事訴訟規則ルール6(e)を見ただけでは本条による改正箇所を特定することは困難である（本条による改正点については、Office of the Law Revision Counsel, U.S. House of Representatives の Search the United States Code《http://uscode.house.gov/search/criteria.shtml》にて最新版 Federal Rules of Criminal Procedure Rule 6(e) (01/19/04) の解説を参照せよ。なお、連邦刑事訴訟規則ルール6(e)はその後さらに、Intelligence Reform and Terrorism Prevention Act of 2004, Pub. L. No. 108-458, tit. 6, subtit. F, §6501, 118 Stat. 3638, 3760 (2004)によって、国土安全保障情報の共有範囲をさらに拡大するよう改正されている。

され、権限のない開示から保護されること、②同201条(d)項(12)号(B)は、本法に基づく諜報情報（intelligence information）は、1947年国家安全保障法（合衆国法典50編401条以下）および同法関連手続に基づき情報源・情報収集方法を保護するCIA長官の権限ならびに必要に応じて慎重な取扱いを要する法執行情報を保護する司法長官の類似の権限との整合性が図られなければならないものとし、国土安全保障省が保有する、または他の政府機関と共有する情報を情報公開から秘匿（適用除外）することを定めている。

(2) 国土安全保障省の情報共有システム——JRIES/HSIN・RISS・LEO

現在、国土安全保障省には、連邦・州・地方の法執行機関と、諜報機関や国防総省がテロ情報を共有するための様々な情報共有システムが設けられている。最も代表的なのは、統合地域情報交換システム（Joint Regional Information Exchange System: JRIES）と地域情報共有システム・プログラム（Regional Information Sharing System（RISS）Program）であろう。

2002年12月に運用が開始されたJRIESは、国防総省の統合諜報対策班（Joint Intelligence Tsk Force-Combating Terrorism: JITF-CT）によって設けられ、国防情報局（DIA）によって指導される、国防総省と州・地方の法執行機関との間でテロリズム対策情報を共有するためのパイロット・プロジェクトであるとされる。なお、当初の参加機関は、ニューヨーク市警テロ対策局（NY Police

---

55) Homeland Security Act of 2002, Pub. L. No. 107-296, tit. 2, §201(d)(12)(A), 116 Stat. 2135, 2147 (2002), 6 U.S.C. §121(d)(12)(A) (Supp. 2 2000).
56) 1947年国家安全保障法（合衆国法典50編401条以下）および同法関連手続に基づき情報源・情報収集方法を保護するCIA長官の権限については、拙著『国家秘密と情報公開——アメリカ情報自由法と国家秘密特権の法理』（法律文化社、1998年）第2章2、74—109頁を参照のこと。
57) 「必要に応じて慎重な取扱いを要する法執行情報を保護する司法長官の類似の権限」については、拙著・前掲注56）第3章2、154—173頁を参照のこと。
58) Homeland Security Act of 2002, Pub. L. No. 107-296, tit. 2, §201(d)(12)(B), 116 Stat. 2135, 2147 (2002), 6 U.S.C. §121(b)(12)(B) (Supp. 2 2000).
59) Relyea & Seifert, *Information Sharing for Homeland Security: A Brief Overview* at CRS-5— CRS-7 (CRS, Order Code RL32,597, Jan. 10, 2005).

Department Counterterrorism Bureau: NYPD-CTB）とカリフォルニア州司法省反テロリズム情報センター（California Department of Justice Anti-Terrorism Information Center: CATIC）であった。[60]

　2004年2月、国土安全保障省は、JRIESのインフラストラクチャーを利用して全米50州や主要大都市圏を結ぶ国土安全保障情報ネットワーク（Homeland Security Information Network: HSIN）構想を発表した。国土安全保障省によれば、JRIES/HSINは、2004年7月に全米50州による接続が達成されたという。JRIES/HSINには、各州の国土安全保障アドバイザー、州兵（National Guard）部隊付高級副官（adjutant generals）、緊急事態オペレーション・センター、地方の消防、警察、その他のエマージェンシー・サービス、プライベート・セクターが参加しており、テロ攻撃を阻止するための連邦、州、地方レベルの人的資源および情報資源を利用し、脅威に対する警戒と迅速な対応のために、リアルタイムで情報の共有と交換を行うことによってそのネットワークを拡大し、将来的には、全米の法執行機関によって利用される犯罪データベース・ネットワークであるRISSNETと接合する予定であるという。なお、JRIES/HSINは、いまのところ、一般に「慎重な取扱いを要するが秘密指定されていない（SBU）」情報の交換に限定して用いられている。[61]

　もっとも、国土安全保障省、国防総省、全米の法執行機関を結ぶJRIES/HSINには、州・地方の法執行機関と国防情報局（DIA）が情報交換・情報共有をすることによって、国内における情報収集活動を禁じられている軍の諜報機関であるDIAが反戦グループのような政治的・社会的組織の活動に関する情報を政治的に収集することにつながりかねないとの批判もあるという。[62]

　地域情報共有システム・プログラム（Regional Information Sharing System（RISS）Program）は、1974年に運用が開始された6つの地域センター・システムより

---

60) *Id.* at CRS-6.
61) *Id.* at CRS-6―CRS-7.
62) Rood, *Pentagon Has Access to Local Police Intelligence Through Office in Homeland Security Department* (July 6, 2004)《http://www.cq.com/corp/show.do?page=temp/20040708_homeland》.

なる法執行情報データベースであり、司法省の法執行支援局（Bureau of Justice Assistance: BJA）からの資金提供によって運営されている。RISS は、当初はドラッグ、不正取引、暴力犯罪などの伝統的な法執行情報を対象とするものであったが、後に、テロやサイバー犯罪に関する情報も対象とされるようになった[63]。

6つの地域センター・システムは、Regional Organized Crime Information Center（ROCIC）、Rocky Mountain Information Network（RMIN）、New England State Police Information Network（NESPIN）、Mid-States Organized Crime Information Center（MOCIC）、Western States Information Network（WSIN）、Middle Atlantic-Great Lakes Organized Crime Law Enforcement Network（MAGLOCLEN）であり、全米50州、ワシントン・コロンビア特別区（首都ワシントン）、準州、オーストラリア、カナダ、イングランドの連邦、州、地方の7,100以上の法執行機関が RISS のサービスを受けているという[64]。RISS の情報は、インターネットを通じて情報共有を図る RISSNET、ウェブ・ベースの犯罪情報データベースのリンクである RISSinetel/RISSNET Ⅱ、RISS National Gang Database（RISSGang）、それに2002年遅くに運用が開始された RISS Anti-Terrorism Information Exchange（RISS ATIX）などを通じて参加諸機関の間で情報共有・情報交換が図られる[65]。RISS ATIX には、州、郡、地方、連邦政府等の法執行機関、緊急事態管理機関、災害救助機関だけでなく、公益事業、化学、運輸、通信産業にかかわる民間企業も参加しているという[66]。

なお、RISSNET は、2002年9月1日に、FBI の法執行オンライン（Law Enforcement Online: LEO）と接合されたほか、国土安全保障省の国家法執行通信システム（National Law Enforcement Telecommunications System: NLETS）、Criminal Information Sharing Alliance（CISAnet）、Multistate Anti-Terrorism

---

63) Relyea & Seifert, *supra* note 59, at CRS-7― CRS-8. *Also see*, U.S. DEPARTMENT OF JUSTICE, OFFICE OF JUSTICE PROGRAMS, BUREAU OF JUSTICE ASSISTANCE, THE RISS PROGRAM MEMBERSHIP AND SERVICE ACTIVITY (2005).

64) U.S. DEPARTMENT OF JUSTICE, OFFICE OF JUSTICE PROGRAMS, BUREAU OF JUSTICE ASSISTANCE, THE RISS PROGRAM MEMBERSHIP AND SERVICE ACTIVITY at iv ― v (2005).

65) Relyea & Seifert, *supra* note 59, at CRS-8― CRS-11.

66) *Id.* at CRS-10.

Information Exchange (MATRIX) との相互接続を確立または確立中であるという。[67]

FBI の法執行オンライン (LEO) は、法執行機関、刑事司法当局、公共の安全に関する共同体のための双方向コンピュータ・ネットワークであり、RISSのほかに国家法執行通信システム (NLETS) とも接合されている。[68] MATRIX とは、《9・11》直後に、Seisint、フロリダ州警察局 (Florida Department of Law Enforcement: FDLE)、フロリダ州を基盤とする非営利法人・政府間関係研究所 (Institute for Intergovernmental Research: IIR) の3者によって開始されたパイロット・プロジェクトであり、1,200万ドルの資金のうち、800万ドルが国土安全保障省の国内対応室 (Office of Domestic Preparedness: ODP) から、400万ドルが司法省の法執行支援局から提供されている。[69]

(3) その他の機関を結節点とするテロ／テロ対策情報の共有——TTIC

テロ情報の情報共有システムとしては、これら国土安全保障省がかかわっているもの以外にも、CIA のテロ対策センター (Counterterrorist Center: CTC) とFBI のテロリズム対策局 (Counterterrorism Division: CTD) の分析部門を合併させて設置されたテロ脅威統合センター (Terrorist Threat Integration Center: TTIC) がある。[70] TTIC は、FBI、CIA、国土安全保障省、国防総省がアメリカ国内外で収集したテロ情報や当該諸機関のテロ情報の分析評価にアクセスでき、また、各法執行・諜報機関に情報収集戦略を指示する権限を有する。TTIC は、後に、アメリカ合衆国の政府機関によって所有または獲得されたテロリズムおよびテロリズム対策情報の分析と統合の主任機関として設けられた国家テロ対策センター (National Counterterrorism Center: NCTC) の「実働部

---

67) *Id.* at CRS-11.
68) FBI, Report to the National Commission on Terrorist Attacks upon the United States: the FBI's Counterterrorism Program since September 2001 at 40 (April 14, 2004).
69) Relyea & Seifert, *supra* note 59, at CRS-12.
70) White House, For Immediate Release, President Speaks at FBI on new Terrorist Threat Integration Center (Feb. 14, 2003)《http://www.whitehouse.gov/news/releases/2003/02/20030214-5.html》.

隊」である諜報総局（Directorate of Intelligence: DI）へ移管された。

3. アメリカ情報機関の再編

（1） 情報機関再編法制の展開

連邦議会の上下両院では、2004年5月頃より、情報機関共同体（Intelligence Community[71]）を改革・再編するための法案が次々と上程された。そのような状況の中で、ブッシュ Jr. 大統領は、2004年8月27日、情報機関改革に関する3つの大統領命令を同時に制定した。

まず、アメリカ人防衛テロリズム情報共有促進大統領命令（Executive Order Strengthening the Sharing of Terrorism Information To Protect Americans）は、各情報機関の長に対して、テロ情報の共有を促進するよう義務づけた[72]。次に、情報機関共同体管理強化大統領命令（Executive Order Strengthened Management of the Intelligence Community）[73]は、CIA 長官を、国家安全保障情報に関する大統

---

71) 現行の1947年国家安全保障法3条(4)号（合衆国法典50編401a条(4)号）によれば、「情報機関共同体（intelligence community）」は、国家情報長官室（Office of the Director of National Intelligence）、中央情報局（CIA）、国家安全保障局（NSA）、国防情報局（DIA）、国家地理情報局（National Geospatial-Intelligence Agency）、国家偵察局（National Reconnaissance Office）、国防総省のその他の特殊な国家諜報部局、陸・海・空・海兵4軍の諜報部局、FBI の諜報部局、財務省の諜報部局、エネルギー省の諜報部局、沿岸警備隊の諜報部局、国務省諜報調査局（Bureau of Intelligence and Research of the Department of State）、外国諜報情報（foreign intelligence information）の分析にかかわる国土安全保障省の部局などによって構成されるものとされている（50 U.S.C. §401a(4) (Supp. 4 2000))。なお、情報機関共同体（IC）の詳細については、OFFICE OF THE DIRECTOR OF NATIONAL INTELLIGENCE, AN OVERVIEW OF THE UNITED STATES INTELLIGENCE COMMUNITY (2007) または情報機関共同体（IC）サイト・ページ《http://www.intelligence.gov/index.shtml》を参照のこと。また、少し古い資料ではあるが、「情報機関共同体（intelligence community）」の全体像、「情報機関共同体（intelligence community）」を構成する各諜報機関の由来、組織、活動内容については、JEFFREY T. RICHELSON, THE INTELLIGENCE COMMUNITY (4th ed., 1999) が最も包括的な情報を提供してくれる。
72) Exec. Order No. 13,356, §2(a), 69 Fed. Reg. 53,599 (2004).
73) Exec. Order No. 13,355, §2(a), 69 Fed. Reg. 53,593 (2004).

256

領首席アドバイザー兼国家安全保障会議（NSC）・国土安全保障会議（HSC）の首席アドバイザーとし、また、国家安全保障局（NSA）などの軍関係の3機関を除く全情報機関の予算（年間400億ドル＝約4兆2000億円）を管轄させるなど、情報機関共同体の長としての権限を強化した。[74] 国家テロ対策センター創設大統領命令（Executive Order National Counterterrorism Center）（大統領命令13354号）[75]は、合衆国内外のテロ情報を統括するためCIAに国家テロ対策センター（National Counterterrorism Center: NCTC）を設置することを定めている。

そして、これらの情報機関改革の総仕上げとして、2004年12月17日、2004年情報機関改革・テロリズム防止法（Intelligence Reform and Terrorism Prevention Act of 2004）[76]が制定された。同法は、NSA、DIA、国家地理情報局（NGA）などの軍関係の情報機関も含む全情報機関を統括する閣僚級ポストとして国家情報長官（Director of National Intelligence: DNI）のポストを新設するものとした。[77]

もっとも、DNIのポストと権限をめぐっては、国防総省の激しい抵抗があった。情報活動関係予算のおよそ8割はNSAやDIAなどの軍関係の情報機関

---

74) CIA長官が情報機関共同体（Intelligence Community）の統括責任者であることは、フォード大統領が1976年に制定した大統領命令11905号（Exec. Order No. 11,905, §3(d)(ii), 41 Fed. Reg. 7,703, 7,707 (1976)）においてすでに確認されていたが、レーガン大統領が1981年に制定した大統領命令12333号（Exec. Order No. 12,333, §1.5, 46 Fed. Reg. 59,941, 59,943 (1981)）において、大統領と国家安全保障会議（NSC）に直接責任を負うものとされ、1992年情報活動組織法705条(a)項(3)号（1947年国家安全保障法103条(c)項）（Intelligence Organization Act of 1992, Pub. L. No. 102-496, tit. 7, §705(a)(3), 106 Stat. 3188, 3190—3191 (1992), 50 U.S.C. §403-3(c) (1994)）において、CIA長官が情報機関共同体の長であることが制定法上明文で規定された。

75) Exec. Order No. 13,354, §2(a), 69 Fed. Reg. 53,589 (2004).

76) Intelligence Reform and Terrorism Prevention Act of 2004, Pub. L. No.108-458, 118 Stat. 3638 (2004). なお、同法については、宮田・前掲注4）60頁以下、特に62頁以下を併せて参照のこと。

77) National Security Act of 1947, Pub. L. No. 253, §102(a)(1), (b)(1), 61 Stat. 495, ___ (1947), 50 U.S.C. §403(a)(1), (b)(1) (Supp. 4 2000), *amended by* National Security Intelligence Reform Act of 2004, Pub. L. No.108-458, tit. 1, §1011(a), 118 Stat. 3638, 3643—3661 (2004). なお、Intelligence Reform and Terrorism Prevention Act of 2004の第Ⅰ編は、特に2004年国家安全保障情報活動改革法（National Security Intelligence Reform Act of 2004, Pub. L. No.108-458, tit. 1, §1001, 118 Stat. 3638, 3643 (2004)）と呼ばれる。

が占めていたからである。また、マイヤーズ統合参謀本部議長も、DNI が軍の情報機関も管轄することになれば、軍の機密情報に関する指揮統制系統が国防長官と DNI の二重になり、現場に混乱をもたらしかねないとの理由で反対していた[78]。このため、DNI の予算執行権限は、IC 全体の 7 割に留められた。

この点について、前出の WMD 委員会報告書は、15の機関に分かれている情報機関を完全に統合するため、国家情報長官（DNI）に情報活動の全権限を集中するように提言していた[79]。

なお、2004年国家安全保障情報活動改革法（National Security Intelligence Reform Act of 2004）――2004年情報機関改革・テロリズム防止法の第 I 編――1021条～1023条は、1947年国家安全保障法（National Security Act of 1947）に119条・119A 条・119B 条を追加し、①アメリカ合衆国の政府機関によって所有または獲得されたテロリズムおよびカウンター・テロリズム情報の分析と統合の主任機関としての国家テロ対策センター（NCTC）[80]、②大量破壊兵器の拡散状況をフォローし防止するための国家対抗拡散センター（National Counter Proliferation Center: NCPC）[81]、③地域的な問題等における情報の優先性を取り扱う 1 ないし複数の国家情報センター（National Intelligence Center）[82]――を設置するものとしていた。

国家テロ対策センター（NCTC）は、前述したように、2004年 8 月27日にブッシュ Jr. 大統領が発した大統領命令13354号（Executive Order 13,354）[83]によって

---

78) 朝日新聞2004年12月10日付朝刊。
79) The Commission on the Intelligence Capabilities of the United States Regarding Weapons of Mass Destruction, Report to the President of the United States 311―327 (March 31, 2005).
80) National Security Intelligence Reform Act of 2004, Pub. L. No.108-458, tit. 1, §1021, 118 Stat. 3638, 3672―3675 (2004), 50 U.S.C. §404o (Supp. 4 2000).
81) National Security Intelligence Reform Act of 2004, Pub. L. No.108-458, tit. 1, §1022, 118 Stat. 3638, 3675―3676 (2004), 50 U.S.C. §404o-1 (Supp. 4 2000).
82) National Security Intelligence Reform Act of 2004, Pub. L. No.108-458, tit. 1, §1023, 118 Stat. 3638, 3676―3677 (2004), 50 U.S.C. §404o-2 (Supp. 4 2000).
83) Exec. Order No. 13,354, §2(a), 69 Fed. Reg. 53,589 (2004). *See also*, Masse, *The National Counterterrorism Center: Implementation Challenges and Issues for Congress*

第6章 《9・11》の衝撃とテロ情報の共有・情報機関の再編

その設置が定められていた。大統領命令13354号は、NCTC を、①テロリズムとテロ対策に関係する合衆国の政府機関によって所有されているすべての情報を分析し統合するための合衆国政府内の主要な組織とし、②テロ対策活動の戦略的プランニングを主導し、③対テロ活動のために合衆国政府の諸機関を指導する運営上の責任を負う機関とし、④既知のテロリスト、テロリスト容疑者および国際テロ・グループについての中心的かつ共有された情報バンクとしての役割を果たすべきものとしていた。また、NCTC の長官は、大統領の承認の下、CIA 長官(Director of Central Intelligence: DCI)によって任命され、NCTC と NCTC 長官は、CIA 長官の指揮監督を受けるものとされた。

NCTC は、前述したように、2004年情報機関改革・テロリズム防止法 (Intelligence Reform and Terrorism Prevention Act of 2004) の第Ⅰ編として制定された2004年国家安全保障情報活動改革法 (National Security Intelligence Reform Act of 2004) 1021条によって追加された1947年国家安全保障法 (National Security Act of 1947) 119条によって、制定法上の位置づけを与えられることになる。1947年国家安全保障法119条においても、NCTC の機能は大統領命令13354号の場合とほぼ同様のままであった。ただし、NCTC の長官は、上院の助言と承認の下、大統領が任命するものとされ、NCTC 長官は、予算、プロ

(CRS, Order Code RL32,816, March 24, 2005).

84) Exec. Order No. 13,354, §3(a), 69 Fed. Reg. 53,589 (2004).
85) Exec. Order No. 13,354, §3(b), 69 Fed. Reg. 53,589 (2004).
86) Exec. Order No. 13,354, §3(c), 69 Fed. Reg. 53,589 (2004).
87) Exec. Order No. 13,354, §3(d), 69 Fed. Reg. 53,590 (2004).
88) Exec. Order No. 13,354, §2(c), 69 Fed. Reg. 53,589 (2004).
89) Exec. Order No. 13,354, §2(d), 69 Fed. Reg. 53,589 (2004).
90) Intelligence Reform and Terrorism Prevention Act of 2004, Pub. L. No.108-458, 118 Stat. 3638 (2004).
91) National Security Intelligence Reform Act of 2004, Pub. L. No.108-458, tit. 1, §1021, 118 Stat. 3638, 3672 (2004).
92) National Security Act of 1947, Pub. L. No. 235, §119, 61 Stat. 496 (1947), 50 U.S.C. §404o (Supp. 4 2000).
93) National Security Intelligence Reform Act of 2004, Pub. L. No.108-458, tit. 1, §1021, 118 Stat. 3638, 3672—3675 (2004), 50 U.S.C. §404o(d)—(j) (Supp. 4 2000).

グラム、諜報活動指揮等について新設の国家情報長官(DNI)に報告すべきものとされた。そして、NCTCの設置機関も、大統領命令13354号のCIA内から国家情報長官室(Office of the Director of National Intelligence: ODNI)に移された[94](ODNIの組織については図①を参照)。

また、国家情報活動を統合するための国家情報長官(DNI)の補助機関として、DNI、国防長官、司法長官、エネルギー省長官、国土安全保障省長官ほかからなる統合情報機関共同体評議会(Joint Intelligence Community Council: JICC)も設置されることになった(1947年国家安全保障法101A条)。[95]

さらに、2004年国家安全保障情報活動改革法は、テロ対策による行き過ぎた人権侵害を監視するために、大統領府(Executive Office of the President)にプライヴァシーおよび市民的自由監視委員会(Privacy and Civil Liberties Oversight Board)を設置することも定めていた。[96]

その後、2006年8月7日、ネグロポンテ(J. D. Negroponte)国家情報長官は、アメリカ合衆国政府の国家防諜機関(CI)の長としての国家防諜執行官(National Counterintelligence Executive: NCIX)に元国家安全保障局監察総監(Inspector General of the NSA)であったJ. F. ブレナー(J. F. Brenner)を任命した。

他方で、WMD委員会報告書は、CIAの機構改革については、海外での情報機関共同体(IC)の人的諜報活動(human intelligence(HUMINT)operations)[97]の管理・調整を強化するために「CIAの作戦総局(Directorate of Operations)と分離して人的諜報総局(Human Intelligence Directorate)を創設すべきであ

---

94) National Security Intelligence Reform Act of 2004, Pub. L. No.108-458, tit. 1, §1021, 118 Stat. 3638, 3672 (2004), 50 U.S.C. §404o(a), (b)(1) (Supp. 4 2000).

95) National Security Intelligence Reform Act of 2004, Pub. L. No.108-458, tit. 1, §1031, 118 Stat. 3638, 3677—3678 (2004), 50 U.S.C. §402-1(a)—(c) (Supp. 4 2000).

96) National Security Intelligence Reform Act of 2004, Pub. L. No.108-458, tit. 1, §1061(b), 118 Stat. 3638, 3684 (2004), 5 U.S.C. §601 note (Supp. 4 2000).

97) 人的諜報(human intelligence(HUMINT))とは、秘密および公然の情報収集技術を用いて人的資源(human sources)によって獲得された諜報情報(intelligence information)のことをいうものとされる(Intelligence Terms And Definitions《http://www.intelligence.gov/0-glossary.shtml》)。

第6章 《9・11》の衝撃とテロ情報の共有・情報機関の再編

図① 国家情報長官室（ODNI）の組織概略図

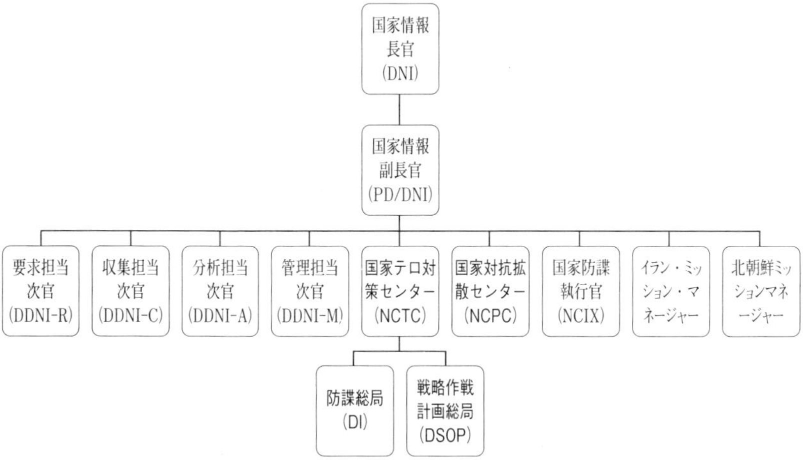

```
                    国家情報
                    長官
                    (DNI)
                      │
                    国家情報
                    副長官
                    (PD/DNI)
```

要求担当次官（DDNI-R）／収集担当次官（DDNI-C）／分析担当次官（DDNI-A）／管理担当次官（DDNI-M）／国家テロ対策センター（NCTC）／国家対抗拡散センター（NCPC）／国家防諜執行官（NCIX）／イラン・ミッション・マネージャー／北朝鮮ミッションマネージャー

NCTCの下に：防諜総局（DI）／戦略作戦計画総局（DSOP）

* 本図は、Office of the Director of National Intelligence《http://www.dni.gov/aboutODNI/organization.htm》の資料に基づき作成した。

る」との勧告を行っていた。この勧告に対応すべく、ネグロポンテ国家情報長官とゴス CIA 長官は、2005年10月13日、情報機関共同体（IC）の人的諜報活動（HUMINT operations）の指揮・指導力を強化するため、CIA に「現在の作戦総局（Directorate of Operations）と一体化（incorporate）し、国家秘密活動総局長官（Director of the National Clandestine Service: D/NCS）によって指導される」国家秘密活動総局（National Clandestine Service: NCS）を設置することを発表した。

国家秘密活動総局（NCS）は、海外および合衆国内の両方において、情報機

---

98) The Commission on the Intelligence Capabilities of the United States Regarding Weapons of Mass Destruction, Report to the President of the United States 367—368 (March 31, 2005).

99) CIA, DNI and D/CIA announce establishment of the National Clandestine Service (For Immediate Release, Oct. 13, 2005)《http://www.cia.gov/cia/public_affairs/press_release/2005/pr10132005.html》; CIA, Fact Sheet: Creation of the National Humint Manager (For Immediate Release, Oct. 13, 2005)《http://www.cia.gov/cia/public_affairs/press_release/2005/fs10132005.html》.

関共同体(IC)全体の秘密 HUMINT 活動の調整、評価のための国家機関となるものとされ、国家情報長官室(ODNI)の定める秘密 HUMINT 活動に関するポリシーを情報機関共同体(IC)全体にいきわたらせる役割を担うものとされる。また、国家秘密活動総局長官(D/NCS)は、アメリカ合衆国の HUMINT 活動の統括責任者(National HUMINT manager: NHM)である CIA 長官(DCI)から、日常的な HUMINT 管理業務の遂行を委ねられるものとされる。この国家秘密活動総局長官(D/NCS)の下には、情報機関共同体(IC)全体の秘密 HUMINT 活動の調整を行う副長官(DD/NCS/CH)と CIA 内部の秘密 HUMINT 活動の調整をする副長官(DD/NCS/CIA)各 1 名が置かれる。[100]

なお、国家秘密活動総局(NCS)は、その前身が CIA のケースオフィサーやエージェントによる秘密諜報・工作活動を担う作戦総局(Directorate of Operations: DO)であったためもあってか、その具体的な活動内容も組織構成も公開されていない。もっとも、「秘密のベール」に包まれているのは秘密工作活動に従事する作戦総局(DO)だけでなく、CIA 全体がそうである。例えば、1947年国家安全保障法(National Security Act of 1947)102条(d)項(3)号(現102A条(i)項(1)号)は、CIA 長官に情報源および情報収集方法(intelligence sources and methods)を権限のない開示から保護することを義務づけているし[101]、1949年 CIA 法(Central Intelligence Agency Act of 1949)7条は、CIA によって雇用された要員の組織、機能、氏名、公的な肩書、給与、人員数については公表・開示から除外される旨を定めている[102]。そのため、CIA の予算額、人員

---

100) CIA, Fact Sheet: Creation of the National Humint Manager (For Immediate Release, Oct. 13, 2005)《http://www.cia.gov/cia/public_affairs/press_release/2005/fs10132005.html》.
101) National Security Act of 1947, Pub. L. No. 253, §102(d)(3), 61 Stat. 495, 498 (1947)(50 U.S.C. §403-3(c)(5) (1994), current version at 50 U.S.C. §403-1(i)(1) (Supp. 4 2000)).
102) 1949年中央情報局法 7 条(現 6 条)は、「合衆国の対外情報活動の安全を保障し、中央情報局長官は情報源および情報収集方法を権限のない開示から保護する責任を負うという本編403-3条(c)項(5)号の規定をより実効的なものとするために、中央情報局は、1935年 8 月28日の法律 1 条および 2 条(49 Stat. 956,; 合衆国法典 5 編654条)ならびに中央情報局によって雇用された要員の組織、機能、氏名、公的な肩書、給与、人員数の公表または開示を求めるようないかなる法の規定の適用も免除される。本条を促進するために、行政管

第6章 《9・11》のインパクト衝撃とテロ情報の共有・情報機関の再編

数、組織構造はすべて厚い「秘密のベール」に包まれており、その実態を容易にうかがい知ることはできない。さらに、1984年 CIA 情報法（Central Intelligence Agency Information Act of 1984）2条(a)項は、CIA 長官に、CIA の作戦ファイル（operational files）を非公開とする権限を授権している。

ちなみに、旧作戦総局（DO）は、最大時4,000～5,000人の職員（CIA 全体では、冷戦期には2万人強の職員を抱えていたという）と、ヨーロッパ、中東・南アジア、東アジア、中南米、アフリカなどの各地域別部門、テロ対策センター（CTC）、防諜センター（CIC）などの諸機関を抱え、情報分析機能を担う情報総局（Directorate of Intelligence: DI）とともに CIA の2本柱の1つであった。なお、旧作戦総局（DO）は、秘密の軍事作戦に従事する準軍事組織・特殊活

予算局長（Director of the Office of Management and Budget）は合衆国法典第5編947条(b)項として修正された1945年6月30日の法律607条に基づく議会への報告をすることができない」ものと定めている（Central Intelligence Agency Act of 1949, Pub. L. No. 110, §7, 63 Stat. 208, 211 (1949)(50 U.S.C. §403g (1994), current version at 50 U.S.C. §403g (Supp.4 2000))。

103) ときおり他の事件の報道に関連して CIA の予算額が流れることがある。例えば、情報機関共同体（IC）の強化に関連して、2004年には国家安全保障局（NSA）などの軍関係の3情報機関を除く情報機関共同体（IC）全体の予算が年間400億ドル（約4兆2000億円）ほどであることが明らかにされた。また、全体予算の8割程度は軍関係の諜報機関に当てられるとされているので、これらのことから、残りの諜報機関の規模を勘案すると、CIA の年間予算はおおよそ40億ドル前後であろうと推測することができる。

104) National Security Act of 1947, Pub. L. No. 253, §701(a), 61 Stat. 495,＿＿(1947), *as added* Central Intelligence Agency Information Act of 1984, Pub. L. No. 98-477, §2(a), 98 Stat. 2209 (1984) (current version at 50 U.S.C. §431(a) (Supp.4 2000)). ここでいう作戦ファイル（operational files）とは、「(1)外国情報活動もしくは防諜活動（foreign intelligence or counterintelligence operations）または情報もしくは安全保障連絡調整（intelligence or security liaison arrangements）または外国政府もしくは外国の情報機関ないし治安機関との情報交換の行為を文書で証明する作戦総局ファイル（files of the Directorate of Operations）。(2)科学的および技術的システムによって収集された外国情報活動もしくは防諜活動の手段を証明するような科学技術総局ファイル。(3)潜在的な外国の情報源もしくは防諜情報源の適切さを決定するために行われた捜査を証明するような保安局（Office of Personnel Security）のファイル」であるとされる（50 U.S.C. §431(b) (Supp.4 2000)）。なお、CIA の秘密保護法制については拙著・前掲注56) 75―83頁を参照のこと。

105) RICHELSON, *supra* note 71, at 18, 20.

動局 (SAD) も有しており、アフガニスタンやイラクにおいて、ミサイル搭載無人偵察機などを使った「暗殺」作戦や空爆にも従事しているとされる。[106]

(2) FBIのテロ対策・諜報機能の強化

2002年7月16日に国土安全保障局が発表した『国土安全保障のための国家戦略 (National Strategy for Homeland Security)』は、①合衆国内でのテロ攻撃の防止、②テロに対するアメリカの脆弱性の改善、③テロ攻撃が起こった場合の損害の最小限化と復旧の3つの戦略目標を実行するための6つの重要な任務領域のひとつとして、国内のテロリズム対策 (domestic counterterrorism) の強化を掲げていた。[107]国内テロリズム対策の強化とは、具体的には、FBIの法執行任務を合衆国内におけるあらゆるテロ行為の防止に焦点をあてたものへと再定義し直し、テロ攻撃を防止するためのFBIの機能変更とそのための組織改革を意味する。[108]

FBIはその前身機関が1908年に誕生したときから、重大犯罪の捜査とならんで、国内治安 (domestic security) と防諜 (counterintelligence) をその主要な任務としてきた。[109]その意味では、FBIは、法制度上も、任務上も、たんなる連邦規模での法執行機関というだけでなく、主に合衆国内を管轄する治安・諜報機関でもあった。

《9・11》から約半年を経た2002年5月29日、ブッシュJr.大統領は、国家安全保障大統領指令26号 (National Security Presidential Directive 26: NSPD-26) において、FBIに10項目の最優先事項 (FBI Top 10 Priorities) を指示した。[110]FBIの優先度トップ10の任務のうち、第1は合衆国をテロ攻撃から守ること、第2は

---

106) 「知られざる『世界最大の諜報機関』CIAとはどういう組織なのか」『軍事研究2006年7月別冊・アメリカ情報機関の全貌』83頁。

107) OFFICE OF HOMELAND SECURITY, NATIONAL STRATEGY FOR HOMELAND SECURITY at vii, ix (July, 2002).

108) Id. at ix, 25—28..

109) See Masse & Krouse, The FBI: Past, Present, and Future CRS-4 (CRS, Code Order RL32,095, Oct. 2, 2003).

110) FBI, supra note 68, at 7—9.

第6章 《9・11》の衝撃とテロ情報の共有・情報機関の再編

図② CIAの実働部門の概略図

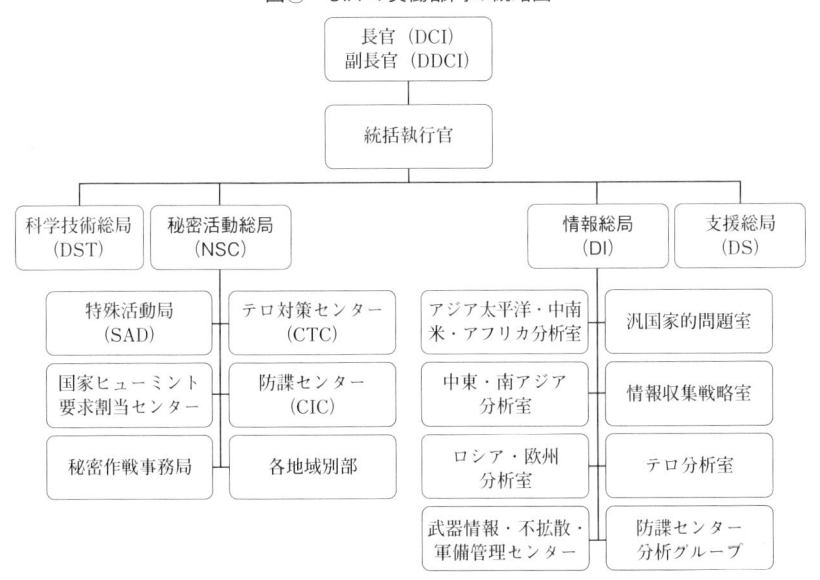

```
            長官（DCI）
            副長官（DDCI）
                │
            統括執行官
                │
    ┌──────┬──────┬──────┬──────┐
  科学技術総局  秘密活動総局         情報総局   支援総局
   (DST)    (NSC)           (DI)    (DS)
```

秘密活動総局（NSC）:
- 特殊活動局（SAD）
- 国家ヒューミント要求割当センター
- 秘密作戦事務局
- テロ対策センター（CTC）
- 防諜センター（CIC）
- 各地域別部

情報総局（DI）:
- アジア太平洋・中南米・アフリカ分析室
- 中東・南アジア分析室
- ロシア・欧州分析室
- 武器情報・不拡散・軍備管理センター
- 汎国家的問題室
- 情報収集戦略室
- テロ分析室
- 防諜センター分析グループ

＊　本図は、CIAのサイト・ページ《https://www.cia.gov/》の資料、および「知られざる『世界最大の諜報機関』CIAとはどういう組織なのか」『軍事研究2006年7月別冊・アメリカ情報機関の全貌』79─80頁の組織図を基に作成した。

外国の諜報活動とスパイ活動から合衆国を防護すること、第3はサイバー攻撃（cyber-based attacks）と高度技術犯罪から合衆国を防護することをであり、ブッシュ Jr. 政権が合衆国に対するテロの防止を FBI の最重要任務として位置づけていることは明らかであった。[111]

なお、国家安全保障大統領指令26号に先立ち、すでに2001年12月3日、アメリカ国内におけるテロリズム対策（counterterrorism）を FBI の最も主要な任務とするための大幅な FBI の組織改編が行われていた[112]。テロリズム対策／防諜

111) Id. at 7─8.
112) 宮坂直史「米国の対テロ戦争：成果と課題」『海外事情』2004年4月号12頁以下、17頁。なお、この点について、古川勝久「国土安全保障戦略の形成と政権基盤への影響──『先制攻撃型ドクトリン』の対テロ活動への適用」久保文明編『G・W・ブッシュ政権とアメリカの保守勢力──共和党の分析（JIIA現代アメリカ6）』（日本国際問題研究所、2003年）264頁以下、特に271頁も参照。

担当の執行次官補（Executive Assistant Director for counterterrorism and counterintelligence（EDA-CT/CI））のポストが新設され、その下でテロリズム対策局（Counterterrorism Division: CTD）が大幅に再編・拡大された。特にこの再編・拡大の一環として、テロリズム対策局（CTD）の中に、諜報活動を主管する諜報局（Office of Intelligence: OI）が設置された。また、同時に、サイバーテロ対策・コンピュータ犯罪等を主管するサイバー局（Cyber Division: CD）が設置された。

ただし、諜報局（OI）は、2003年2月にはテロリズム対策局（CTD）の管轄下を離れ、独立した部局となり、次いで、2003年5月に設けられた諜報担当執行次官補（Executive Assistant Director for Intelligence（EAD-I））の管轄下に移されることになった[113]。

その後、FBIには、諜報（Intelligence）担当、テロリズム対策／防諜（Counterterrorism/Counterintelligence）担当、犯罪捜査（Criminal Investigations）担当、法執行サービス（Law Enforcement Services）担当、管理（Administration）担当の5人の執行次官補（Executive Assistant Director: EAD）が置かれ、諜報担当執行次官補（Executive Assistant Director for Intelligence: EAD-I）の下に諜報局（Office of Intelligence: OI）が、テロリズム対策／防諜担当執行次官補（Executive Assistant Director for Counterterrorism/Counterintelligence: EAD-CT/CI）の下にテロリズム対策局（Counterterrorism Division: CTD）と防諜局（Counterintelligence Division: CID）の2つの作戦局（operational division）が、犯罪捜査担当執行次官補（Executive Assistant Director for Criminal Investigations: EAD-CI）の下にサイバー局（Cyber Division: CD）と犯罪捜査局（Criminal Investigations Division: CID）の2つの作戦局が置かれることとなった[114]（図③参照）。

しかし、FBIの組織改編はその後も続き、2004年情報機関改革・テロリズム防止法第Ⅱ編2002条によって、諜報局（OI）は、諜報総局（Directorate of Intelligence: DI）に改組され[115]、その長は、諜報担当執行次官補（Executive

---

113) FBI, *supra* note 68, at 20, 25—26.
114) *Id.* at 3—4.
115) Intelligence Reform and Terrorism Prevention Act of 2004, Pub. L. No.108-458, tit. 2,

第6章 《9・11》の衝撃とテロ情報の共有・情報機関の再編

図③　改変後の FBI の組織図

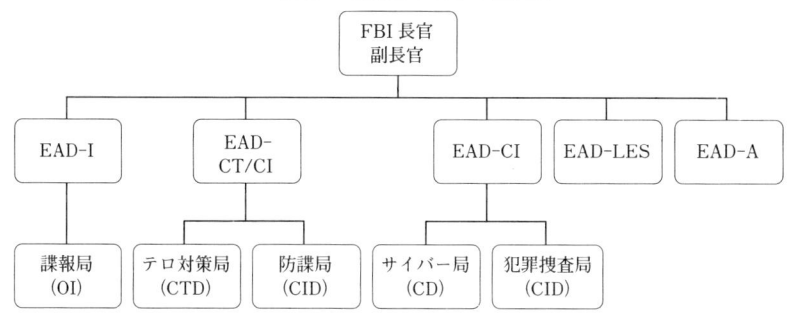

```
                    FBI 長官
                    副長官
    ┌─────┬──────┬──────┬─────┬─────┐
  EAD-I   EAD-    EAD-CI  EAD-LES EAD-A
          CT/CI
           ┌──┴──┐      
  諜報局  テロ対策局 防諜局  サイバー局 犯罪捜査局
  (OI)   (CTD)  (CID)   (CD)    (CID)
```

＊　FBI, *supra* note 68, at 3; Masse & Krouse, *supra* note 109, at CRS-12 より作成。

Assistant Director for Intelligence: EAD-I）とされた。諜報総局（DI）は、①FBI の行う諜報の収集・分析の管理、②諜報ギャップの分析と諜報ギャップを満たすための情報源の開発、③標準的な宣伝政策の開発などに主要な責任を負うものとされる。さらに、2005年6月29日の大統領メモランダムによって、FBI 内の諸諜報関係部局をより広範な情報機関共同体（IC）に完全に統合するために、FBI に国家安全保障サービス（National Security Service: NSS）が置かれることとなり、その長には EAD かその他の FBI の上級幹部が就くこととなった（図④参照）。

　大統領の指示に基づいて、2005年9月12日、FBI の主要組織は実際には次のように改組された。まず、FBI のテロ対策局（CTD）、防諜局（CID）、諜報総局（DI）を統括する新たな上級幹部職である国家安全保障部門担当執行次官補（Executive Assistant Director for National Security Branch: EAD-NSB）が設けられることとなった。また、国家安全保障部門担当執行次官補（EAD-NSB）以外に

§2002(a), 118 Stat. 3638, 3702 (2004).
116) Intelligence Reform and Terrorism Prevention Act of 2004, Pub. L. No.108-458, tit. 2, §2002(b), 118 Stat. 3638, 3702 (2004).
117) Cumming & Masse, *Intelligence Reform Implementation at the Federal Bureau of Investigation: Issues and Options for Congress* at CRS-19 (CRS, Order Code RL33,033, Aug. 16, 2005).
118) *Id.* at CRS-7—8.

図④　国家安全保障サービスの組織系統

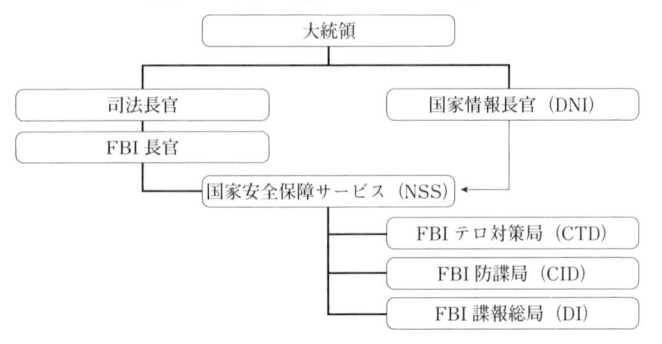

```
                    大統領
         ┌───────────┴───────────┐
      司法長官              国家情報長官（DNI）
      FBI 長官
         └─国家安全保障サービス（NSS）◄─┘
                    ├─ FBI テロ対策局（CTD）
                    ├─ FBI 防諜局（CID）
                    └─ FBI 諜報総局（DI）
```

＊ Cumming & Masse, *Intelligence Reform Implementation at the Federal Bureau of Investigation: Issues and Options for Congress* at CRS-8 (CRS, Order Code RL33033, Aug. 16, 2005) より作成。

も、犯罪捜査関係を統括する犯罪捜査部門担当執行次官補（Executive Assistant Director for Criminal Investigations Branch: EAD-CIB）、技術研究関係や情報提供を統括する科学技術部門担当執行次官補（Executive Assistant Director for Science and Technology Branch: EAD-STB）、人材確保・教育訓練を統括する人材部門担当執行次官補（Executive Assistant Director for Human Resources Branch: HRB）が置かれることになった。さらに、担当執行次官補とほぼ同格の地位として首席情報官（Chief Information Officer: CIO）が設けられ、その下にIT関係の部署が集められることになった。

　国家安全保障部門、犯罪捜査部門、科学技術部門の3つの担当執行次官補（EAD）は直接FBI長官・副長官の指揮下に置かれ、人材部門担当執行次官補（EAD-HRB）と首席情報官（CIO）は、新設された副長官補（Associate Deputy Director）の指揮下に置かれる。なお、国家安全保障部門だけに、EAD-NSBを補佐する国家安全保障部門担当執行次官補代理（Associate Executive Assistant Director for National Security Branch: AEAD-NSB）が置かれることとなった。

　次いで、2006年7月には、FBI中のWMD関連スタッフをかき集めて、WMD総局（Weapons of Mass Destruction Directorate: WMDD）が設置されることなり、国家安全保障部門担当執行次官補（EAD-NSB）の管轄下に置かれる

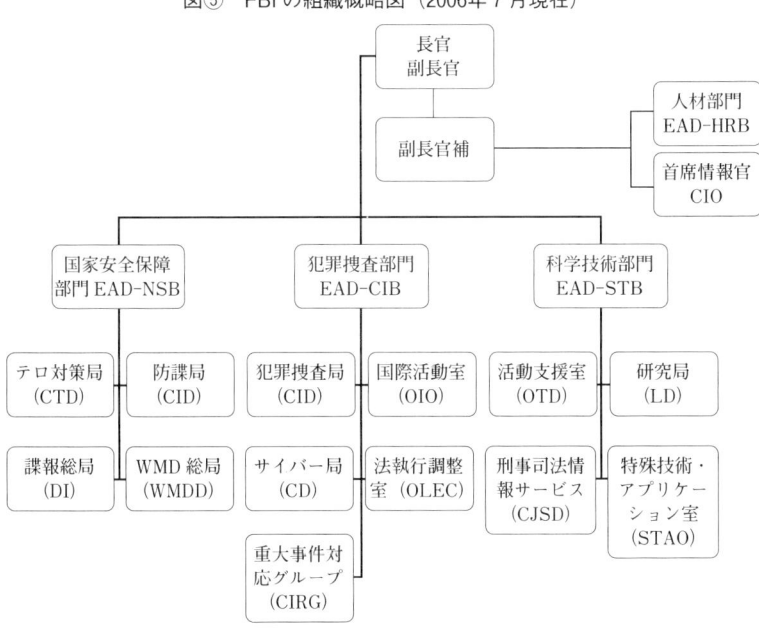

第6章 《9・11》の衝撃とテロ情報の共有・情報機関の再編

図⑤　FBIの組織概略図（2006年7月現在）

```
                    長官
                   副長官
                     │
                   副長官補 ──────┬── 人材部門 EAD-HRB
                     │            └── 首席情報官 CIO
        ┌────────────┼────────────┐
   国家安全保障        犯罪捜査部門      科学技術部門
   部門 EAD-NSB      EAD-CIB         EAD-STB
    ┌──┴──┐      ┌──┬──┐      ┌──┬──┐
 テロ対策局 防諜局  犯罪捜査局 国際活動室  活動支援室 研究局
 (CTD)    (CID)  (CID)    (OIO)    (OTD)    (LD)
 諜報総局 WMD総局  サイバー局 法執行調整  刑事司法情報 特殊技術・
 (DI)    (WMDD)  (CD)    室(OLEC)  サービス    アプリケー
                                  (CJSD)    ション室
                 重大事件対応               (STAO)
                 グループ
                 (CIRG)
```

＊　FBI, *Federal Bureau of Investigation*《http://www.fbi.gov/page2/july06/orgchart072606.pdf》を参考に作成。

ことになった[119]（図⑤参照）。

　これらの組織改編は、FBI がその活動の重心を一般の刑事犯罪捜査から、テロ対策と諜報活動へとますますシフトさせつつあること、すなわち、FBI が法執行機関としての性格よりも治安・諜報機関としての性格を強めつつあることの何よりの証左であり、国内における「対テロ戦争」対策の主役が、もはや法

---

119)　2005年9月の FBI の組織改編については、小林良樹「米国の情報コミュニティの改編をめぐる動向──国家情報長官制度の創設から約1年を経て」『警察学論集』59巻2号（2006年2月）134頁以下、特に145頁以下および FBI のサイト・ページ《http://www.fbi.gov/hq/nsb/nsb.htm》が詳しい。また、2006年7月25日時点での FBI の組織については《http://www.fbi.gov/aboutus/todaysfbi/orgchart.htm》および《http://www.fbi.gov/page2/july06/orgchart 072606.pdf》を参照のこと。

執行機関ではなく、諜報機関化・軍事化された治安機関と諜報機関および軍であることを何よりも雄弁に物語っているものといえよう。

なお、FBIのテロ防止努力の一環として、2002年6月18日には、国家統合テロ対策班（National Joint Terrorism Task Force: NJTTF）が創設され、同年8月6日には外国テロリスト追跡対策班（Foreign Terrorist Tracking Task Force: FTTTF）がテロ対策局に統合され、11月1日には、FISAユニットが創設、2003年5月1日にはテロ脅威統合センター（Terrorist Threat Integration Center: TTIC）の運用が開始され、同年9月16日にはテロリスト・スクリーニング・センター（Terrorist Screening Center: TSC）が開設、10月1日には国家警報システム（National Alert System: NAS）の運用が開始されている[120]。

（3） 軍のテロ／対テロ情報対策

最後に、軍／国防総省のテロ／対テロ情報対策についても簡単に触れておこう。

国防総省は、《9・11》後最初のテロ対策として、2001年末、国防情報局（Defense Intelligence Agency: DIA）の分析総局（Directorate for Analysis: DA）に軍の特殊部隊・偵察部隊による諜報活動を統合する対テロ統合情報タスクフォース（JITF-CT）を創設した[121]。

2002年2月19日付『ニューヨーク・タイムズ（*The New York Times*）』は、《9・11》以後に、国防総省に「対テロ戦争」支援または敵性国家に対する「情報戦争（information warfare）」の一環として海外メディアにニュースの提供などを行う戦略影響（Strategic Influence）のための部局が新設されていることを暴露した[122]。戦略影響局（Office of Strategic Influence: OSI）は、《9・11》直後の2001年10月30日に、空軍のウォーデン准将（Major General Worden）を長として

120）　FBI, *supra* note 68, at 4―5.
121）　「国防情報局（DIA）と国防総省の情報セクション」『軍事研究2006年7月別冊・アメリカ情報機関の全貌』133―134頁。
122）　THE NEW YORK TIMES, Feb. 19, 2002. *Also see*,《http://news.bbc.co.uk/2/hi/americas/1830500.stm》

第6章 《9・11》の衝撃とテロ情報の共有・情報機関の再編

創設された。

　陸軍戦争大学のゴフによれば、戦略影響局（OSI）は、ブッシュ Jr. 政権が国家安全保障会議システム（National Security Council System: NSC System）のサブシステムとして政府機関の間の国家安全保障政策の日常的な調整のために2001年2月に設けた国家安全保障会議政策調整委員会（NSC Policy Coordination Committees: NSC/PCCs）と、海外におけるアメリカ合衆国の利益を促進するために2003年1月23日にホワイトハウスに設けられたグローバル・コミュニケーション局（Office of Global Communications: OGC）のギャップを埋めるために設けられたのだという。[123] 報道によれば、戦略影響局（OSI）は、①敵にアメリカの軍事作戦に関する偽情報を流す「欺き戦術」、②フセイン政権を転覆させるための撹乱情報発信の強化、③パキスタン・イスラム神学校の教育内容への干渉などを目的としていたといわれる。[124] しかし、戦略影響局（OSI）は、国防総省内のサボタージュと報道機関へのリークなどもあってその創設から5ヶ月もたたないうちに、ラムズフェルド国防長官によって廃止された。[125] 結局、戦略影響局（OSI）はその存在が発覚するとすぐに「組織」としては廃止に追い込まれることになったが、「OSI の名前は消えても、その構想は国防総省のどこかで間違いなく続いているはずだ」とされる。[126] 戦略影響局（OSI）のように、自国に有利な状況を作り出すための情報操作もまた、諜報活動の一環であることは論をまつまでもないであろう。

123）　Gough, *The Evolution of Strategic Influence*, USAWC STRATEGY PROJECT 28-30 (April 7, 2003). なお、国家安全保障会議政策調整委員会（NSC Policy Coordination Committees: NSC/PCCs）は、ブッシュ Jr. 大統領が2001年2月13日に発した国家安全保障大統領指令1号（National Security Presidential Directive No. 1: NSPD 1）によって、国家安全保障会議システム（National Security Council System: NSC System）のサブシステムの1つとして設けられた。また、グローバル・コミュニケーション局（Office of Global Communications: OGC）は、ブッシュ Jr. 大統領が2003年1月21日に制定した大統領命令13283号（Exec. Order No. 13,283, 68 Fed. Reg. 3,371 (2003)）によって、ホワイトハウス内に設置された。
124）　朝日新聞2002年9月6日付朝刊。
125）　Gough, *supra* note 123, at 31.
126）　朝日新聞2002年9月6日付朝刊。

戦略影響局（OSI）の存在が暴露されたのと同じ2002年2月19日には、国防総省の防諜（CI）プログラムを開発・管理するために、C3I担当国防次官補（Assistant Secretary of Defense (Command, Control, Communications and Intelligence): ASD (C3I)）の下に、国防総省防諜現地活動（DoD Counterintelligence Field Activity: CIFA）が創設されている。なお、C3I担当国防次官補（ASD(C3I)）は、合衆国の防諜能力を強化するためにクリントン大統領が2000年12月28日に発した大統領決定指令／国家安全保障会議75号（Presidential Decision Directive/National Security Council-75）に基づいて設けられたポストである。

　また、2002年には、第3章1．で前述したように、アメリカ本土の防衛を主任務とする北方軍（NORTHCOM）も編成され、アメリカ本土をテロから守るための軍事的な防衛手段が強化された。

　しかし、国防総省のテロ／対テロ情報対策において最も重要なのは、2003年3月の、軍・国防総省に関連する諜報機関を調整・監督する「諜報担当国防次官（Under Secretary of Defense for Intelligence: USD(I)）」ポストの新設であろう。諜報担当国防次官（USD(I)）は、すべての諜報、防諜、安全保障、その他の諜報に関連する問題について、国防長官、国防副長官の主たる補助スタッフ（Principal Staff Assistance）兼アドバイザーとして位置づけられており、かつ、国防総省内の情報機関共同体（IC）構成機関である国家安全保障局（NSA）、国防情報局（DIA）、国家映像地図局（National Imagery and Mapping Agency: NIMA）――現・国家地理情報局（National Geospatial-Intelligence Agency: NGA）――、国家偵察局（National Reconnaissance Office: NRO）、国防安全保障サービス（Defense Security Service: DSS）、国防総省防諜現地活動（DoD Counterintelligence Field Activity: CIFA）を指揮統制するものとされている。従って、情報機関共同体（IC）の長である国家情報長官（DNI）は、CIAやFBIの場合とは異な

---

127) Department of Defense Directive No. 5105.67 at 2 (Feb. 19, 2002).
128) Presidential Decision Directive/National Security Council-75, "U.S. Counterintelligence-Effectiveness, Counterintelligence for 21st Century," (Dec. 28, 2000), cited in 《http://www.fas.org/irp/offdocs/pdd/pdd-75.htm》.
129) 「『国家情報長官』の新設で『情報コミュニティ』はどう変わったか」『軍事研究2006年7月別冊・アメリカ情報機関の全貌』48頁。

り、NSAやDIAなどの国防総省内の諜報機関については直接指揮統制するのではなく、諜報担当国防次官（USD(I)）との「調整（coordinates）」を通じて管轄することになる。このように諜報担当国防次官（USD(I)）は、情報機関共同体（IC）の予算の85％を占める軍の諜報機関を統括するため、同次官の権限はCIA長官の権限よりも強大であるとの指摘もある。

なお、諜報担当国防次官（USD(I)）の下には、主に国防総省の防諜活動——国防総省防諜機能サービス（DoD Counterintelligence Functional Services: CIFS）と国防総省防諜現地活動（DoD Counterintelligence Field Activity: CIFA）——を管轄する諜報・安全保障担当国防次官補（Deputy Under Secretary of Defense for Counterintelligence and Security: DUSD(CI&S)）が置かれている。

（4） 情報収集能力の欠如？　情報操作？

以上、検討してきたように、ブッシュJr.政権は、《9・11》を防止できなかったこと、および、イラク戦争の開戦根拠が開戦後に次々と崩れ国際的信用を著しく傷つけられるに至ったことなどの反省にたって、諜報機関の情報収集・分析能力を改善するために、国土安全保障省やNCTCなどの政府機関相互におけるテロ情報／対テロ情報共有の結節点となる組織の新設、CIAやFBIなどの諜報機関の組織改編を次々と行ってきた。

しかしながら、これらの措置によって諜報機関の末端によって収集された情報がきちんと上層部に伝達され、正確に分析、評価されるようになるのであろうか。

この点に関して、「イラク戦争は情報機関の誤った情報収集や分析によって始められたのではなく、戦争を既定の方針と捉える一部の政権内部者によって開戦を導くための情報操作が行われ、対イラク武力行使が行われたとの見方が

---

130) Deputy Secretary of Defense Memorandum of May 8, 2003 (Excerpt): Implementation Guidance on Restructuring Defense Intelligence-and Related Matters《http://www.intelligence.gov/0-usdi_memo.shtml》.
131) 「『国家情報長官』の新設で『情報コミュニティ』はどう変わったか」『軍事研究2006年7月別冊・アメリカ情報機関の全貌』48頁。
132) Department of Defense Instruction No. 5240. 16 at 2 (May 21, 2005).

ある」と指摘する論者もいる。この論者によれば、イラクのWMD開発およびアルカイダへの支援に関してアメリカの諜報機関は確たる証拠を見つけ出すことができず懐疑的であったにもかかわらず、「イラクの脅威を誇張したい政権内部者によって情報操作が行われ、米国は次第に戦争へと足を引きずりこまれることになった」のだという。[133]

実際、この点について、アメリカ国防総省監察総監（DoD Inspector General）は、2007年2月9日、ファイス（Douglas J. Feith）国防次官に率いられた政策担当国防次官室（Office of the Under Secretary of Defense for Policy: OUSD(P)）が、イラク開戦前夜に、イラク政府とアルカイダの関係について情報機関内のコンセンサスと合致しない情報アセスメントを作成し上級政策決定者に伝えていた事実を指摘している。[134] もちろん、ファイス国防次官は、「対テロ戦争」を主導したネオコンの最有力メンバーの1人である。

先の論者によると、このような情報操作が可能であったのは、①現在のアメリカが「対テロ戦争」という戦時体制の下にあり、戦争の大義が一部の政権内部者の権限を強大化し、他方でメディアが戦争の大義と政治的圧力に屈したこと、②政権中枢と情報組織が一体化しすぎ、両者の間に客観性が失われ情報操作を醸成する環境が作り出されやすいことなどをその理由としてあげている。[135]

---

133) 坂口大作「ブリーフィング・メモ　イラク戦争と情報操作」『防衛研究所ニュース』106号（2006年12月）《http://nids.go.jp》。
134) DOD INSPECTOR GENERAL, REPORT ON REVIEW OF THE PRE-IRAQI WAR ACTIVITIES OF THE OFFICE OF THE UNDER SECRETARY OF DEFENSE FOR POLICY 5 (Report No. 07-INTEL-04, Feb. 9, 2007).
135) 坂口・前掲注133)。この論者は、「安全保障上の情報を米国に大きく依存している」日本は、「米国からの情報を客観的に評価できるような独自の能力を保有することが望まれる」と結論づけている。2005年9月13日に外務大臣に提出された対外情報機能強化に関する懇談会の報告書『対外情報機能の強化に向けて』もまた、日本の対外情報収集・分析能力を強化するために、外務大臣の下に「対外情報収集活動を行う固有の機関」を設置することを提言している（同報告書3(1)）。しかし、日本が独自の情報機関を持ったとしても、アメリカ同様、収集された情報が一定の政治目的に基づいて「歪曲」された場合には悲劇的な結果をまねくものとしかならない。また、2005年12月にアメリカで発覚した国家安全保障局（NSA）による一般市民に対する秘密盗聴事件のように、諜報機関の活動は常に一般市民の人権を大きな脅威にさらす危険性を内在させているので、秘密諜報活動機関の

第6章 《9・11》の衝撃(インパクト)とテロ情報の共有・情報機関の再編

であるとするならば、上記①・②の条件は、基本的には、今も変わっていないのであるから、情報機関の新設や改編をいかに進めようとも、アメリカ政府は今後も繰り返し同じ過ちを繰り返すのではないだろうか？

　　　　　　　　＊　　　　　　　＊　　　　　　　＊

　例えば、対イラン関係である。BBCは2007年2月20日、「合衆国『イラン攻撃プラン』漏洩」と題して、アメリカがイランの空軍基地、海軍基地、ミサイル施設、戦闘指揮センター、ウラン濃縮施設などを含む多数の標的に大規模な空爆を行う緊急プランを策定したと報じた。BBCの報道によると、アメリカはすでに空爆の標的を選定済みであり、それらの標的のなかには、ナタンズのウラン濃縮施設、イスファハンのウラン転換施設、アラクとブシェールの核関連施設なども含まれているという。そして、アメリカ軍はこれらの標的をB-2ステルス爆撃機に搭載したバンカー・バスター爆弾によって攻撃するのだという。[136] 他方、イギリスの有力紙『サンデー・タイムズ (*The Sunday Times*)』(電子版) は、2007年1月7日付でイスラエルがイランの核関連施設の攻撃を計画していると伝えている。[137]

設置については十分に慎重であるべきであろう。

[136] 《http://news.bbc.co.uk/2/hi/middle_east/6376639.stm》。ブッシュJr.政権によるイラン攻撃計画を最も早い段階で報じたのは、ベトナム戦争における「ソンミ村虐殺事件」やアブグレイブ収容所における虐待事件などの調査報道で有名なセイモア・ハーシュであった (Hersh, *The Iran Plans*, in THE NEW YORKER, April 17, 2006)。セイモア・ハーシュは、2007年に入ってからブッシュJr.政権が行った中東戦略の「方針転換」、すなわち、シーア派が支配するイランの弱体化を目的として中東各地でシーア派とスンニ派の対立を煽り立てる戦略の採用によって、かえってイランとの武力衝突の危機が高まったとする。ハーシュによれば、この「方針転換」の背後にはサウジアラビアのバンダル・ビン・スルタン王子の存在があると指摘している (Hersh, *The Redirection*, in THE NEW YORKER, March 5, 2007. 同論文の邦訳としてハーシュ「方針転換——ブッシュ政権の誤った中東戦略」『世界』2007年6月号230頁以下)。

[137] 《http://www.timesonline.co.uk/tol/news/world/article1290331.ece》。イスラエル政府当局はこの報道を否定しているが、イスラエルは、イラクの核開発を阻止するため、1981年にイラクのオシラク原発(建設中)を空爆した実績がある。また、2007年9月6日、イスラエルは突然シリア国内の施設を空爆したが、この施設は、シリアが北朝鮮の支援を得て建設中の原子炉であったのではないかと報じられている (朝日新聞2007年11月9日付朝刊

アメリカが攻撃するにせよ、「アメリカの代理人」であるイスラエルが攻撃するにせよ、イランとの「開戦」が目前に迫っているかのようである。

　アメリカのイラン攻撃の理由とされているのが、イランの核兵器開発疑惑である。ブッシュ Jr. 政権はイランのウラン濃縮を核兵器開発のためのものであり、国際平和にとって重大な脅威であると繰り返し主張し、2006年2月、イランの核開発と核兵器の運搬手段として利用可能な弾道ミサイルの開発を阻止するため、国連安保理に対してイラン制裁決議を付託した。しかしながら、本章でも引用した2005年3月31日のWMD委員会報告書では、イランや北朝鮮の核兵器開発に関するアメリカの諜報機関の情報収集・分析能力は信頼性に乏しいものであったとされているという。[138] アメリカ諜報当局による最新の『国家諜報評価：イラン：核意思と能力（Iran: Nuclear Intentions and Capabilities）』によれば、イラン当局は、核兵器の開発とそのために必要な兵器用濃縮ウランの生産計画を2003年秋には凍結していたという。[139] この報告書の内容が事実だとすれば、アメリカは、イランによる核兵器開発の脅威が存在しないにもかかわらず、世界に対してイランの核の脅威を過大に喧伝し危機をあおってきたことになる。実際、アメリカが核兵器級のウラン濃縮レベルとして非難するイランのウラン濃縮レベルは、国際原子力機関（IAEA）の2006年4月の調査では3.6％程度のものにとどまっており、濃縮度90％を要する兵器級とは到底いいがたいものであった。[140] 中国・ロシアの激しい抵抗もあって、結局、全会一致の形で2006年12月23日にイラク制裁決議（安保理決議1737号）が採択されはしたもの

ほか）。従って、イスラエルがイランの核関連施設を空爆するという話も、あながち荒唐無稽ともいえないであろう。

138) 朝日新聞2005年4月1日付朝刊。なお、イランや北朝鮮の核兵器開発に関する部分は、アメリカの諜報機関の情報収集能力等をイランや北朝鮮に知られないようにするため全面非公開とされている（THE COMMISSION ON THE INTELLIGENCE CAPABILITIES OF THE UNITED STATES REGARDING WEAPONS OF MASS DESTRUCTION, REPORT TO THE PRESIDENT OF THE UNITED STATES 305 (March 31, 2005)）。

139) NATIONAL INTELLIGENCE COUNCIL, NATIONAL INTELLIGENCE ESTIMATE, IRAN: NUCLEAR INTENTIONS AND CAPABILITIES, at 5 (Nov., 2007).

140) IAEA, *Implementation of the NPT Safeguards Agreement in the Islamic Republic of Iran*, at 7, IAEA Doc. GOV/2006/27 (April 28, 2006).

の、アメリカが求めていた武力行使の根拠となる国連憲章7章への言及は、非軍事的強制措置を規定する41条に限定され、軍事的強制措置を定めた42条については触れられなかった。また、核・弾道ミサイル関連の資産凍結についても各国の判断によるものとされ抜け道だらけの制裁決議となった[141]。このため、アメリカは独自にイラク制裁を行う道を模索し始めている。

　その後、イラン攻撃の理由に付け加えられたのが、イラクのシーア派民兵組織に対するイラン製兵器の輸出疑惑である。全米紙『USA トゥデイ (*USA Today*)』(電子版) は、2007年1月31日付で、イラク駐留アメリカ軍が、アメリカ軍攻撃に使われている新型爆弾 (RPG-29携帯式対戦車ロケット弾など) がイランによってイラク民兵組織に供給されたものである証拠をブッシュ Jr. 大統領に報告したと報じた[142]。また、『ニューヨーク・タイムズ (*The New York Times*)』も、2007年2月10日付で、シーア派民兵から押収した爆弾の分析結果などから、イランがイラクのシーア派民兵組織に強力な爆弾を提供していることがわかったとする記事を掲載している[143]。2007年2月11日には、イラク駐留アメリカ軍当局者が匿名で、イラクでシーア派武装民兵がアメリカ軍攻撃に使用している高性能爆弾 (爆発成形弾 (EFP)) は、イラン指導部公認の下でイランから密輸されているものだとし、その「証拠」として砲弾の写真を公開した[144]。

　これに対してピーター・ペース (Peter Pace) 米統合参謀本部議長は、2007年2月13日、「われわれは EFP がイラン製であることを知っているが、わたしはイラン政府自体がそれを把握していると言うつもりはない。イラン人の関与やイランからの (武器) 持ち込みは明らかだが、わたしが持っている情報では、イラン政府が明らかにそれを知っているとはいえず、あるいは (爆弾攻撃に) 関与しているともいえない[145]」と、先の匿名のイラク駐留アメリカ軍当局者

---

141) S.C. Res. 1737, U.N. Doc. S/RES/1737 (Dec. 23, 2006).
142) 《http://www.usatoday.com/news/world/iraq/2007-01-30-ied-iran_x.htm》.
143) THE NEW YORK TIMES, Feb. 10, 2007.
144) 東京新聞 (電子版) 2007年2月13日《http://www.tokyo-np.co.jp/flash/2007021301000103.html》.
145) CNN (日本語電子版) 2007年2月14日《http://www.cnn.co.jp/usa/CNN200702140009.html》.

の見方に疑問を呈する見解を示した。ここにいたって『ニューヨーク・タイムズ』も「軌道修正」を行い、2007年2月13日付紙面に、匿名を条件とするイラク駐留アメリカ軍当局者によるイランの対イラク爆弾密輸情報の提供が「情報操作」である危険性を指摘し、ブッシュJr.政権は過去の失敗から何も学んでいないと批判する社説「イランと匿名の説明者たち（Iran and the Nameless Briefers）」を掲載するに至った[146]。

　しかし、ブッシュJr.大統領は、2月14日の記者会見で、イラクの武装民兵がイラク駐留アメリカ軍を攻撃する際に使用している爆弾について、イラン政府の一部であるイラン革命防衛隊アルクッズ部隊（Al-Quds force）によって供給されているとの認識を示した上で、アメリカ軍兵士を守るための対策をとることが重要だと強調した。また、イランの核問題についても、核兵器を保有するイランは国際平和にとって極めて危険なものとなるとし、核開発を中止するようイランの人々を説得するよりも「効果的な方法」があると思うと述べるなど、予防的な先制攻撃の可能性を示唆した[147]。

　諜報機関の情報収集・分析能力の欠如の結果であるにせよ、政権中枢による「情報操作」の結果であるにせよ、世界がこのまま「対テロ戦争」の第3ラウンドに突入してしまうのだとすれば、民主主義社会において諜報機関はいったい何のために存在するのかが厳しく問われなければならないのではないか。

---

146)　THE NEW YORK TIMES, Feb. 13, 2007.
147)　Press Conference by the President《http://www.whitehouse.gov/news/releases/2007/02/20070214-2.html》.

むすびにかえて

　やっと、出来あがった……。「はしがき」でも書いたように、本書は実に様々な意味で「中間報告」でしかない。住宅に例えていうならば、300坪の敷地に、建坪100坪程の２階建て住宅を建てようとして、まだ30坪分の基礎工事しかできていないのに、新築祝いを兼ねてお披露目をしてしまった……、とでもいったところであろうか。
　しかし、今の私のおかれた状態では、このような「中間報告」を仕上げることですら文字通り身を削りながらのものであったということで、読者諸賢の御理解をいただくほかない。

＊　　　　＊　　　　＊

　本書の元となった各論稿には、「《9・11》以後の『安全』と『自由』に関する予備的考察」という副題がつけられている。これは、《9・11》以後のアメリカの「対テロ戦争」法制を取り扱った本書の内容はもちろんのこと、本書では残された課題とするほかなかった諸問題についての検討ですら、「《9・11》以後の『安全』と『自由』の関係」に関する原理的な考察のための予備的な準備作業にすぎないことを表している。
　《9・11》以後、安全と自由のバランスは、「はしがき」でも引用したクラウス・ギュンターも指摘しているように、明らかに安全優先へと大きく傾いた。今後、だれがアメリカ合衆国大統領になろうとも、上下両院をいずれの政党が制しようとも、安全を最優先とする安全至上主義（セキュリタリアニズム）の流れは変わらない――若干の微調整やスピード・ダウンはあるかもしれないが――であろう。その意味では、《9・11》は「それ以前」と「それ以後」を「断絶」させたのであり、《9・11》以後の安全と自由の対抗・緊張関係の変容は「不可逆的」であるといってよい。
　今日の問題状況は、国家の安全（national security）や社会全体の安全（social security）を名目とした個人の自由の制約が、国民や住民の多数者の意思、す

なわち民主主義原理や住民自治の原理に基づいて行われている——国家あるいは社会の多数者の絶対的な安全への欲望に基づく恐怖の支配（恐怖を梃子とした支配）を、私は、かねてより「《安全》の専制」と呼んできた——というだけでなく、個人の安全への権利（right to security）——それは、本来、個人の自由の一部であった——の保障のために、個人の自由の制約が正当化されるという点にも現れている。安全至上主義（セキュリタリアニズム）の下では、安全への権利が、個人の表現の自由、思想の自由、プライヴァシー、身体の自由などの他の基本的人権に優越する 超（ハイパー）人権と化しつつある（新たな「二重の基準論」の登場？）。

このような《9・11》以後の安全至上主義（セキュリタリアニズム）は、「対テロ戦争」が世界を覆い尽くすとともに不可逆的な傾向となった。「対テロ戦争」は、平時と戦時、日常生活空間と戦場、すなわち「常態」と「例外状態」の間の「境界」を溶解させ、「戦争と平和の完全な融合状態」を創り出す。それは、近代立憲主義が自明の前提としていた「常態」と「例外状態」の明別、すなわち、戦争の法が支配する「例外状態」とは明確に区別された「常態」における法の支配という考え方を根底的に否定するものとなろう。

そして、《9・11》以後の安全至上主義（セキュリタリアニズム）、すなわち「《安全》の専制」は、近代立憲主義思想の危機、リベラリズムという思想そのものの根源的な危機として認識される必要がある。従って、今後は、「戦争と平和の完全な融合状態」の下で、なお、いかにして、個人の自由について語りうるのかが最大の課題となるだろう。

しかしながら、「《9・11》以後の『安全』と『自由』の関係」に関する原理的な考察というゴールは、本書ができあがるまでの道程（みちのり）を考えるならば、あまりにも迂遠であり、はたしてゴールまでたどり着けるかどうか、はなはだ心もとないかぎりではある。

＊　　　＊　　　＊

ところで、安全保障法制は、ことに《9・11》以降の安全保障法制は、軍事・治安法制だけで成り立っているわけではない。「対テロ戦争」の一方の当事者が法執行機関・諜報機関・軍によって構成される超領域的・超国家的な「安全保障複合体」である以上、それに対応する安全保障法制もまた、軍事

法・治安法のみならず、刑事法、刑事手続法、各種の行政法（行政組織法、行政作用法）、行政手続法、移民・入国管理法制、航空・鉄道・船舶などの公共交通機関に関係する諸法制、国際公法、国際人道法などの多数の法領域からなる複合的・超域的な法領域となってきている。この点は、アメリカ法の場合も同様である。

　しかし、私は、狭義の安全保障法制――軍事・治安法制――以外の法領域に関してはまったくの門外漢なので、専門外の法領域に関しては思わぬ間違いを犯しているかもしれない。また、CIA や NSA などのアメリカの諜報機関についても、非公開とされている事項が多すぎるので、その組織や機能について間違った情報を提供する結果となっていることをおそれる。読者諸賢のご教示を賜れば幸いである。

　なお、今回も、出版にあたっては法律文化社編集部の小西英央氏のお世話になった。ことに、原稿や校正の締め切りを、たびたび、大幅に遅らせただけでなく、装丁や造本にまで事細かに注文をつけてくる実に我儘な著者の相手をするのはさぞ大変なことであったろうと察する。氏の根気強さがなければ、本書が世に出ることはなかったであろう。

　また、この５年間、病床にありながら、本書の出版を誰よりも強く待ち望んでくれていた妻・美喜子と、そんな私たち夫婦を支え続けてくれた母にも感謝したい。彼女たちの励ましがなければ、私はとうに本書の出版を断念していたに違いない。

　最後になりましたが、本書の出版にあたっては、神戸学院大学法学会の出版助成を受けることができました。この出版助成なしに本書の出版にこぎつけることはとうてい不可能であったであろうと思います。改めて神戸学院大学法学会に感謝の意を表します。

2008年、初秋
著者しるす

初 出 一 覧

第1章……書き下ろし
第2章……「《9・11》以前のアメリカにおける対テロ法制の展開——《9・11》以後の『安全』と『自由』に関する予備的考察(1)」『神戸学院法学』35巻1号（2005年7月）75—122頁。
第3章……書き下ろし
第4章……1．、2．は、書き下ろし
（※3．は、「《9・11》の衝撃(インパクト)とテロ情報の共有・情報機関の再編——《9・11》以後の『安全』と『自由』に関する予備的考察(3)」『神戸学院法学』36巻3・4号（2007年4月）49—110頁の一部）
第5章……「愛国者法によるFISAの改正と電子的監視権限の強化——《9・11》以後の『安全』と『自由』に関する予備的考察(2)」『神戸学院法学』35巻4号（2006年4月）59—109頁。
（※4．は、書き下ろし）
第6章……「《9・11》の衝撃とテロ情報の共有・情報機関の再編——《9・11》以後の『安全』と『自由』に関する予備的考察(3)」『神戸学院法学』36巻3・4号（2007年4月）49—110頁。

※　ただし、書き下ろし部分も、平成14年度〜平成16年度科学研究費補助金（基盤(C)(2)）「ポスト冷戦期におけるアメリカ国家安全保障法制の構造的転換に関する実証的研究」（研究課題番号14520025／研究代表者・岡本篤尚）の報告書（平成18年3月）を基にしている。また、既発表の論稿を使用した部分も大幅に加筆・修正した上で再構成してある。

主要略語一覧

《A》

AUMF　　　　　　Authorization for Use of Military Force／武力行使授権決議
AUMFIR　　　　　Authorization for Use of Military Force Against Iraq Resolution of 2002／2002年対イラク武力行使授権決議

《B》

BNDD　　　　　　Bureau of Narcotics and Dangerous Drugs／麻薬・危険薬物取締局

《C》

CIA　　　　　　　Central Intelligence Agency／中央情報局
CIPA　　　　　　 Classified Information Procedures Act／秘密指定情報訴訟法

《D》

DEA　　　　　　　Drug Enforcement Administration／麻薬取締局
DHS　　　　　　　Department of Homeland Security／国土安全保障省
DCI　　　　　　　 Director of Central Intelligence／中央情報局（CIA）長官
DIA　　　　　　　 Defense Intelligence Agency／国防情報局（国防総省）
DNI　　　　　　　 Director of National Intelligence／国家情報長官

《E》

EOIR　　　　　　　Executive Office for Immigration Review／移民審査事務局（司法省）

《F》

FBI　　　　　　　　Federal Bureau of Investigation／連邦捜査局
FEMA　　　　　　 Federal Emergency Management Agency／連邦緊急事態管理庁
FISA　　　　　　　Foreign Intelligence Surveillance Act of 1978／1978年外国情報活動監視法
FISC　　　　　　　United States Foreign Intelligence Surveillance Court／合衆国外国情報活動監視裁判所
FOIA　　　　　　　Freedom of Information Act of 1966／1966年情報自由法

《H》

HSAS　　　　　　　Homeland Security Advisory System／国土安全保障警報システム
HSC　　　　　　　 Homeland Security Council／国土安全保障会議
HUMINT　　　　　 Human Intelligence／人的諜報

主要略語一覧

《I》

IC	Intelligence Community／情報機関共同体
ICE	United States Immigration and Customs Enforcement／合衆国入国管理・関税執行局
INS	Immigration and Naturalization Service／移民帰化局（司法省）
ISG	Iraq Survey Group／イラク検証グループ

《J》

JICC	Joint Intelligence Community Council／統合情報機関共同体評議会

《N》

NCIX	National Counterintelligence Executive／国家防諜執行官
NCPC	National Counter Proliferation Center／国家対抗拡散センター
NCS	National Clandestine Service／国家秘密活動総局（CIA）
NCTC	National Counterterrorism Center／国家テロ対策センター
NIC	National Intelligence Council／国家情報評議会
NORAD	North American Air Defense Command／北米航空宇宙軍司令部
NORTHCOM	United States Northern Command／北方軍
NSA	National Security Agency／国家安全保障局（国防総省）
NSC	National Security Council／国家安全保障会議
NSL	National Security Letters／国家安全保障令状

《O》

ODNI	Office of the Director of National Intelligence／国家情報長官室
OGC	Office of Global Communications グローバル・コミュニケーション局（ホワイトハウス）
OHS	Office of Homeland Security／国土安全保障局
OSI	Office of Strategic Influence／戦略影響局（国防総省）

《S》

SHS	Secretary of Homeland Security／国土安全保障長官
SS	Secret Service／シークレット・サービス

《T》

TSA	Transportation Security Administration／運輸安全局（運輸省）

事項・人名索引

(*人名の後の（ ）内の肩書きは、本書で言及した当時のもの)

《あ》

愛国者の日	64
悪の枢軸	16
アシュクロフト，J.（司法長官）	65, 120—121, 131
アメリカ本土（法的意味）	149
アルカイダ	1, 4, 17, 46n, 61, 63—64, 238

《い》

1％ドクトリン（チェイニー・ドクトリン）	22n
依頼者秘密特権	121
イラク検証グループ（ISG）	25n, 81, 242
イラク（の）大量破壊兵器	1, 25, 61, 80, 82—83, 238, 242—244
イラン（の）核関連施設	275, 276n
イラン（の）核兵器開発疑惑	276
イン・カメラ審理手続	48
イラン・コントラ・ゲート事件	187

《う》

ウォーターゲート事件	176, 219
運輸安全監視委員会	74, 161
運輸安全局（TSA）	73—74, 76, 150, 154, 157, 159—161
運輸省運輸安全担当次官	148n, 159

《え》

NSA（国家安全保障局）	9, 36n, 41n, 58, 69—70, 82n, 84, 136, 138, 170, 171, 177, 182, 184, 185n, 188—189, 216—224, 232, 235, 239, 248—249, 257, 263n, 272—273
テロリスト監視計画（TSP）	222—224
——秘密盗聴問題（事件）	69, 138, 216—222, 234—235
プログラム	217—219
NSL（国家安全保障令状）	111, **127—132**, 203
緊急の事情	132
緊急令状	132
——（の）発付権限	130—131
FISA（1978年外国情報活動監視法）	165—166, **177—235**
「一匹狼」条項	207—208
一方的命令	111, 174, 180—181, 193, 195—197, 201, 204
移動監視	200
外国勢力	109, 128—129, 134, 166, 176—178, **178n**, 179—183, 188, 194, 197, 199, 201—203, 206, 208, 218, 251
外国勢力のエージェント	68, 109, 128—129, 140, 166, 177, **179n**, 180—183, 188, 194, 197, 198—199, 201—203, 207, 209, 218—219, 251
外国諜報	83, 113, 136, 205, 225, 251
外国諜報情報	113, 136, 142, **178n**—181, 183—184, 192—195, 197, 200—202, 205, 211, 225—228, **251n**
外国防諜情報	83, 136
外国のテロ組織	98, 118
監視（の）目的	184, 201
許可命令	64—65, 69—70, 108, 111—112, 127, 130, 134, 138, 174—175, 177—183, 192—195, 198—199, 201, 204, 206, 216—218, 222—224, 227, 229—230, 232, 234—235
緊急運用	181
緊急事態	65, 134, 181, 194—195
緊急実施	194
国内組織	176
国家安全保障目的	109, 166, 175, 177, 181—182, 188, 193, 203, 213, 234
最小限化手続	179, 227
作成命令	69, 142, 211
情報の獲得	226—232
戦時	181, 194, 195
戦争宣言	181, 194
通信傍受	49, 110—111, 113, 173—174, 205, 226

事項・人名索引

通信傍受期間　　　　　　　174, 181
テロリストの疑いのある外国人　　　64,
　　　　　108, **110n**, 119—121,
　　　　　166, 202—203, 234
電子的監視　　　9, 41—42, 64—65, 67,
　　　　69—70, 108—110, 113, 134,
　　　　165—166, 170, 172, 175—**178n**,
　　　　179—184, 186, 188—191,
　　　　193—194, 196, 198—203, 205—
　　　　206, 208, 213—217, 222—224,
　　　　226—227, 230—231, 234—235
電子的監視(の)期間　　64, 68, 108,
　　　　142, 181, 199, 211
電子的監視権限　　67—68, 107—108,
　　　　133—134, 137, 140, 165, 171,
　　　　177, 179, 184, 189, 192, 206, 209
電話盗聴　　　41, 45n, 166—168, 172,
　　　　175—177, 182, 184, 190, 192
トラップ＆トレース装置　　111—112,
　　　　194—196, 200, 204
非開示命令　　69, 142—143, 211—212
秘密法廷　　　　108, 126, 180, 182, 234
物理的(な)捜索　　　　　　192—194,
　　　　198—199, 202, 208
ペンレジスター　　111—112, 194—196,
　　　　200—201, 204
防諜(counterintelligence)　　　113,
　　　　205, 251
令状なし捜索　　　　　　　　　　193
FISC（合衆国外国情報活動監視裁判所）
　　　　64—65, 69—70, 108, 134, 142,
　　　　177—178, 180, 182—183, 188,
　　　　193, 194, 197, 199, 201, 206,
　　　　211, 213, 215—218, 222, 224,
　　　　226—230, 232, 234—235
FISCR（合衆国外国情報活動監視再審裁判
　　　所）　　　　　　　　　　　183
FBI　　　　9, 44, 53, 59, 66, 68—69,
　　　　79—81, 103, 123, 129, 131, 146, 168,
　　　　170, 182, 211, 220, 255, **264—270**
　　FISA ユニット　　　　　　　　270
　　FBI 長官　　　38, 43, 111, 127—129,
　　　　131, 142—143, 197—198,
　　　　201, 211—212
　　外国テロリスト追跡対策班（FTTTF）
　　　　　　　　　　　　　　　　270

合同テロ対策班（JTTF）　　　　　250
国家安全保障サービス（NSS）267—268
国家安全保障部門担当執行次官補
　　（EAD-NSB）　　　　　267—268
国家警察システム（NAS）　　　　270
国家統合テロ対策班（NJTTF）　　270
首席情報官（CIO）　　　　　　　268
WMD 総局（WMDD）　　　　　　268
諜報局（OI）　　　　　　　　　　266
諜報総局（DI）　　　　　　266—267
テロ脅威統合センター（TTIC）　255,
　　　　　　　　　　　　　　　270
テロ非関与証明　　　　　　　　　123
テロリスト・スクリーニング・センター
　　（TSC）　　　　　　　　　　270
テロリズム対策局（CTD）　　　　255,
　　　　　　　　　　　266—267, 270
PENTTBOM　　　　　　　　　　123
法執行オンライン（LEO）　254—255
エリジブル・レシーバー97（ER97）
　　　　　　　　　　　　　　　　58

《お》
オクラホマ・シティ連邦政府ビル爆破事件
　　　　　　　　　　　　　　44, 191
オルムステッド・ドクトリン　167, 172

《か》
カーター政権　　　　　　　　31—32
カーニボー　　　　　　　9, 65—66, 108
海軍アカデミー　　　　　　　　　58
外国人テロリスト　　　47—48n, 65, 117,
　　　　　　　　　　　118n—119n
下院・常任情報特別委員会　130, 138, 229
拡散防止　　　　　　　　　　19—20
合衆国（地理的意味）　　　　　　140
合衆国外国情報活動監視再審裁判所→
　　FISCR
合衆国外国情報活動監視裁判所→ FISC
合衆国に対するテロ攻撃に関する国家委員
　　会→9・11委員会
合衆国の国民　　　　　　　**95n**, 162
合衆国の市民　　　　　　　**95n**, 162
合衆国の人　　　**95n**, 142, **177n**, 180, 182,
　　　　183, 193, 194, 200—201, 208, 211,
　　　　220, 228—229, 231, 234—235

287

監視付釈放　　　　　　　　　　117
《き》
9/11 Public Discourse Project　　81, 240
9・11委員会　　　73, 77, 80—81, 162,
　　　　　　　　　　　　　　239—240
企業秘密（trade secret）　　　　　40
協同脅威縮減プログラム　　　　　53
金融機関　　　　　　　　　　　135
《く》
9月11日犠牲者補償基金　　　73, 159
クリッパーチップ（Clipper Chip）　191
クリッパーチップ2（Clipper Chip II）
　　　　　　　　　　　　　　9, 191
クリントン政権　　39, 44—46n, 50—51,
　　　　　　　　　　　　190—192, 221
クリントン，W. J.（大統領）　42, 56,
　　　　　　　　　　　　　　59, 272
クリッピー，M.（首席連邦移民審判官）
　　　　　　　　　　　　　　　125
クリッピー・メモ　　　　　125—126
グローバル・コミュニケーション局
　（OGC）　　　　　　　　　　　271
軍拡利益共同体　　　　　　　　　41
軍事秘密　　　　　　　　　　　　40
軍事秘密特権　　　　　　　　　　48
《け》
CHAOS　　　　　　　　　169—171
《こ》
広域係属訴訟司法委員会（JPML）　232
国土（法的意味）　　　　　　　149
国土安全保障会議（HSC）　　84, 149,
　　　　　　　　　　　　　151n, 257
国土安全保障局（OHS）　　70, 72, 80,
　　　　　　　　　　　　　145, 264
国土安全保障省（DHS）　　72—77, 102,
　　　　　144—163, 239, ***245—256***, 273
　インフラストラクチャー防護局（OIP）
　　　　　　　　　　　　　163, 245n
　インフラストラクチャー防護担当次官補
　　　　　　　　　　　　　　　163
　運輸安全保障担当次官　　　　161
　沿岸警備隊司令官　　　　　　151

科学技術総局　　　　　　　150, 152
合衆国市民権・入国管理サービス
　（U.S. CIS）　　　　　　　　77, 158
合衆国入国管理・関税執行局
　（U.S. ICE）　　　　　　　　77, 157
管理運営総局　　　　　　　152—153
緊急事態対応総局　　　　　　　152
健康局（OHA）　　　　　　　　155
国土安全保障警戒システム（HSAS）
　　　　　　　　　　　　　246—247
国土安全保障情報　　　　***249n***—250
国土安全保障情報ネットワーク
　（JRIES/HSIN）　　　　　　　253
国土安全保障長官（SHS）　75, 78, 103,
　　　　　　　　　　149, 153, 160, 248
国土安全保障副長官（D/SHS）　151
国家防護・計画総局（NPPD）　155
国家法執行通信システム（NLETS）
　　　　　　　　　　　249, 254—255
国境安全保障局（BBS）　　76—77, 157
国境・運輸安全保障総局（DBTS）　74,
　　　　　　76, 152, 156—157, 160
国境・運輸安全保障担当次官　76, 151,
　　　　　　　　　　　　156, 160, 161
市民権・入国管理サービス局（BCIS）
　　　　　　　　76—77, 151, 157—158
シークレット・サービス（SS）　150,
　　　　　　　　　　　　　171, 177
シークレット・サービス長官　151—152
首席諜報官（CIO）　　　　　　163
首席情報官（CIO）　　　　　　247
情報分析・インフラストラクチャー防護
　総局　　　　　152, 163, 245n, 247
情報分析・インフラストラクチャー防護
　担当次官　　　151, 163, 245, 247
情報・分析局（OIA）　　　163, 245n
情報・分析担当次官　163, 245n—246n
政策局（OP）　　　　　　　　　155
政策総局（PD）　　　　　　　　155
──（の）組織改編計画　　　　153
対応総局　　　　　　　　152, 155
地域情報共有システム（RISS）・プログ
　ラム　　　　　　　　　　252—255
テロ脅威警報システム　　　　　249
統合地域情報交換システム（JRIES）
　　　　　　　　　　　　　252—253

事項・人名索引

入国管理・関税執行局（BICE）　157
連邦緊急事態管理庁（FEMA）　44, 75, 153—156
連邦緊急事態管理庁長官　53—54
国内的安全保障　63, 175—176
国防総省（DOD）　2, 7, 32, 36n, 53, 57—58, 70, 105, 132, 220, 237, 252, 257, 270—273
　監察総監　274
　国内テロリズム即応チーム　53
　国防安全保障サービス（DSS）　272
　国防脅威縮減局（DTRA）　87
　国防情報局（DIA）　82n, 113, 136, 185n, 189, 205, 220, 252—253, 256n, 270, 272
　国防情報システム局　57
　国防長官　52—53, 70, 134, 189, 207, 272
　国家映像地図局（NIMA）　272
　国家地理情報局（NGA）　82n, 84n, 185n, 256n, 272
　国家偵察局（NRO）　82n, 185n, 256n, 272
　C3I 担当国防次官補（ASD（C3I））　272
　政策担当国防次官室　274
　戦略影響局（OSI）　270—272
　諜報担当国防次官（USD（I））　272—273
　統合軍計画　71
　統合諜報対策班（JITF—CT）　252
　防諜機能サービス（CIFS）　273
　防諜現地活動（CIFA）　272—273
国務長官　35, 43, 49n, 78, 97
　——によるテロ組織の指定　49, 97
個人（individual）　134, 206
国家安全保障　18, 31, 39, 41, 43, 91, 118—120, 187, 237, 241
　——概念　11, 31, 32, 39, 41
　——体制　41
国家安全保障会議（NSC）　52, 185
　——システム（NSC System）　271
　——政策調整委員会（NSC/PCCs）　271
国家安全保障局→NSA
国家安全保障令状→NSL
国家インフラストラクチャー・シュミレーション・センター（NISAC）　87
国家支援テロリズム　33

国家情報長官（DNI）　70, 84, 186n, 226—228, 231, 239, 257—258, 260, 272
国家情報長官室（ODNI）　84, 260—262
　統合情報機関共同体評議会（JICC）　260
国家対抗拡散センター（NCPC）　85, 258
国家テロ対策センター（NCTC）　81, 84—85, 98, 239—240, 255, *257—260*, 273
国家秘密特権　48
国家法執行通信システム（NLETS）　249, 254—255
国家防諜執行官（NCIX）　260

《さ》

サーシオ・レイライ令状　125—126
サイバー
　——インフラストラクチャー　87
　——監視　191
　——攻撃　56n, 60, 79, 90—91, 265
　——スペース　56—57, 60, 91—92
　——戦士　90
　——戦争　56n, 92n
　——テロ　56, 59—60, 65, 86—87, 89, 92, 266
　——テロ犯罪　108
財務省情報・分析局（OIA）　83, 136
先回り自衛　22

《し》

CIA　24, 80, 132, 169—171, 184—190, 219, 239—242, 256n—257, **260—263**
　国家秘密活動総局（NCS）　261—262
　国家秘密活動総局長官（D/NCS）　261—262
　（旧）作戦総局（DO）　83, 261—264
　作戦ファイル　263n
　CIA 長官　84, 84n, 185, 185n, 188, 252, 256, 257n, 259, 262—263, 273
　人的諜報（HUMINT）活動　82, 83n, 260—262
　テロ対策センター（CTC）　255, 263
CISAnet　254
指定外国テロリスト組織　68, 141, 208, 210
司法省　47n, 54, 59, 67, 69, 76,

	121—123, 125, 156, 213, 224
移民帰化局（INS）	65, 76, 121, 123—124, 156—157
（移民帰化局）地区部長	65, 121
移民審査事務局（EOIR）	77, 157
移民審判官	125n
移民審判所	47n, 158
インフラストラクチャー防御任務部隊（IPTF）	59
監察総監室	123—124, 131
国内テロリズム対策室	76, 157, 160
司法長官	43, 54, 56, 65, 70, 110, 118—120, 130, 134, 168, 173, 178—181, 183, 188, 193—195, 198, 203, 207, 219, 224, 226—228, 232, 252, 260, 268
反テロ対策班（ATTF）	250
法執行支援局（BJA）	254—255
SHAMROCK	171
重要インフラストラクチャー	59—60, 73, 87—91, 102n, 145—146, 152, **246n**
重要インフラストラクチャーの保護に関する大統領特別委員会（PCCIP）	59
重要資源	102n, 246n
シュルツ，G. P.（国務長官）	34n
上院・情報特別委員会	80, 130, 229—230, 242
情報機関共同体（IC）	36n, 80, **82n**, 84n, 136, 184, **185n**, 186, 239, 242, 244, 250, **256n**, 260—262, 267, 273
情報システム保護国家プラン	60
情報戦争	56n, 92, 270
人身保護令状（手続）	49, 79, 120

《せ》

先制攻撃	1, 9, 17, 21—24, 42, 45, 50, 61, 64, 278
――による自衛権（行使）	19, 21—22, 63, 241
先制的自衛（権）	18, 22, 24, 26
戦争（war）	1, 33, 61
戦争行為（act of war）	1, 3—4, 32—33, 33n, 47, 61, 91
戦争と平和の融合状態	12
戦闘員	10, 12, 99
全米港湾運輸安全計画	75, 162

《た》

退去強制	48n, 63, 65, 78—79, 108, 117—120, 123, 157
――期間	119—120n
――裁判所	47—48n
対抗拡散	16, 19—20, 46n
対テロ戦争	1—2, 4, 6—8, 10—13, **16—30**, 61—62, 222, 269—270, 274, 278
「対テロ戦争」法制	1, 2, 62, 92, 107, 133
大統領の国防権限	168, 175
大陪審	111, 113, 127, 203, 205, 251
大量破壊兵器テロ	18, 52
WMD委員会（大量破壊兵器に関する合衆国の情報活動能力に関する委員会）	25n, 82, 243—244, 258, 260, 276
ダルファー，C.（CIA長官特別顧問）	25n, 81, 242
タワー委員会	187n

《ち》

チェイニー・ドクトリン→1％ドクトリン	
地域情報共有システム・プログラム（RISS）	252—255
チャーチ委員会	169n
チャートフ，M.（国土安全保障長官）	153
諜報関連情報	247
諜報情報	219, 246, 248, 252

《つ》

通信インフラストラクチャー	87

《て》

TWA機爆発炎上事件	45n, 192
敵性戦闘員（enemy combatants）	12
データストリーム・カウボーイ事件	58n
テロ活動	67—68, 85, 118, 134, 206, 208, 210
テロ脅威警報システム（TTWS）	249
テロリスト活動	79, 99, 100—101
テロリスト組織	14, 20, 68, 79, 97, 100—101, 116, 208, 210
テロリストに対する物的支援	68, 141, 208, 210
テロリズム	2, 32—33, 42, 92n—93n,

	94—95, 97—99, 101—102, 103—106, 109, 166, 202—203, 259
国際テロ行為	97
国際テロ組織	19, 241
国際テロリズム（国際テロ）	26, 36—37, 42, 44, 94, 98, 104—105, 114, 128—130, 135, 195, 201, 207—208, 211
国内テロリズム	94, 104, 106, 113—114
国内テロリズム対策	80, 145—146, 157, 264
対抗テロリズム（テロリズム対策）	16n
対抗テロリズム法制	42, 92
——の法的定義	92—103
反テロリズム（anti-terrorism）	16n, 92
(在)テヘラン・アメリカ大使館人質事件	32
電子的監視 → FISA	
犯罪捜査目的	109, 175, 181—182, 202—203
伝統的／対外的国家安全保障	175

《と》

特殊活動	186
特別海事裁判管轄権	115

《な》

(在)ナイロビ・ダルエスサラーム・アメリカ大使館同時爆破事件	46n
ならず者国家（rogue states）	16, 19, 46n, 50, 86, 241
ナン＝ルーガー・プログラム	51

《ね》

ネグロポンテ，J. D.（国家情報長官）	260—261

《は》

パウエル，C. L.（国務長官）	25, 238, 244

《ひ》

非開示協定	250
非戦闘員	12, 98—99, 105
秘密活動（covert action）	46n, 186—187, 189
秘密逮捕	126
秘密諜報活動	128—129, 142, 200—201, 211
秘密指定情報	48

《ふ》

ファイス，D. J.（政策担当国防次官）	274
不拡散問題担当国家調整官	52
不正規戦争	28n
(旧)フセイン政権	17, 25, 50, 63, 81, 238—239, 241—242, 244, 271
ブッシュ，G. H. W.（ブッシュ Sr. 大統領）	1n, 31—32, 37, 184, 221
ブッシュ Jr. 政権	1, 2, 5—6, 13, 17—18, 22, 45, 47, 61, 64, 67, 69, 80, 86, 108, 122, 133, 137, 153, 158, 206, 223—224, 238—239, 242, 265, 271, 273, 276, 278
ブッシュ，G. W.（ブッシュ Jr. 大統領）	1n, 3, 3n, 4, 6—8, 25, 70—71, 79, 82, 138—139, 145, 155, 216—217, 222, 226, 233, 234n, 238, 241, 243—244, 256, 258—259, 264, 277—278
ブッシュ・ドクトリン	21, 46
物理的インフラストラクチャー	15, 87
物理的攻撃	60, 88, 90—91
フーバー，J. E.（FBI 長官）	168
武力による報復行為（復仇）	50
ブレナー，J. F.（国家諜報執行官）	260

《へ》

(在)ベイルート・アメリカ大使館爆破事件	32
ペンレジスター	111—112, 194—196, 200—201, 204

《ほ》

ボイス・メッセージ	111, 203
ボイス・メール・メッセージ	64, 108
法執行情報	246—247, 252, 254
法の適正過程	117
北米航空宇宙軍司令部（NORAD）	71
北方軍（NORTHCOM）	71, 272

《ま》

マコーネル，J. M.（国家情報長官）	225

マッカーシー旋風	168
MATRIX	255
麻薬・危険薬物取締局（BNDD）	171
麻薬取締局（DEA）	221

《み》

MINARET	171
民間軍事会社（PMC）	12

《ゆ》

有罪推定	117
有志連合（willing coalition）	15, 26, 241

《よ》

予防戦争（preventive war）	1, 9, 13, 18—24, 26, 29, 61, 238
予防的（な）自衛（権）	9, 18, 21—23, 26, 63

《ら》

ラムズフェルド, D. H.（国防長官）	5—8, 10, 271

《り》

リッジ, T.（国土安全保障局長官）	70, 145
領域的裁判管轄権	115

《れ》

令状主義	167, 172, 174
レーガン政権	31—35, 37, 184
レーガン, R.（大統領）	185, 219
(駐)レバノン・アメリカ海兵隊司令部爆破事件	32
連邦航空局長	160—161
連邦航空保安官	74, 159
連邦捜査局 → FBI	
連邦操縦室職員	74, 148n, 161
連邦治安判事	114

《ろ》

ロックフェラー委員会	169n
ローム研究所	57
ロング委員会	32

法令索引

(冒頭の年度・会計年度を除くアルファベット順)

《あ》

2005年愛国者法改善・再授権法（再授権法）　68, 135, 139—142, 207, 209—211
　——101条(b)項　140
　——102条(a)項　140, 209
　——102条(b)項　140, 209
　——103条　140, 209
　——104条　141, 209
　——105条(a)項　142, 210
　——105条(b)項　142, 210
　——106条(f)項(2)号　142, 211
　——106条(h)項(1)号(B)　130n
2005年愛国者法改善・再授権法案　138—139, 223
2006年愛国者法追加的再授権修正法（再修正法）　69, 139, 142—143, 211—212
　——3条　142, 212
　——5条　143, 212
1996年IT管理再編法　57n
2001年アメリカ合衆国愛国者法（愛国者法）　64, 86—88, **107—134**, 137—143, 165, **198—212**
　——第Ⅱ編・監視手続の強化　109, 166, 202
　——201条　108, 110, 140, 203, 205, 209
　——202条　108, 110, 140, 203, 205, 209
　——203条(b)項　108, 113, 140, 205, 205, 209
　——203条(d)項　108, 113, 140, 205, 205, 209
　——204条　108, 113, 140, 205, 209
　——206条　108, 140, 199, 205, 209
　——207条　108, 140, 198—199, 205, 209
　——209条　108, 110, 140, 203, 205, 209
　——208条　205
　——210条　111, 127—128, 204
　——212条　108, 140, 209
　——213条　112
　——214条　108, 140, 200, 205, 209
　——215条　108, 130, 130n, 140, 142, 201, 206, 209, 211
　——216条　111, 196, 200, 204, 205
　——217条　108, 140, 209
　——217条(2)号　110
　——218条　109, 140, 201, 206, 209
　——219条　114, 114n
　——220条　109, 112, 140, 204, 206, 209
　——223条　109, 140, 209
　——224条(a)項　108, 109, 140, 206, 209
　——225条　109, 140, 209
　——358条　130, 135, 136
　——412条(a)項　117, 118n, 119, 120, 120n, 202n
　——505条　128, 129
　——505条(a)項　129, 131
　——505条(b)項　129
　——第Ⅷ編・テロリズムに対する刑事法の強化　113
　——801条　114
　——802条(a)項(4)号　94, 104, 114
　——803条　117
　——804条　115
　——805条　115, 116
　——805条(a)項(1)号　116
　——805条(a)項(2)号　116
　——808条(2)項　87
　——809条　115
　——812条　117
　——814条　87
　——816条　87
　——1016条　87, 88n
　——1016条(e)項　102n
アメリカ人防衛テロリズム情報共有促進大統領命令（大統領命令13356号）　83, 256
2007年アメリカ防衛法　70, 226—233
　——2条　226—232
　——3条　229
　——4条　229

——5条	229
——6条(c)項	229
——6条(d)項	229
——上院法案1927号	225
——上院法案2011号	225, 229
——下院法案3356号	225, 229

2007年アメリカ防衛法改正法案
　　——上院法案2248号（司法委）　　229—233
　　——上院法案2248号（情報委）　　229—233
　　——下院法案3773号　229—233
安全爆発物法（国土安全保障法第XI編C部）　148
安全法（国土安全保障法第VIII編G部）　103

《い》

移民・国籍法	47n, 99, 117, 118n, 120, 120n, 141, 202n, 209, 210
——101条(a)項(20)号	95n
——101条(a)項(22)号	95n
——212条(a)項(3)号(A)(i)	118n
——212条(a)項(3)号(A)(iii)	118n
——212条(a)項(3)号(B)	118n, 141, 208, 210
——219条	49n
——236A条	117, 120
——236A条(a)項(1)号	118, 202n
——236A条(a)項(3)号	110n, 118, 118n, 119, 119n
——236A条(a)項(3)号(A)	118, 118n, 119
——236A条(a)項(3)号(B)	118, 119
——236A条(a)項(5)号	119
——236A条(a)項(6)号	119—120n
——237条(a)項(4)号(A)(i)	118n
——237条(a)項(4)号(A)(iii)	118n
——237条(a)項(4)号(B)	118n
——501条〜507条	47—49
——501条(1)号	119n
1998年イラク解放法	50
1996年イラン・リビア制裁法	50

《え》

FISA　→1978年外国情報活動監視法
FOIA　→1966年情報自由法

《か》

外交安全保障法（1986年包括的外交安全保障・反テロリズム法第I編〜第IV編）35
1988・1989会計年度外交関係権限法
　　——140条(d)項(2)号　141, 208, 210
1984年外国支援・関連プログラム適正化法　37n
1961年外国支援法
　　——662条　187
　　——662条(A)項　187
2007年外国情報監視現代化法案（2008会計年度情報機関権限法案第IV編）　69, 224—225
1996年海上安全法　51
2002年海上輸送安全法　75, 162

1978年外国情報活動監視法（FISA）	64, 68—69, 109, 165—166, **177—216**, 224—235
——101条	128, 129
——101条(a)項(1)号〜(3)号	183, 194
——101条(a)項(4)号〜(6)号	183, 194
——101条(a)項	134, 178n, 206
——101条(b)項	179n
——101条(b)項(1)号	140, 207—209
——101条(b)項(1)号(A)	142
——101条(b)項(2)号(D)〜(E)	197
——101条(h)項	179, 227
——102条(a)項(1)号	178, 180
——102条(b)項但書	180
——103条	182, 193n
——104条	198
——104条(a)項(7)号(B)	201
——105条	199n, 226
——105条(c)項(2)号(B)	199
——105条(e)項(1)号(B)	142, 198, 210
——105条(e)項(2)号(B)	142, 210
——105A条	226—227, 227n, 228n—229
——105B条	226—229, 231
——105B条(1)項	231
——105C条	226, 228—229
——301条〜309条	192
——301条(5)号	193
——302条(a)項	193
——303条	198

法令索引

——303条(a)項(7)号(B)	201
——304条(d)項(1)号	142, 199, 210
——304条(d)項(2)号	142
——401条〜406条	194
——402条	195, 200
——402条(a)項(1)号	194
——501条〜503条	130n, 197, 201
——501条	201
——501条(a)項(1)号	142, 211
——501条(d)項	142, 211
——502条	130, 197, 201
合衆国憲法	146n, 168, 186
——第1修正	117, 126, 126n, 131
——第2修正	44n
——第4修正	131, 167, 172, 174—176, 193, 223
合衆国法典8編	
——1182条(a)項(3)号(A)(i)	110n
——1182条(a)項(3)号(A)(iii)	110n
——1182条(a)項(3)号(B)	110n
——1182条(a)項(3)号(B)(i)	100
——1182条(a)項(3)号(B)(iii)	99—100
——1182条(a)項(3)号(B)(iv)	100—101
——1227条(a)項(4)号(A)(i)	110n
——1227条(a)項(4)号(A)(iii)	110n
——1227条(a)項(4)号(B)	110n
——1531条〜1537条	47n, 117
合衆国法典10編	
——382条	54
合衆国法典12編	
——3414条(a)項(5)号(A)	135
合衆国法典18編	
——175条	54, 54n
——921条(a)項(22)号	94—95
——1030条	87
——1030条(a)項(1)号	87
——1030条(a)項(5)号(A)(i)	87
——1030条(a)項(5)号(B)(ii)〜(v)	87
——1362条	87
——1831条〜1839条	40n
——2331条(1)号	93—94, 103
——2331条(5)号	94, 114
——2332b条(g)項	141, 209
——2332b条(g)項(5)号	95—97
——2332b条(g)項(5)号(B)	87, 115, 117
——2332c条	54, 54n
——2339A条(a)項	116
——2339A条(b)項	116
——2339B条	116—117
——2339B条(a)項(1)号	116—117, 141, 208, 210
——2339B条(g)項(4)号	209—210
——2339B条(h)項	141, 209—210
——2510条〜2520条	172—174
——2510条(1)号	110, 203
——2510条(14)号	110, 203
——2510条(15)号	143, 212
——2511条(i)項	110
——2516条(1)項(a)項〜(g)項	173
——2516条(1)項(C)号	40n
——2518条	173
——2703条	110—112, 127, 203—204
——2709条(a)項	128, 143, 212
——2709条(b)項	128—129
——2709条(c)項	129, 131
——2709条(f)項	143, 212
——2711条	112, 204
——3071条	34
——3286条(b)項	115
合衆国法典22編	
——2656f条	104
——2656f条(d)項	97
合衆国法典28編	
——1407条	232
合衆国法典31編	
——5311条	130, 135
——5312条(a)項(2)号	135
合衆国法典49編	
——114条	159
——115条	161
——40119条(a)項	161
——44901条〜44916条	45n
——44901条	159
——44903条	159
——44917条	159
——44921条	148n, 161
——44931条〜44938条	45n
合衆国法典50編	
——401a条	185n
——401a条(4)号	82n, 185n, 248, 256n

——403-3条(c)項　　　　　　185n
——1461条(f)項(2)号(A)(i)　　142
——1801条(a)項(1)号〜(3)号　95n, 177n
——1801条(f)項(1)号〜(4)号　　226n
——1801条(f)項(2)号　　　　　227n
——1801条(f)項(3)号　　　　　228n
——1801条(f)項(4)号　　　　　227n
——1805条(e)項　　　　　　　142
——1805条(h)項　　　　　　　232n
——1805条(i)項　　　　　　　232n
——1823条(a)項(7)号(B)　　　201n
——1824条(d)項　　　　　　　142
——1861条(a)項(1)号　　　　142, 211
——1861条(a)項(1)号　　　　142, 211,
——1861条(a)項(2)号(A)(i)　　211

《き》

2007年9・11委員会勧告履行法　　73, 77n,
　　　　　　　　　　　　　　　162, 246n
——531条　　　　　　　　　163, 245n
2004年9・11委員会履行法（2004年情報機
　関改革・テロリズム防止法第Ⅶ編）98n
1993年協同脅威縮減法　　　　　　51
銀行秘密法　　　　　　　　　130, 135
1978年金融プライヴァシー権利法　130,
　　　　　　　　　　　　　　　　135
　　——1114条(a)項(5)号(A)　　129

《く》

軍事審問委員会設置大統領命令（軍事命令
　13号）　　　　　　　　　　　　64

《け》

1996年経済防諜法　　　　　40—41, 190

《こ》

効果的技術促進による反テロリズム支援法
　（国土安全保障法第Ⅷ編G部）　103,
　　　　　　　　　　　　　　　　148
1996年効果的死刑・公共安全法案　45n,
　　　　　　　　　　　　　　　　191
1990年航空安全改善法　　　　　　38
1996年航空安全・反テロリズム法案　45n,
　　　　　　　　　　　　　　　　192
航空運輸安全法　　　　　　　74, 159
——101条　　　　　　　　　　159

——105条　　　　　　　　　　159
——106条　　　　　　　　　　159
——110条(b)項　　　　　　　　159
航空保安・システム強化法　　73, 158
2002年公衆衛生・生物テロ対処法　71
公正信用報告法　　　　　　　130, 135
1983年国際安全保障・開発援助権限法
　　　　　　　　　　　　　　　37n
1985年国際安全保障・開発協力法　38
1984年国際テロリズム対抗法　34—35
国土安全保障局創設大統領命令（大統領命
　令13228号）　　　　　　　70, 145
国土安全保障情報共有法（情報共有法）
　（国土安全保障法第Ⅷ編Ⅰ部）148, 249
——891条　　　　　　　　　　249
——892条(a)項　　　　　　249—250
——892条(b)項　　　　　　　　250
——892条(c)項　　　　　　　　250
——895条　　　　　　　　　　251
国土安全保障大統領指令10号（HSD-10）・
　21世紀のためのバイオ防衛　　　71
2002年国土安全保障法（国土安全保障法）
　　　　　　　　　72—74, 76—77, 88, 102—103,
　　　　144—157, 160—163, 245—252
——第Ⅰ編101条(b)項　　　　　144
——第Ⅰ編102条　　　　　　　149
——第Ⅰ編103条(a)項　　　　　151
——201条　　　　　　　　163, 245n
——201条(d)項(12)号(A)　　　　251
——201条(d)項(12)号(B)　　　　252
——202条(d)項(2)号　　　　　　248
——第Ⅳ編　　　　　　　　　74, 160
——第Ⅳ編423条　　　　　　　160
——第Ⅳ編424条　　　　　　　161
——第Ⅳ編426条　　　　　　　161
——第Ⅴ編507条　　　　　　　155
——第Ⅷ編H部872条　　　　　153
——第Ⅸ編901条　　　　　　　149n
——第Ⅸ編903条　　　　　　　151n
——第Ⅸ編906条　　　　　　　151n
——第ⅩⅣ編　　　　　　　74, 160—161
——第ⅩⅥ編　　　　　　　74, 160—161
——第ⅩⅥ編1601条(a)項　　　　161
——第ⅩⅥ編1602条　　　　　161—162
——第ⅩⅥ編1603条　　　　　　162
2003年国内安全保障強化法案（第2愛国者

法令索引

法案)　　　67, 133—135, 206, 207
1984・1985会計年度国務省権限法　　38
1956年国務省基本権限法
　　——36条　　　　　　　　　　　34
1996会計年度国防権限法
　　——1201条(b)項(1)号　　　　　53
　　——1416条(a)項　　　　　　　54
　　——1424条　　　　　　　　　　53
1997会計年度国防権限法　　　51, 52
　　——1412条　　　　　　　　　　52
　　——1414条　　　　　　　　　　53
　　——1442条　　　　　　　　　　52
2002会計年度国防権限法　　　　　70
国防総省指令O-2000.12号・国防総省テロ
　との戦いプログラム　　　　105, 105n
国防総省指令O-2000.12号・反テロリズム
　／戦力防衛（AT/FP）プログラム　105
国防総省ガイドライン DoD 5240 1-R
　　　　　　　　　　　　　　219, 220
国家安全保障決定指令138号（NSDD-138）
　　　　　　　　　　　　　　　33—34
国家安全保障決定指令159号（NSDD-159）
　　　　　　　　　　　　　　　　187
2004年国家安全保障情報活動改革法（2004
　年情報機関改革・テロリズム防止法第Ⅰ
　編）　　　　　　　　　85, 257n—260
　　——1011条　　　　　　　　　186n
　　——1021条　　　　　　　105n, 259
国家安全保障大統領指令26号（NSPD-26）
　　　　　　　　　　　　79, 264, 265
1947年国家安全保障法　85, 189, 252, 258
　　——3条　　　　　　　　　　　190
　　——3条(4)号　　82n, 185n, 248, 256n
　　——102条(d)項(3)号　　　　　262
　　——102条(d)項(3)号但書　170, 188, 219
　　——103条(c)項　　84n, 185n, 257n
　　　　　　　　　　　　　　　　259
1996年国家情報インフラストラクチャー保
　護法　　　　　　　　　　　　　59
国家テロ対策センター創設大統領命令（大
　統領命令13354号）　　　　　84, 257
2002年国境安全強化・ビザ登録改革法　75

《さ》

1988年災害救助・緊急事態援助修正法
　　　　　　　　　　　　　　　　55n

1974年災害救助法　　　　　　　　55n
サイバー・セキュリティー研究開発法　90
2002年サイバー・セキュリティー促進法
　（国土安全保障法第Ⅱ編B部225条）　88,
　　　　　　　　　　　　　　89, 148
　　——225条(b)項　　　　　　　　89

《し》

1949年 CIA 法　　　　　　　　　189
　　——7条　　　　　　　　262, 262n
1984年 CIA 情報法　　　　　　　189
　　——2条(a)項　　　　　　　　263
2002年重要インフラストラクチャー情報法
　（国土安全保障法第Ⅱ編B部211条〜215
　条）　　　　　　　　　　88—89, 148
　　——212条(3)号　　　　　　　　88
　　——214条(a)項(1)号　　　　　　89
　　——214条(a)項(2)号　　　　　　89
2002年首席人事担当官法（国土安全保障法
　第XIII編）　　　　　　　　　　148
主題別連邦行政命令集規則
　　——第8編3.19条(i)項(2)号　65, 121
　　——第8編287.3条(d)項　　65, 121
　　——第28編501.3条(d)項(2)号　65, 121
商船法　　　　　　　　　　　　　51
2002会計年度情報活動権限法　　　65
1992年情報活動組織法　　　　36n, 190
　　——702条　　　　　　　　　185n
　　——705条(a)項(3)号　84n, 185n, 257n
2004年情報機関改革・テロリズム防止法
　　　　　　　　　　67—68, 84—85, 135,
　　　　　　　　　207—210, 257—260
　　——第Ⅰ編　　　　　　　　　　85
　　　第Ⅱ編2002条　　　　　　　266
　　——第Ⅳ編　　　　　　　　　　75
　　——第Ⅴ編　　　　　　　　　　78
　　——6001条(a)項　　　141, 207, 209
　　——6001条(b)項　　　141, 207, 209
　　——6603条(b)項　　　141, 208, 210
　　——6603条(c)項　　　141, 208, 210
　　——6603条(e)項　　　141, 209—210
　　——6603条(f)項　　　141, 209—210
　　——6603条(g)項　　　　141, 210
情報機関共同体管理強化大統領命令（大統
　領命令13355号）　　　　　　84, 256
1994会計年度情報機関権限法　　　190

1995会計年度情報機関権限法	190, 192
1999会計年度情報機関権限法	
——第Ⅵ編601条	194
——第Ⅵ編602条	197
2000会計年度情報機関権限法	
——第Ⅵ編601条	197
2001会計年度情報機関権限法	198—199n
2003会計年度情報権限法	80, 239
2004会計年度情報権限法	67—68, 83, 136
——105条	136
——374条	135—136
2005会計年度情報権限法	136
——上院法案502条	137
2008会計年度情報機関権限法案第Ⅳ編・2007年外国情報監視現代化法案	69, 224, 225
1966年情報自由法（FOIA）	89, 126, 134, 206

《せ》

1989年生物兵器・反テロリズム法	39
生物兵器禁止条約	39
1993年政府成果法	56n
戦争権限法	3, 62, 223

《そ》

1991年ソビエト核脅威縮減法	51

《た》

対イラク武力行使授権決議（AUMFIR）	25, 63, 241
1961年対外援助法	37
1988・1989会計年度対外関係権限法	
——第Ⅰ編140条	97
対テロリズム武装パイロット法（国土安全保障法第ⅩⅣ編）	74, 148
——1402条	161
大統領決定指令／国家安全保障会議75号（PDD/NSC-75)	272
大統領決定指令39号（PDD-39）	42—44, 42n, 56
大統領決定指令62号（PDD-62)	60
大統領決定指令63号（PDD-63)	60, 60n
大統領命令11905号	84n, 184n, 185n, 257n
大統領命令12127号	156n
大統領命令12333号	36, 84n, ***184—190***, 193n, 257n
——1.4節(d)項	186
——1.5節	185n
——1.8節	219
——2.8節	186
——3.4節(f)項	185n
大統領命令13010号	59, 60n
大統領命令13011号	57n
大統領命令13283号	271n
大統領命令13354号	84, 105n, 257—260
1996年大量破壊兵器防衛法	52—55

《て》

テロリストによる爆弾使用の防止に関する国際条約	65—66n
2002年テロリスト爆弾使用条約施行法	66
1996年テロリズム犠牲者救済法	50—51
テロリズム犠牲者補償法（1986年包括的外交安全保障・反テロリズム法第Ⅷ編）	50
2002年テロリズム資金供与禁止条約施行法	66
テロリズムに対する資金供与の防止に関する国際条約	66
1986年電子通信プライヴァシー法	
——201条	127
——201条(b)項	129

《に》

21世紀司法省歳出権限法	66

《は》

2004年バイオシールド計画法	72
1989年反テロ・武器輸出修正法	37
1996年反テロリズム・効果的死刑法	43, 45—49, 65, 115—118n, 191—192
——401条	118n
反テロリズム支援法	
1996年反テロリズム・法執行促進法案	45n, 192

《ひ》

人質犯罪防止・処罰法	35
秘密指定情報訴訟法（CIPA）	48n, 134, 206—207

法令索引

ビンラディン＝テロ・ネットワーク資産凍結大統領命令（大統領命令13224号）　63

《ふ》

武器輸出管理法　37
武力行使授権決議（AUMF）　3—4, 62—63, 222—223
プライヴァシー法
　——552条(e)項(3)号　137

《へ》

1995年ペーパーワーク削減法　57n

《ほ》

1994年法　45n
1986年包括的外交安全保障・反テロリズム法　35, 50
　——第XII編　36
1968年包括的犯罪取締・街路安全法　*172—176*
　——第III編801条〜803条　172, 175
　——第III編802条　172—176, 180, 181
1995年包括的反テロリズム法案　45n, 191
1994年法執行通信援助法　190
　——103条(a)項(1)号〜(2)号　190
1994年防諜・安全保障強化法（1995会計年度情報機関権限法第VIII編）　190
　——807条　192
2000年防諜改革法（2001会計年度情報機関権限法第VI編）
　——602条(a)項　198
　——602条(b)項(1)号　199n

　——603条　198
2006年ポスト・カトリーナ緊急事態改革法　75, 155

《み》

1878年民警団法　146n, 219

《ゆ》

1970年友好関係原則宣言（国連総会決議2625号）　50n
1979年輸出管理法　37
1985年輸出管理修正法　38

《り》

2005年リアルID法　67, 78—79
陸軍規則381—10214　220
両院合同決議（1983年11月14日）　37
両院合同決議（2001年12月18日）　64

《れ》

連邦供託保険法　130, 135
連邦刑事訴訟規則
　——ルール6(e)　250—251
　——ルール41　114
1958年連邦航空法　38
1996年連邦航空再授権法　45n
2002年連邦情報安全保障管理法（国土安全保障法第X編）　148
1934年連邦通信法　167—168
　——605条　175

《ろ》

ロバート・T・スタッフォード災害救助・緊急事態援助法　55

判例索引

⟨A⟩

ACLU v. Ashcroft, 334 F. Supp. 2d 471 (S.D.N.Y. 2004) (order granting summary judgment).
131
American Civil Liberties Union v. National Security Agency, 438 F. Supp. 2d 754 (E.D.Michigan 2006). 224
American Civil Liberties Union v. National Security Agency, 467 F.3d 590 (6th Cir.2006). 224

⟨C⟩

Center for Nat'l Sec. Studies v. U.S. Dep't of Justice, 215 F. Supp. 2d 94 (D.D.C. 2002). 126
Center for Nat'l Sec. Studies v. U.S. Dep't of Justice, 331 F. 3d 918 (D.C. Cir. 2003), *cert. denied*, 540 U.S. 1104 (2004). 126

⟨D⟩

Detroit Free Press v. Ashcroft, 303 F. 3d 681 (6th Cir. 2002), *reh'g en banc denid* (Jan. 22, 2003). 125

⟨H⟩

Halkin v. Helms, 598 F.2d 1 (D.C. Cir. 1978). 171
Halkin v. Helms, 690 F.2d 977 (D.C. Cir. 1982). 170
Humanitarian Law Project v. U.S. Dep't of Justice, 352 F. 3d. 382 (9th. Cir. 2003).
116—117, 133

⟨I⟩

In re National Security Agency Telecommunications Record Litigation, MDL Docket No. 06-1791 VRW (N.D. Cal. Nov. 6, 2007). 233

⟨K⟩

Katz v. United States, 389 U.S. 347 (1967). 172, 175

⟨N⟩

Nardone v. United States, 302 U.S. 379 (1937); 308 U.S. 338 (1939). 167—168
North Jersey Media Group v. Ashcroft, 205 F. Supp. 2d 288 (D.N.J. 2002). 125
North Jersey Media Group v. Ashcroft, 308 F. 3d 198 (3d Cir. 2002), *cert. denied*, 538 U.S. 1056 (2003). 126

⟨O⟩

Olmstead v. United States, 277 U.S. 438 (1928). 167

⟨U⟩

United States v. United States District Court (Keith), 407 U.S. 297 (1972). 176

アメリカ政府機関・主要報告書一覧

日付	報告書	頁
1988年1月	1988年版『国家安全保障戦略』(ホワイトハウス)	31—32
1995年2月	『関与と拡張の国家安全保障戦略』(ホワイトハウス)	39—40, 42
1995年12月	『統合核兵器運用ドクトリン』(統合参謀本部)	24
1996年5月	『情報安全保障(Information Security)』(GAO)	57—58
1998年4月	『1997年度版盗聴報告』(連邦裁判所事務局)	213
2001年9月	2001年版『国防計画4年次見直し』(QDR2001)(国防総省)	18
2001年12月	2001年『核態勢見直し』	23
2002年7月	『国土安全保障のための国家戦略』(『国土安全保障戦略』)(国土安全保障局) 72, 80, 90, 91, 145—147, 264	
2002年9月	2002年版『国家安全保障戦略』(ホワイトハウス) 19, 21—24, 27—28, 240—241	
2002年10月	『イラクの大量破壊兵器』(CIA)	24—25, 241—242
2002年10月	『国家諜報評価:イラクの大量破壊兵器継続プログラム』(NIC)	243—244
2002年12月	『大量破壊兵器に対する国家戦略』(ホワイトハウス)	20, 23, 25
2003年2月	『サイバースペースの安全保障のための国家戦略』(ホワイトハウス)	90—91
2003年2月	『重要インフラストラクチャーおよび重要資産の物理的防御のための国家戦略』(ホワイトハウス)	90—91
2003年2月	『テロとの戦いのための国家戦略』(『対テロ国家戦略』)(ホワイトハウス)	13—16
2003年4月	『9・11被拘束者:9月11日の攻撃の捜査に関連するイミグレーション・チャージに関して拘束された外国人の処遇についての再評価』(4月報告書)(司法省監察総監室)	123
2003年7月	『愛国者法1001条の履行に関する議会への報告』(7月報告書)(司法省監察総監室)	124
2003年9月	『テロリズムとのグローバルな戦争の進捗状況報告』(ホワイトハウス)	122
2003年11月	2003年版『国防報告』(国防長官)	26—27
2004年2月	『将来の戦略的攻撃部隊』(国防総省・国防科学委員会)	24
2004年2月	『わが国土を安全にする——合衆国国土安全保障省戦略プラン』(国土安全保障省)	72
2004年4月	『2003年版グローバル・テロリズムのパターン』(国務省)	104—105
2004年7月	『アメリカ合衆国情報機関共同体のイラクに関する戦前情報活動のアセスメント報告』(上院・情報特別委員会)	80, 242—243
2004年7月	『合衆国に対するテロ攻撃に関する国家委員会・最終報告書』(9・11委員会) 73, 77, 81, 162, 240	
2004年9月	『ダルファー・レポート』(イラク検証グループ(ISG))	25n, 81—82, 242
2005年3月	『大量破壊兵器に関する合衆国の情報活動能力に関する委員会・合衆国大統領への報告』(WMD委員会報告書)(WMD委員会)	25n, 82, 243—244, 260, 276
2005年3月	『ダルファー・レポート』追補(イラク検証グループ(ISG))	25n, 82, 242
2005年12月	『9・11委員会勧告に関する最終報告』(9/11 Public Discourse Project)	81, 240
2006年2月	2006年版『国防計画4年次見直し』(QDR2006)(国防総省)	7—8, 27—30n
2007年2月	『政策担当国防次官室のイラク戦前の諸活動に関する評価報告』(国防総省監察総監)	274
2007年3月	『国家安全保障令状を使用したFBIの捜査に関する評価』(司法省監察総監室)	131—132
2007年8月	『エグゼクティブ・サマリー:9・11攻撃に関連するCIAの能力に関するCIA監	

察総監報告』(CIA 監察総監) 237n
2007年11月『国家諜報評価:イラン:核意思と能力』(NIC) 276

■著者紹介

岡本　篤尚（おかもと　あつひさ）

神戸学院大学大学院実務法学研究科（法科大学院）教授　博士（法学）
広島大学総合科学部助教授、神戸学院大学法学部教授を経て、2004年4月より現職。

［主著］『国家秘密と情報公開――アメリカ情報自由法と国家秘密特権の法理』（法律文化社、1998年）。

［主要論文］「『安全』の専制――際限なき『安全』への欲望の果ての『自由』の荒野」『憲法問題』第12号（2001年5月）、「果てしなき『テロの脅威』と《安全の専制》――《9・11》以後の世界」『法律時報臨時増刊・憲法と有事法制』（2002年11月）、「パラドックスとしての『安心・安全』――『ゆりかごから墓場まで』の安全という恐怖」『法律時報臨時増刊・憲法改正問題』（2005年5月）ほか多数。

神戸学院大学法学研究叢書　16

2009年2月5日　初版第1刷発行

《9・11》の衝撃（インパクト）と
アメリカの「対テロ戦争」法制
――予防と監視――

著　者　岡　本　篤　尚
発行者　秋　山　　　泰
発行所　株式会社　法律文化社

〒603-8053　京都市北区上賀茂岩ヶ垣内町71
電話 075 (791) 7131　FAX 075 (721) 8400
URL:http://www.hou-bun.co.jp/

©2009 Atsuhisa Okamoto Printed in Japan
印刷：㈱冨山房インターナショナル／製本：㈱藤沢製本
装幀　白沢　正
ISBN978-4-589-03109-9

岡本篤尚著 **国家秘密と情報公開** ―アメリカ情報自由法と国家秘密特権の法理― A5判・392頁・6825円	アメリカにおける国防・外交情報の秘密保護と国民の知る権利・情報開示請求権との対抗関係についてのわが国初の本格的研究。日本の情報公開法案、組織犯罪対策立法（盗聴立法）の問題点を理解するためにも必須の書。
中谷義和著 **グローバル化とアメリカのヘゲモニー** A5判・190頁・4200円	アメリカが世界的ヘゲモニー国家へと転成する史的過程および内在する論理や言説を考察。「グローバル化」と「グローバル・ガヴァナンス」という現象を資本主義国家の動態と構造から分析し、民主政の課題と展望を提示する。
加藤哲郎・國廣敏文編 **グローバル化時代の政治学** A5判・272頁・6510円	新たな民主主義的パースペクティヴを権力関係の変容や新たな主体形成など最新の政治動向や理論をふまえ追究する。民主主義やガヴァナンス、協労や連帯などのこれからのあり方を模索する。
水島朝穂編著 **世界の「有事法制」を診る** A5判・256頁・2730円	主要9カ国における緊急事態法制の現況と問題点を批判的に検討する。誤用・濫用などの歴史的体験をふまえ、各国の運営実態を「悩ましさ」とともに描き出す。米・独・韓のほかコスタリカ、スイスなどを紹介。
ポール・ロジャーズ著／岡本三夫監訳 **暴走するアメリカの世紀** ―平和学は提言する― A5判・242頁・2310円	紛争を生み出す根本原因について、軍事的要因のみならず、不公平な世界システムや環境破壊なども含め、包括的に分析する。暴力を増大させる既存の安全保障を再考し、新しい安全保障パラダイムを提言する。

――― 法律文化社 ―――

表示価格は定価（税込価格）です